U0488777

折射集
prisma

照亮存在之遮蔽

The Essential Reader of Italian Aesthetics

当代学术棱镜译丛·当代美学理论系列
丛书主编　张一兵　副主编　周宪　周晓虹

当代意大利美学精粹

周宪　〔意〕蒂齐亚娜·安迪娜（Tiziana Andina）主编
何琳　译　赵新宇　校译

南京大学出版社

《当代学术棱镜译丛》总序

自晚清曾文正创制造局，开译介西学著作风气以来，西学翻译蔚为大观。百多年前，梁启超奋力呼吁："国家欲自强，以多译西书为本；学子欲自立，以多读西书为功。"时至今日，此种激进吁求已不再迫切，但他所言西学著述"今之所译，直九牛之一毛耳"，却仍是事实。世纪之交，面对现代化的宏业，有选择地译介国外学术著作，更是学界和出版界不可推诿的任务。基于这一认识，我们隆重推出《当代学术棱镜译丛》，在林林总总的国外学术书中遴选有价值篇什翻译出版。

王国维直言："中西二学，盛则俱盛，衰则俱衰，风气既开，互相推助。"所言极是！今日之中国已迥异于一个世纪以前，文化间交往日趋频繁，"风气既开"无须赘言，中外学术"互相推助"更是不争的事实。当今世界，知识更新愈加迅猛，文化交往愈加深广。全球化和本土化两极互动，构成了这个时代的文化动脉。一方面，经济的全球化加速了文化上的交往互动；另一方面，文化的民族自觉日益高涨。于是，学术的本土化迫在眉睫。虽说"学问之事，本无中西"（王国维语），但"我们"与"他者"的身份及其知识政治却不容回避。但学术的本土化绝非闭关自守，不但知己，亦要知彼。这套丛书的立意正在这里。

"棱镜"本是物理学上的术语，意指复合光透过"棱镜"便分解成光谱。丛书所以取名《当代学术棱镜译丛》，意在透过所选篇什，折射出国外知识界的历史面貌和当代进展，并反映出选编者的理解和匠心，进而实现"他山之石，可以攻玉"的目标。

本丛书所选书目大抵有两个中心：其一，选目集中在国外学术界新近的发展，尽力揭橥域外学术20世纪90年代以来的最新趋向和热点问题；其二，不忘拾遗补阙，将一些重要的尚未译成中文的国外学术著述囊括其内。

众人拾柴火焰高。译介学术是一项崇高而又艰苦的事业，我们真诚地希望更多有识之士参与这项事业，使之为中国的现代化和学术本土化做出贡献。

丛书编委会

2000年秋于南京大学

序言

周 宪

本书是一个中意文化交流的产物，源起于几年前安迪娜教授随都灵大学代表团访问南京大学，我和她闲聊时突发奇想，决定编一本《当代意大利美学精粹》，两人一拍即合。但好事多磨，一晃好几年过去了，现在终于到了为这本书写序言的时候了。

继"法国理论"风靡西方思想界之后，"意大利思想"接踵而至。20世纪的意大利哲学和美学的影响力基于克罗齐的著作，而之后似乎一直不那么有世界性的影响。然而，60年代以降，詹尼·瓦蒂莫和安伯托·艾柯是个例外，他们风头十足。但总体上看，尤其是中国学界，对20世纪的意大利美学知之不多。直到20世纪90年代，随着阿甘本走红国际学术界，意大利美学再次进入汉学界并引发了广泛的兴趣和关注。

正是在此语境中，一本全面反映20世纪意大利美学的读本显得很有必要。本书主编之一蒂齐亚娜·安迪娜是意大利都灵大学哲学系教授，深耕美学领域且成果卓著，而都灵大学又是意大利哲学和美学的"摇篮"，瓦蒂莫、艾柯等人均在此起步，之后蜚声学界。所以，由安迪娜来担任本书的主编再合适不过了。

本书意在反映20世纪意大利美学的总体面貌，除了对少数意大利美学家有所译介外，大多数人从未"登陆"过汉语学界。安迪娜在选择作者和篇什方面颇费心思，应该说，这本书是20世纪意大利美学全景图的一个缩影。从选文到解决版权问题，安迪娜教授做了大量卓有成效的工作，这才使本书得以面世。

至此，我想说说我与意大利美学界的缘分。很多年前，我和高建平先生在商务印书馆主编了《新世纪美学译丛》，当时我选了罗马大学美学教授马里奥·佩尔尼奥拉的《仪式思维》一书，由此与意大利美学界结缘。后来，佩尔尼奥拉教授告诉我，他正在撰写一本《当代美学》，特别想纳入中国当代美学的元素，因为在他看来，一本反映全球美学地图的著作如果缺少中国美学，那是有明显缺憾的。但他对中国美学知之甚少，于是，我便和他通过邮件密集讨论了中国当代美学的相关问题，并为他提供了所需要的文献。后来我还专门去了罗马一趟，参加了佩尔尼奥拉主编的美学刊物 *Ágalma*《阿加玛》的学术研讨会，并去他家里进一步讨论了相关美学问题。他的《当代美学》英文版出版后，我又请朋友翻译并由复旦大学出版社刊行。在和佩尔尼奥拉的多年交往中我感到，一方面，汉语学界渴望了解"意大利思想"；另一方面，意大利美学家也对中国美学兴趣浓厚。最近几年，我在自己的国家社科基金重大项目中，也特别设计编了一本《新译意大利语现代美学经典》，很快会由南京大学出版社刊行。我认为，中西美学界的双向交流其实很重要，随着我国发展以及汉语学界的国际化和本土化，越来越多的交流将会重绘中西人文交流的"地形图"。

最后，我想说一下"语言政治"的问题。由于英语在汉语学界具有特别的优势，作为全球共通语言，英语作者和英文著述在传播上常常捷足先登，这就造成了汉语学界的注意力较多地集中在英语学界的现状。因此，不同于英语的其他西文便作为"小语种"而受到或明或暗的压制，我们还会根据英语学界的说法来判断其他西文的学术成果。凡此种种，都说明汉语学界深受英语"语言政治"的话语权力左右。在文化日益多元化的当下，汉语学界应对非英语的其他西文学界投以更多关注，从这个意义上说，非英语的西文学术翻译便有着捍卫文化多样性和维系文化多元化的重要功能。这么来看，本书的价值不仅在于彰显了意大利当代美学之成就，更反映出了西方美学的文化多样性。

感谢安迪娜教授对本书的贡献，感谢译者何琳教授的翻译，也感谢南京大学出版社郑蔚莉女士及其团队的工作。

前言:20 世纪意大利美学简史

蒂齐亚娜·安迪娜

一、美学即哲学

本书向中国读者展现了 20 世纪至今意大利美学的重要发展。尽管不能穷尽所有[①],我们也希望该书能清晰地呈现意大利美学和艺术哲学在国际论辩中的基本特征、重要性和范畴。本书关注在作品中展现特定理论特征的作者,从而突出美学的特定理论范畴。

在这方面,我们有必要进行初步观察。意大利哲学不同于其他传统,它一直在美学和艺术哲学领域保有重要地位。显而易见,20 世纪享有最高国际声誉的意大利哲学家们已努力对美学进行反思,使其成为走向哲学的通道。

实际上,基于至少两种原因,这种观察是正确的。首先,在 20 世纪前半叶,最能代表意大利文化论辩的两名意大利哲学家——贝内代托·克罗齐(Benedetto Croce,1866—1952)和乔瓦尼·根蒂尔(Giovanni Gentile,1875—1944),将美学视为哲学体系的焦点。其次,作为对克罗齐哲学,偶尔也作为对根蒂尔哲学的继承与反映,美学长久以来都被视为非专业学科。实际上,它被视为表示一般哲学的另一种方式或通用知识理论的前身。因此,长期以来,美学在意大利实际上等同于哲学。

---

① 精通意大利语的读者可以在 P. D'Angelo 的作品中找到两篇有价值的意大利美学导论,它们内容严谨且尊重历史,即 P. D'Angelo, *L'estetica italiana del Novecento: dal Neoidealismo a oggi*, Roma-Bari, Laterza, 2014 以及 M. Perniola, *Estetica italiana contemporanea: trentadue autori che hanno fatto la storia degli ultimi cinquant'anni*, Milan, Bompiani, 2013。

意大利哲学始于克罗齐和根蒂尔阐释的哲学体系，之后向着不同方向发展。值得一提的有，路易吉·帕里森(Luigi Pareyson，1918—1991)经过开创性反思创建的都灵学派，埃米利奥·加罗尼(Emilio Garroni，1925—2005)带领的罗马学派，安东尼奥·班菲(Antonio Banfi，1886—1956)和卢西亚诺·安切斯基(Luciano Anceschi，1911—1955)壮大的博洛尼亚学派。现在我们就从意大利美学之父贝内代托·克罗齐和乔瓦尼·根蒂尔讲起。

二、克罗齐与根蒂尔

20世纪是意大利美学的重要发展阶段，是贝内代托·克罗齐和乔瓦尼·根蒂尔的时代。这两位哲学家成为意大利文化景观中的基本参照点，他们的著作在国际上广为流传，尤其是贝内代托·克罗齐。他代表着整个20世纪，既是后人参照的典范，也是后人渴望逾越的文化象征。克罗齐作为代表伟大文化的知识分子，将对哲学本质的反思与对历史、文学、政治问题的关注结合了起来。在早期著作中，他就开始关注历史知识与艺术，而非科学的认知结构。[①] 因此，他强烈反对实证主义(positivism)。他认为，实证主义不利于叙述历史与诗歌的科学性。确切地讲，因为历史与诗歌探讨的是个体知识，他认为，从本质上讲，它们不适合用自然主义方法进行研究。

克罗齐在论文《艺术普遍概念下的历史》中批判性地探讨了当时的一些主要美学理论，并表示基本赞同黑格尔的观点。转年，他出版了《文学批评：理论问题》一书。[②] 克罗齐在书中继续探讨美学主题，此次是文学批评的问题。这本书很有趣，一是因为它勾勒了克罗齐随后几年要做的研究项目，二是因为它指出了克罗齐方法的特殊性。他的方法不仅着眼于对一般美学的反思，还着眼于在特殊艺术中的应用。实

---

① B. Croce, "La storia ricondotta sotto il dominio generale dell'arte" (1893), Milano, Adelphi, 2017.

② B. Croce, *La critica letteraria*: *questioni teoriche*, Roma, Loescher, 1894.

际上，这种横向性对于克罗齐哲学的传播和文化影响至关重要。克罗齐美学的成功，很大程度上要归功于艺术评论家，而非哲学社团对其作品的接受。这提升了克罗齐的哲学影响，使其在20世纪意大利文化的许多领域中有效呈现，并起到决定性作用。

1900年春天，克罗齐在那不勒斯的彭塔尼亚纳学院宣读了他的文章《作为表现科学和一般语言学的美学概念》（"Tesi fondamentali di un'estetica come scienza dell'espressione e linguistica generale"）。同年5月该演讲稿发表，为克罗齐影响深远的著作《作为表现科学和一般语言学的美学》奠定了基础。[①] 该书促进了克罗齐文化在意大利的传播，也是20世纪意大利哲学在国际上被翻译和讨论最多的作品之一。该作品不仅对哲学影响深远，对文学、艺术、音乐批评也产生了重要影响，让克罗齐思想在意大利文化生活的每个领域都广泛传播。

退一步讲，有必要强调克罗齐对美学的反思实际上可以追溯到更早的时候，准确地说，是在其青年时期。那时，克罗齐不断反思历史与艺术产生关联或相区别的原因。在《艺术普遍概念下的历史》（1893）一文中，克罗齐凭直觉认为，要理解这两个学科的特色，就要使历史问题回到艺术问题之中。把历史"还原"为艺术或把史学原则"还原"为艺术原则，其先决条件都是对美学的准确阐释。克罗齐认为，美学在本质上一直是一种认知活动，艺术和历史本质上是表征现实的方式。

克罗齐从艺术是什么讲起，不是要从正面定义艺术，即界定这一领域，而是要用古典的"否定"方式来定义艺术。艺术不仅仅是敏感的快乐，不能追溯到纯粹的形式关系，它甚至不是形而上学或对道德真理的阐述。而且，它与硬科学无关，因为科学是普世艺术的知识，史学也是如此，而艺术只是个体知识。换言之，克罗齐把实际情况的知识归为历史，把可能的知识归为艺术。在《美学》第五版的《前言》中，他写道："第

---

① B. Croce, *Estetica come scienza dell'espressione e linguistica generale*, Palermo, Sandron, 1902, then Laterza, 1908.

一次讨论的重点在于批判，一方面是对各种形式的生理、心理和自然主义美学的批判，另一方面是对形而上学美学的批判。其结果是在艺术理论和批评中，破坏了由其塑造或证实的虚假概念。他用艺术等同于表达的简单概念将其粉碎。"①

1895年至1898年，克罗齐脱离了美学，但没有脱离哲学。他读了安东尼奥·拉布里奥拉（Antonio Labriola）的一本著作，由此决定投身马克思主义。他在《历史唯物主义与马克思主义经济学》（*Materialismo storico ed economia marxista*，1900）中讨论了马克思主义的基本概念。无须详细介绍克罗齐的论文，我们研究他那些年作品的目的是探究他对哲学系统性特征的新认识，即哲学问题无论是美学的、经济的或道德的，都必须通过整合且系统的视野来看待。简言之，此种系统性在《美学》中也可见一斑。这为后来克罗齐的精神哲学搭建了框架。

众所周知，克罗齐讨论的起点是艺术的认知特征。实际上，对克罗齐而言，美学是一种特殊的知识形式，即直觉。因此，显而易见地，他需要区分直觉知识与非直觉知识。出于这一目的，他区分了直觉知识与概念知识。直觉不依存于概念，而概念不能脱离直觉，因为直觉是概念的构成性物质。克罗齐观点的第二个系统方面，是他详述了理论活动与实践活动差别的过程。理论活动产生知识，实践活动产生行动。正如克罗齐区分两种水平的知识（直觉与概念）一样，他还区分了实践领域（产生利润的活动，即经济活动）的两方面，以及对道德领域产生作用的实践活动。

克罗齐能以此方法分辨精神的四个领域，即美学、逻辑、经济学和伦理学。而所有其他领域都可以且必须追溯到精神。在这一框架下，美学是一门自主学科，正如美学可以设定为知识的自主部分一样。直觉知识是美学的典型，不能追溯到逻辑领域，美学也不能被视为实践活动。在追求理论方向的过程中，克罗齐的理论显示出一定的连续性，在

① *Estetica* cit., Roma, Bari, Laterza, 1965[11], p. vii.

当时的国际美学论辩中也显示出极大的自主性。实际上，他一方面关联将美学与感受性相结合的鲍姆嘉通（Baumgarten），另一方面也与康德的先验美学相联系。

克罗齐在《美学》中阐明，艺术是以直觉形式表达的知识，他通过直觉区分属于艺术的直觉知识与属于典型的科学、哲学的逻辑知识。直觉知识的基本特点是，它解决特定问题，而逻辑知识则处理普遍性。直觉也具有典型的表演特征，换言之，从直觉上讲，我们凭直觉感知的形式总是被给予的。因此，直觉实现表达它的形式。一旦直觉没有发生，那是因为实际上我们没有靠直觉感知，我们只是认为自己靠直觉感知。从本质上讲，不存在本身不是直觉表达的直觉。如果我凭直觉感受面孔，就可以通过画像来表达它，因为直觉只是由形式给予的。克罗齐不考虑技术能力的不足：如果我真的正在通过直觉感知，那就是说，我也能表达。克罗齐不承认直觉在量上的差别。事实上，直觉都具有表达特征，那么在所有直觉都具有认知范畴的情况下，可以自问它们是否都是艺术，是否艺术只属于某种类型的直觉，或许那些直觉可以达到一定的强度或清晰度。

从这点上来讲，克罗齐美学非常有用。对克罗齐而言，任何直觉都是艺术，而我们通常区分艺术的种类，以及区分高雅艺术和低级艺术，只是依靠没有原因的分类。这一立场表明，克罗齐对较少规范和更具创新性的艺术形式表现出极大的兴趣，因为最终所有形式都在他的理论体系中得到证实并找到依据。本质上，审美经验的参考领域肯定比伟大艺术的参考领域广泛得多。在这些方面，直觉的整个领域就是艺术和知识的领域。另一方面，在克罗齐关于人及知识如何组织的观点中，美学是广泛的系统框架的一部分，美学完全属于这一框架，并在框架内起到重要作用。因此，我们在最能代表克罗齐美学观点的书中找到整个系统的梗概，此事并非巧合。实际上，该系统在美学中找到基础，而美学只能在整个系统框架内找到定义。①

乔瓦尼·根蒂尔的美学与克罗齐的美学互补，但截然不同。他的《艺术哲学》第二版《前言》中的语句可以很好地解释这点，即这是一部"关于美学，是的，但更明显地是关于哲学的"著作。② 这不仅是说，根蒂尔将美学理解为哲学的一部分，而且更根本的是，除非美学被认为是更广泛的哲学体系的一部分，否则就不可能建构美学。根蒂尔是一位折中的知识分子，与克罗齐一起担任《批判》(*Critica*)杂志的负责人约二十年，由此为意大利文化的复兴做出了贡献。根蒂尔与克罗齐的关系始于青年时代。他是《意大利哲学评论杂志》(*Giornale critic della filosofia italiana*)的创始人兼负责人、意大利教育部长(1922—1924)、王国参议员(自1922年11月)。之后，他坚持法西斯主义，并认为这是意大利复兴运动(Risorgimento)历史右翼的延续。

根蒂尔哲学的理论核心围绕思想即纯粹行为的观点。也就是说，思想行为是一个动态过程。在思想中，自我意识和他者意识都是被给予的。③ 作为根蒂尔思想的关键，人们可以使用历史与艺术的关系问题(克罗齐思考的核心)，即史学的假定美学本质。这是两人间长期、愉快的信件交流的研究对象。最终克罗齐区分历史与艺术，而根蒂尔倾向于融合二者。在与克罗齐的不断交流中，根蒂尔在《作为辩证性时刻的错误理论以及艺术与哲学的关系》(*La teoria dell'errore come momento dialettico e il rapport tra arte e filosofia*，1921)中找到了方

---

① 想要了解更多关于克罗齐体系的读者也可以阅读 *Logica come scienza del concetto puro*, Roma-Bari, Laterza, 1909; *Filosofia della pratica: economia ed etica*, Roma-Bari, Laterza, 1909; *Frammenti di etica*, Roma-Bari, Laterza, 1922。

② G. Gentile, *La filosofia dell'arte* (1931), Firenze, Sansoni, 1975, p. viii.

③ 关于根蒂尔一般哲学，参见 *La riforma della dialettica hegeliana*, Messina, G. Principato, 1913; *Teoria generale dello spirito come atto puro*, Pisa, Marinotti, 1916; *I fondamenti della filosofia del diritto*, Pisa, Marinotto, 1916; *Sistema di logica come teoria del conoscere*, 2 voll., Firenze, Le lettere, 1917 - 1923; *Discorsi di religione*, Firenze, Vallecchi, 1920; *Genesi e struttura della società: saggio di filosofia pratica*, Firenze, Sansoni, 1945。

向。他在其中谈到了黑格尔的艺术死亡主题，以原始方式勾勒出自己的立场。他认为艺术死亡是典型的先验问题，必须与艺术的历史进程分开。

换言之，根蒂尔表明，先验问题与艺术作为历史上的人类活动的发展无关。他认为，艺术不会死于历史形式，艺术在分散于哲学的意义上消亡，即至少在理想的情况下，是回到先验哲学的层面上。这一推理使得根蒂尔得出结论：没有艺术就没有哲学，没有哲学也就没有艺术。[①]然后，根蒂尔将根据不同精神实例间的辩证关系建立这种联系，即艺术、宗教和哲学。“艺术是主体意识，宗教是客体意识，哲学是主体和客体的综合意识。因此，推论认为艺术本身是矛盾的，需要融入宗教。而宗教本身也是矛盾的，需要融入艺术。此种整合就将二者同步融入了哲学。因此，哲学是最终形式，其他问题在其中得到解决。哲学代表真理，是精神的全部现实。”[②]因此，艺术是哲学体系的一部分，很重要，但仅是其中一部分。

根蒂尔哲学的总体结构从根本上基于两点，而他并不总能够完美地实现二者的和谐共处。一方面，它是作为纯粹行为的思想，即思维与思想的同一性；另一方面，根蒂尔用他的内在方法确定了一种经验哲学。经验是借助这种方法，从内部才能充分了解的过程。思想作为纯粹行为的观念是一种构建，它唤起在“我”的费希特主义(Fichtian)原则中所描述的过程。为了攻克“非我”，“我”将“非我”置于其中。思想行为的普遍性主要意味着，真理与建构过程相关，“我”详述自身及世界的建构。具体而言，根蒂尔在存在与思想间假设了一种身份关系。如果这不属实，即如果从本体论的角度讲，存在与思想并不等同，将会产生两个重要结果。一是认识论本质的结果，这意味着思想不可能了解存

① G. Gentile, *Frammenti di estetica e di teoria della storia*, Firenze, Le lettere, vol. I, pp. 90 - 91.

② G. Gentile, *Il modernismo e i rapporti tra religione e filosofia* (1921), Roma-Bari, Laterza, 1965, p. 265.

在,存在将采取另一物质的形式。二是与存在相关的思想价值的缺失。换言之,如果某物不是思想,那么很多事物也与思想无关。因此,思想的价值锐减。

因此,如果我们承认物质世界的存在,那么这个世界只能是思想造就的物质。这种物化使物体做了进一步的区分,即人类通常所做的区分。精神通过思考投射到过去的这种思想,呈现出自然的形式,即非精神的形式。因此,在根蒂尔看来,精神通过思想行为形成,通过对比客体与自身,将客体置于形成过程中,然后将客体确认为自身。这就是费希特所描述的运动,即我、非我、我与非我的最终融合。根蒂尔采用黑格尔的语言,表达艺术、宗教、哲学三位一体的过程,即艺术是主体意识,宗教是客体意识,哲学是主体和客体的综合意识。对根蒂尔而言,主张艺术是主体意识,意味着主张艺术家只是曾经表达自我,总是谈及他们对世界的感知,而非客观意义上的世界。宗教与艺术相反:主体在宗教中消失,产生于直觉行为的都是客体,客体成为此关系的唯一之极。相反,哲学是一个阶段,其中思想开始意识到其在客体中自我表达的行为,也开始意识到客体必要且渐进的主体化。

1931 年根蒂尔出版了《艺术哲学》。[①] 尽管该文本显然与克罗齐的思想有着相似之处,但它挑起了执拗有时甚至是让人厌恶的争论。这表明根蒂尔和克罗齐在科学关系及友谊上的决裂。实际上,在根蒂尔拥护法西斯主义之前多年,两人的友谊就已经遭到破坏了。根蒂尔在文本中没有提到两人的争执,而是总结了他在先前著作中对感觉问题的反思。他沿着 17 世纪美学的大方向——从维柯到莱布尼兹、康德、鲍姆嘉通——提出了这样一种观念,即感觉,这一主体自身具有的反身感觉,构成了逻辑维度可能性的条件。换言之,感觉是思想可能性的条件。

这一假设显见的结果是理解美学的方式。这不但成为逻辑可能性

---

① G. Gentile, *La filosofia dell'arte*, Milano, F. lli Treves, 1931.

的条件，还最终以真正细微的方式传播人类知识。就思想活动的敏感前提而言，没有不包含美学的知识。因此，与美学打交道最终就是与所有知识打交道。更根本的是，与美学打交道等同于探索人类活动，因为美学存在于人类行为的所有形式之中。但是，如果美学与艺术确实有关，那么因为艺术生产只是人类众多活动中的一项，所以，美学与艺术也确实仅与个别形式有关，因为人类实践与艺术只是人类的几项活动之一。

三、克罗齐之后的意大利美学

本文集展现了 20 世纪至今的意大利美学景观。读者阅读此文集前，我们需要概括指出，这里存在反对或挑战克罗齐美学的倾向。因此，我将尝试勾勒克罗齐后的美学，以便读者更好地理解下文。

艺术的本质问题当然是克罗齐研究的最重要的一点。这是美学的经典问题，克罗齐提出了特别的解决方案，即艺术具有认知而非实践功能。实际上，克罗齐是艺术即知识形式的坚定拥护者之一。因此，面对这样的明确立场，继承克罗齐思想的思想家们，以及像路易吉·帕里森和卢西亚诺·安切斯基这样发展出自主观点的思想家，都反对艺术即知识的观点。事实上，艺术首先是一种知识工具的观点，不得不为有些立场留出了充足的空间，即通过对比倾向于反思艺术的实践特征的立场。因此，哲学回到了对艺术技巧、艺术和艺术流派的分析。这就是现象美学理论家所采取的方向[至少包括迪诺·福尔马吉（Dino Formaggio，1914—2008）和吉洛·多夫尔斯（Gillo Dorfles，1910—2018），或者按照克罗齐的线索，由切萨雷·布兰迪（Cesare Brandi，1906—1988）提出，或再次由路易吉·帕里森提出]。

在克罗齐美学里没有谈及的许多问题中，我们必须将诗学的研究囊括其中，即对被理解为一套有着明确规则的艺术实践的思考，以及艺术家对作品含义的考虑。20 世纪 50 年代的许多文本都是站在艺术创作者的立场上来处理艺术的。这一方法最终由帕里森、布兰迪和安切斯基以不同方式采用。20 世纪末，以及在新千年中，意大利美学继续与传统保持紧密联系的同时，在国际论辩中也起到更加具有决定性的作用，并在很大程度上保持了自己的身份。这一身份一方面源自与经典的不断接触，以及把美学还原为一般哲学的兴趣，另一方面是出于对研究的跨学科创新线索保持开放的态度。本文集中包括不同立场并非巧合，如把美学理解为感性（aisthesis）、艺术本体论或视觉美学。

作者列表

达妮埃拉·安杰卢奇(Daniela Angelucci) 罗马第三大学美学副教授、哲学与建筑系研究生课程环境人文学科主任、意大利美学学会主席团成员，意大利百科全书哲学和电影部分顾问、电视剧 *Sguardi fuori campo*(Mimesis 版)的联合导演、美学与批评科学委员会成员、期刊 *La Deleuziana* 编委、*Lebenswelt* 和 *Colloquia philosophica* 期刊执行编辑，2016 年组织第 9 届德勒兹研究国际会议。新近著作：*Deleuze e i concetti del cinema*，2012（Engl. transl. Edinburgh University Press，2014）；*Filosofia del cinema*，2013；*Philosophical Essays on Nespolo's Art and Cinema*，co-ed. D. Dal Sasso，2018；*Deleuze in Italy*（ed.），Edinburgh University Press，即将出版。

蒂齐亚娜·安迪娜(Tiziana Andina) 意大利都灵大学哲学教授，2016 年以来任都灵大学 Labont 本体论中心主任、哥伦比亚大学(2008—2009)和波恩大学全球合作研究中心(2015)研究员、俄罗斯圣光机大学(2014)访问学者。曾在国际上发表多篇有关哲学及艺术哲学的文章，其新近作品涉及艺术定义和社会本体论，诸如：*Il volto Americano di Nietzsche*，La Città del Sole，1999；*Il problema della percezione nella filosofia di Nietzsche*，Albo Versorio，2005；*Arthur Danto: Philosopher of Pop*，Cambridge Scholars Publishing，2011；*The Philosophy of Art: The Question of Definition. From Hegel to Post-Dantian Theories*，Bloomsbury Academy，2013；*An Ontology for Social Reality*，Palgrave-Macmillan，2016；*What is Art? The Question of Definition Reloaded*，Brill，2017；*Bridging the Analytical*

Continental Divide. A Companion to Contemporary Western Philosophy, Brill, 2014。她还是 *Brill Research Perspectives in Art and Law* 和 *Analytic Aesthetics and Contemporary Art*（Bloomsbury Academic）的联合编辑。

亚历山德罗·阿尔博(Alessandro Arbo) 斯特拉斯堡大学音乐系教授，主要研究美学与音乐哲学，作品包括：*Dialettica della musica. Saggio su Adorno*（Milano，1991）；*Il suono instabile：saggi sulla filosofia della musica nel Novecento*（Torino，2000）；*La traccia del suono. Espressione e intervallo nell'estetica illuminista*（Naples，2001）；*Archéologie de l'écoute：essais d'esthétique musicale*（Paris，2010）；*Entendre comme. Wittgenstein et l'esthétique musicale*（Paris，2013）。他还编辑了 *Perspectives de l'esthétique musicale：entre théorie et histoire*（Paris，2007）；*Wittgenstein and Aesthetics：Perspectives and Debates*（with M. Le Du and S. Plaud，Frankfurt，2012）以及关于意大利作曲家弗斯图·罗米特里（Fausto Romitelli）的书籍。其新近学术兴趣为音乐本体论、网络时代音乐录制的理论问题。关于这些主题，他与人一道编辑过以下著作：with M. Ruta，*Ontologie musicale：perspectives et débats*，Paris，2014；with F. Desideri，"Aesthetics of streaming"，in *Aisthesis：pratiche，Linguaggi e saperi dell'estetico*，vol. 9/1，2016；with P.-E. Lephay，*Quand l'enregistrement change la musique*，Paris，2017。

安德烈亚·巴尔迪尼(Andrea Baldini) 意大利人，南京大学艺术学院美学与艺术理论副教授、南京大学中意文化研究中心主任、江苏省青年大使。拥有意大利锡耶纳大学文本学博士学位（2011 年），由富布赖特奖学金资助到美国费城天普大学哲学系学习，并获博士学位（2014年）。2015 年以来，任促进中国和意大利之间文化交流的金陵艺术家驻地项目协调人。他发表的文章涉及美学、艺术哲学、视觉文化等学科，新近文章发表于《视觉文化》和《美学与艺术批评》杂志，其专著 *A Philosophy Guide to Street Art and the Law* 由布里尔出版社出版。他也是一位具有国际经验的独立策展人，策展作品聚焦艺术和审美欣赏在跨文化背景中出现的问题。自 2018 年起，他担任中国意大利学者协会 AAIIC 的董事会成员。

宝凯乐(Carola Barbero)　都灵大学哲学教授，从事语言哲学、文艺理论、本体论、形而上学和美学研究，研究关注情感和小说中的悖论、不存在的对象、迈农理论、文艺理论、形而上学和小说本体论。她撰写并编辑了 17 卷文集，包括 *Madame Bovary*：*Something Like a Melody*（Albo Versorio，2005）；*From Fictionalism to Realism*（with M. Ferraris and A. Voltolini，Cambridge Scholar Publishing，2013）；*Chi ha paura di Mr. Hyde*?（Il melangolo，2010）；*Filosofia della letteratura*（Carocci，2013）；*Significato*（with S. Caputo，Carocci，2018）；*Food*（with T. Andina，C. Korsmeyer，Monist，2018）；*Philosophy and Literature*（with M. Latini，Rivista di Estetica，2019）；*La porta della fantasia*（Il Mulino，2019）等。

亚历山德罗·贝尔蒂内托(Alessandro Bertinetto)　都灵大学理论哲学教授，曾任意大利乌迪内大学美学研究员、柏林自由大学亚历山大·冯·洪堡研究员、欧洲美学学会执行委员会成员。研究兴趣包括艺术哲学、音乐哲学、图像理论、分析美学与大陆美学、诠释学、德国唯心主义，在研项目侧重即兴创作美学。任都灵美学研究中心协调员，作品包括：*Estetica dell'improvvisazione*：*una filosofia dell'arte*，Cronopio，Napoli（forthcoming）；*Eseguire l'inatteso. Ontologia della musica e improvvisazione*，il Glifo，Roma，2016；*Il pensiero dei suoni*，Milano，Bruno Mondadori 2012（法文版为 *La pensée des sons*：*introduction à la* *philosophie de la musique*, Paris, Delatour, 2017)。

詹尼·瓦蒂莫(Gianni Vattimo) 意大利哲学家、文化评论人。在意大利都灵师从路易斯·帕莱松,在德国海德堡师从伽达默尔,1968年至2008年任都灵大学美学教授。瓦蒂莫哲学思想的核心是受尼采、海德格尔、伽达默尔和库恩影响的存在主义和原始后现代主义。他积极参与政治活动,并履行欧洲议会成员职责。因此,他在哲学圈外也很出名。而且,他的思想对女性主义、神学、性学研究和全球化等跨学科研究有着广泛的影响。他的作品包括:*The End of Modernity*: *Nihilism and Hermeneutics in Postmodern Culture* (Trans. J. R. Snyder. Baltimore: John Hopkins University Press, 1988); *The Adventure of Difference*: *Philosophy after Nietzsche and Heidegger* (Trans. C. P. Blamires and T. Harrison. Cambridge: Polity Press, 1993); *Being and Its Surroundings* (Edited by Giuseppe Iannantuono, Alberto Martinengo and Santiago Zabala, Trans. by Corrado Federici, Montreal: McGill-Queen's University Press, 2021)等。

贝内代托·克罗齐(Benedetto Croce, 1866—1952) 意大利哲学家、历史学家、政治家、文学批评家,20世纪意大利文化中最伟大的人物之一,在哲学上捍卫唯心主义,坚持"绝对历史主义",认为哲学最终是一种精神哲学。他的哲学对意大利文化产生了深远的影响,尤其是他的政治思想,被人们视为反法西斯主义的道德指南。他还是意大利自由党的创建者之一。他研究哲学与法学,对马克思主义、黑格尔思想和道德哲学感兴趣。依据克罗齐的唯心主义,现实主要是主体观念的结果,理性与自由来自历史。克罗齐从黑格尔哲学中恢复了辩证特征,还认为知识是由历史判断赋予的。作为文学批评(关于阿里奥斯托、莎士比亚、但丁)重要文章的作者,克罗齐阐述了一种以理解艺术灵感深刻原因的可能性为导向的美学理论。在建立了美学与语言学的联系后，克罗齐又回到了美学是感性的历史概念，表明美学是与可感物而非直觉和现实的主观表征相关的理论学科。与此意义一致，克罗齐认为艺术是直觉和表达，它们是解释艺术活动不可或缺的术语。他创作了很多文章和批判文本，包括 *Estetica come scienza dell'espressione e linguistica generale*（1902），*Logica come scienza del concetto puro*（1909），*Cultura e vita morale*（1914），*Teoria e storia della storiografia*（1915），*The Essence of Aesthetics*（1921），*La storia come pensiero e come azione*（1938）。

保罗 · 安杰洛(Paolo D'Angelo) 2001 年 9 月以来任罗马第三大学美学教授，2013 年 1 月至 2018 年 12 月任罗马第三大学哲学、交际、媒体和表演艺术系主任，2017 年 3 月至今任意大利国立大学委员会成员，其重要著作包括：*Sprezzatura. Concealing the Effort of Art from Aristotle to Duchamp*，New York，Columbia University Press，2018；*Attraverso la storia dell'estetica*.（Through the History of Aesthetics，vol. I：From Eighteenth Century to Romanticism），Macerata，Quodlibet，2018；*Il problema Croce*，（Benedetto Croce as a Problem），Macerata，Quodlibet，2015；*Estetica*，（Aesthetics）Roma-Bari，Laterza，2011；*Filosofia del Paesaggio*（Landscape Philosophy，日语版即将出版），Macerata，Quodlibet，2014；*L'estetica del Romanticismo*（The Aesthetics of Romanticism，西班牙语版，1999），Bologna，Il Mulino，1997。

戴维 · 达 · 萨索(Davide Dal Sasso) 哲学和艺术史双硕士，2017 年获都灵大学博士学位。意大利都灵大学博士后研究员、Labont 本体论研究中心成员、*Artribune* 期刊哲学与艺术栏目《美学对话》负责人，研究关注哲学、美学与当代艺术的关系，对有关概念主义、表达与表征、实践的作用和艺术的问题特别感兴趣。他编辑了新版 *Conceptual Art*

(Mimesis 2014)，与达妮埃拉·安杰卢奇联合编辑 *Philosophical Essays on Nespolo's Art and Cinema*(New Castle Upon Tyne，2018)，作品 *Nel segno dell'essenziale L'arte dopo il concettualismo* (Rosenberg & Sellier)即将出版。

法布里齐奥·德西代西(Fabrizio Desideri) 佛罗伦萨大学文学与哲学系美学教授、同行评价在线杂志 *Aisthesis，Pratiche，linguaggi e saperi dell'estetico* 主编、*Atque，Materiali tra filosofia e psicoterapia* 杂志联合编辑。*Nouvelle Revue d'Esthétique*，*Rivista di Estetica*，*Estetica*，*Studi e ricerche*，*Paragrana*，*Internationale Zeitschrift für Historische Anthropologie*，*Boletín de Estetica*，*Symphilosophie* 等期刊科学委员会成员。其研究主要关注美学与元美学、心灵哲学、意识理论、美学史。新近四本著作为 *La percezione riflessa：estetica e filosofia della mente* (Raffaello Cortina，2011)；*La misura del sentire：per una riconfigurazione dell'estetica* (Mimesis，2013)；*Origine dell'estetico：dalle emozioni al giudizio* (Carocci，2018)；*Walter Benjamin e la percezione dell'arte* (Morcelliana，2018)。

安伯托·艾柯(Umberto Eco，1932—2016) 1954 年都灵大学哲学专业毕业，其后继续研究中世纪文化以及对社会和文学艺术实验主义的批判性调查。他是哲学家、中世纪研究家、符号学家，他的研究为这些学科做出了贡献。他在美学研究中致力于中世纪思想研究，作品有 *Art and Beauty in the Middle Ages* (Yale U. P.，1985) 以及 *The Aesthetics of Thomas Aquinas* (Harvard U. P.，1988)。其重要著作 *The Open Work* (Harvard U. P.，1989) 围绕艺术和前卫展开，致力于当代艺术形式的不确定性和可变性。20 世纪 60 年代末、70 年代初以来，他任博洛尼亚大学教授期间主要致力于符号学研究。他在研究符号学时，还关注语言、文学和认知主义，重要著作有 *The Limits of*

Interpretation (Indiana U. P., 1990); *Interpretation and Overinterpretation* (Cambridge U. P., 1992); *Six Walks in the Fictional Woods* (Harvard U. P., 1994); *Kant and the Platypus* (Harcourt, 1999); *Experiences in translation* (Toronto U. P., 2000); *On Literature* (Harcourt, 2004)。除了哲学和符号学文章,他还创作了大量文学作品,如 *The Name of the Rose* (Harcourt, 1983); *Foucault's Pendulum* (Harcourt, 1989)。

毛里齐奥·费拉里斯(Maurizio Ferraris) 哲学教授、都灵大学人文研究院副院长、Labont 本体论研究中心主席,撰写著作六十余部,已被翻译为不同语种,其中,新近著作为 *From Brillo to Moleskine* (Leiden, Brill)。任 *La repubblica* 和 *Neue zürcher zeitung* 报纸专栏作家。目前忙于筹备都灵理工大学为艾柯而建的大学高级研究所的新学科。任世界研究学院(巴黎)研究主任,东南欧高级研究中心(里耶卡)和北威州国际哲学中心顾问成员,弗洛雷斯大学(布宜诺斯艾利斯)和匈牙利佩奇大学的人文学科荣誉博士,全球合作研究中心(波恩)、美国意大利高等研究院(纽约哥伦比亚大学)亚历山大·冯·洪堡基金会研究员。其英文著作包括:*History of Hermeneutics* (Humanities Press, 1996); *A Taste for the Secret* (with Jacques Derrida, Blackwell, 2001); *Documentality or Why it is Necessary to Leave Traces* (Fordham UP, 2012); *Goodbye Kant!* (SUNY UP, 2013); *Where Are You? An Ontology of the Cell Phone* (Fordham UP, 2014); *Manifesto of New Realism* (SUNY UP, 2014); *Introduction to New Realism* (Bloomsbury, 2014); *Positive Realism* (Zer0 Books, 2015)。

艾米利奥·加罗尼(Emilio Garroni, 1925—2005) 哲学家、作家。他凭借教学和著作,基于对康德遗产的创新性重新解释,确立了所谓的

"罗马美学学派"。20 世纪 60 年代,身为意大利艺术辩论(*La crisi semantica delle arti*,1964)的主角,与布兰迪、卡尔维诺、艾柯和德·毛罗进行了重要交流。1976 年出版 *Estetica ed epistemologia*,并在文中首次重新阐释了康德对审美判断与体验、科学知识及艺术的关系。1986 年随着 *Senso e paradosso. L'estetica, filosofia non speciale* 的出版,他为美学奠定了新的有影响力的基础,这作为一种非特殊的哲学事业(不是"艺术哲学"),作为对我们体验感条件的哲学反思。从这一视角来看,艺术不是美学的认识对象,而只是其典型的历史参照物。他已出版著作几部,发表文章数百篇,2005 年(逝世同年)出版专著 *Immagine linguaggio figura*。

彼得罗·蒙塔尼(Pietro Montani) 罗马第一大学哲学系荣誉教授,曾在意大利电影学院教授美学,曾任法国社会科学高等研究院副研究主任,目前为国际研究项目"人类的未来:想象的新场景"(维尔纽斯)成员,《爱森斯坦文集》(9 volumes, Marsilio, Venezia, 1981—2019,即将出版)意大利版的科学协调员。过去 15 年,其研究兴趣为艺术与技术的关系,尤其是新技术对想象过程和常识的影响,其新近著作为 *Tre forme di creatività: tecnica, arte, politica*, Cronopio, Napoli, 2017。

路易吉·帕莱松(Luigi Pareyson, 1918—1991) 1939 年毕业于都灵大学哲学专业,师从奥古斯托·古佐(Augusto Guzzo)和焦勒·索拉里(Gioele Solari)。在德国跟随卡尔·雅斯贝斯(Karl Jaspers)学习后,他开始战后时期的学术研究,同时在都灵大学先后教授美学和理论哲学。他是意大利国立林且(Lincei)学院院士、国际哲学协会成员、*Rivista di estetica* 杂志创始人、首批在意大利传播德国存在主义的哲学家之一,他关注马丁·海德格尔和卡尔·雅斯贝斯。他阐述了新唯心主义,认为弗里德里希·谢林(Friedrich Schelling)是存在主义的先驱。其研究可以分为三个阶段:受谢林启发的存在主义、诠释学和本体论。尤其在第二阶段，他发展了诠释学哲学，这对他的美学理论至关重要，其中"形成性"概念凸显出来。帕莱松视艺术为形成性实践，其中道德和思想是重要因素。他的美学基于形式、美、诠释之间的联系。后来受他影响从事美学研究的学生有艾柯、瓦蒂莫、佩尔尼奥拉。帕莱松的作品包括 *Studi sull'esistenzialismo*（Firenze，1943）；*Esistenza e persona*（Torino，1950）；*Estetica Teoria della formatività*（Torino，1954）；*Teoria dell'arte*（Milano，1965）；*I problemi dell'estetica*（Milano，1966）；*Verità e interpretazione*（Milano，1971）；*Filosofia della libertà*（Genova，1989）。

马里奥·佩尔尼奥拉（Mario Perniola） 哲学家、作家、罗马第二大学美学教授，曾在法国、丹麦、巴西、日本、加拿大、美国、澳大利亚等国的高校和研究机构做访问学者，其著作已被翻译为多国语言。曾管理 *Agaragar*（1970—1972）、*Clinamen*（1988—1992）、*Estetica News*（1988—1995）、*Ágalma*、*Rivista di studi culturali e di estetica*（2000—2018）等多个期刊。人们视其为意大利全境内外当代现象和体验的最重要和最具创新性的诠释者之一。他的作品研究罗马思想、耶稣会-巴洛克传统、20 世纪前卫和非西方传统（尤其是巴西和中国传统），关注美学、政治和文学。他的作品包括：*Enigmas: the Egyptian Moment in Society and Art*，Verso，1995；*Ritual Thinking: Sexuality, Death, World*，Humanity Books，2000（中文版由商务印书馆出版，2006）；*Contro la comunicazione*，Einaudi，2004；*Art and Its Shadow*，Continuum，2004；*La società dei simulacri*，Mimesis，2011；*L'estetica contemporanea: un panorama globale*，Il Mulino，2011（中文版由复旦大学出版社出版，2017）；*20th Century Aesthetics: Towards a Theory of Feeling*，Bloomsbury，2013；*L'avventura situazionista*，Mimesis，2013；*L'arte espansa*，Einaudi，2015；*Del terrorismo come una delle belle arti*，Mimesis，2016；*The*

Sex Appeal of the Inorganic, Bloomsbury, 2017; *Estetica italiana contemporanea*, Bompiani, 2017。

安德里亚·皮诺特(Andrea Pinotti) 米兰州立大学哲学系美学教授,研究集中在图像理论和视觉文化、纪念和纪念性、现象美学、移情理论、从歌德至今的形态学传统方面,作品包括 *Il corpo dello stile: storia dell'arte come storia dell'estetica a partire da Semper, Riegl, Wölfflin* (1998), *Memorie del neutro: morfologia dell'immagine in Aby Warburg* (2001), *Empathie: histoire d'une idée de Platon au post-humain* (2016), *Cultura visuale: immagini sguardi media dispositivi* (与 Antonio Somaini 合著, 2016)。2018 年,他在汉堡获得阿比-瓦尔堡基金会奖。目前主持名为"异常图像学——历史、理论、环境图像"的 ERC 高级项目。

恩里科·特龙(Enrico Terrone) 拥有都灵理工大学电子工程学位和都灵大学哲学博士学位,作品涉及美学、本体论和技术方面的哲学问题,主要研究领域为电影哲学,已在 *British Journal of Aesthetics*, *Journal of Aesthetics and Art Criticism*, *Erkenntnis*, *The Monist*, *Philosophy of the Social Sciences* 等国际期刊上发表文章,近年著作有 *Cinema and Ontology* (2019, with Maurizio Ferraris), *Filosofia dell'ingegneria* (2019), *Filosofia del film* (2014), *Filosofia delle serie Tv* (2012, with Luca Bandirali)。

斯特凡诺·韦洛蒂(Stefano Velotti) 罗马第一大学哲学教授、高级研究学院高级研究员,曾在斯坦福、耶鲁、加州大学圣芭芭拉分校、加州大学洛杉矶分校做访问学者。曾为意大利出版社、意大利公共广播电台和教育电视节目工作,并定期为国家报纸和期刊的一些文化增刊撰稿。秉承由埃米利奥·加罗尼(Emilio Garroni)发起的"罗马美学学派”的传统，从事美学、伦理学和社会哲学的跨学科研究，并在这些领域发表了多部作品，包括 *La dialettica del controllo*：*limiti della sorveglianza e pratiche artistiche* Castelvecchi，（Roma，2017）；*La filosofia e le arti*：*sentire*，*pensare*，*immaginare*，Laterza，（Roma-Bari，2012）；*Estetica analitica*：*un breviario critico*，Aesthetica，（Palermo，2008）；*Storia filosofica dell'ignoranza*，Laterza，（Roma-Bari 2003，2° ed. 2003）；*Il non so che*：*storia di un'idea estetica*，（with P. D'Angelo），Aesthetica，（Palermo，1997）；*Sapienti e bestioni*：*Saggio sull'ignoranza*，*il sapere e la poesia in Giambattista Vico*，（Parma，Nuova Pratiche Editrice，1994）；*Adolf Loos*：*Stile e paradosso*，（De Donato，Bari，1988）。

目 录

1　当代艺术中的美与规范性*

蒂齐亚娜·安迪娜

一、美是开端

我们的艺术直觉通常与创造性、表达的自由性和大胆实验等观念(idea)有关。我们在考虑法律与艺术的外在关系时，应该意识到，许多艺术家(特别是作家，还包括音乐家、画家和表演艺术家)受过法律学科的训练。或许，这只是巧合，不管如何定义，艺术与法律都很深奥。

在这一点上，哲学可以帮助我们解决这个问题。我们知道，人文科学的历史曾与美的历史密不可分。至少直到20世纪初是这样。1917年，马塞尔·杜尚(Marcel Duchamp)在独立艺术家展中亮出了他的作品《喷泉》。显而易见，创造艺术品就是创造美。美的命题曾经综合了各种意义以及审美本质的细微差别。从艺术形式和单个案例来看，审美本质与形式和构成符号有关。基本上，要判断一本书是否好或一幅画作是否精美，就要明确鉴赏力判断(judgment of taste)。鉴赏力判断分别与书中包含的写作和叙述的质量(书写得好、故事讲得好)有关，或与画作的形式和表达能力有关。

---

* 本文译自 Tiziana Andina, "Normativity and Beauty in Contemporary Arts", in *Rivista di estetica*: *Discrimination in Philosophy*, Vera Tripodi (ed.), Torino: Rosenberg & Sellier, 2017, p. 151。——译者注

随后，我们会发现，杜尚做了两件重要的事：第一，他引入了现成品(ready-made)这一概念，例如：艺术家并未改变任何特性的人工制品，也可能是一件艺术品；第二，他提出了一种假设，即艺术品可能是麻醉剂，因而可以逃避艺术定义的内在必要性——美。这一假设在一篇名为《理查德·穆特事件》的文章中有过明确的论证。有些东西可能既不美也不丑，但仍然是一件艺术品。[①] 穆特先生(那是杜尚签在《喷泉》上的笔名)选择了一件日常物品，给它起了一个名字，并在艺术比赛中展出了这件作品，除此之外他什么也没做。杜尚就此创造了一种看待事物的新方式。在杜尚的作品中，我们可以读出后来艺术家明确要表达的思想，那好像是朝着艺术和法律的间隙前进[从法律的角度讲，指规范性(normativity)的任何形式]。[②] 关于这一点，我在后面会详细论述。现在，我希望指出，艺术史将1917年解释为与瓦萨里(Vasari)标准的断裂，1917年之前的情况与杜尚之后又有不同。

因此，我们可以谈谈杜尚**之前**、**之后**的时代。在杜尚之前，艺术和美密不可分。从理论上讲，哲学对艺术和美的阐释标准(canon of interpretation)是知觉(perception)和感受性(sensitivity)。从这个意义上讲，艺术与我们感知世界的方式有关，因为美主要通过感官来感知。哪里有美，哪里就有感受性。哪里有感受性，哪里就有鉴赏力判断。正如康德在《判断力批判》(*Critique of Judgment*)一书中所言，鉴赏力判断有一种内在的规范性结构(normative structure)。杜尚是否已经从艺术创作中祛除了任何审美规范性(aesthetic normativity)？在回到当

---

① 下文中我要用“美”，而不是通用的“好”，来表达艺术品中美存在的重要性。

② “1912年发生了一个小插曲，它让我改变了想法。我原想把《下楼的裸女》带到独立艺术家展上去，然而临近开展，他们却让我撤展。当时，即使在最先锋的人群中，也有人对此报以忧虑，甚至可以说，是一种恐惧！像格莱兹那样绝顶聪明的人发现，‘裸女’并非如他们所想。立体主义已经存在了两三年，他们对此有着绝对清晰却又教条的看法。依此，你甚至可以预知接下来立体主义会怎样发展。我认为那既无知又愚蠢。要知道，我曾认为，他们才是真正自由的艺术家，但是他们的行为让我冷静下来，作为反思的结果，我随后找了一份工作。”见 Cabanne, *Dialogues with Marcel Duchamp*, p. 17。

代艺术来理解这个问题之前，我要简要解释一下原因。在18世纪，这些原因作为内在规范，使审美判断(aesthetic judgment)与前杜尚艺术有关。

二、美的普遍性

我们要回答的是下面的问题。看着《蒙娜丽莎》，我们做出鉴赏力判断，这是什么意思？当我们说《蒙娜丽莎》很美，它绝对是西方绘画的杰作，我们又是什么意思？这一陈述包括鉴赏力判断(《蒙娜丽莎》很美)和艺术判断(artistic judgment)(它是西方绘画的杰作)。下面，我要说：第一，两种判断截然不同；第二，二者都具有规范性本质(normative nature)，但是鉴赏力判断的规范性指艺术判断的不同因素；第三，当代视觉艺术要求阐释艺术判断，而非鉴赏力判断。

康德在《判断力批判》一书中特别提出了鉴赏力判断的认识论地位这一问题。无论那是什么意思(审美判断的主观性)，通过鉴赏力判断的阐述(《蒙娜丽莎》是美的)，我们支持一种观点，即正在卢浮宫欣赏《蒙娜丽莎》的我们，喜欢《蒙娜丽莎》，并认为它美得毋庸置疑。同时，依康德所言，我们期望那些已经看过或即将看到《蒙娜丽莎》的人们，也能发现它是美的，也能准确地表达同样的判断。鉴赏力判断，即与事物主体(subject)相关的鉴赏力判断，是主观的(subjective)(即依靠阐释它们的主体)。因而，鉴赏力判断与他们渴望取得普遍共识之间存在一种张力。换言之，它们好像同时具备主观性(个体的)和客观性(规范的)。因此，鉴赏力判断自称具有规范性，即确立不仅适用于阐释者，还适用于所有人的规则。

在简要谈论康德的文本之前，先来解释一下“规范性”的意义是很重要的。在这几页中，我要对“规范性”采用一个宽泛的内涵：我要表明规范性与是非意识相对，而且某些判断可能强于其他判断。学者们都知道，近年来人们对规范性概念(notion of normativity)非常关注，一般哲学是这样，像伦理学和认识论这样的专门哲学也是如此。我们应该怎么办？我们应该相信什么？规范性的形而上学概念的理论内核如果存在，又将是什么？最后，规范性与判断又是什么关系呢？

规范性与审美判断之间的关系，不像规范性与伦理学之间的关系那样显而易见。而且，根据鉴赏力判断要分享的内容或普遍性(universality)而言，我也预料到，我们认为与鉴赏力判断有关的主观主义(subjectivism)与人们对常识的直觉完全不同。这就是说，关于美、丑特性的鉴赏力判断是普遍的。第一，因为在主题中这种特性普遍存在，人们才去阐释它们。第二，因为它们要捕捉事物的客观特性。换言之，鉴赏力判断的普遍性是基于对主题的了解和参与鉴赏力判断的事物某些特性的存在与否。在这两种情况下，有一种必要性成分与鉴赏力判断的阐释有关，它构成了鉴赏力判断的规范性。

在康德之前，德国哲学家、现代美学奠基人鲍姆嘉通在感官知觉(sense perception)和审美特性(aesthetic properties)之间建立了系统关联。在他的重要著作《美学》中，鲍姆嘉通将美学定义为有关感性认知的科学。美学主要对呈现给感官的一切进行分析：它是处理较低认知度的感性认知科学。因此，根据鲍姆嘉通的定义，美学是一门探究模糊而又可感的表象的学科。在这一框架下，判断力是事物完美和瑕疵的表征，美是由感官而非理性感知到的完美。①

显然，鲍姆嘉通给这门新学科赋予了广泛的研究范畴：他要发展感性认知的一般科学，而非一种艺术理论或鉴赏力判断。因此，鲍姆嘉通把知识理论分为两部分：首先是逻辑，关注理性知识(intellectual knowledge)；其次是美学，关注感性认知科学和人文艺术理论。这门新

---

① 这是鲍姆嘉通在其影响深远的著作中阐释的美学定义："美学(人文科学理论、较低认知能力的逻辑、审美思维艺术、概念类似物的艺术)是关于感性认知的科学。"(Baumgarten, *Aesthethica*, § 1)

科学的目的是实现感性知识的完美，即美，而避免瑕疵，即丑。[①] 美不是或不仅仅是事物的特性，而是当其与我们的感受力完美组合、相互协调时的一种特性。

在这一框架下，我想问：准确地说，什么是感性认知？它如何运作？鲍姆嘉通想到的是哪种知识？

鲍姆嘉通选择的例证是源于感官观念的诗歌。这就是为什么美学不是**理智**（*ratio*），也不是纯然、经典的理性科学，而是鲍姆嘉通定义的**概念的类似物**（*analogon rationis*）或**低等认知能力**（*facultas cognoscitiva inferior*）。诗歌作为一种知识形态，也或多或少运用确切的表象，但它依旧是一种主要由感性观念组成的知识形式。相反，科学知识虽可以由感性观念组成，但它的标准组织结构要求使用确切的表征（representation）。感性观念的概念为实现我们的研究目的提供了希望，尤其因为鲍姆嘉通好像渴望找到构建和组织知识的新方式。特别是，依他看来，不可能明确区别感官知识和理性知识。因为尽管它们分属不同理智，但两者都有存在的必要性，而且其内部构成也相同。

而且，鲍姆嘉通论述的轮廓呈线性，非常清晰。他认为，我们的低等认知涉及感官，这些感官让我们接触外部世界，并开始现实表征的过程。反过来，表征可以或多或少、有效地把握外部现实。鲍姆嘉通认为，美的感知与完美的概念紧密相关。尤其是，当他辩称美只是可感认知的完美化时，他是在说美不仅属于事物的表象（我们可以说是事物的形式组成），而且还属于感官知觉的经验。换句话说，不仅可以通过形式，还可以通过作品的**内容**来表达美的潜力。这是正确的，因为对于我们的感官，即概念的类似物来说，作品的形状可能是"美的"；从理论原因来看，其内容可能也是"美的"。

鲍姆嘉通从这些前提中，得出了一些关于艺术衍生知识的结论：例如，诗歌就像所有艺术一样，都是由我们的感性观念造就的，可以

---

① 参见 Baumgarten, *Aesthethica*, § 14。

产生基础知识，因此只能利用特定知识。代表事物幻象的绘画也与诗歌相似。有趣的是，无论你从哪里获得知识，都必须具有某种形式的规律性（regularity）和规范性。这正是康德从鲍姆嘉通的假设中得出的结论。康德从鲍姆嘉通的反思开始，将分析重点放在三个要素上：一、判断，特别是既主观又普遍的审美判断；二、美的概念；三、规范性的概念。

实际上，这是《蒙娜丽莎》的问题。在阐释我们对《蒙娜丽莎》的鉴赏力判断时，为什么我们希望每个人都同意我们的意见，就像我们在表达人们普遍认同的知识一样？对于认识论所关注的事物而言，美真的与真、善同等重要吗？康德认为，主体自由与普遍规范之间的张力是可能存在的。实际上，主体参与了审美判断的阐释，并对审美知觉（aesthetic perception）做出情感反应（例如，感到愉悦、不满甚至是痛苦）。然而，在鉴赏力判断中，不仅存在对审美知觉的个体反应。我们还意识到，这种反应是以普遍形式发生的，因此必定是共享的、规范的。

康德对艺术并不是特别感兴趣。实际上，在他看来，鉴赏力判断是审美的，而非艺术的。但是，对于康德而言，无论在自然界还是在艺术创作中，有规范的地方就是美的。就我们的目的而言，重要的是弄清鲍姆嘉通强调的审美认知维度（事实上，就是感性认知）的底线。换句话说，这是我们知识的想象力和逻辑维度。其中知识仍然存在迷惑性和不确定性。对鲍姆嘉通而言，艺术，尤其是诗歌，使我们得以进入这一存在领域，从而我们进入一种形式化程度较低的、以自身规范性为特征的现实世界。

三、以卡拉瓦乔为例

我们要问问自己，鲍姆嘉通到底是什么意思？在此之前，我们可以弄清他偏爱诗歌的原因：由于人文学科代表一种知识形式，尽管不如理性知识，鲍姆嘉通还是更喜欢语义元素更为明显和结构化的艺术形式。因此，他特别喜欢使用文字的艺术形式。与科学语言相比，诗歌语言更"原始"，逻辑上也没那么微妙。但是，正是由于诗歌不那么微妙，它才能捕捉并表示一个重要的现实领域：我们能感知却无法准确区分的感觉的模糊地带。使用叙事风格的视觉艺术与诗歌的工作机制相似：认知元素实际上是通过揭示审美特征的作品属性进行整合和呈现的。

要理解这一点，我们来看看意大利的经典画作，俗称卡拉瓦乔(Caravaggio)的米开朗基罗·达·梅里西(Michelangelo da Merisi)的作品。在《召唤圣马太》(*The Calling of St. Matthew*，1599—1600)中，对绘画形式特性的感知至少与叙事形式同样重要。其叙述内容比《马可福音》中同一片段的叙述更简洁、直接。[①] 在卡拉瓦乔的绘画中，马修皈依基督教的故事运用比喻，叙述详尽。该叙述主要依赖于两个元素：描绘人物时的真实精确度，以及对光的艺术性和反自然性的使用。场景设置在一个类似小酒馆的贸易场所，同时人物关系也模糊不清。这些人物看起来有些相似，因此评论家不确定谁是马太。在这群人前面，一个人举起手，指着一个进餐者，清楚地向他讲话。一束暖光从房间的一侧射入，恰好落在他讲话对象的一侧。光是为了照亮场景，就像剧院舞台上的聚光灯一样。

阅读故事不会有太多困难：那人是耶稣，举起手臂是一种表演性行为，这行为不是讲出来的，而是演出来的。在《召唤圣马太》中，卡拉瓦乔延续了乔托(Giotto)在斯克罗维尼教堂(Scrovegni Chapel)时期的传统，更确切地说，是属于教堂中部壁画的耶稣故事时期。耶稣举起手臂的动作重复了几次，几乎都具有同样的特点，但导致的情况却大不相

① 耶稣再次来到湖边。一大群人来到他身边，他开始教他们。他走动时，看到亚勒菲的儿子利未坐在收税人的摊位上。耶稣告诉他："跟随我。"利未起身跟随他。耶稣在利未家中用餐时，许多收税人罪人与他和他的门徒们一起吃饭，因为有许多人跟随他。当法利赛人的律法老师看到他与罪人、收税人一起吃饭时，就问他的门徒："他为什么和收税人还有罪人一起吃饭?"耶稣对他们说："需要医生的不是健康人，而是病人。我来不是要召唤义人，而是罪人。"(Mark, pp. 213 - 217)

同：在医生中间，耶稣在圣殿中上课；在迦南的婚礼宴会上，他把水变成了酒；他医治麻风病人；他进入耶路撒冷，祝福人们；他把兑换零钱的人赶出圣殿，并为门徒们洗脚。耶稣的手——卡拉瓦乔除了学习乔托，在他的画作中，还让人们回忆起米开朗基罗在西斯廷教堂（Sistine Chapel，1508—1512）中画的亚当（Adam）的手臂——指向艺术家想象中精神迷失的人。

光线是故事的主角：它在不像自然采光的环境中那样，透过桌子后的窗户射进来，也不来自人工光源。它只是不知从哪里进入该场景，并且按照耶稣手的方向，强调了他行动的力量。光线成就了画作，真正重要的事物（耶稣的脸、他的手、马修身处的收税人群）从黑暗中显现出来。并且，光因从周围环境中凸显而变得尤为重要，从而对场景造成强大的戏剧化影响。卡拉瓦乔的绘画无疑使用了一些审美特性（强烈的模仿特征，大胆用色，但不是用透明色，而是语义上浓烈的色彩）和一些我称为艺术性的元素，以便区分它们与纯粹的感知或审美元素。[①]

艺术成分呈现出特别有趣的概念维度，在绘画的某些特定部分可以察觉到。例如，光线的存在不仅便于画作的阐释、讲述画布上的故事，还可以引出光线，以及光与神之间关系的象征意义。然后是耶稣的手，模仿了米开朗基罗的作品（他只把画作讲给懂些艺术史的人听），并表现了乔托的诗学，其中神的力量体现在耶稣的代理权中。

不可否认的是，卡拉瓦乔对色彩和光线的使用使得人们可以了解画中的故事，因此，对故事的了解显然取决于我们的敏感性。是的，确实存在认知（cognitio），但这里是敏感性（sensitiva）。卡拉瓦乔使用触动敏感性的工具讲述了他的意思：通过用色以及用作品的美感唤起观看者的审美体验，来强调敏感知觉（sensitive perception）。基本上，我

① 我在这里采用了丹托（Danto）提出的美学和艺术哲学的区别（Danto, *The Transfiguration of the Commonplace*）。但是，与丹托相反，我认为审美维度本身也具有认知维度，因此可以与单纯感知维度相区别。艺术维度更加复杂，还包括历史文化知识。

们可以想象，一位观众对卡拉瓦乔的故事一无所知，并且无法理解光的象征意义或隐藏在基督手后面的意义；然而，尽管如此，我们依然可以想象，该观众能轻易体验到审美规范性，因为该规范性规定了光与色彩审美特性的特殊方式。

对卡拉瓦乔的作品，特别是对这幅画的鉴赏力判断，既具有独特性，又具有普遍性。也就是说，每个人都有鉴赏力判断，而在另一种意义上，鉴赏力判断又是普遍存在的。应当指出，这种判断完全是审美的：鉴赏力判断与作品的艺术生命无关，作品的艺术生命需要阐释者具备知识，且不遵循审美认知。总之，可以肯定地说，艺术判断需要审美认知，它取决于审美认知，而它本身并不是必需的，因为对作品的基本理解可以很好地停留在审美领域。

四、当代艺术：概念与规范

我们之前提到过，杜尚在将现成品与“普通”艺术品一同引入博物馆后，本体论问题和定义问题就变得迫在眉睫了。如果将现成物品视为其他艺术品，则显而易见会引出定义问题，这就需要回答以下问题：“既然一件普通物品，特别是手工制品，在没有增加或减少其物理特性的前提下，可以视为艺术品。那么，艺术品是什么呢?”

换句话说，当代艺术，尤其是达达主义运动和抽象表现主义所造成的重要断层(caesura)，似乎在质疑对艺术的理解取决于敏感性这一观念。小便池的洁白，即其白色的特性，当然不是杜尚在艺术比赛中推出系列内置小便池的原因。正如艺术家本人所解释的那样，他没想到观众会欣赏《喷泉》的审美特质。事实恰恰相反：杜尚对麻醉维度很感兴趣，因为他的目标是创造一种艺术品，而不考虑传统的审美特性，尤其是美。

因此，现成物品的利用有两个基本理论目标：一、展现艺术的麻醉特征，将其从美的需求中解放出来；二、显著增加作品嵌入的概念内容。这一内容在卡拉瓦乔的《召唤圣马太》中也有所展现。但是，如果你掌握该作品的线索，内容就会用更明确的语言和易于理解的方式进行组织，如《圣经》故事。另一方面，《喷泉》既不美也不丑：它可能属于"令人作呕"的事物类别。这就是为什么我们认为杜尚为了告诉我们一些事情，而以他的方式展示小便池（几乎是上下颠倒，让人没办法联想到它的日常用途）。

是否追求"麻醉性"，可以用于区分现成品与抽象主义。在抽象主义看来，例如在卡兹米尔·塞韦里诺维奇·马列维奇（Kazimir Severinovič Malevič）的作品中，色彩仍然是决定因素（在我们的示例中，色彩彰显了俄罗斯艺术家的诗学）。换句话说，马列维奇的抽象画肯定比喷泉和其他现成品更接近《召唤圣马太》。因为，实际上，现成品似乎不可能唤起任何鉴赏力判断，因此，似乎没有所指的审美规范性。我要验证的假设是，当代艺术中的规范性问题，需要对艺术这一概念的定义进行修订。换句话说，如果我们希望检验当代艺术的规范性，就要重新考虑艺术的概念。

1. 定义

值得注意的是，定义的哲学研究源远流长，并由基础知识源于概念这一观念激发而来，而我们也已经确认了概念的必要且充分条件。柏拉图式的对话以精湛的方式证明了这一点。苏格拉底的策略通常是向对话者指出他们夸大了自信，即便人们声称了解定义，但是很少给出定义（根据柏拉图的标准，这意味着他们很少拥有知识）。考虑到我们即使遵循不精确的概念和认知，也能够相对较好地解决问题，这似乎就不重要了。

日常生活充满了柏拉图警告我们要注意的问题。如果复活的柏拉图要我们定义"单身汉"一词，我们将如何回应？通常，那些能辨识单身汉的人会回答："单身汉是未婚成年男性。"该定义由两个概念组成："男性”和“未婚成年人”。简而言之，这意味着一个人要成为“单身汉”定义的候选人，他必须具有某些特征：他必须是男性，他必须是成年人，当然，他必须未婚。如果不能同时满足这些条件（也许因为候选人是女性、火星人或已婚成年男性），那么与我们打交道的这个人就不是单身汉。

为了使“单身汉”的定义能够实现其目标，有必要确定所有单身汉的共同属性，然后有必要确定单身汉与“丈夫”等相似类别的特性。艺术品哲学以相似的方式，试图确定所有艺术品的共同属性，以便将艺术品与类似物品（例如手工制品）区分开。我曾在其他地方谈到过当代艺术的定义问题。[①] 在这里，简单回顾一下我所描述的定义会很有帮助：

> 艺术品是一件社会性物品、人工制品，在不透明的介质上，以刻痕的形式，展现了事物的表象。

我将其称为“准定义”，这意味着它不是根据必要且充分条件给出的定义，而是仅仅根据必要条件提供的定义。这需要一些简短的说明。我将从特定的艺术品开始举例说明。

尽管并非总是如此，但通常艺术家们能够创作出具有代表性内容的作品。这些作品既代表我们的思想，也代表我们的情感。正如尼采所言，这就是为什么艺术品能够比阐释完好的论辩对我们生活的影响更大。克里斯汀·马克莱（Christian Marclay）的影片《时钟》（*The Clock*）时长24小时，令人印象深刻，刚好证明了这一点。电影中有很多长（甚至超长）片的例子。尽管如此，《时钟》也是电影摄影作品中真正的瑰宝，其中现实与虚构世界的分离，标志着时间界限几乎完全消失。整部电影都记录和强调着时间，这与我们生活中的时间惊人地吻合。观众很快意识到这一点，起初是感到惊讶，随后在不安中又夹杂着

① Andia 2011.

真实的快乐。人们计算着时光流逝;在整部电影中,人们谈论和考虑着24小时。捕捉时间节奏的时钟记录着时间,流淌在马克莱电影片段中的记忆记录着时间。记忆以电影片段为背景,经历着银幕上黑白历史场景的讽刺,只为通达一个色彩斑斓的世界。随着时光流逝,棘手问题也找到了答案,在一个场景出现后,一些问题以不同方式,几乎是在新的时间维度里得到了解答。

这部电影间接提出了一个关于经典形而上学问题的思考:"什么是时间?"[①]它还指出了找到答案的方法:借助时间和记忆的关系。毕竟,即使是公共、共享时间也总是以个人记忆为标志,这是马克莱在他作品中表达的第一种直觉。马克莱确实展示了时间的流逝——因为这是我们对时间唯一的了解——并用他自己的记忆来标记时间,用他个人电影资料库中的电影来弥补他的作品。时间对所有人都是如此,这是事实,对事实的记录当然是普遍事实,至少对于人类是如此。但是,《时钟》中的时间是私人时间,属于导演和他的记忆。马克莱的第二个见解是要展示如何仅通过时间的轨迹面对时间:时间与其轨迹重合。时光流逝的痕迹,时光沉淀在被选择和舍弃事物中的痕迹。因此,马克莱通过电影的记忆讲述时间,而记忆本身就是一部电影。

我们再来看一个例子。这是一件艺术品,牺牲了20世纪艺术偏重的元概念风格(meta-conceptual mannerism),与社会、公民奉献紧密相关。"物质世界"是一个多媒体项目,为资源开发和流通的全球性问题提供了一个开放访问的图书馆。以下为该项目的免责声明:

> "物质世界"是一项国际艺术和媒体项目,旨在研究主要材料(化石、矿物、农业、海洋)及其涉及的复杂生态。该项目由艺术家和学者组成的跨学科团体发起,旨在满足对新型表现形式的迫切需求,这种形式需要将与资源相关的辩论从市

---

① 比较 St. Augustine, *Confessions*, book XV, p. 14, p. 17。

场驱动领域转移到开放的公众话语平台。该项目力图采用创新、道德的方法来处理资源，同时挑战这一假设，即地球上的材料无疑是人类消费的资源……①

"物质世界"的纲领性目标很有趣，原因如下：首先，因为他们是一群有着共同目标的艺术家，有点像是一群研究相同理论假设的科学家。其次，因为已阐明的基本思想是理解当今世界上的重要事件，所以需要建立一个新的表征，即一种看待世界的新方法。目的恰恰是为人们生活的世界提供替代表征，从而质疑由大众文化催生的已有表征。

这也是瑞士艺术家厄休拉·比耶曼(Ursula Biemann)的作品要达成的目标。她试图通过镜头展现迁徙中的心理和社会动态(《撒哈拉纪事》)以及自然资源开发和气候变化等现象的跨代影响(《纵深的天气》)。比耶曼从事视频艺术，更确切地说，是制作艺术家定义的"视频短文"。为了阐明这一新词，我们可能要提到艺术(包括所有艺术)都体现了意义这一观念。比耶曼似乎对此深信不疑，并将自己的作品(视频)与通常涵盖科学作品(短文)的类别而非艺术类型进行比较。《纵深的天气》(2013,9分钟视频)是一部视频短文，不同于视频故事。该片不仅要记录事实(那通常是新闻报道要记录的)，还要提供与所记录事实相关的世界观。这意味着，艺术家完全知晓自己作品的艺术范畴(artistic scope)，以及提升艺术范畴的审美范畴(aesthetic scope)。

另一个有趣的元素涉及情感元素的使用。情感元素常存在于艺术之中，我们希望它更多地出现在比耶曼等人的作品中，因为这些作品能饱含情感地处理问题。然而，艺术家决定让自己的作品不带感情色彩：如果大众媒体使用渲染暴力的图像，强调问题的情感效果，比耶曼则从批评的角度展现问题。当情感降为零度时，这两篇视频短文在审美方面就具有了鲜明的特征。它们精美，不仅是因为采用先进的技术制作，

① 详情见 http://www.worldofmatter.net/about-project。

而且因为具有强烈的审美元素。

20 世纪前卫艺术主要研究自身的元语言，而今天的艺术家则关注社会和政治责任，并将其作为创作的基本要素。让我们再来看看上文提出的定义：

> 艺术品是一件社会性物品、人工制品，在不透明的介质上，以刻痕的形式，展现了事物的表象。

艺术品是社会性物品，因为艺术品的创作（即便艺术家对物品的干预很少，如在现成物品中）以艺术家的意向性（intentionality）为前提。杜尚的艺术项目使《喷泉》成为艺术品，并将《喷泉》和贝德福德郡的其他小便池区别开来。比耶曼的项目以同样的方式标明了她的视频和记者熟练拍摄的移民登陆视频之间的区别。在我们考察的所有情况中，艺术项目是最重要的，涉及艺术品自身的表现潜力（换句话说，是艺术对其作为媒介的反思）以及艺术家展现自己世界观的表现形式。

现在，显而易见，当代艺术的本体论多样性，暗示了概念痕迹并入的多种形式与方式：一部电影纪录片具有不同的特征，因此与视觉艺术其他形式（如雕塑和绘画）意义并入的方式和可能性也不同。与表演艺术一样，视频艺术也允许艺术家结合更加复杂、更结构化的叙事痕迹。我介绍了概念痕迹这一观念，因为即便使用比耶曼作品等最明晰、结构化的叙述，以艺术方式展示和讲述的现实，包括一个清晰的项目和复杂的叙述，也不同于对现实的哲学思考。艺术品体现的痕迹是艺术家在作品中铭刻的、观众以自己精巧且精致的方式完成的重要元素。阐释性边界、含义的论证与逻辑结构、情感元素的使用：所有这些都标志着艺术品所体现的重要痕迹与哲学的概念结构之间的差异。后者使用了我们的高等认知，而鲍姆嘉通认为，艺术引发了低等认知。

最后要谈的是媒介。媒介的非透明性（non-transparency）决定了艺术品与非艺术品之间的区别。如果在传统艺术中（尤其是绘画、雕塑、文学和建筑)，媒介决定艺术品与普通物品的差别，那么当代艺术使用的各种媒介(包括物质的和代理的媒介)似乎可将媒介隐身，而作品中的语义痕迹则获得主要价值。但是，媒介永远不可能完全透明：如果是这样，我们将失去艺术与现实的界限，而这界限让艺术成为艺术。这是两种不同的认识论资产(epistemological assets)的边界：艺术领域承认小说是一种结构上的可能性，而现实并非如此。

我认为，"非透明性"指媒介必须包含作品所属的虚构空间。在两个基本要素方面，比耶曼的视频短文不同于纪录片和纪录片摄影：因为它不是要客观地渲染现实，也不是简单地记录现实。换句话说，这不是新闻报道。相反，它的目标是在比耶曼的例证里尽可能地表现现实：仔细观察会发现，它的高度写实主义(hyperrealism)用以增强艺术表现力。尤其是非洲撒哈拉地区的迁徙故事，不仅用精美的图画加以描绘，而且还"去除"了感情色彩。

移民清楚地公开自己的观点，并从不感到悲哀。他们主要考虑的因素是："在许多国家，我们被迫陷入贫困和痛苦之中，不能养家糊口。我们不能坐等。我们所有人都有自由和行动的权利：我们必须工作、赚钱，至少这对我们和我们的家人很有必要。"这就是说：你们欧洲人把保护人权当作一种文化背景，而让其他人(非欧洲人)丧失这种权利。毫无疑问，生存权和迁徙权属于基本权利。这不是明显的矛盾吗？如果我们换个角度来看，那么权利的定义是什么？我们如何确定基本权利？为什么无视基本权利？

要回答这些问题，就要进行更深入的分析。这是一种分析性的理性认知(cognitio intellectiva)，涉及哲学和其他人类科学，比耶曼的视频可以立即证明这一点。

2. 规范性

这一切与审美判断的规范性问题有什么关系呢？鉴赏力判断的关键是普遍性和规范性的问题。现在，我们已经看到，很长一段时间以来，审美规范性已将美的观念作为前提。但是，自从艺术家从美中解脱出来，艺术与鉴赏力判断的普遍性之间的联系就成了问题。因此，面对规范性的危机，我提出基于以下三个要点，对视觉艺术概念进行修正：一、作品的内在含义；二、它以痕迹的形式，而非有组织的概念结构形式存在；三、媒介的不透明性，即概念和知觉特点。

在重构艺术观念的过程中，意义的痕迹和作品的主体是基础，而媒介的审美特性是次要的。换句话说，作品可能美，也可能不美（无论意味着什么），它都可能具有或不具有审美特性，但后者不是辨明身份的必要条件。因之，没有鉴赏力判断的规范性可用于当代艺术。

我们再从概念史的角度来看一看。在 20 世纪，关于艺术的自我转变及与之相关的所有事件的最成功读物之一是亚瑟・丹托受黑格尔的《精神现象学》（*Phenomenology of Spirit*）启发创作的作品。黑格尔在《精神现象学》一书中已经预见，艺术的命运将由哲学来解决。丹托在《艺术的终结》（*The End of Art*）[①]中指出，推动艺术修改其定义界限的先锋派使艺术达到了其可能性甚至是自身发展的极限。因此，艺术不会像瓦萨里重构的那样逐步发展[②]，而只是个人的表达。

根据莎拉・方纳利（Sara Fanelli）在伦敦泰特美术馆（Tate Gallery）展出的一幅作品也可以得出同样的结论。长达 40 厘米的作品重现了 20 世纪艺术史的时间表，并通过 20 世纪最重要的运动和艺术家的名字加以说明。值得注意的是，从 2000 年开始，方纳利在时间表中只报告艺术家的名字。作为发展史的艺术史或许已经终结，至少从我们发现自己的历史的角度所见是这样。必须指出的是，在整个 20 世纪，艺术已经失去了需要鉴赏力判断的普遍性和历史进步发展的可能性。丹托建议不要以怀旧的态度看待这些损失：毕竟，损失换来了巨大的收获，也就是说，艺术家赢得了几乎绝对的自由，打破了经典、文化传

① Danto 1997.

② Vasari, tr. Engl. 1998.

统，并最终使自己摆脱了赞助人的要求。

我们的后历史维度，使我们得出了关于规范性问题的结论。一方面，从历史的角度来看，我们知道鉴赏力判断的规范性与艺术无关；另一方面，我们对艺术概念也有了更有意义的理解。我们知道，各种形式的视觉艺术属于敏感认知领域，还知道意义的痕迹对艺术品十分重要，远比审美特性重要。一件艺术品可能既不美也不丑，但一定具有某种意义。我们与艺术品的关系以及我们对艺术品的理解能力很大一部分在于对语义痕迹进行有意义的阐释，这种语义痕迹在作品中以无争议的叙事形式表现出来。

因此，在当代艺术中，提到审美判断的规范性已不再有意义，而对于语义痕迹纳入作品的方式而言，规范性是肯定存在的。

在所有以适当方式体现重要痕迹的情况下，艺术品都能真正发挥作用(即成功)，从而观看者可以产生某种认知反应，有时也可以用情感来表征。当代视觉艺术作品所提出的问题是：艺术品触发的敏感认知使我开始阐释了吗？比耶曼的视频短文直接获得了成功，而要让人们理解杜尚在《喷泉》中融入的意义痕迹，艺术家则要写下他的诗学。这使得《喷泉》不如《纵深的天气》那么成功。观看者如果不亲自研究、阅读作品或与杜尚见过面，就无法理解《喷泉》。相反，人们不需要做以上这些事，就可以了解《撒哈拉纪事》中的人权状况及其适用政策问题。

比耶曼的视频短文存在双重规范性：第一个涉及媒介的结构，第二个涉及媒介中体现的语义痕迹的结构。该媒介以两个重要元素为特点：一、强烈的美学特性，这通过出色的技术专长来实现；二、情感元素的缺位。作品并没有在情感上与我们对话，而且叙述的恐怖与叙述的非情感方式之间的障碍显而易见，这是特定艺术选择的结果。上述二元素的结合，通过明显的交流障碍，可以把握比耶曼作品的语义痕迹：悲剧与情感分离，而此种设置则可以展现西方文化的规范和理论框架的弱点。从这一弱点可以看出令人震惊的道德和政治懈怠。

毕竟，比耶曼没有为移民纪事添加任何内容：她对它仔细研究，密切关注，并在很短的时间内使观众可以看到它。尽管如此，对这种艺术品只有一种回应方式，因为它需要普遍和个体的回应：我们必须质疑西方价值观的基础和意义，并最终重新考虑我们的人性观念。

参考文献

Andina, T.

—(2011) *The Philosophy of Art*: *The Question of Definition from Hegel to Post-Dantian Theories*, London: Bloomsbury.

Baumgarten, A. G.

—(1750 - 1958) *Aesthetica*, Frankfurt am Oder, Kleyb: Cabanne, P.

—(1987) *Dialogues with Marcel Duchamp*, Boston: De Capo Press. Danto, A. C.

—(1981) *The Transfiguration of the Commonplace*, Harvard: Harvard University Press.

—(1997) *The End of Art*, Princeton: Princeton University Press.

Vasari, G.

—(1550) *The Lives of the Artists*, Oxford: Oxford University Press, 1998.

World of Matter Project, http://www.worldofmatter.net/about-project.

2　电影艺术可以教会哲学什么？——奥森·韦尔斯论虚构、生成和生命

达妮埃拉·安杰卢奇

一

虚构(falsehood)问题是德勒兹(Deleuze)电影艺术哲学的核心，这激活了他对奥森·韦尔斯(Orson Welles)诗学的阐释。奥森·韦尔斯是一位个性鲜明的导演。在此，我们有必要来谈谈他。韦尔斯在他的职业生涯中接受了无数次采访，这显示了他充满活力又矛盾的个性。韦尔斯导演主动来到镜头前，满怀自信又若无其事地讲述着严肃的实质性问题，并对悖论保持着自己的鉴赏力。奥森·韦尔斯始终风格高贵(正如他本人所描述的那样，贵族气而又无政府主义)，而人们对他的态度和反应却各不相同。韦尔斯导演与年轻的彼得·波格丹诺维奇(Peter Bogdanovish)在一起时，好像很有权威性。波格丹诺维奇为本书的采访做了精心的准备。[①] 哪怕作品存在些许负面评价，韦尔斯也会感到由衷的悲哀，甚至恼怒。谈到他在电影制作中众所周知的不幸

---

① 在1968年至1973年对韦尔斯导演的采访录前言中，波格丹诺维奇谈到，韦尔斯修改文本时不仅修改他自己的回答，有时还要修改采访者的问题和评论。Welles and Bogdanovich 1992.

事件时，他有时想要复仇，有时又难以捉摸。作品对作者的掌控让韦尔斯深信不疑，所以有时他对理论问题表现得有些不耐烦。例如，在采访他对《电影手册》的看法时①，他常对拍摄方法的重要性轻描淡写。

尽管韦尔斯的行为和立场多元化（或者恰恰是由于这些元素的巧妙交织），但他的人格和工作呈现出一个共同特征：热爱生活、热爱存在物。韦尔斯导演对它们既享受，又自觉承认其中的矛盾性。他对现实的矛盾保留了放纵的态度（显而易见，就像莎士比亚借哈姆雷特之口谈论戏剧艺术一样，韦尔斯借人物之口说出电影应该“把镜头对准自然”）。这不只是形式上的外露，而是主题多次明确的表现。肯尼思·泰南（Kenneth Tynan）要求韦尔斯澄清他断言中的矛盾之处，韦尔斯回答：

> 三十年来，人们一直在问我，如何协调X与Y！真实的答案是，我没有协调它们。关于我的一切都是矛盾的，而且我认识的每个人也都是矛盾的。我们由对立的两面组成，生活在两极之间。我们所有人既是平庸之人，又是唯美主义者，既是杀人犯，又是圣人。你无须调和两极，只要认识它们就可以了。②

韦尔斯的非凡创作能力，以及在他大部分具有阐释意义的影片中的以温柔承诺激活的非凡负面人物，源自对人类双重性和模糊性的有意认知。实际上，导演“侠义地”向重罪犯提供了所有可能的正当犯罪理由，将其笼罩在悲剧阴霾之中，从而阻止观众对其进行清晰的道德评判。《公民凯恩》（*Citizen Kane*，1941）的主角是一位出版大亨。他滥用

---

① 参见安德烈·巴赞（Andre Bazin）和夏尔·毕谦（Charles Bitsche）对韦尔斯的访谈（*Cahiers du cinéma*，June 1958），以及安德烈·巴赞、夏尔·毕谦和让·多玛奇（Jean Domarchi）对韦尔斯的访谈（September 1958），收录于Estrin 2002。

② K. 泰南所做的访谈，见*Playboy*，March 1967，现收录于Estrin 2002，p. 147。

职权、挥霍无度，但公众看到的是他的不懈努力和他作为失败者的忧郁，进而对该角色充满了同情。如果任由他的保护者或他的妻子、他的合作者、他的管家来描述的话，我们将无法确定谁是真正的凯恩，评判他也将变得复杂起来了。在《奥赛罗》(*Othello*，1952)中，雅戈(Jago)无疑是叛徒。正如韦尔斯所言，他的背叛除了本性使然没有其他原因，但同样地，奥赛罗却无法理解现实的复杂性，而他寻求真理的动机也因嫉妒而动摇。《阿卡汀先生》(*Mr. Arkadin*，1955)中的情节以不断变化的角色为主要内容，所有这些都受到小说的启发：流氓范·斯特伦(Van Stratten)接近亿万富翁阿卡汀，企图勒索他，但反过来阿卡汀为重建自己的过去，雇用了斯特伦。这不是因为阿卡汀有健忘症，而是他有意要除掉自己错误的目击证人。因为他想让其他人相信，事情最终会水落石出，这也包括侦探本人。

在《历劫佳人》(*Touch of Evil*，1958)中，细察之下，所有主角在道德上都经不起推敲。昆兰(Quinlan)上尉用假证据勾勒真正的罪魁祸首，他的举动和外表就像一个真正的重罪犯，但他以狡诈的方式行正义之事。他死后，由玛琳·黛德丽(Marlene Dietrich)扮演的算命者坦尼娅(Tanya)说："他是某种人。你对他人的评价无关紧要。"昆兰虔诚的助手孟席斯(Menzies)背叛了他，尽管他曾救过孟席斯的性命。甚至韦尔斯本人在一次采访中提到，为了揭露昆兰的罪行，正义的缉毒警察瓦格斯(Vargas)毫不犹豫地置妻子于危险之中。

《上海小姐》(*The Lady from Shanghai*，1948)的情节中充满悬疑。水手奥哈拉(O'Hara)爱上了富有的律师班尼斯特(Bannister)的妻子，班尼斯特却雇用奥哈拉，让他登上了去加勒比海的游艇。游艇一到旧金山，奥哈拉就因为说谎、开枪和勒索落入了班尼斯特的陷阱，被指控谋杀了他的伴侣。电影的结局充满预见性，奥哈拉无视正义，协助亿万富翁与妻子艾尔莎(Elsa)摊牌[艾尔莎由丽塔·海华斯(Rita Hayworth)饰演，韦尔斯改变了这位好莱坞天后的一贯形象]。摊牌发生在游乐园的镜厅中，象征着情节迷雾重重、人物身份扭曲。与之前提到的电影不同，导演在这里特别演绎了正面角色、道德家和天真幼稚的角色。无论如何，他的最后一句话都意味深长、极具讽刺意味，并以嘲弄的语气挑战了所有获得的确定性："我是清白的。但清白这个词含义丰富。愚蠢跟它很相近。好吧，每个人都是别人眼里的傻瓜。摆脱麻烦的唯一方法就是变老。所以我想我会专心于此。"

韦尔斯搬上银幕的这些人物在道德上亦正亦邪（在他的几部影片中，从对人物的评判中可见一斑）[①]，这是批评文章从韦尔斯最早的作品开始就一直强调的要素。弗朗索瓦·特吕弗（Françoise Truffaut）在《艺术》杂志的一篇文章中谈到了这点。安德烈·巴赞在《观察家》杂志以及 1958 年的《电影手册》（他与夏尔·毕谦、让·多玛奇一同进行的采访）中也谈到了这一点。他宣称采访的目的是"发现他（韦尔斯）所有电影中反复出现的理想人物"[②]。最初，韦尔斯在其所有出色的演绎中都倾向于最小化共同特征的再现。他作为演员更偏爱人性而非生命，剧中人物在亦正亦邪中惨遭挫败（上文提及的他的三部电影《公民凯恩》《奥赛罗》和《阿卡汀先生》中，故事开头主角都纷纷去世）。韦尔斯表示，作为一名演员，他觉得自己有义务丰富所扮演的道德丑陋的角色，并忠于所扮演的角色，为此他应提供最佳理由。这样一来，韦尔斯就使采访者不知所措。谈话一开始，他就表达了对昆兰的憎恨，因为昆兰像凯恩一样是个"卑鄙"的人。然而，对凯恩（颠覆在此开端），人们既

---

① 除了上述提到的韦尔斯的电影，在他的其他影片中，也可以看到角色的双重性和人物判断的不可能性。例如，判断的欺骗性见于《审判》（*The Trial*，1962）中的主角。即便在这种情况下，韦尔斯也表现出对 K 的反感。他很可能对 K 遭受的迫害不承担任何责任，但同样会内疚，因为他是所在社会的帮凶，这让他的采访者感到惊讶。在其他邪恶人物中，值得一提的是哈里·莱姆（Harry Lime）。他是卡罗尔·里德（Carol Reed）在《第三人》（*The Third Man*，1949）中的角色，由韦尔斯扮演。韦尔斯还创作了这部电影中的对话。在与巴赞、毕谦和多玛奇的访谈中，韦尔斯就这个问题谈道，"我创作了这个角色的一切，我创造了他"（第 68 页），又说，"我讨厌哈里·莱姆，他冷酷、没有激情。他是堕落天使路西法（Lucifer）"（第 71 页）。有关韦尔斯电影的叙述和深入分析，请参阅 Naremore，1978。

② 安德烈·巴赞、夏尔·毕谦和让·多玛奇的访谈，见 Estrin 2002，p. 51。

同情又厌恶。同样,阿卡汀是个来自腐朽世界的机会主义者。但由于他"勇敢、又充满激情",所以代表了腐朽世界中最好的表达方式。在回答许多问题时,导演越来越多地发现,他的谴责只是理性的,只能通过思想而非热情来传达,承认他对资产阶级道德的修辞和情感价值不感兴趣甚至排斥,主张在各个方面贴近生活,坚持贵族伦理:

> (慷慨)那是最大的美德。我讨厌所有剥夺人类特权的观点。如果有任何信条要求人们放弃某种人类的东西,那么我讨厌它……我讨厌任何想从人类音阶上砍掉一个音符的人;在每一刻,人们都应该能够发出自己想要的音符。①

因此,只有在这种视野下,人们才能欣赏韦尔斯式人物的密码。不仅是人的个性或气质,而是"当人否认应遵守的法律并拒绝以情感行事时的行为方式,是人面对生死的行为方式"②。参见《阿卡汀先生》中讲述的青蛙和蝎子的故事:青蛙同意背蝎子过河,认为蝎子不会咬它。因为那样的话蝎子也会死,这不合逻辑。但是蝎子还是咬了它,因为正如它回答的那样,"我无能为力,这是我的性格"。每次有人在访谈中提及这个故事时,韦尔斯都会把玩这个寓言可能有的解释。如果对话者在韦尔斯的一个角色中识别出"蝎子"或"青蛙",多数情况下,导演都会急于与他争辩。比如,是的,这是真的,蝎子是无赖,但首先,那是青蛙的无意识行为。唯一可以确定的是这种诗学的内在信念,即矛盾再次不可调和,承认人类表里不一的必然性。如果不合理地以人们性格中单纯、简单的表现来证明道德上的偏颇行为,那么这样做意味着某种悲壮的尊严和地位,这是一种难以抗拒的英雄主义。

---

① Estrin 2002, p. 57.

② Estrin 2002, p. 74.

二

巴赞、毕谦和多玛奇已经注意到，韦尔斯的尼采主义是德勒兹解读其电影艺术的核心。实际上他用一个快速而透彻的公式，表达了韦尔斯批判真理的重要部分："影响作为内在评价而非先验价值判断发生作用。"[①]因此，韦尔斯的目的不是建立不同的评价标准，起到优越原则的作用，继而摧毁整个判断体系，而是要判断"他们涉及的与生活有关的"每个存在、每个行为。"美是迸发、升华的生命，善知道根据自身遇到的力量，如何自我改造，自我转变。"[②]正如德勒兹在1962年有关德国哲学家著作的结论中所写的，他想象"尼采从游戏中撤出赌注，而赌注不是他的"[③]。德勒兹打算替代一贯的错误解释（首先权力的意志是一种控制意志），承认尼采哲学的意义，即肯定多样性、差异和生成（becoming）。

此种"多样性快乐"，展示了一贯纯真的生命——这个主题自然体现了深刻的德勒兹思想，最终达到了对"相信审美"（aesthetic of believing）的肯定（一种"相信这个世界的需求，傻子也存在其中"[④]，这个主题我稍后会再谈到）——韦尔斯的电影也涉及这一点。但是，如果自20世纪50年代以来，韦尔斯导演与尼采之间的相似性一直被强化，而德勒兹对韦尔斯电影中虚构力量的阐释又被批评文章重新提及，那么只有极少数文章强调并深化了其最有力的理论意义。正如阿兰·巴迪欧（Alain Badiou）在关于德勒兹的专著中所写的那样，这是通向德勒

① Deleuze 1989, p. 141.
② Deleuze 1989, p. 141.
③ Deleuze 1983, p. 195.
④ Deleuze 1989, p. 173.

兹的真理观念和时间理论的“主要道路”[①]。如果在经典电影《运动影像》(*The Movement-Image*)中,根据引导故事和角色的线性知觉-行动(perception-action)方案,叙事时间在运动中出现,那么就现代性而言,电影的真正主角是时间本身,它通过纯粹的视觉和声音场景进行传达,此种叙述与行动完全脱节。

在《时间影像》(*The Time-Image*)中,经典或运动的(与运动相关的)有机状态与现代或长期的(与时间相关的)结晶状态之间的差异,使用三种不同的语域来重述和规定。一、描述;二、叙述,即感觉运动(sensory-motor)计划的发展;三、情节,即对电影中主客体关系的阐述。进行这项调查的章节标题为“虚构的力量”。如果德勒兹在其中强调纯粹时间展示与质疑真理之间的联系,那么为了让位于转变与成为,放弃对真实叙事的掩盖,在韦尔斯电影艺术中就成为首个无法逾越的例证。

三

德勒兹认为,韦尔斯执导并呈现给公众的最后一部影片《赝品》(*F for Fake*, 1975)是电影虚假力量的展现。《赝品》是一部奇特的纪录片。韦尔斯将弗朗索瓦·赖兴巴赫(Françoise Reichenbach)1968 年在伊维萨岛(Ibiza)拍摄的一些材料用于一部未完结的调查艺术品造假的电影,韦尔斯将相关人物画像以各种方式融入艺术虚构之中。赝品画家埃尔米尔·德·霍里(Elmyr de Hory)论证了艺术真迹与赝品的不可区分性。他的传记作家克利福德·欧文(Clifford Irving)是一位美国记者,他为颇具争议的人物霍华德·休斯(Howard Hughes)写了自传。赖兴巴赫本人曾做过艺术品商人,他买了德·霍里的一些仿制品。电影准备上映时,插入了以慢动作拍摄导演的某些场景,显然证明了后纪

---

① 参见 Badiou 1999。

录片主义的典型反身特征。韦尔斯一直是其阐释者，正如阿德里亚诺·阿帕(Adriano Aprà)所写的那样，“文学电影的概念，同时也是伪纪录片的概念”[1]。在一些采访中，韦尔斯驳斥了纪录片过于简单化的标签，实际上他将这部电影称为“个人散文”“关于伪造的自由体散文”。因此，它由“第一人称”[2]的拍摄调和组成，真正的主角是虚构以及虚构与艺术的关系。

然而这是克服在真假二元对立难题中做出选择的另一个必要补充方面。观众应该满怀信任地沉浸于虚构之中，它是电影真正的主人公。观看并相信所看到的东西，这一行为似乎也是个决定性的主题，而真相与谎言间最显见的纠缠恰恰暗示了这一点。这就是插在电影开头的偷窥片段的感觉，由奥佳·柯达(Oja Kodar)诠释，并受到她的小说《少女观察者》(*The Girl Watchers*)的启发。小说中，迷人而艳丽的女人走在大街上，男人们的目光紧随其后。韦尔斯希望公众能看到痴迷的目光，这是一种怀疑的延缓，就像观看魔术师表演的经历一样。他回答波格丹诺维奇时说：“对我而言，魔术的开始与结束，就在于魔术师让公众在片刻之间相信，那个女孩悬浮在半空中。”[3]德勒兹的《信仰》(*Croyance*)，是对世界的信仰，也延伸到欺骗。

在第一个场景中，导演把自己想象成魔术师，将自己介绍为一个骗子，并宣布影片的主题是诡计、欺诈和谎言[4]，从一开始他就加入了伪造者的行列，将自己介绍为叙述者和讽刺的拉客者。影片中，他作为演员首次在都柏林门剧院(Dublin Gate Theatre)登台。他受雇于此，因为自称曾是美国百老汇的明星，并在好莱坞大获成功。起初由于《世界大战》(*The Wars of Worlds*)中的无线电骗局，他卷入“伪造之中”。怀

---

① Aprà 2003, p. 368.

② 内波蒂(Nepoti)在一篇名为《奥森·韦尔斯》的散文中如是说：“第一人称电影”(in Salotti 1995)，谨献给《赝品》和《奥赛罗》。

③ Bogdanovich 1992, p. 182.

④ 在确定标题之前，韦尔斯想了很多标题，如《骗局》《问号》《真相至上》。

念区分艺术家与工匠之前的时代，抛开讽刺或调停，韦尔斯反思他的艺术观的唯一的情况是他在沙特尔(Chartres)大教堂前的独白。背靠教堂的光辉，真实与虚构的“裁定问题”在美学评估中荡然无存，即丑陋是不真实的。韦尔斯将此种不署名的非凡努力描述为“丰富的石林”，尽管也许有一天会被拆除，但如今见证了人类的印记和“万物的匿名荣耀”。

毕加索的模特奥佳·柯达的虚构冒险故事，以画家与奥佳祖父之间的争斗告终。后者本来会伪造她做模特的画作，破坏原作，这使伪造者链条更加完整。韦尔斯再次扮演“世界级催眠大师”[①]进行干预，以理顺这一虚构的扭曲：一个小时前，他答应只说实话，而现在，在电影结尾处，他承认过去的 17 分钟他撒谎了，他要做出改变，因为现实——“牙刷在玻璃杯中等着你回家，还有车票、工资单和坟墓”——根本不重要，而且专业骗子应该服务的唯一对象是艺术。

所调查主题的丰富性和重要性表明，这部电影既不是偶然情况下的一时兴起[②]，也不是理性的纯然冒险、矛盾的稍纵即逝，而是完全诗意的宣言，其中展现了导演珍视的所有主题：幻觉和魔术。记者和电影评论家的多次采访都表明，幻觉和魔术是作者的首要目标，而且波格丹诺维奇视其为韦尔斯主义愿景的悲观主义与他乐观主义的结合。但最重要的是，虚构与生成，这一骗局取代了真实并将其彻底推翻。故事借用埃里克·侯麦(Eric Rohmer)在韦尔斯的另一作品《阿卡汀先生》中的表述[③]，在观众的眼中，这是彻头彻尾的“普遍欺骗”，其中真理和现象在长期、不断发展的伪造者链条中相互缠绕、密不可分：弗朗索瓦·赖兴巴赫、埃尔米尔·德·霍里、克利福德·欧文、霍华德·休斯、韦尔

---

① Deleuze 1989, p. 145.

② 1971 年保利娜·凯尔(Pauline Kael)曾写文章质疑电影《公民凯恩》(*Citizen Kane*)脚本的作者身份。该影片 9 次提名奥斯卡最佳影片、最佳导演、最佳男主角奖，最终获得奥斯卡最佳原创剧本奖，所有这些都要归功于共同编剧赫尔曼·J. 曼凯维奇。

③ Rohmer 1990, p. 137.

斯、奥佳·柯达和她的祖父以及毕加索本人。关于毕加索，据说在电影中，他说，在将一些带有他签名的画布烙印成假货之后，他会这样回复那些询问缘由的画家："我可以像任何人一样伪造毕加索的作品。"因此，我们所缺少的是作为模型的真理观念，而虚构与之相对，是另一种选择。这是对否定性、差异本身的肯定，不能归因于任何身份。韦尔斯完全实现了对先前提到的清晰的电影艺术的转变：描述代替行动，叙述真实性的主张被完全压制，身份鉴定结果无法实现。

一旦真理(truth)的理想(ideal)和与其相关的现象(appearance)世界一起被抛弃，德勒兹所剩下的就是物体之间的权力关系，即某些权力对其他权力的影响，尽管如此，依然缺乏独特且可识别的中心。韦尔斯电影中典型的长镜头(long sequence shots)和蒙太奇片段的交替，恰恰在展示不同权力强度时表现出连贯、平衡、和谐的特点。这些权力以它们相互关联或独立存在的片段方式同时拍摄，从而再现了故事情节或人物含混中显现的驱动中心。在韦尔斯的作品中，我们首次见证了电影的突变。根据该突变，基于动作核心的线性运动被异常运动所替代。该异常运动从其固定结构中获得自主权，从而以这种方式释放了时间。

但是，《赝品》和韦尔斯执导的其他电影显示的并非全然的中心缺位[根据德勒兹的说法，中心存在于阿伦·雷乃(Alain Resnais)的摄影术中]，而是此概念的根本变形：

> 该中心不再是感觉运动，而变成了视觉运动，从而决定了一种新的描述方式。另一方面，它同时发光，决定了叙事的新进程。①

该中心不再是空间驱动常数，而是首先成为一个观察点，即一瞥之

---

① Deleuze 1989, p. 140. 德勒兹在这里重述了米歇尔·塞尔(Michel Serres)在《莱布尼茨体系》(*Le systéme de Leibniz*, 1968)中对巴洛克式的分析。通过深入分析，韦尔斯将在现代重现17世纪绘画中的思想变化。

下，不同拍摄元素在永恒生成中形成系列。因此，短蒙太奇内连续出现的普通图像呈现出叙述的交替，并产生了不同人物和相同人物不同方面彼此融合的串联与集合。相反，此“视觉建筑”的另一面是形状理论，其中的投影来自远光源，并强调了物体的体积以及游戏中多种力之间的关联：这属于韦尔斯的顺序拍摄领域。

最终，在韦尔斯的电影艺术中，我们总有一个主人公强加于自己，这就是他在转变过程中展现出来的伪造者。从《上海小姐》(由班尼斯特律师、律师妻子和她的情人组成的“地狱三重奏”)到《赝品》中的众多人物，这些代表虚构变形的系列人物，因欺诈、行骗相互关联。在这里，伪造者的集合是“广泛而完美的”，其范围从“真实的人”(代表伪造者的真实存在的前提，其不在场证明)到艺术家本人。在伪造者的创作中，虚构的权力，即真理与现象的不可区分性无限增大。与普通骗子不同的是，这位艺术家造就了伪造者队伍，他并没有在“获得另一种形式”的变态人物中化石化或结晶化，而是抓住了转化本身，将其整合到生成的时间视角中。在这种情况下，骗局成为新事物的创造。如果这样适合伪造者的变形限制了它们的存在形式，那么在艺术中，事物本身就变成了一种新的事物，“因为真理无法实现、形成或复制；它必须被创造”①。艺术家是真理的创造者。这是韦尔斯、德勒兹、尼采和伯格森的结论。

韦尔斯电影中的角色或多或少都表现出权力意志的提升。在德勒兹看来，通过这些不断变换的角色，时间从运动的从属中解放出来，从而找到了它在成为品质上的独特地位。我们在这里发现第二种时间符号，即“时间序列”，它不再是外部的、经验的或时间顺序的，而是内在的且按照时间顺序的，其中“前、后不是用来……连续测定时间，而是权力的两个方面，或者权力向更高权力的转移”②。该系列作为直接的时间影像，具有质疑真理的特征：

① Deleuze 1989, p. 146.

② Deleuze 1989, p. 275.

为生成力量,虚构不再是简单的表面现象或谎言,而此生成力量构成系列或程度,跨越界限,进行变形,并沿着整体路径发展成为讲故事的行为传奇。[①]

当运动失去中心并变得异常,从而激发了时间的自主性时,悖论就浮出水面——无法唤起过去,目前闲散状态出现,在永恒生成的路上前后结合——建立了打破秩序或时间序列的新逻辑,从而使真理的理想崩溃。这一主题与尼采关于生命的宣告有关,接下来我们将重点论述这点。下面我要介绍德勒兹在著作中引用的尼采哲学:

生命活动就像虚构的力量,欺骗、嘲弄、刺眼而诱人。但是,为了使其生效,必须选择、加倍或重复这种虚构的力量,从而提高其虚构能力。虚构的力量必须尽量理解为欺骗的意志,一种能与禁欲理想竞争的艺术意志。这是一种艺术,它创造了将虚构变为此种最令人赞叹的谎言,将欺骗的意志变成了在虚构力量中得到肯定的东西。对艺术家而言,现象不再意味着对现实世界的否定,而成为选择、矫正、加倍与肯定。[②]

四

吉尔·德勒兹的作品总体上揭示了一种奇怪又有力的连贯性,一种意料之外、多向反思的凝聚力。这源于概念的不断传播,它们相互参照,彼此交织。实际上,他的著作中反复出现哲学本质问题,这在他的两部电影作品中也很突出。如果艺术创造可感的集合体、人物、影像和

---

① Deleuze 1989, p. 275.
② Deleuze 1983, p. 103.

声音，哲学则创造新概念，其背后隐藏着一定的时间问题。因此，危险的就是一种概念实践，至少它与真理和虚构没有直接关系，它不抽象，非常具体，因为它本身就是一种生产、一种概念的发明，旨在打开一个不确定的讨论空间。哲学和艺术以此种方式进入共鸣关系，不是因为它们相互映照，而是出于内在原因：二者是“相互作用的不同旋律线”①。哲学并没有在反思活动上保持任何主导地位，但是对于创造行为而言，它并不处于劣势。

如果哲学化意味着准确地发现问题、提出问题并发明新概念，那么哲学史研究就是一种训练和拜师学艺，即从某位作者创建的原始观念出发，回到新概念要回答的问题。在评论哲学文本时，不仅要表现出双重抽象，即不但反思之前的反思结果，而且还要进行哲学画像（再次出现与艺术和绘画的类比）：心理和概念上的画像，不是重复某位哲学家的话，只是说明他的建议，即他没有明说的话。但是，与作者探讨问题的紧迫性、概念的独创性时，我们也会研究作者。德勒兹阅读伯格森，刚好见证了这点。因此，哲学与哲学史之间并无区别。② 实际上，德勒兹在作品中从未停止对其他作者的评论，同时也传达了自己的原创思想。

在与德勒兹有共同事业的作者中，我们发现了天生的哲学家尼采与思想家斯宾诺莎。后者与所有先验原则做斗争，并主张超越地球和个人。他们思想之间的“不可识别区域”之一（连同我刚才提到的哲学思想）是作为无机力量的生命概念，这是一种不断努力、克服自我的生成力量，同时也是这些要素之间的相互关系。这一主题再次弥漫于德勒兹的全部作品之中，在短路中回响并涉及其他方面，这给它的投机运动带来了刚才提到的特殊连贯性：这足以提醒他，他的上一部作品——《内在：一种生活……》（*L'immanence：une vie ...*）专注不确定的生活观

---

① Deleuze 1997，p. 125.

② 德勒兹在与克莱尔·帕内特（Claire Parnet）的视频访谈中详细论述了这个问题（Deleuze 1997）。

念,即去个性化的生活。但是,现在我要讨论德勒兹于 1962 年献给尼采的文本。该文本在法国首先创造了关于德国哲学家的新文献,从而改变了过去几十年以来的阐释习惯。①

德勒兹写作关于尼采的文献,始于对被遗忘的前苏格拉底思想与生命统一的报复,这是统一的整体,其中生命激活思想,思想肯定生命。1965 年德勒兹在尼采研究选集的导言中清楚地写道:

> 现在,我们处于这样的境地,思想束缚并毁坏生命,令生命可感,而当生命报复并令思想疯狂时,生命也就迷失了自我。现在,我们只能在平庸的生命和疯狂的思想家之间进行选择。②

德勒兹在他早期关于尼采的著作中,对积极的生活和肯定的思想这一统一整体的丧失有过清楚的介绍和探讨。该书力图使德国思想家摆脱辩证性阅读,在对生成的纯粹肯定中,摆脱对哲学核心的认同,这一努力是借助尼采的意义和价值概念实现的。

如果对于尼采而言,意识只是更深层转变的征兆,即不属于精神秩序力量的无意识活动的征兆,那么现象、对象(object)、物体(body)的意义就由必要的力量品质来表示,并通过控制另一个符号的另一种力量来接管它。发挥作用的力量之间的关系与闲置物体无关,因为后者永远不会将自己设定为中立,而是代表相互冲突的力量中最顺从的力量,这与其意义相似。尼采并没有否定现象的本质,而是从控制该现象的力量的相似性中得出了这一现象。“什么?”的问题由“谁?”这个问题所取代,后者首先询问了主导力,将现象理解为其潜在力量的征兆。因此,物体将是支配的结果,是一种“任意产品”,其统一性由主导力和被

① 见 Vattimo 2005, pp. 146 - 147 和 Vozza 2006, pp. 146 - 151。

② Deleuze 2001, pp. 66 - 67.

主导力之间的关系决定。设想两种力量之间的等效性，认为它们的相遇可能会产生相等的结果，这是一种幻想。在尼采看来，幻想是科学的特点，因为一种力量的本质恰恰在于源于这种力量的两种力量在数量上的差异。他们相遇的结果，正如德勒兹所言，是构成其品质的差异元素。因此，存在着积极、肯定的力量（将其推向极端时就肯定了它们的差异）和反作用、消极的力量（它们不必构成更大的力量就能支配积极的力量，反过来，这会获得积极的品质，通过分解起作用，即通过将积极力量与反应中的积极力量从内部分离开来起作用）。

罗伯托·埃斯波西托（Roberto Esposito）在《生物：生物政治学与哲学》（*Bios: Biopolitics and Philosophy*）中考察了尼采的权力意志，将其作为一种持续的"加强生命"，并研究了力量与"将其从内部排出"的反作用力之间的关系，并将其与自身分离。依作者看来，在尼采的哲学中，"消极保护生命"现代免疫动力学表现为两种不同的方式：一是尼采提醒我们要保护的污染过程，因为保护生命的事物也在阻碍生命的扩展；二是应促进并加快的衰变过程，以摆脱该领域，进入新的积极力量。在德勒兹的阅读中，这两种态度之间似乎没有发生任何无法避免的冲突，因为积极力量的胜利，即虚无主义历史本身的必然结果，在于彻底的颠覆，而不是零星地或逐渐地发生，是通过价值观的转变：支持的反面是变得积极、进取、快乐的力量。①

在《道德的谱系》（*The Genealogy of Morals*）中，尼采将历史上反动力量的胜利个体化为怨恨、不良意识和禁欲主义理想等形象。这一理想通过虚构超感知世界和高于生命的价值来贬低生存和世俗世界，从而不可避免地与虚无主义结盟。对生命的仇恨导致了对疲惫、病态生活的热爱，其中表达出来的是无所作为的意愿。但是，从反动的视角来看，善与神圣的观念主导着道德和宗教观念，与之相伴的是真理观念，这在尼采批判的投机情况中非常典型：这来自对反动力量的极度痴

① 见 Esposito 2008，特别是关于尼采的第三章，其中也提及了德勒兹的阐释。

迷。反动的力量找到借口，通常是由哲学家表达出来，使人们为真理而奋斗。实际上，诚实的人之所以寻求真理，是出于截然不同的原因，出于"更深刻的东西，即'背离生命的生命'。他希望生命变得有道德，自我改正，修正现象，成为通往另一个世界的道路。他希望生命否认自己并反对自己"①。

一方面，知识与生命之间的冲突以及两个世界的对立(其中一个是可感的世界，另一个是先验的世界)，揭示了它们的道德本质：寻求真理者最爱的活动"是指出错误，他负责任，他否认清白，他指责和审判生命，他谴责现象"②；另一方面，作为抽象普遍性的真理不应贯穿于思想之中，而由此而来的意义和价值要素应贯穿其中。因为从人的本性上看，它必然与反动力量共谋，所以积极力量存在的唯一作用是，促进"普遍的生成-反动"，以实现尼采对超人反思的价值转变。超人不是一个超越自我的人，而是一个超越人类的人。

根据这一解读，对抛弃的第一个误解与权力意志有关。权力意志代表了力量的遗传要素，赋予力量意义和价值的内部形成，这是与力量不可分离但又不完全相同的灵活原理。因此，权力意志不是控制意志，因为意志是价值的根本来源，不允许任何外部的和预先设定的结果，因此不能针对控制。同样，德勒兹驳斥了尼采关于永恒回归的另一个关键概念的先前解释，将其解释为一个循环，即相同的回归，导致最终状态与初始状态相同。

根据德勒兹的说法，第一，永恒回归首先是一种宇宙学说，暗示着对纯粹生成的肯定，这是对它进入最后阶段的可能性的批判，从这个阶段应该开始一个时间周期：如果生成要成为某种东西的话，那么它已经做到了。相反，它本身不存在任何对比成为，因此存在着一种成为本身，这恰恰是回归。第二，永恒回报是权力意志的道德和选择原则，依

---

① Deleuze 1983, p. 96.

② Deleuze 1983, p. 96.

据的准则是“无论你要用意志力做什么，都要以意志力博取永恒回报的方式去做”。意志渴望重复，即渴望对象的回归，因此对该意志的肯定使得价值发生转变，即从反动、消极的力量转化为积极力量，消灭虚无主义（肯定的，而非反动的）。通过永恒回归，否定会被主动否定，并且“不改变本质，某物无法形成”[①]。永恒的回归再现了主动生成，是世界对自己说的“是”，是酒神精神的宇宙表达。

从这种意志哲学和权力哲学中，可以得出德勒兹感受到的另一个尼采概念：存在作为生成的清白。如果每一种力量都与其力量内部不可分割，那么力量之间的关系首先就表现为无罪，这是极其无辜的：

> 我们创造了力量和意志的怪诞表征，并将力量与它的所作所为分离开来，将力量设定为“有价值的”，因为它阻碍了它无法做的事情，但是作为“负有责任的”一方，它恰恰体现了力量。我们将意志一分为二，发明了具有自由意志的中立主体，我们赋予它采取行动和不采取行动的能力。[②]

尼采哲学最深刻的意义被理解为对生成的肯定，这不仅承认生命正在生成，具有多样性和机会，而且接受和肯定生命。真正的美德并不在于放弃每一种激情，而在于拥抱它们，对生命和世界说“是”。因此，德勒兹钦佩发明了许多新概念的康德，这使得这位法国哲学家驳斥了他的“法庭制度”。德勒兹替换了超越生命价值的判断，就好像生命是要弥补的罪过，这是在紧急情况下进行的内在评估，而生命本身是无辜的。

在《批判与临床》(*Essays Critical and Clinical*, 1993)中，德勒兹有一篇论文专门论述判断问题。通过尼采、劳伦斯、卡夫卡和阿尔托

① Deleuze 1983, p. 71.

② Deleuze 1983, p. 23.

(Artaud)四位作者共同创作的作品,德勒兹不加判断地将一种生存方式主题化,尽管没有明确提及当时的电影艺术,但他在创作的新颖性中,发现了纯描写和伪造叙述的特点:

> 令我们感到困扰的是,在放弃判断时,我们的印象是,剥夺了自己对存在物、存在方式之间进行区分的手段,就好像现在一切都具有同等价值。但是,它不是以预先存在的标准(较高的价值)为前提的判断,而标准是对所有时间而言(一直到无限远)都预先存在的,因此它既不能理解存在物中有什么新意,也不能感觉到存在方式的创造。这种方式是在睡觉失眠时通过战斗创造的,并非不对自己残酷:所有这些都不是判断的结果。判断阻止了任何新的存在方式的出现……也许,这就是其中的奥秘:生成而不是进行判断。[①]

任何中心的丧失都与判断系统的消失有关,在永恒成为的过程中,判断系统无可挽回地消失了。永恒成为是作为生命力爆发的,不是真实的而是虚构的。剩下的不是对抗力量的中心,而是各种力量在发挥作用时的联系,每种力量相互参照,密不可分。

这个投机方案的实践方面,即对德勒兹显然欢迎的多种形式的肯定在于感受到多样化的快乐,具有悲剧的美学形式,其中对失去某些事物的痛苦或怀旧,被多元性和差异性的快乐接受所替代:"悲剧是坦率、动态且活泼的"[②],狄俄尼索斯"是不需要为生命辩护的神,在他看来,生命是正义的"[③]。在《时间影像》(*Time-Image*)(这本书是尼采和柏格森主义的结合)中,如前所述,对欢乐伦理的辩护转化为对信仰美学的肯定:"基督徒或无神论者"需要世界成为信仰的对象。如果(显然正如

---

① Deleuze 1998, pp. 134 - 135.

② Deleuze 1983, p. 18.

③ Deleuze 1983, p. 16.

现代电影中出现的那样，它具有错误的角色和不连贯的空间）由于我们不再与生命有机地、必然地联系在一起，我们与世界之间的联系就被打破了，那么我们就需要用信仰代替这种中断的联系，相信“这个世界的一部分人是傻瓜”①，而非相信先验的维度。一旦切断以古典政权电影为特色的感知与反应之间的联系，面对无法忍受、不可思议的事物，电影就传达了个体（不是演员，而是先知）的脆弱性。无法忍受、不可思议的事物并不是一件例外的事情，而是每天的日常活动。正如德勒兹所写，我们应该“利用这种无能为力，相信生命，并发现思想和生命的一致性”②，据尼采所言，一致性代表了前苏格拉底式的卓越秘密。

指责生活及其多种生成的反动判断，不仅表现在伦理和宗教方面，也表现在知识本身。尼采指责知识违背生命价值，认为知识自身就是结果，或为反动力（reactive forces）提供服务。只有对知识的批判才能赋予思想以新的含义，使其具有肯定性，能够追随生命力直至极限，从而使思想等同于创造新生命的可能性。对知识的反动性理解掩盖了思想与生命之间的密切关系，而此关系是由艺术来捍卫的。其中，理智而非病态的权力意志完全脱离了禁欲主义理想。德勒兹的作品突出了尼采式的悲剧性艺术观念中的两方面：对创作美学的辩护和作为虚构力量的艺术观念。首先，尼采反对从亚里士多德到康德、叔本华的哲学传统。该传统认为，艺术是无私的活动。从艺术家的角度来讲，艺术看起来像是“权力意志的刺激物”。艺术作品的愿景不会安慰、净化或升华，反而会激发体现艺术家生命力和活力的意志。如果欺骗和诱惑的生命活动类似于虚构的力量，那么艺术中的虚构就会得到肯定、加倍，并提升到最高程度，从而使艺术家同思想家一样可能创造出新生命。因此，虚构的力量能够激发出截然不同的作者和作品。但是，正如已经观察到的那样，第一位赋予虚构力量影像的导演是奥森·韦尔斯。他的电

---

① Deleuze 1989, p. 173.
② Deleuze 1989, p. 170.

影由一种主角统摄，即进行各种变形的伪造者。如果韦尔斯的尼采主义在对真理的永恒批判中首先表现出来，那么，显然他也表现出对判断系统的拒绝（显然与第一方面有关）。这表现在他创造邪恶（通常是悲惨而光荣的失败者）角色的非凡能力中。该角色不执着于任何道德评价，但确实总是受到对生命温柔附着的启发。

五

在这一点上，人们可能会问，这种对生命的附着会带来什么后果？在关于电影的第二卷书中，德勒兹对直接时间影像的分类——与过去共存，当前高潮的同时存在，作为创作的未来生成——介绍了电影摄影实践的重要主题，即与思想的关系。影像的自动移动（受到所有艺术的青睐，但仅通过电影艺术才能实现）能够“将振动传递到皮层，直接接触神经和大脑系统”①，从而产生了令人震惊的思想。精神碰撞（noochoc）一词（一个野蛮而具有创伤性的词，表示一个概念的哲学发明）的特征不只是逻辑上的可能性，而是一种迫使我们思考的力量，在我们体内重新激活了“精神自动机”，即一种将思想推向极致的自发主观性。

在运动电影艺术中，影像是有机的整体，是围绕其组成部分构成的辩证统一体。思维整合到影像中，形成回路，是由电影、导演和观众组成的开放螺旋形结构。因此，我们有一个感觉运动统一体，其中影像和概念以黑格尔的方式联系在一起，代表了人与世界、人与自然、个人与群体之间的关系。德勒兹认为，在早期电影艺术中，影像和思想关系的所有形式都存在于埃岑施泰因（Ejzenstejn）的作品之中，在其中他将有机时刻（从知觉到概念）、悲惨时刻（从概念到情感）、戏剧时刻（影像和

---

① Deleuze 1989，p. 156.

概念重合)纷纷个性化。然而,对德勒兹而言,作为大众的新思想和艺术,电影艺术的伟大之处不仅出现在某些作品的平庸之处,而且最重要的是在宣传的操纵之中,“把希特勒和好莱坞、好莱坞和希特勒汇集在一起”①:整体在极权主义中发生改变。

放弃这一阶段并非源于重新思考的力量,而是因缺乏、真空:是中心构成性无能的展现,是思考的不可能性。与电影摄影经验和安托南·阿尔托(Antonin Artaud)的著作不同,德勒兹实际上描述了一种现代性,无法证明存在(being)与认识/知道(knowing)的统一性,而只有差异、空隙、缺口和电影迫使个人面对不可想象的事物。纯光学和声音环境的电影展现了可以看到却不能精确思考的东西,因为它们作为主角具有先知的特征,没有任何感觉运动反应。对于德勒兹而言,摆脱此种瘫痪状态的出路完全是一种道德选择,几乎像帕斯卡下注一样。缺乏整体智慧会使思想走向信仰,满足基督徒和无神论者的需要,使得世界成为信仰的对象,因为我们没有通过有机且必要的关系与之联系。尼采模式用生活世界的信仰代替智慧,再次表征了闲散思想的终结。

在信仰体系内,现代性形象与物体形成了牢固的联系,其日常或仪式性的态度和姿态代表着生命,以及抵抗各种思想的力量。“然后给我一个物体”是围绕情侣姿势即偷窥构建的某种电影艺术(贝内、安东尼奥尼、戈达尔)模式,在两极的另一端,即知性电影艺术中,找到了“给我一个大脑”。后者就像物质电影艺术一样,展示了大脑的机制[雷乃、库布里克(Kubrick)],用精神状态代替了肉体的情感。这些精神状态成为“我们的问题、我们的疾病、我们的激情,而非我们的优长、解决方案或决定”②。实际上,随着作为内在性和谐整体的经典精神表征的消失,通过整合、分化和联想对大脑活动的确定必然失败。在这种情况下,中断会获得绝对价值,并在现代电影艺术中得到复制,因为松散的

① Deleuze 1989, p. 164.
② Deleuze 1989, p. 212.

影像占据了运动系统所留下的自由空间。

电影从早期到现代的演变过程中，声音问题影响深远。对德勒兹而言，声音不是一个单一的元素，它为影像增加了后验，是一个从根本上改变影像本身的新成分。在声音系统（包括音乐、各种声音和噪音）中，文字充当了这一转变的先驱，代表了社会性范畴。如果在有声电影的早期，言语行为本质上是互动的，涉及两个主体之间的关系，那么在电影中，故事由画外音讲述，具有反身性，并且最终与外部叙述者没有任何有形或无形的关联时，它本身也成为自主系统的对象。当影像的两种运动相互独立、不可或缺，且言语行为本身成为一种创造行为时，它就产生了视听影像，这标志着电影故事在无声电影、有声电影后又出现了第三个阶段。在最后的转变中，由于美学和随后的技术原因，影像生成了一种数字型信息画面，一股在表面上滑行的信息，构成和融入其他影像之中。

这是从一种系统到另一种系统的再次过渡，从时间的间接表征到现代电影艺术的超验呈现。德勒兹在书的结尾部分（他在解决声音问题，并提到信息影像诞生后）将其标注为其理论发展的重要时刻。它坚决抵制抽象的指控，并由德勒兹定义为与其他理论相关的实践，在此情况下与电影艺术建立联系。

参考文献

德勒兹作品

(1983)*Nietzsche and Philosophy*, London and New York: Continuum.

(2001)*Pure Immanence*: *Essays on a Life*, New York: Zone Books.

(1986)*Cinema 1*: *The Movement-Image*, London: The Athlone Press.

(1989)*Cinema 2*: *The Time-Image*, London: The Athlone Press.

(1997)*Negotiations*, New York: Columbia University Press.

(1998)*Essays Critical and Clinical*, Minneapolis: University of Minnesota Press.

(1997)*L'Abécédaire de Gilles Deleuze*, ed. by C. Parnet, Paris: Editions de

Minuit.

他人作品

A. Aprà (2003)"Documentario", in *Enciclopedia del cinema*, 2° vol., Istituto della Enciclopedia Italiana, Roma.

A. Badiou (1999) *Deleuze: The Clamor of Being*, Minneapolis: Minnesota University Press.

A. Bazin (2005)*What is Cinema? Vol.* 1, Berkeley and Los Angeles: University of California Press.

A. Bazin (1992) *Orson Welles: A Critical View*, Venice (CA): Acrobat Books.

P. Bogdanovich (1992)*This is Orson Welles*, New York: Harper.

R. Esposito(2008)*Bios: Biopolitics and Philosophy*, *University of Minnesota Press*.

M. W. Estrin ed. (2002) *Orson Welles: Interviews*, Mississipi: Mississipi University Press.

J. Naremore(1978) *The Magic World of Orson Welles*, Oxford: Oxford University Press.

R. Nepoti (1995)"Orson Welles: il cinema in prima persona," in M. Salotti (ed.), *Orson Welles*, Genova: Le Mani.

Rohmer E. (1990) *The Taste for Beauty*, Cambridge: Cambridge University Press.

M. Salotti (2000) Orson Welles, Genoa, Le mani.

M. Serres (1968) *Le système de Leibniz*, Paris: Presses Universitaires de France.

G. Vattimo (2005) *Introduzione a Nietzsche*, Roma-Bari: Laterza.

M. Vozza (2006) *Nietzsche e il mondo degli affetti*, Turin: Ananke.

3　音乐与技术的可复制性：范式的转变*

亚历山德罗·阿尔博

一、以技术为媒介的聆听

没有人会否认，今天的音乐聆听首先是一种以技术为媒介的现象。聆听真正有血有肉的音乐家表演的机会越来越少了。我们更多时候可能是借助扬声器、耳机、屏幕和各种接口来听音乐。这适用于所有类型的音乐：如果没有复制和录音技术，聆听很多音乐是无法想象的事。爵士乐、摇滚乐、流行乐和一般大众消费的音乐是这样，从中世纪到当代的欧洲经典音乐这样的传统音乐也是如此。此外，技术调节不仅限于录制音乐，它在现场音乐中也起着很大的作用。因此，这两种培养音乐体验的方式之间的区别就变得模糊了。人们会想到大型音乐会的现场直播，这相当于随时间流逝再现事件，或者想到全球影院放映的歌剧，由于采用了标准电子设备，许多观众观看的是拍摄过的，或在某种程度上已经“编辑过”的表演。

一个世纪以来，这种现象已成为音乐接受的特点。它的起源可以追溯到19世纪下半叶，那时第一个用于录制音乐的机械系统（留声机）

---

* 本文原文为意大利语，由马克·韦尔（Mark Weir）英译，此文根据英译本翻译。——译者注。

被发明出来了。它的传播先是通过电，然后是电磁网络(从电话戏剧到收音机)。20世纪初以来，特别是在20世纪30年代本雅明(Benjamin)和阿多诺(Adorno)发表著名文章后(见 Benjamin 2008; Adorno 2002)，学者们关于这些创新有了不同的看法。通过使用收音机、唱片、电视、录音带及近年来使用的计算机、手机和平板电脑听音乐，我们是有所失，还是有所得呢？短期而言，答案肯定是我们既有所失，又有所得。聆听音乐家演奏音乐意蕴深厚，但这样的机会越来越少，也更加昂贵。广播、复制或录制的音乐体验更为普遍而直接。但很少有人关注这一现象。从长远来看，录制技术的发展与生产标准的逐步提高密不可分:这造成了完美与瑕疵美学之间不同的平衡(见 Hamilton 2003)，对即兴音乐产生了重大影响。毫无疑问，在尝试任何价值判断之前，我们应该正确理解各种变化，无论我们喜欢与否，这些变化都已经影响了聆听体验，从而重塑全球音乐文化。

我们先来回顾研究人员关注的主要问题。音乐的技术复制已使听众能够:

> 1. 无论身处何处，都能走近音乐作品、即兴创作和一般的音乐制作，从而降低标准场所(教堂、音乐厅、仪式期间等)接受的中心性;
>
> 2. 随意重复的收听过程(导致注意力不集中甚至"饱和"的新现象);
>
> 3. 提高他们分析表演的能力(甚至达到极致聆听的程度);
>
> 4. 根据个人选择对作品或片段进行编辑(在音乐播放列表中，放大并亲近录音现象)。

对这些可能性，我们已经习以为常(或认为这些可能性隐含在听觉体验中)，以至于技术手段已成为一种弥补方式:我们每天都在不知不觉中使用工具创造自己的声音世界，比起不使用它的日子，现在我们可以听到更多。如今,在标记音乐(notated music)(艺术音乐)中,似乎有足够的理由证明此种透明度。不管该方法多么有效地提高听众的分析能力(或者可以说,使他们摆脱在音乐厅里沦为消极角色的境地),他们都要"隐身",就像眼镜一样,我们最终会忘记它们架在鼻梁上。我们可能会说,这是听巴赫、贝多芬或勃拉姆斯时游戏规则的一部分(使自己囿于经典的三位艺术家)。但是可以肯定的是,如果我们将该系列扩展到布列兹(Boulez),就不再如此。如果我们继续唤起拜尔,那就变得更加不正确(更不用说完全不正确了)。为什么是这样? 因为在后一种情况下,技术从一开始就发挥了作用:即使在声音产生时,想到声乐不包含复制、编辑、录音或噪音,也是不可能的。然而,对该问题更审慎的回答涉及调查音乐作品的不同存在方式——检查其本体论状态。更具体地说,在下文中,我将对目前构成我们聆听体验对象的"作品"进行概括。

二、口头、标记、表音符号

根据我们对恰巧听到的音乐的关注度,如今我们的音乐体验可以呈现广泛的形式。基本上,音乐对象充当简单、响亮的背景,或多或少注定要丰富我们日常生活的瞬间及日常生活行为(从超市购物到地铁站等车)。然而,如果关注度增加,我们很快就会面对更加复杂的对象,如作品、表演、即兴表演,对它们的接受无疑使得听众采取特殊的态度。例如:聆听即兴演奏音乐时——无论是现场版还是录制版——我们的体验都会关注创造性、自信、原创性等特点,即兴演奏期间的体验与特定表演实践相一致。音乐在我们体验的不同领域中,以各种方法展现自我。鉴于一种方法,即作品的观念在世界上呈现的重要性,它应该展现得更为贴切。

众所周知,这一概念在贝多芬时代随着音乐厅的兴起开始显示出重要性。在这种情况下，它是一种理想，能够规范盛行的音乐实践。①然而，排除此概念与某种实体相对应的事实，或再次将它应用于受历史或地域局限的剧目(诸如古典时期至今的"艺术"音乐)，只在此情况下考虑该概念是一种错误。实际上，也可以将意大利弗留利(Friuli)地区流行的威洛塔或 U2 的录音看作音乐作品。总的来说，我们说音乐作品是指社会构造的人工制品(见 Davies 2003：40－46)，其本质是一种有意起源(intentional origin)和审美功能。② 一件作品不同于自然对象，本质上它有一位作者(或许不止一位，也可能是不知名的作者)。要证明作者的存在，不止需要有听觉能力的人类的存在，而且需要有文化与有认知能力的倾听者的存在。而且，作品的构建要靠修复痕迹或铭文(没有它，很难解释社会对象的作用。见 Ferraris 2009：176－179)。

从更具体的意义上来讲，接受一件音乐"作品"，不仅意味着要领悟声音，即考虑诸如柔和、内驱力、沙哑等一般审美或表达特质，而且还要考虑扎根艺术生产特定环境中有意活动结果的特质。此种复杂的聆听方式从认知上来讲是最普通的，至少我们讨论的音乐是聆听非分散行为的对象：我们把 CD 放在立体声音响里，或点击 YouTube 链接时，我们听到的不只是一般的音乐，而是传统的卡拉布里亚歌曲，里克·瓦克曼(Rick Wakeman)的唱片《亨利八世的六个妻子》(*The Six Wives of Henri VIII*，1973)或马里奥·布鲁内洛(Mario Brunello)演奏的巴赫的《大提琴组曲 2 号》。

原则上讲，人类的记忆可以应对音乐的传播，这就像口头文化一样显而易见。尽管谈到"作品"好像不太适合③，但还是可能认识与高度专业化实践相关的歌曲或乐曲的传播。随着乐曲中音高、时长和音色的传播(在一定程度上)，记号的引入标记着保障歌曲身份和稳定性的

① 知名分析，见 Goehr (1992)，esp. pp. 89－119。

② 见 Poulvet(2007)，pp. 7－66 对艺术品的定义。更多有关音乐艺术品定义的讨论，见 Garda(2007)，pp. 310－312。

③ 我支持 Arbo(2014b)的假说。

转折。复制和录音技术的出现，使艺术的发展又迈进了一步，同时传播特定音质。[①] 这一过程已经改变了“声音”维度的整体状况：从在五线谱上描述、记录声音的参数上解放出来时，声音呈现出一种“真实对象”的价值，该价值由机器制造，由身兼技术人员和声音工程师的音乐家运用专业知识展开判断（Molino 2008：74）。

调查音乐文化如何自我组织时，强调保留痕迹方法的多样性是适宜的：口头文化中音乐家和听众的记忆，书面文化中的乐谱，表音符号文化中诸如光盘、磁带和存储器这样的磁性或半导体的技术资料储存设备，无不如此。在第一种情况下，（心理）记忆基于感觉运动技能（常是音频触觉的）传播表演计划（Caporaletti 2005：74－75）：它们与音乐对象的主要结构特点相对应，可识别间隔、强度、节奏和微妙的声音或动作变化的形态。第二，图像或记号痕迹代表制造理想音乐对象的指令。作品的身份独立于生产历史，倾向于变形艺术状态（见 Goodman 1968：117－122）。第三，作品样本有源自外部支持的痕迹，因为它对机械、电动、电子设备提供的数据进行了充分的解码。通过观察可知，没有第二阶段音乐家兼表演者的调解，第三阶段使得听众与作品的关系更加直接，因而好像回到了第一种情况（从 Ong 2002 开始，一些分析家谈到“第二口头形态”）。实际上，正如我们随后会看到的一样，对这两种情况清晰地区分，以及在后一种情况中谈到“表音符号”非常重要。

考虑到主要特点，口头传统中的作品依靠记忆、调整以适应各种情况：变化、记忆、调整都是它的本质（见 Molino 2007：488）。使用罗曼·英加登（Roman Ingarden）引入、斯蒂芬·戴维斯（Stephen Davies）采用的术语，来显示口头创作主要类型之间的差异，我们可以说作品从本体论上来讲是“薄的”：特定计划与实现计划之间的距离是很大的（表演的特征是有更多属性，而非包括在遗迹里。见 Ingarden 1986：9－14；

---

① Jacques Haïns（2001，p. 817）已经简要总结过这些变化：录音包含能融合传统维度与控制强度、空间性和音色的“新音乐审美”潜能。

Davies 2001：20）。然而，不应该得出这样的结论：此类人工制品没有真正的规定价值。在那些实力音乐家的观众或听众看来，方案的偏差是错误或过度的，从表演实践的角度来看，它是不可能复制或变化的。

由于一些符号标准（notational criteria），标记音乐具有固定痕迹的特定属性。在标记音乐中，“较薄”结构（一种类型）继续造就“较厚”实体（它的发生）。然而，在这种音乐中，后者与前者的对应是以一种有约束力的方式建立的。这种标记法（notation）确保规则（prescription）得以落实。基于“脱节”的句法要求，纳尔逊·古德曼（Nelson Goodman，1968：134）称规则为一种“符号系统”。事实上，每种音乐符号（musical notation）表明，该原则只适用于给予表演者的部分指令，而表演者有很多可能性。最后，表音符号作品通过固定在外部支持上的音频（或音视频）轨迹进行识别，消除了表演计划、乐谱和表演之间的区别，因而最大限度地展现了本体论厚度（所以有时定义为“饱和”。见 Poulvel 2010：63）。这就是很多电子音乐、摇滚乐的情况，或许是一些特定变体的情况，例如快节奏电子舞曲、噪音、伦敦电子乐等等。

正如媒体研究所表明的，构成动态（dynamics of composition）与记忆技术和痕迹传播发展的方式密切相关。在我们的例子中这当然为真（见 Tiffon 2005）：痕迹固定的方式在理解音乐作品如何起作用方面非常重要，所以聆听音乐时，欣赏、组织可查看数据的标准也很重要。要回到我们的例子，面对标记的人工制品，我们基于乐谱的意识指对于权威的巴赫、贝多芬和甲壳虫乐队，我们认为作品表明了特殊实体（表演）与另一实体（乐谱）之间的具体关系。我们相信一种实体或另一种实体，但没必要表明复制方式的存在。我们希望尽可能忠实地记录这一过程的特定实现方式（多年来，对高保真的困惑朝着这个方向发展：即便今日，购买博士扬声器亦通常希望有此种透明性）。①

① 要了解高保真的社会技术方面，然后与数字音乐的这些方面进行基本的对比，见 Magaudda（2008），pp. 259－263。

相反，我们来看看电声音乐、声乐或平克·弗洛伊德(Pink Floyd)的唱片。从一开始，作品就依靠技术的操纵，特别是大师的编辑。换言之，我们不再需要录制作品了。现在，我们面对新的现实，依据西奥多·格蕾西克(Theodore Gracyk)关于摇滚音乐的论文，现今哲学家将给“录制的人工作品”或“作品录音”加上标签(见 Gracyk 1996; Edidin 1999; Poulvet 2010; Darsel 2009: 178-82)。尤其是摇滚作品与录制歌曲的音频结构不符，但与录音棚制作的音轨相符(见 Kania 2006; Kania and Gracyk 2011: 86)。在这一情况下，录制已经发生了很大的变化，调整了聆听行为中我们的注意力水平:作品不仅涉及作曲家构思的音高、节奏和强度，还涉及整个“声音”不可还原的独特性。

我们可以将从口头到标记再到表音符号的过渡看作历史的发展，对这一发展一定不能误解。尤其是基于新支持或新记忆技术的操作模式的发展，不是现状的突然改变，也不是唯一的:这不是要替代先前的模式，而是二者重叠，先前的模式以更有限的方式继续运行。那就是说，在书写和录音出现后，口头作品继续存在，而且标记或表音符号作品的某些方面与传播的口头形式仍然相关。肖邦的马祖卡舞曲不仅包容性强，实际上还要对标记法进行大刀阔斧的改变:在很大程度上，这些改变要依靠流传下来的表演传统(这要部分地归因于阐释学派，而阐释的特点是经历几代有时依旧可辨的特定特征)。回到摇滚音乐的例子，毫不奇怪的是，在专辑中永久固定下来的作品可以在演唱会中实现再创造。摇滚乐在音乐会依据口头音乐的方式进行(变奏、独奏、新安排和即兴表演都是再创造的一部分);从细微处看来，摇滚乐可能是录音的主题。

三、录音、作品、表演

基本上可以说，随着表音符号的发展，音乐录制显示出两面性。一方面，它自我显示为文件或“只是”音乐事件的记录（双引号强调完全中立概念的困难性：只是对麦克风进行不同的定位，可以调整声音场景的视角）；另一方面，它自我显示为构建音乐对象的实验室。概念张力强调，复制或录音方式不再是自主音乐现实的**载体**：在很多情况下，它们是决定主要方面的**催化剂**。正如我们所见，首先这种范式转变关注技术复制后创造出来的音乐流派，如爵士乐、摇滚乐和流行音乐，而且，还关注许多与唱片业紧密共生、繁荣发展的“污染”。然而，从更广阔的视角来看，它又产生不同的作用。如果回到巴赫、贝多芬和甲壳虫乐队，我们是否可以说，聆听柏林爱乐乐团在赫伯特·冯·卡拉扬的指挥下演奏贝多芬的交响乐或格伦·古尔德（Glenn Gould）演奏巴赫的曲目时，我们是正在聆听表演的记录吗？实际上，从来都不是这样：在两种情况下，唱片是系列原声音乐巧妙编辑的结果。技术方式使得我们能够聆听从未演奏过、从未有过的版本：在铜管乐器上有些声音无法实现，钢琴声突然变得深沉或远离听众。①

这些对象也作为新人工制品在我们的音乐世界流行起来。不管在古尔德的时代他的例子有多极端，如今这都是习以为常的事情了：一旦在作品中演奏完最后一个音符（假设他们实际上已经从头至尾演奏过了），表演者的作品就很难成为过去。从一定意义上讲，阐释在录音棚被拉长了：混音、调节音量、选择正确的音轨都会影响到结果。处理标记作品时，我们在唱片或网上听到的，应该与作品演奏的记录相符。但是我们的注意力关注的是结果，我们假定结果与特定时空的音乐事件

① Plene Emmanuel Lephay（2014）也论述了以上谈论的这些方面。

相符:通常它是以特定方式选择、编辑的几个事件的结合。相对于来源,这就带来了录音真实性的问题。在一些有名的例证中,这种录音就是造假[比如制片人约翰·卡尔肖(John Culshaw)记述的那个例子,由伊丽莎白·施瓦兹科普夫(Elisabeth Schwarzkopf)帮助克尔斯滕·弗拉格斯塔德(Kirsten Flagstad)演唱歌曲:见 Haïns 2001: 808]。埃文·艾森伯格(Evan Eisenberg)指出,唱片制作方式记录了以弗雷德·盖斯伯格(Fregh Gaisberg)、沃尔特·莱格(Walter Legge)和约翰·卡尔肖为代表的三代制片人(见 Eisenberg 1987:第 8 章)走向舞台之路。在舞台上评价录音,不是依据重建原始音景的能力,而是把它当作一件独立、原始的人工制品。

总体而言,这一变化对许多音乐流派的表演者和听众都是显而易见的,他们能辨识同一曲目的录制版和现场版的区别。然而,用前者反映后者的倾向已呈现出新的形式,而新形式很可能无法缩小二者的差距。[①] 在以各种品位和标准为特征的情况中,此种意识与重回直接自然的声音录制的需求密切相关(许多巴洛克和古典浪漫音乐制片人表达了此需求)。

创造假想新的聆听形式时,在对录音和技术复制起作用的因素反思中,重要的是要区分两种基本情况:一是作品的**构建**,二是准备作品**阐释**的确定版本,涉及后期制作阶段的编辑和调整。对于第二种结果,有时使用"作品录音"这一术语(见 Edidin 1999)。这一表达强调了两个重要方面。第一,作品先于录音存在。第二,通过录音棚里的作品,表演者力图强调所有特点,尤其是虽在乐谱中已标明,但难于(如果不是不可能)表演的特点:例如在那一音高上无法实现的管乐部的突然弱音,或投射到音乐厅后排标记为"远处的"声音。另一种解决方案主要谈及"表音符号作品"[②]。然而,我更愿意把所有的人工制品当作"表演

---

① 宠物店男孩组合声称,要在舞台上再创录音棚里的声音效果。而 Nicholas Cook(1998, pp. 9 - 11)的观察表明,实际上他们对此无能为力。

② 由 Lee B. Brown (2000)提出。

作品”[①]，因为对我而言，音乐家兼表演者（或指导表演的音乐家）强调作品或即兴作品的某些方面，他或她实际上是要将注意力引向他或她想要实现的特定表演。“建构作品”这一观念可以解释录音棚里的多数电子或电声音乐，还可以解释多数摇滚和流行音乐的唱片制作。而“构建表演作品”的观念包括中世纪至今的音乐标记传统中多数西方音乐曲目的录制，在一定程度上，还包括多数即兴作品的录制。

这种分界方法虽粗略却现成。然而，当我们想到听众的注意力和判断力的指向时（赋予听众区分流派的能力），这一方法就不可或缺了。我们再来看看摇滚乐。如果我们考虑在特定的评估、鉴赏网络中如何看待作品，那么将作品等同于整体可以复制的、不调整的大师唱片的观念，好像是行之有效的：对于这一流派的专家，没有再造或再混合（更不用说掩盖了）能代替原版的《月亮的暗面》（*The Dark Side of the Moon*）。在音乐会场景下，我们不期望作品能起到这样的作用。我们很清楚，我们去那儿不是去听唱片的：乐器的变化和差异也是现场体验的一部分，真正构成了预期的快乐。这意味着即便曲目本身（结构、某种旋律或和声方案）没有**构成**整部作品，它在本质上也构成了主要部分。换言之，人们把现场版摇滚乐当成“口头音乐”来听，或者，如果我们想避免这种模糊的标签，因为音乐基于“声触觉”原则。[②] 关于电子音乐或声乐，我们不能这么说（通常20世纪50年代在科隆和巴黎录音棚里制作的作品，还有在摇滚和流行音乐中产生的实验电子音乐也是如此）。在这种情况下，它当然与录制人工制品的最大本体密度相对应。在此，透明理想失去存在的理由：我们可以将“传播”皮埃尔·舍费尔（Pierre Schaeffer）的曲目（*Le tiédre*）的录音想象成什么？它的音景没有真实世界录制的事件或表演行为的内容。混合音乐或现场电子音乐作品代表不同的情况，占据了无人之境。即便听众的注意力明显关

① 我在Arbo(2014a)中首先提出了这一概念，见pp. 182 - 185。

② 我指的是Caporaletti (2005), pp. 74 - 82中这一术语的意思。

注表演者能力，这一事实也表明本体厚度显著减少。仔细核查揭示人工制品功能的重要差别：指录音棚中的构建过程，一些源于表演，其他好像与起源无关。然而，我坚信，我们需要进行基本的划界，以避免混淆不同接受和评价形式的音乐对象。在书面文化中的差异再次表现出陈腐，但在两种语境之间（曲目融合了实时电子音乐、录制电子音乐和器乐表演或与即兴表演交替的标记部分曲目），无人之境的例证中就没那么陈腐了。事实上，我们的正确评估与反应能力，依靠我们对人工制品的了解。

我们所谓的“表演作品”，通常带有表演者或负责最终产品的主要表演者的签名。这一要素在唱片封面以及 MP3 和 MP4 文件的标签上已经显示出重要性，以至于几乎完全遮蔽了生产过程中的其他参与者（从制片人本人到声音工程师和技术人员）。这在录音领域显而易见，实际上消费者不想听圣桑的小提琴协奏曲（Saint-Saens Violin Concerto），而想听雷诺·卡皮桑（Renaud Capucon）如何演绎该作品——该产品是“表演作品”，人们期待它的新颖性和艺术趣味。

四、作品之外

我坚持谈论“作品”，是因为实际上这一概念在如今多数音乐文化中仍起到主要作用。然而，这不应遮蔽技术复制影响下的另一个广阔领域：即兴演奏。这一术语用于有着巨大差异的不同实践：它们可以用于特定材料（旋律的或节奏的）或材料的缺位。我们说的即兴演奏指技术复制出现前，民间传统中的口头传播（例如因纽特妇女间的喉鸣游戏唱法比赛、传统印度音乐、许多亚洲和非洲音乐等等），还指无论起源还是发展均与表音符号紧密相关的爵士乐（见 Eisenberg1987：143）。而且，还有许多音乐实践严格依靠电子器乐来放大或操作声音（所谓的实验音乐的广谱，常基于声音和电子乐器，并对声音进行实时处理）。

我们一进入这个广阔的现象学，即兴创作和作品的边界就无法清晰地划分了。有的作品包括即兴部分，因为即兴部分基于细节指令，有特定的规定值。然而，在没有特定规范意图的条件下，将表演临时化来谈论作品就不太合理。将在 YouTube 上传播、复制的喉鸣游戏唱法表演或印度音乐即兴表演的音视频视为作品就不合适。

毋庸置疑，作为带有作者标签的即兴表演构成记录，基思·贾瑞特(Keith Jarret)的即兴表演录音应该归入哪一类？这划分起来就更加困难了。思考人工制品在多种接受环境中如何被看待时，关于我们正在讨论的作品的假设就出现了。[①] 但我们不能抹掉每个含混之处，尤其因为爵士乐即兴演奏与有意再次表演的对象不同，它更似时空中独一无二的事件一样，焕发出生命。[②] 这对音乐作品观念的基本要素提出了质疑：创造人工作品的意图可以重新认识。许多即兴作品是精心转录的主题，常是进一步表现的基础。但是在这些情况下，很难缩小转录的描述价值与乐谱规范价值的差距。[③] 事实上，后一种情况好像使我们走向一个不同的欣赏标准：聆听该乐谱的精湛演奏时，我们会考虑不同于原版的审美属性(正确性和某些动态或措辞的“鲜活”特征，而非旋律或和声方面的创新)。在这种情况下，说作品来自(或基于)即兴演奏更正确，而不能说即兴演奏是作品。

最后，即兴音乐实践的范围还包括 20 世纪 60 年代首次引入的这一“事件”的各种体验，或者鉴于临时性的特点与环境艺术体验相关的音乐装置。此处，为了引出“艺术家听众”或“艺术家观众”的某种态度，似乎彻底破坏或真正排除了作品的观念。技术复制对实践烙印的影响是有限的：或许，从录制音乐的广泛传播来看，这种体验已经比最初的

① 如艾森伯格所言：“在爵士乐中，录音就是作品。”这也是 Caporaletti(2005)，p. 80 的立场。

② 从有名的科隆音乐会(The Köln Concert)开始，贾瑞特的许多即兴表演都是用演出地点命名的，这并非巧合。

③ 这一争论在 Davies(2001)，pp. 11 - 19 中得到很好的总结。

声称显现出更特别的意义。

近年来出现的数据传输新模式(从对等网络到网络广播)似乎已经在不同方向上测试了作品的中心性,挑战了它接收音乐和概念传播的模式。由于互联网制作的聆听模式差异大且脱离情境,这好像已经导致了意义单位的碎片化(以不同方式受到 LP、CD 和 DVD 等音频格式的青睐)。直到 21 世纪初,意义单位还是以流行音乐和艺术音乐的生产为特征。音乐生产实际上经历了一系列发展:可进一步随意分解和重组的易转换音轨,平板电脑应用,提供文本、图像和视频[如:比约克(Björk)2011 年的专辑《天性》(*Biophilia*)]等互动内容(见 Ghosn 2013:29 - 34)。此种生产类型中期来看是否标志着作品观念的终结,或作品观念是否会以不同形式重新发起,现在下断言都还为时过早。除了形式激增以外,至少在多数情况下,大部分技术先进的生产还会继续与相对简单、准确定义的**有意起源**相关。注意到这一点或许是有意义的。尽管我们讨论的生产常来自复杂而有序的团队练习,但该起源还是与具体的创造性(写音乐而又常常什么也没写的艺术家)或表演性(由音乐的审美特质显现出来的天才音乐家)个性相关。

五、项目:音乐

如艾森伯格所言,我们谈论录音棚的作品结果时,"录音"一词好像不足以表达这一含义:这些录音不再"记录"所有东西。它们是语音蒙太奇(phono-montage),或用他的话来讲,是"牛头怪的复合照片"(Eisenberg 1987:89)。我们对这一现象习以为常,甚至没有意识到事物的自然次序已经完全被颠覆:在现场表演中,我们无法感受唱片上熟知的动态对比。我们觉得现场表演低效、难听、不自然(例如:与交响乐相比,吉他总是声音太小、音乐厅里的音量完全不够震撼等)。依据安迪·汉密尔顿(Andy Hamilton)的观念,将本杰明对表音符号的论述应用到音乐录制中，以下说法并不牵强，他说："许多无关紧要的思想已经用于讨论录音是否是一门艺术。主要的问题是——是否录音这一发明没有改变音乐作为一门艺术的本质——并不精彩"(Hamilton 2003：354)。

这一问题尤其存在潜在危害，因为随着走向技术复制之路，音乐并没有经历命名的变化。在我看来，这一细节非常重要：我们讨论表音符号或电影时，我们承认这些都是新艺术，不同于先前的艺术(绘画和演戏)，而我们继续使用同一术语来指代在录音棚构建、编辑的音乐：严格来讲，什么应该叫作"表音符号"——例如：我们提到潘·索尼克(Pan Sonic)推出的《缪斯女神》(*Urania*)——在同一类别中如帕莱斯特里纳(Palestrina)赞美诗展示的那样(见图 3-1)。

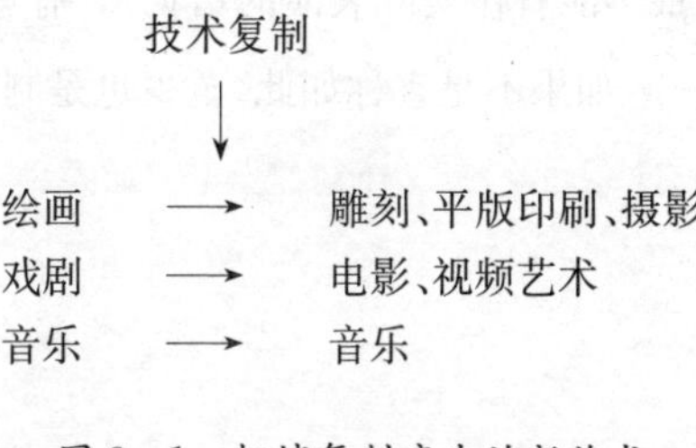

图 3-1 机械复制产生的新艺术

要从不同角度考虑问题，我们可以说，技术复制的出现带来了语义的拓展：在实践中，如今"音乐"指大量的各种对象、过程、实践和人工制品。采用古德曼的分法，技术复制促进了变化，从常见的**变形**艺术状态(如书面文化)到常见的**具有多个样本的自传**艺术状态。我们考虑在iPad时代聆听音乐人工制品时，要记住这一变化。如果将古尔德录制的音频或视频曲目视为(用以评估)对巴赫作品的阐释，它同时也是一件原始的"表演作品"：一件带有签名的人工制品，只要你喜欢就可以"重新创造"。它独特又非凡，因为它和巴赫曾想象的任何东西都有距离(有时甚至可以用光年测量)。的确，用古德曼的说法，我们可以说，这样的人工制品不再是巴赫作品的范例，而是一件暗示巴赫作品的新作品。

总的来说，根据如今的表音符号文化的组织，对听众而言，录音可以是：一、音乐作品表演或即兴演奏的记录；二、使用录音棚技术（没有它是不可能的）实现的表演作品；三、音乐作品本身[从斯托克豪森(Stockhausen)到流行乐这样录制的人工制品]。我们可以注意到，听众偶尔可以区分（或认为他们能）表演记录和表演作品的构建，在多数情况下，我们不能期望耳朵能记录重大差别。[①] 这是因为标准是基于认识论的，不是归于现象学的：分类依据我们对人工制品起源（从相关记录中获得：标签、文本或提供的发行信息）的了解。为了抓住区别的意义，我们可以观察到，单个表演的记录可以自我展现——没有任何录音棚的操控——为表演作品，前提是表演者认可它，而表演作品不必与表演记录相符（它最多能看作实际表演的错觉）。有意识聆听时，我们会选择记住意图——如果不是宣称如此，至少也是制造人工制品的音乐家的推测。

六、结论

如果我们的聆听方式经历了深刻的变革，我们要强调这不是因为技术提升了我们的鉴赏力，而是因为它修改了聆听对象的身份。由此我们可以得出结论：尽管声音、意义、价值完美交汇，我们仍把它叫作音乐。尤其是，此种交汇影响了音乐作为特定生产环境下的作品或人工制品的展示方式。技术复制增加了我们音乐世界的作品类型，同时也削弱了作品概念的意义，使得作品外延更加不稳定。现在，我们面对的不仅是作品表演或即兴表演的记录，而且还有录音构建作品或表演作品的记录。现象学的复杂性给当今的音乐学研究带来了挑战，根据人工制品的生产和接受环境，要考虑更加广泛的人工制品类型。

---

① Kania and Cracyk(2011)，pp. 85 - 86 已经指出了 Edidin 分类的问题所在。

参考文献

Adorno, Theodor W. (2002) *On the Fetish-Character in Music and the Regression of Listening*, in *Essays on Music*, ed. Richard Leppert, trans, Susan Gillespie, Berkeley, CA: University of California Press, pp. 288 - 317.

Arbo, Alessandro (2014a) "Qu'est-cequ'unenregistrement musical (ement) veridique?", in *Musique et enregistrement*, ed. Pierre-Henry Frangne and Herve Lacombe, Rennes: PUR, pp. 173 - 92.

—(2014b) "Qu'est-cequ'une oeuvre musicale orale?", in *Les corpus del'oralite*, ed. MondherAyari and Antonio Lai, Vallier: Delatour France, pp. 25 - 45.

Benjamin, Walter (2008) *The Work of Art in the Age of Its Technological Reproducibility, Second Version, in The Work of Art in the Age of Its Technological Reproducibility, and Other Writings on Media*, ed. Michael W. Jennings, Brigid Doherty and Thomas Y. Levin, trans, Edmund Jephcott, Rodney Livingstone, Howard Eiland et al., Cambridge, MA: Harvard University Press, pp. 19 - 55.

Brown, Lee B. (2000) "Phonography, Rock Records, and the Ontology of Recorded Music", *Journal of Aesthetics and Art Criticism*, 58/4, pp. 361 - 72.

Caporaletti, Vincenzo (2005) *I processi improvvisativi nella musica, Un approccioglobale*, Lucca: LIM.

Cook, Nicholas (1998) *Music: A Very Short Introduction*, New York: Oxford University Press.

Darsel, Sandrine (2009) "Qu'est - ce qu'une oeuvre musicale?", *Kiesis-Revue philosophique*, 13, pp. 178 - 82.

Davies, Stephen (2001) *Musical Works and Performances: A Philosophical Exploration*, Oxford: Oxford University Press.

—(2003) *Themes in the Philosophy of Music*, Oxford: Oxford University Press.

Edidin, Aaron (1999) "Three Kinds of Recordings and the Metaphysics of Music", *British Journal of Aesthetics*, 30/1, pp. 24 - 39.

Eisenberg, Evan (1987) *The Recording Angel: Explorations in Phonography*, New York: McGraw-Hill.

Ferraris, Maurizio(2009) *Documentalita. Perché è necessario lasciare tracce*, Rome: Laterza.

Garda, Michela (2007) "Le teoriedell'operad'arte musicale nel Novecento", in *Storia dei concetti musicali, vol. 2: Espressione, forma, opera*, ed. Gianmario Borio and Carlo Gentili, Rome: Carocci, pp. 295 - 316.

Ghosn, Joseph (2013) *Musiques numeriques. Essai sur la vie nomade de la musique*, Paris: Seuil.

Goehr, Lydia(1992) *The Imaginary Museum of Musical Works*, Oxford: Oxford University Press.

Goodman, Nelson (1968) *Languages of Art: An Approach to a Theory of Symbols*, Indianapolis, IN: Bobbs-Merrill.

Gracyk, Theodore(1996) *Rhythm and Noise: An Aesthetics of Rock*, Durham, NC: Duke University Press.

Haïns, Jacques(2001) "Dal rullodicera al CD", in *Enciclopedia della musica*, vol. 4: *Piaceri e seduzioni della musica del XX secolo*, ed. Jean-Jacques Nattiez, Turin: Einaudi, pp. 783 - 819.

Hamilton, Andy(2003) "The Art of Recording and the Aesthetics of Perfection", *British Journal of Aesthetics*, 43/4, pp. 345 - 62.

Ingarden, Roman(1986) *The Work of Music and the Problem of its Identity*, trans. Adam Czerniawski, Berkeley, CA: University of California Press.

Kania, Andrew(2006) "Making Tracks: The Ontology of Rock Music", *Journal of Aesthetics and Art Criticism*, 64/4, pp. 401 - 14.

—and Gracyk, Theodore(2011) "Performances and Recordings", in *The Routledge Companion to Philosophy and Music*, ed. Andrew Kania and Theodore Gracyk, London; Routledge, pp. 80 - 90.

Lephay, Pierre Emmanuel (2014) "La prise de son et le mixage, elements de l'interpretation. Les exemples de Herbert von Karajan et Glenn Gould", in *Musigue et enregistrement*, ed. Pierre-Henry Frangne and Herve Lacombe, Rennes: PUR, pp. 113 - 22.

Magaudda, Paolo(2008) "Tecnologiemusicali e pratiche di ascolto: iquadri sociotecnicidell'altafedelta e dell'mp3", in *L'ascolto musicale. Condotte, pratiche, grammatiche*, ed. Daniele Barbieri, Luca Marconi and Francesco Spampinato, Lucca: LIM, pp. 257 - 66.

Molino, Jean (2007) "Qu'est-ce que l'oralite musicale?", in *Musiques. Une encyclopedie pour le XXIesiecle, vol. 5: L'Unite de lamusique*, ed. Jean-Jacqucs Nattiez, Paris and Arles: Cite de la Musique and Actes Sud, pp. 477 - 527.

—(2008) "Musique, Technique, Innovation", in *Il nuovo in musica. Estetiche, technologie, linguaggi*, ed. Rossana Dalmonte and Francesco Spampinalo. Lucca: LIM, pp. 57 - 83.

Ong, Walter(2002) *Orality and Literacy: The Technologizing of the Word*, New York: Routledge.

Pouivet, Roger(2007) *Qu'est-cequ'uneouvre d'art*, Paris: Vrin.

—(2010) *Philosophie du rock. Une ontologie des artefacts et des enregistrements*, Paris: PUF.

Tiffon, Vincent (2005) "Pour unemediologie musicale comme mode original deconnaissance", *Filigrane*, 1, pp. 115 - 39.

4 街头艺术与法律的哲学指南

安德烈亚·巴尔迪尼

一、导言：我抗击法律，法律无所适从

1979 年 5 月，英国一支名为碰撞乐队（The Clash）的朋克乐队发行了唱片《生存的代价》（*The Cost of Living*）。曲目包括桑尼·柯蒂斯（Sonny Curtis）的《我与法律抗争》（"I Fought the Law"）。这首歌讲述了一个年轻的罪犯在参与了一系列武装抢劫后锒铛入狱的故事。它的歌词和旋律都很简单，却有着超凡的力量，内容与不同时代的反叛者和特立独行者有关。该歌曲因碰撞乐队的演绎成为朋克运动的代表作，激励着许多人去拥抱另类的生活方式。当然，它也为朋克音乐赢得了主流声望与认可。①

最近，另一种亚文化艺术形式——街头艺术在世界上流行开来。自从班克西（Banksy）在 20 世纪中期实现商业突破以来，这种城市艺术形式已经俘获了许多艺术爱好者的心。2017 年的一项民意调查显示，布里斯托尔的艺术家最具标志性的作品之一《气球女孩》（*Girl with a Balloon*）在女王陛下的臣民心中，已经取代了康斯特布尔（Constable）

① 关于朋克的有趣讨论，见 Erik Hannerz, *Performing Punk* (New York, NY: Palgrave Macmillan, 2015)。

的《干草车》(*Hay Wain*),成为英国最受欢迎的艺术品。[①]

街头艺术成为一种流行现象,多少让人感到惊讶。实际上,此种艺术形式的周期性特征之一是街头艺术家非法使用城市表面作为其创作的物质支持。很多街头艺术实际上都是未经所有者同意或授权,在私人或公共财产上创作的。由于许多行为具有非法性质,不少街头艺术家不仅是色彩和绘画大师,还是伪装、城市攀岩和闯入大师。所有这些技能都使他们与以往的艺术家相去甚远,同时将他们与地下犯罪相联系。

在几乎所有街头艺术蓬勃发展的背景下,法律都显得措手不及。杰夫·费雷尔(Jeff Ferrell)在他的开创性研究中,将涂鸦(graffiti)定义为"风格犯罪"(crimes of style),而立法者、法官或警察在处理这些"风格犯罪"时,通常感到困惑。[②] 面对街头艺术时,法律的处置方式古怪且矛盾:在某些情况下,它使用打击有组织犯罪的技术和策略制裁实践者;在另一些情况下,它根据某些街头艺术家的作品为城市带来的附加值,为故意破坏行为辩解。[③] 法律对这种城市艺术实践随意且消极的处理方式,或许暗示了以下类比:正如导言标题所言,法律在街头艺术面前无所适从。

本文的总体目标是,至少弄清街头艺术与法律之间复杂关系的某些方面。从这个意义上讲,它紧随其他著名学术著作的脚步,研究这种城市艺术形式与合法性、非法性之间的关联。[④] 然而,先前的研究是在

---

① Maev Kennedy, "Banksy Stencil Soars Past Hay Wain as UK's Favourite Work of Art", *The Guardian*, July 25, 2017, https://www.theguardian.com/artanddesign /2017/jul/26/ banksy-balloon-girl-hay-wain-favourite-uk-work-of-art-constable-poll-nation.

② Jeff Ferrell, *Crimes of Style: Urban Graffsti and the Politics of Criminality* (Boston, MA: North-eastern University Press, 1996).

③ 有关法律对街头艺术准精神分裂症观点的讨论,请参见 Andrea Baldini, "Beauty and the Behest: Distinguishing Legal Judgment and Aesthetic Judgment in the Context of 21st Century Street Art and Graffiti", in *Rivista Di Estetica* 65 (2017), pp. 91 - 106, https://doi. org/ 10.4000/estetica. 2161.

④ 见 Ferrell, *Crimes of Style*; Gregory J. Snyder, *Graffsti Lives: Beyond the Tag in New York's Urban Underground* (New York: New York University Press, 2009); Alison Young, *Street Art, Public City: Law, Crime and the Urban Imagination* (Abingdon, Oxon; New York, NY: Routledge, 2014).

犯罪学和批判性法律研究的学科领域内进行的。本研究的新颖性在于将当代哲学不同领域中发展起来的概念和理论资源用于这些问题的研究。据我所知，这是哲学家系统研究街头艺术与法律之间关系的第一部作品。

尽管目前街头艺术与法律关系的讨论显然是沿着跨学科方向发展的，但本文的方法论始终植根于概念的说明与分析。这不应使读者误以为我的讨论本质抽象，而实际又无关紧要。借用罗纳德·德沃金(Ronald Dworkin)的表达，我的哲学方法显然是从内而外起作用的。我从实际问题开始，然后考虑与解决这些问题相关的哲学问题。

我的哲学观点主要受到英美哲学界论争的启发，尤其是最近在美学和艺术哲学、社会本体论和法律哲学等子领域中展开的论争。我使用传播研究、文化研究、犯罪学、法律研究、社会学、城市研究和视觉文化等领域的材料作为工具，以丰富我对街头艺术实践的理解和历史背景知识。

从方法论上讲，我的研究还得益于每天与街头艺术家、街头艺术策划人和街头艺术爱好者"打交道"。[①] 通过(在线和离线)交谈将自己非正式地融入街头艺术家的文化和社会体验中，聆听并分享他们的故事，花大把的时间与他们共处，即便是在存在和个人层面上，这也已成为我知识和见解的来源。深入了解内行的观点，已在很大程度上塑造了我对街头艺术的看法，当然也影响了我对街头艺术与法律关系的看法。

本文的总体论点或主要思想是，**街头艺术与法律具有本构关系**(*constitutive relationship*)。这也可作为一句口号。换句话说，街头艺术的真实存在，即它作为一种艺术形式，取决于它与法律之间的冲突关

① Clifford Geertz, "Deep Hanging Out," in *The New York Review of Books* 45, no. 16 (October 22, 1998), pp. 69 - 72; Jean Pfaelzar, "Hanging Out: A Research Methodology," in *Legacy: A Journal of American Women Writers* 27, no. 1 (2010), pp. 140 - 159, https://doi.org/10.5250/legacy.27.1.140; Ben Walmsley, "Deep Hanging out in the Arts: An Anthropological Approach to Capturing Cultural Value," in *International Journal of Cultural Policy* 24, no. 2 (2018), pp. 272 - 291, https://doi.org/10.1080/10286632.2016.1153081.

系。街头艺术不仅将公共空间及其使用转化为艺术材料，而且将其与法律的（通常是冲突的）联系转变为一种艺术资源。该专论旨在阐明这一主张，同时在街头艺术的保护、促进和保存层面上提出一些启示。

在提供本文摘要之前，我需要添加一个重要的限定条件，这与我在本文中推崇的街头艺术的定义有关。一些从事街头艺术写作的人，例如著名的画廊主玛格达·唐妮丝（Magda Danysz）就对街头艺术划界的可能性持怀疑态度。她写道："街头艺术正处于发展之中，关于其命名，将其简化为一个单词或表达的简单做法是有问题的。"①然而，我认为这些担心指向有误。每当我们撰写有关文化现象的文章时，对街头艺术进行有效的定义不仅有用，而且必要。唯一的选择是，带着自己的前批判性偏见和假设来下定义。

当然，如果我们要寻找的是街头艺术精确的最终定义，那么很可能我们永远也无法提供。确定性需要证明，而不仅仅是猜测。但是，仅出于这个原因就不必下定义了。例如，正如约瑟夫·马格里斯（Joseph Margolis）指出的那样，通过发展悲剧的定义，亚里士多德没有"发现概念的自然关节（在逻辑上的主要区别）"②。他已发展了一个有用的定义，"以引人注目的方式照亮了这一类别的重要历史"③。在定义街头艺术时，我选择了这种较为适度的定义目标。

当然，艺术形式的重要历史是可以很好地检验的。存在对此问题的解决方法。证明定义暗示的特定历史叙述的合理策略，是在审查下选择以价值为中心的艺术形式的表征。对艺术的评价定义，依赖于个人为何重视制作和欣赏艺术，或者更恰切地讲，重视特定艺术形式的解

① Magda Danysz, *From Style Writing to Art*: *A Street Art Anthology* (Roma: DRAGO, 2010), p. 12.

② Joseph Margolis, "The Importance of Being Earnest about the Definition and Metaphysics of Art," in *The Journal of Aesthetics and Art Criticism* 68, no. 3 (2010), p. 221, https://doi.org/10.1111/j.1540-6245.2010.01413.x.

③ Margolis, p. 221.

释。① 它们不同于分类定义，后者是描述性的，旨在包含我们直觉上认为是艺术的所有或大部分事物，或将其理解为艺术形式的例证。评价性定义的优点是，它们能够阐明一种做法的动机，即内在价值。这反过来给我们提供了规范牵引力，尽管我们的直觉会在分界方面表明什么，但我们仍可以在流派历史中区分哪些是显性的，哪些不是。因此，我在这里提出一个评价定义。

多米尼克·麦克莱弗·洛佩斯(Dominic McIver Lopes)在其新近有关艺术定义的作品中提出了强调价值问题的艺术种类或艺术形式理论。② 依据洛佩斯的一般艺术理论，我认为街头艺术是一种艺术种类或艺术形式。艺术种类是欣赏性种类。③ 欣赏性种类是具有共同价值的特殊组群。④ 我们欣赏特定欣赏种类 K 中的细节 p_1，这是与 K 中任意其他细节 p_x 相比而言的。此外，p_1 对于 K 优度的判断取决于 K 作为欣赏种类的基本价值。例如，如果一个物品能烘烤，则属于观赏类烤面包机；如果它比其他烤面包机烘烤的方式更好，那么它就是一台优质烤面包机。

“街头艺术”这种艺术品的价值是什么？在先前的著作中，我认为街头艺术的本质是颠覆。⑤ 换言之，它的颠覆性，即其颠覆性价值，是

---

① 艺术哲学的最新趋势，搁置了提供一般艺术定义的目标，但侧重于本地艺术流派的定义。可参见 Dominic McIver Lopes, *Beyond Art* (Oxford: Oxford University Press, 2014)。

② Dominic McIver Lopes, *A Philosophy of Computer Art* (New York: Routledge, 2010).

③ Lopes, *Beyond Art*, chap. p. 7.

④ Lopes, 130; Lopes, *A Philosophy of Computer Art*, p. 17.

⑤ Andrea Baldini, "Street Art: A Reply to Riggle," in *The Journal of Aesthetics and Art Criticism* 74, no. 2 (2016), pp. 187 - 191; Andrea Baldini, "Quand les murs de béton muets se transforment en un carnaval de couleur. Le street art comme stratégie de résistance sociale contre le modèle commercial de la visibilité," in *Cahiers de Narratologie. Analyse et Théorie Narratives* 30 (2016); Andrea Baldini and Pamela Pietrucci, "Knitting a Community Back Together: Spontaneous Public Art as Citizenship Engagement in Post-Earthquake L'Aquila," in *Ter-ritories of Political Participation. Public Art, Urban Design, and Performative Citizenship*, ed. Luigi Musarò and Laura Iannelli (Milan: Mimesis International, 2017), pp. 115 - 132; Baldini, "Beauty and the Behest"; Andrea Baldini, "Dangerous Liaisons: Graffiti in Da Museum," in *Un (Authorized)//Commissioned*, by Pietro Rivasi and Andrea Baldini (Rome: WholeTrain Press, 2018), pp. 26 - 32.

街头艺术品的共性，也是街头艺术成为艺术种类的原因。这是促使街头艺术从业者和欣赏者从事与接受该行为的原因。街头艺术的颠覆性是审美价值和政治价值的结合。这是质疑公共空间使用的功能。街头艺术家通过使用色彩、形状和机智的设计来破坏城市的可见表面，从而挑战主导空间政治。这些色彩、形状和机智的设计破坏了人们对城市景观外表的普遍假设。

凭借马丁·欧文(Martin Irvine)对街头艺术的刻画，人们还可以用兰契尔(Rancière)的“明智分配”概念来解释这种艺术的颠覆性。①这位法国哲学家在美学与政治关系的著名论断中提出了这一概念。明智分配指所有规范公共空间可见性的(正式)法律和(非正式)准则。这些法律和准则决定了在城市的街道、广场和市场上可以看到什么。街头艺术颠覆了这些规定。

目前的可见性等级对城市中的可见表面到商业通讯的使用具有垄断性。② 也就是说，城市景观被广告牌、海报、霓虹灯和贴纸所淹没。广告占据了我们城市视觉体验的很大一部分，而该城市已经变成了超大型广告中心。当走在路上、等公交车、乘地铁上下班时，我们都可以看到这个品牌或那个品牌最近发布的促销活动。我称这种明智分配为

---

① Martin Irvine, “The Work on the Street: Street Art and Visual Culture,” in *The Handbook of Visual Culture*, ed. Ian Heywood et al. (London: Berg, 2012), pp. 235 – 278; Jacques Rancière, *Le partage du sensible: esthétique et politique* (La Fabrique éd., 2000).

② Laura E. Baker, “Public Sites versus Public Sights: The Progressive Response to Outdoor Advertising and the Commercialization of Public Space,” in *American Quarterly* 59, no. 4 (2007), pp. 1187 – 1213; Michel de Certeau and Luce Giard, *Culture in the Plural* (Minneapolis: University of Minnesota Press, 1998); Kurt Iveson, “Branded Cities: Outdoor Advertising, Urban Governance, and the Outdoor Media Landscape,” in *Antipode* 44, no. 1 (2012), pp. 151 – 174, https://doi.org/10.1111/j.1467 – 8330.2011.00849.x; Armand Mattelart, *Advertising Interna-tional: The Privatization of Public Space* (London and New York: Routledge, 1991).

“公司可见度管理”[①]。

我要补充一点，在谈论公司可见度管理时，我并不是说公司对所有城市空间都有直接控制权。虽然私人拥有的公共空间(POPS)的兴起是一个日益严重且令人震惊的现象，但说企业管理公共空间是不准确的。[②] 通过在城市“公司可见度管理”中呼唤主导明智分配，我认为公共空间已经变成一种商品，其用途退化为商业交易。例如，人们肯定会在城市中找到政治交流的例证，但这并不代表经济实力，而是政治权威。但是，即使是政治交流也遵循对公共空间及其使用的商业方法：它采用广告宣传的语言，并通过付费购买接近可见表面。在资本主义经济中，有一种构成交换的利润逻辑。公司管理将这种逻辑扩展到新自由主义城市空间及其用途的概念化方式中。

如前所述，街头艺术主要(尽管不是排他性地)挑战着公司可见度管理。[③] 班克西承认，街头艺术是他对抗广告的首选武器，这一观念与包括罗恩·英格利西(Ron English)和谢泼德·费尔雷(Shepard Fairey)在内的其他杰出街头艺术家的话不谋而合。[④] 通过使用彩色形式和充满讽刺意味的机智设计，街头艺术品“劫持”了我们的城市墙壁(这对观看者来说是免费的)。这使街头艺术品对我们公共空间的商品化提出了质疑：街头艺术的特殊之处在于，它成为城市的“礼物”，虽然

---

① Baldini, “Quand les murs de béton muets se transforment en un carnaval de couleur,” 5.

② Timothy Weaver, “The Privatization of Public Space: The New Enclosures,” in ssrn Scholarly Paper (Rochester, NY: Social Science Research Network, 2014), http://papers.ssrn.com/ abstract=2454138.

③ 在不同情况下，街头艺术很可能会质疑其他可见性层次。例如，关于在灾后环境中进行街头艺术的讨论，请参见 Baldini and Pietrucci, “Knitting a Community Back Together”。

④ Banksy, *Wall and Piece* (London: Century, 2005), 9; Irvine, “The Work on the Street,” p. 251; Young, *Street Art*, *Public City*, p. 28.

违反了市场经济规则。[①] 正如米歇尔·德·塞多(Michel de Certeau)所言,在资本主义经济中,礼品在挑战价值交换逻辑的情况下,具有颠覆性潜力。实际上,礼物的交易并不期望得到回报。因此,德·塞多在《利润经济》中写道,赠予"表现为超额(浪费)、挑战(拒绝利润)或犯罪(对财产的攻击)",因此被认为是违法行为。[②]

通过创建一个临时区域,暂缓习惯性规范和法律,街道艺术可以一次一条街道,使熟悉的城市景观"陌生化"[③]。在《实践批评》中,米歇尔·福柯 指出,批评并不是要说现状是错误的,而是"指出……我们接受的实践依托于哪种熟悉的、未经挑战的、未加考虑的思维方式"[④]。批评可以实现这一目标的方法是,把熟悉的东西变成陌生的。这又表明了当前做法的偶然性。街头艺术出乎意料且令人惊讶地使用着空间。这种陌生引入表明,可见性的主导等级和当前的空间控制政治都没有必要。公共空间不必简化为仅在市场经济逻辑下用于谋利的工具,也不必限于当局规定的用途。正如福柯所写,一旦事物开始以超出我们先前假设的方式出现并发挥作用,"变革就变得非常紧迫、困难且极有可能"[⑤]。从这个意义上来讲,街头艺术的审美政治价值——其颠覆性——使我们能够重新构想管理城市空间的替代方法,而无须专制化或商品化。

从历史层面来看,我的定义具有重要意义。它具有显著的规范性

---

① Michel de Certeau, *The Practice of Everyday Life* (Berkeley and Los Angeles, CA: University of California Press, 1984), p. 27; Irvine, "The Work on the Street," p. 252.

② Michel de Certeau, *The Practice of Everyday Life*, p. 27.

③ Michel Foucault, "Practicing Criticism," in *Michel Foucault: Politics Philosophy, Culture Interviews and Other Writings* 1977 - 1984, ed. L. D. Kritzman (New York: Routledge, 1988), pp. 152 - 156.

④ Foucault, p. 154.

⑤ Foucault, 155. 关于同情观点,参见 Marieke de Goede, "Carnival of Money: Politics of Dissent in an Era of Globalizing Finance," in *The Global Resistance Reader*, ed. Louise Amoore (London and New York: Routledge, 2005), pp. 379 - 391。

牵引力，因为它以非任意方式包括和排除了一些直观地称呼或拒绝称呼街头艺术的做法和类型。在排斥方面，我的观点清楚地区分了街头艺术和官方公共艺术。总的来说，公共艺术的例子会受到官方的制裁，并且通常会与相关社区成员进行本地协商。因此，公共艺术——尽管可能在政治上具有重大意义——并非具有颠覆性。①

我的定义还将城市艺术的其他艺术形式如"新壁画"和"气溶胶艺术"排除在街头艺术之外。② 其中包括没有任何颠覆性或对抗性的官方计划相关的作品。③ 在这种意义上理解的城市艺术并不是街头艺术，因为它缺乏与该欣赏类型相关的主要价值。我必须补充一点，这种排斥并不像某些理论家那样，暗示着这些做法没有价值或不如街头艺术。④ 壁画或气溶胶艺术的例证，可以解释不同于街头艺术颠覆性的其他价值，但它们还是有益的。

要考虑在街头艺术的概念框架下，我的定义包含什么。应该注意到它包含了各种各样的艺术风格和流派。从以颠覆性为基础的街头艺术角度来看，此艺术类别的例子包括异类艺术品，包括以传统写作风格制成的涂鸦（标签/碎片）、纱线轰炸、模板涂鸦和街头雕塑。作为一种艺术种类，相对于所有归入"街头艺术"概念下的风格和流派而言，街头艺术在分类学中的地位更高。换句话说，街头艺术代表着涂鸦、模板涂

---

① 关于官方公共艺术的讨论，见 Andrea Baldini, "Public Art: A Critical Approach," (Temple University Libraries, 2014); Cher Krause Knight, *Public Art: Theory, Practice and Populism* (Malden, MA: Blackwell, 2008); Lambert Zuidervaart, *Art in Public: Politics, Economics, and a Democratic Culture* (New York, NY: Cambridge University Press, 2011).

② 对这一差异的同情观点，见 Ulrich Blanché, "Street Art and Related Terms-Discussion and Working Definition," in *Street Art and Urban Creativity Scientific Journal* 1 (2015), pp. 32 - 39。

③ 正如我将在以下各章中详细讨论的那样，当局的批准不一定意味着缺乏颠覆性。尽管由官方计划赞助的公共领域的许多艺术并不具有颠覆性。

④ Javier Abarca 坚持认为壁画缺乏价值。参见 Javier Abarca, "From Street Art to Murals: What Have We Lost?," in *Street Art and Urban Creativity Scientifsc Journal* 2, no. 2 (2016), pp. 60 - 67。

鸦、纱线轰炸、街头雕塑等，就像文学代表小说、诗歌、短篇小说等。

值得一提的是，在我的观点中并不区分涂鸦和街头艺术，这与许多人不同。[①] 我承认，这种区分并非没有优点。但是，我相信，它似乎比它所说明的要模糊得多。尤其是，它掩盖了关键的批判性和解释性主张：仿效乔·奥斯丁(Joe Austin)，街头艺术的有趣之处与涂鸦相同，即对城市公共空间的颠覆性使用。[②] 对班克西而言，写作的出现早于街头艺术的代表性风格(如果可以使用这种表达方式的话)。当时，涂鸦是街头艺术的原始形式。

让我再考虑一下涂鸦在我的文章中所占的位置。我不仅相信，写作是历史上街头艺术的原始形式，而且就价值而言，写作是街头艺术最激进、最坚定的体现。标签、垃圾和碎片以其未经稀释的叛逆性冲动，将街头艺术的颠覆价值体现到其他类型少见的水平上。从这个意义上讲，我对街头艺术的论述，以及对它与法律之间关系的讨论，都是以涂鸦为中心的。在我看来，写作的例子是街头艺术的核心案例。

我知道将涂鸦视为街头艺术，(温和地讲)很可能引起许多作家的反对。我听到成群结队的人向我大喊道："我们**不是**街头艺术家！"尽管有反对声，我还是坚持自己的立场。我关心的是，重新定位当前对街头艺术的讨论和概念化，以便从哲学的角度，而非党派的角度，承认涂鸦的主要作用。我怀疑，作家常会出于以下原因与街头艺术家分道扬镳：很多街头艺术或乔·康尼诺(Jo Confino)所说的"假街头艺术"，在没有

---

① 将涂鸦和街头艺术区分的叙述，见 Young, *Street Art*, *Public City*, p. 4。从赞同的观点来看，涂鸦是街头艺术的一种形式，参见 Pietro Rivasi, "Vandalism as Art: Unauthorized Paintings Vs Institutional Art Shows and Events—the Modena Case Study," in *Un(Authorized)//Commissioned*, by Pietro Rivasi and Andrea Baldini (Rome: Whole Train Press, 2018), pp. 11 - 15。

② Joe Austin, *Taking the Train*: *How Graffsti Art Became an Urban Crisis in New York City* (New York and Chichester, UK: Columbia University Press, 2001).

任何街头信誉的情况下劫持了涂鸦的叛逆本质,即处于写作中心的声誉。①

在继续论述前,我先为读者提供文本摘要。本文在论述上采用由内而外的方法,文中三章中的每一章都有一个针对性问题,该问题对于投资街头艺术者具有实际意义。而且,每章都试图阐明基于这些问题的假设。在对这些假设进行严格审查之后,我将明确回答本章的问题,并在本文篇幅和范围内,为发展新的法律轨迹提出见解。

各章遵循从最基本、抽象的哲学问题到实际问题的顺序。第一章讨论了街头艺术与法律间本构关系的形而上学问题。第二章将第一章的形而上学的讨论带入了对街头艺术评价维度的分析。第三章利用第一章和第二章的讨论,来解决艺术、市场和法律之间关系的实际哲学问题。

我无法在这个空间中解决街头艺术与法律之间相互作用而产生的所有问题。特别是本文很大程度上忽略了有关街头艺术、法律与机构(如博物馆)之间的关系问题。尽管我已经在另一份出版物中解决了这个问题,但这里没有专门讨论。② 另外,街头艺术家的意图在塑造街头艺术与法律的关系中扮演的角色也是我无法展开探讨的主题。

第一章讨论了托尼·查克(Tony Chackal)所说的街头艺术的非法条件的问题。③ 街头艺术本质上是非法的吗?我建议我们可以将这个问题解释为:询问非法性是艺术品成为街头艺术的必要条件还是充分

---

① Jo Confino, "'Fake Street Art Sucks': Perrier Replaces Williamsburg's Nelson Mandela Mural," in *The Guardian*, September 26, 2014, sec. Guardian Sustainable Business, http://www.theguardian.com/sustainable-business/2014/sep/26/fake-street-art-sucks-perrier-replaces-williamsburgs-nelson-mandela-mural-with-huge-advertisement.

② Pietro Rivasi and Andrea Baldini, *Un(Authorized)//Commissioned* (Rome: Whole Train Press, 2018).

③ Tony Chackal, "Of Materiality and Meaning: The Illegality Condition in Street Art," in *The Journal of Aesthetics and Art Criticism* 74, no. 4 (2016), pp. 359-370, https://doi.org/10.1111/jaac.12325.

条件？我认为，非法性既不是必要条件，也不是充分条件，而是街头艺术显著且周期性的特征。这一特性也奠定了街头艺术的颠覆性。换句话说，非法性赋予整个街头艺术实践以颠覆性。

第二章探讨了街头艺术讨论中的普遍性问题：这是真的艺术，还是故意破坏？在对问题隐含的假设进行分析时，我提供了对该问题的不同替代解释。我证明这个问题所假定的二元对立（“是艺术还是故意破坏”）是错误的，具有误导性。考虑到我在第一章中讨论过的街头艺术的颠覆性本质，我认为街头艺术既是艺术又是故意破坏。在澄清这一主张时，我认为故意破坏是街头艺术家用来赋予其创作以意义的一种重要的艺术技巧或工具。从这个意义上讲，街头艺术的艺术意义是其破坏行为的一项功能。作为一种实践，其艺术本质部分主要取决于对城市可见表面的非法占用。

第三章使用在第一章和第二章中开发的概念工具来解决一个重要的实际问题：产权是否应扩展到街头艺术品？特别是，本章重点介绍街头艺术、版权和精神权利之间的关系。本章试图找到一种道德辩解，将版权和精神权利扩大至街头艺术品。我对找到这种理由的可能性表示怀疑。我认为，将版权和精神权利扩展至街头艺术，很可能会破坏其颠覆性，且对实践造成致命伤害。尽管对此表示怀疑，我还是提出了一个法律框架内的建议，该框架可以适当地保护街头艺术免于公司侵袭。

街头艺术作为艺术种类，它的独特本质恰好在于其与法律之间独特而新颖的本构关系。最后，在结论中，我在当代艺术领域内构筑了这一卷的主题。

5 虚构实体是哪种对象？

宝凯乐

一、创造虚构实体时我们会创造什么？

谈到虚构实体（fictional entity）时，最重要的概念之一当然是（至少从朴素的角度来看）创造。实际上，虚构实体是创造的实体。包法利夫人由古斯塔夫·福楼拜创造，安娜·卡列尼娜由列夫·托尔斯泰创造，娜娜由埃米尔·左拉创造，也就是说，根据朴素假设（naïve assumption）(g)，虚构实体是由其作者创造的实体。

哲学家对解释这一问题常常感到不安。然而，这是需要直面的要点。此处“创造”的意义何在？“创造”是什么意思？创造通常意味着将某种东西变成现实，这就是从创造论的角度（creationist perspective）考虑虚构实体可能并不容易的原因。创造出像你和我一样不存在的事物，如包法利夫人，有多大的可能性？当作者创造出从存在论来看如此奇怪的东西时，会发生什么？

让我们考虑一下特伦斯·帕森斯（Terence Parsons）[①]给出的答案。根据他的说法，虚构实体**不存在**[即使**存在**虚构实体，也就是说，它区分**存在**（being）和**现存**（existing）]。因此，正确地说，小说作者所做的

① T. Parsons (1980), pp. 184 - 188.

不是创造虚构实体[实际上，当纯粹将其视为不存在对象(nonexistent object)时，虚构实体已经在作者讲述前就存在了]，而是通过在故事里描述、谈论它们，即通过赋予它们故事中存在者的超核心属性(extra-nuclear property)(**在故事中存在**与简单地**存在**无关)，赋予它们虚构的存在。因此，对于帕森斯来说，“创造”绝不能理解为“使某物存在”或仅仅是“制造某物”，而是“使某物成为虚构的”①。但这真的是“创造”的含义吗？我们是否愿意接受将超核心属性归因于与创造该实体相同的实体?② 我不这么认为。创造意味着给予存在，而不仅仅是给事物分配附加属性。

然而，对创造的不充分对待不仅是帕森斯的典型问题；实际上，在其他有关该问题的著作中也经常遇到。这个问题源于虚构实体的不同理论与朴素的信念(例如上文所述的信念，即人物是由作者创造的)之间的冲突。

因此，我们需要研究创造过程，以便找到符合上述理论的可能且合理的答案。让我们再问一次：下面的句子在什么情况下为真?

(*)包法利夫人是由古斯塔夫·福楼拜创造的。

当且仅当有一个作者通过给定的过程创造了一个实体(即人物)时，这句话才为真，即当且仅当福楼拜创造了包法利夫人时，这才为真。这个问题很复杂，主要是因为包法利夫人具有抽象对象的外部属性(external property)，即(在时空上)不存在对象的外部属性。事实上，考虑其他人工制品而非具体人工制品时，显然不会出现此问题。实际上，很容易确定以下句子是否为真：

---

① T. Parsons (1980), p. 188.

② K. Fine (1984).

（**）维纳斯·伊塔莉卡（Venere italica）由安东尼奥·卡诺瓦（Antonio Canova）创造。

当且仅当卡诺瓦真正创造了维纳斯·伊塔莉卡时，这句话才为真。实际上，从1804年到1812年，雕塑家卡诺瓦确实创造了名为“维纳斯·伊塔莉卡”的雕像，他的创作行为在于将创造物带入一种积极的给予方式。虚构实体不会发生这种情况。首先，因为（根据它们的外部属性）它们是抽象的（即它们不存在于时空当中）；其次，因为它们在某种程度上是可重复的。[①] 简而言之，出现创造问题是因为我们会接受以下每种陈述，但是以下陈述相互矛盾、不会同时成立：

（C_1）包法利夫人是一个创造的实体；

（C_2）创造事物意味着将其变为现实或使其存在；

（C_3）包法利夫人是一个抽象对象（即它不存在于具体时空）；

（C_4）包法利夫人是被创造出来的女性。

因此，调查创造过程意味着，首先要理解所有这些陈述的合理性，其次要看看能以何种方式维护它们，而不陷入矛盾之中。

然后，让我们从创造过程的最开始说起，即作者在写小说头几句话时的活动。

二、包法利夫人是作者想象力的创造物

1851年9月，在完成希腊和意大利的漫长旅程之后，福楼拜再次

---

① 实际上，我在福楼拜的小说中可以找到包法利夫人。然而，作为完全相同的对象，在其他作家创作的小说或电影、戏剧、绘画等艺术作品中也能找到。

开始写信给路易丝·科莱(Louise Colet),并与她见面。他创作了小说《包法利夫人》,并写下了开篇句子:

(1) 我们正上自习,这时校长进来了,后面跟着一个没穿制服的陌生男孩和搬着大课桌的校工。睡着的人都醒了,男孩子们站起来,看到他搬东西好像很惊讶。校长示意我们坐下,然后,转向年级主任,低声说:"罗杰先生,现在我把这个学生交给你了,他可以进五年级。如果他学习努力、品行端正,就可以升入高年级。"①

福楼拜持续数月写作这本小说,不断修正、完善自己的写作风格。53个月后,在1856年4月的最后一天,他完成了创作,并写下最后这句话:

(2) 他刚刚得到荣誉勋章。②

同年10月1日至12月15日,《包法利夫人》在《巴黎评论》(*Revue de Paris*)上连载。转年1、2月,福楼拜和他的小说《包法利夫人》被控犯有不道德罪,而后他于2月7日又被无罪释放。1857年4月,该小说由列维出版社(Editions Lévy)发行。

这就是我谈论小说《包法利夫人》的创作时要表达的意思。包法利夫人这一人物只是福楼拜想象力的产物。我的主要兴趣是本体论,所以不希望从严格的心理学角度了解该情况是如何发生的,也不想了解这一过程涉及的想象机制是什么。我只对福楼拜的语句和整本小说的

---

① G. Flaubert, *Madame Bovary*, Penguin, London, 2003, Part One, Chapter 1, p. 3.

② G. Flaubert, p. 327.

语言构成感兴趣。

作者说(1)时在说什么？当然，他并不是在谈论现实(实际上这句话是小说的开头，而不是报纸上文章的开头)。没有上课，没有孩子，没有校长或福楼拜描述的罗杰先生。他使用的语言与我们在不同情况下描述这些事物时使用的语言相同，但是在这里他只是**假装**①这样做。

然而，这种典型的小说语言的假装用法(pretending use)与欺骗(deception)和谎言无关。虚构和欺骗的差别，在于使用语言的假装用法时作者的意图。而作者的意图通常不是为了使读者相信事实真相(结果欺骗了读者)而写作，而是为了讲述编造的故事，也就是虚构的故事。②

此种语言的假装用法③对写作虚构故事是必不可少的。作者写(1)不是要说某事是真还是假。实际上，作者不是指写作，而是假装写作，好像有一班学生，一群孩子。因此，小说中所写的句子，既不正确也非错误(或者仅仅是错误，取决于我们决定接受的理论)，只是缺乏真理的价值。没有指称(reference)就没有真理，福楼拜使用的虚构语言也不能指称任何事物。这只是无所提及。④ 一句接着一句，一页接着一页，福楼拜继续写作，直到写了(2)，他最终完成了写作。到这里，他语

---

① 这里涉及的言语行为是像 K. Walton(1990)所主张的那样是假装的参照行为，还是 G. Currie(1990)认为的讲故事行为，并不是那么重要。

② 因此，作者的意图在于创作作品 x，即在**虚构**作品 x 中起着至关重要的作用。但是，该作者的意图尚不完全清楚。例如，根据 G. Frege(1892)的观点，作者意图只是对真理的冷漠和非科学的态度，而其他人[J. R. Searle(1979)，尤其是第 61 页及其后；P. van Inwagen(1979)，第 301 页；D. Lewis(1978)；C. Crittenden(1991)，第 91 页]坚持认为作者意图的内容与真理的价值有关，因为作者没有断言什么，只是假装这样做。因此，作者的陈述只是假装断言，即不承载真理的价值。根据 S. Kripke 的洛克讲座(John Locke Lectures)[1973 年，关于该论点，尤其是《指称与存在》(*Reference and Existence*)一节]，在写小说之前存在一种假装原则，而根据 G. Currie 的说法，则是**虚构意图**(*fictive intention*)(1990，第 49 页)。对于这一具体论点，我不会持明确立场。

③ S. Schiffer (1996). 又见 G. Evans (1982)谈论语言的密谋用法(conniving use)。

④ 正如 K. Donnellan 在一份著名报纸(1974)中暗示的那样。

言的假装用法也就结束了。

三、虚构人物与语言实践

1856年10月1日，人们开始谈论《包法利夫人》。读者和评论家不遗余力地发表评论，"关于真实女性的真实故事""杰作""最美丽的女性角色之一，充满生机和真实感""不道德且残酷的故事"等等。各种评价纷至沓来，一直到审判中、审判后，甚至延续到现在。这些人(我们是谁)在谈论些什么？他们是空谈吗？如果他们那时一直在谈论某事，他们是否只会做他们要做的事？当然不是。他们谈论的是小说，关于人物，他们的指称并不只是假装的，而是真实的。这就是所谓的语言的**实体化用法**(hypostatising use)。[①] 在这种用法中，断言当然是非对即错的。当断言：

(3) 包法利夫人是福楼拜创造的；

(4) 包法利夫人是布莱姆·斯托克(Bram Stoker)创造的。

我们的意思是说，实际上(3)是正确的，(4)是错误的。(3)的真实性基于这样一个事实，即"包法利夫人"[②]这个名字确实指由福楼拜创造的虚构人物，她是一种特殊的抽象实体。因此，虚构人物的存在要归功于公共和文学实践，如(3)和(4)中对语言的实体化用法。其中关于小说的文本，一个是严肃的、本体论上的(针对拟作为抽象实体的虚构实体)。然后，此种实体化用法确定了这些实体的本体论地位，其生存、身

---

① S. Schiffer (1996).

② 与莫德·包法利(Maude Bovary)不同，后者的名字不代表福楼拜创作的任何虚构人物。

份和生存条件。

我们刚才从语言的假装用法说起，它的特点是没有真实的断言、虚假的称谓[①]，没有指称。现在我们讨论语言的实体化用法[②]，它的特征是有真实的断言，存在实体的真实称谓等。这就是所谓的从无到有[③]的特征：虚构实体的生存（或非时空存在）是在虚构称谓的假装用法之后发生的，即在假装实体[④]之后。这样就可以在语言的这种实体化用法中精确地描述，将虚构人物创造为抽象实体（或在任何情况下，更普遍地说是作为存在实体）。

当我们谈到“创造”时，这种**从无到有**的观念清楚地表达了我们通常所说的意思，即在**存在**之前，实际上，创造指**凭空制造出、构思和发明**。正是这一特征将**创造过程**与**发现过程**区分开来：虚构实体不是某处已经存在的事物，不是我们可以简单识别的事物。相反，它们是全新的事物，首先是通过语言的特殊用法创造的。如果我们不冒混淆的风险，则需要弄清楚组成和发现之间的区别。当然，它们之间也有许多相似之处。例如，它们都为我们提供了我们以前不知道的新事物，但是它们之间的区别也是很明显的，我们无须进一步验证。只需要考虑一下

---

① E. Napoli(2000)认为，像“包法利夫人”这样的虚构称谓（根据他的说法是虚假称谓）与认真引入的称谓（后来被证明是空泛的称谓，如“火神伏尔甘”）之间存在很大差异：尽管第二种称谓可能是空泛的（如“火神伏尔甘”的情况那样），但第一种称谓却不能空泛，这仅仅是因为首次引入时，它们的空泛性已得到明确承认。引入“火神伏尔甘”之类的称谓，至少是为了指定某事物，而引入“包法利夫人”等称谓则是为了假装指定某事物。关于虚构称谓的语义与科学理论或类似情况中非指称术语的语义之间的区别，另见 G. Currie(2003)，第 141 - 143 页。

② 或者按照 G. 埃文斯(G. Evans)的说法，可以称为语言的非密谋用法。但是，重要的是要强调，与埃文斯的非密谋用法不同，语言的实体化用法是在本体论上使用的。非密谋和实体化用法在考虑相关陈述时是相似的，因为它们具有严肃的（而非假装的）真理条件。

③ S. Schiffer (1996).

④ 虚构实体跟随的实体，是想象的实体，是理论实体或他种实体。但是重要的是要认识到，语言的实体化用法承认它是虚构实体时，它才是虚构实体。实际上，作者 A 对实体 x 的任何属性归属，都不足以使该实体成为虚构实体：如果语言的实体化用法没有发生，那么我们有的只是想象的或者编造的实体，而非虚构实体。

这种区分将如何有用且重要，以对比帕森斯在创造虚构实体上的立场。帕森斯实际上并没有谈论虚构实体的创造，而是坚持认为虚构实体是由其作者发现的，显然，这并不能准确地代表我们在谈论虚构实体创造时所面临的危险。正如基特·法恩(Kit Fine)所说，这就是为什么创造问题在柏拉图主义方法(如帕森斯的方法)中造成了无法解决的困难。[①]

由于有了这种区别和创造过程的第一步，我们可以说我们有一个对象，一个新对象，在我们的世界清单中拥有它的位置。

在确定了包法利夫人是一个真实的对象，即它具有本体论地位后，我们仍要纠正先前的**创造**定义(C_2)：创造不仅意味着存在，而且更普遍地意味着编造，以一种积极的方式给予它(存在或生存)。因此我们会说：

(C_2*) 创造事物意味着以一种积极的方式给予它(存在或生存)。

在回答了本体论的问题之后，我们要提出形而上学的问题。包法利夫人将成为什么样的对象？当然，对象的种类将部分取决于使用包含在我们本体论中的语言用法。我们可以轻易地想象到，我们可以称之为**虚构的外部断言**(external assertions about fiction)的多数内容(以语言的实体化用法为特点)，将反映我们所谈论的虚构实体的某些方面(其外部属性)。例如：

(5) 包法利夫人和安娜·卡列尼娜一样有名；

(6) 包法利夫人反映了资产阶级的不满。

这些句子凭直觉来看是正确的。例如，句子(5)指出，一个虚构人

① K. Fine (1984). 对于反对柏拉图主义的类似立场，就音乐创作而言，请参见 J. Levinson(1980)。

物的名字是“包法利夫人”，另一个虚构人物的名字是“安娜·卡列尼娜”，前者和后者一样出名。这就是全部。将虚构实体视为抽象实体，我们可以这样讲，也可以讲得更多。但是这里会出现一个问题：根据这个立场，例如句子(7)严格来说是错误的(或没有真理价值)：

(7) 包法利夫人因欠债自杀。

尽管在句子(5)和(6)中我们在本体论上是坚定的，但在(7)中我们不会这样说。显然(7)是一个内部断言：**小说中的**包法利夫人实际上是位自杀了的女性。但是，在第一层面上创造虚构人物的实体化用法，是小说的外在因素，它只是检查在我们的世界中，我们拥有什么样的实体，以及如何使虚构称谓在此处具有指称性，从而暗示我们在抽象实体(人物)中将要实现的内容个性化。于是，我们找到了外部断言的指称物(最有问题的断言，要从严格的取消论角度来处理)，并且避开了包括真实对象、虚构对象、想象对象在内的迈农(Meinong)的丛林，即一个虚实并存的荒诞世界。

但这怎么可能呢？实体化用法中涉及的本体论承诺当然是对抽象实体的承诺，但是这些抽象实体之间存在什么关系？故事中讲的是什么？让我们回到语言的假装用法，这是作者写小说时的典型用法。在故事进行过程中，作者如何在小说中塑造包法利夫人这样的女性？通过使用单词和句子[①]，例如：

---

① Kit Fine (1982)对虚构也持类似观点，他说，虚构实体“……生成是(作者适当活动的)结果，就像桌子的生成是木匠活动的结果”。他说，虚构实体是创造出来的，就虚构实体而言(并非就人工制品而言)，创造并不意味着真实存在，而意味着生成。因此，他引入了双重谓词模式：生成(to be)和真实存在(to exist)。A. L. Thomasson还研究了虚构实体的创造过程，强调了与其他人工制品(如桌椅、工具和机器)的创造之间的相似性，所有这些都需要由智能生物来创造。尽管如此，她还指出了虚构实体与所有其他人工制品之间的关键区别：“……虚构人物的创造方式，确实使它们很奇怪，因为人不能简单地通过描述这种对象来创造桌子、烤面包机或汽车，虚构人物只是以某种假定它们存在的言语创造的。”(Thomasson 1999, p. 12)

(8) 包法利夫人的父亲是鲁奥老爹(Père Rouault);

(9) 包法利夫人读了[贝尔纳丹·德·圣皮埃尔(Bernardin de Saint Pierre)创作的]《保罗和弗吉尼亚》(*Paul et Virginie*);

(10) 包法利夫人觉得自己的婚姻生活很无聊。

所有这些句子(当然不仅是这些)对福楼拜创造包法利夫人都是必要的。然而,一旦小说创作完成,对语言的假装用法也就结束了,包法利夫人就成为抽象的人工制品,作者用来编造她的所有东西都被证明是虚假的。这听起来可能很奇怪。我知道实体如何在不同的语境中拥有不同的属性,但是我不知道实体如何能由完全虚假的属性集构成,因为据说它具有积极的给予方式。

四、虚构人物是创造物

包法利夫人是怎样成为抽象实体的?发生这种情况的原因恰恰是,人物即便不具有时空定位,也具有真实的特征。但是,与其他抽象实体不同,虚构人物是创造出来的,因此被称为抽象的人工制品。在我们的本体论中找到它们的位置绝对没有问题,因为我们愿意接受一个包含许多实体的本体[①]。这些实体在一方面或另一方面与虚构实体相似。但是,在谈论作为抽象人工制品的人物之前,我应该先谈谈虚构作品或小说。小说也是抽象的人工制品[②]。根据托马森(Thomasson)的定义和分类法,例如,基于依赖的本体论关系,小说在历史上严格依赖作者和特定文本,且常依赖实力社团和该书副本的可用性。当谈到这些小说及其中存在的实体时,这个实力社团(当然,我们属于这个社

① A. Thomasson (1997, 1999, 2003).

② 根据 A. Thomasson (2003)所言,小说和虚构实体是同类对象。关于不同的立场,请参见 A. Voltolini (2003)。

团),从本体论上致力于虚构实体的存活,并且出现了这样的情况(特别是由于语言的实体化用法处于危险之中时),即它所致力的实体与小说中描写的沧桑变幻的实体没有任何共同之处。

让我们一步一步地考虑一下这种语言的实体化用法造就的创造步骤:

1) 福楼拜写了一部关于女性的小说,主人公是包法利夫人(语言的假装用法);

2) 人们读关于这个女性的小说;

3) 人们评论这部小说和其中的人物(语言的实体化用法);

4) 包法利夫人这个人物勉强度日;

5) (在我们的世界里)它作为人物,即作为抽象实体勉强度日,因此包法利夫人是女性这件事是虚构的。

在此,创造过程依据标准人为主义者的立场而停止。[①] 但是,为了回答形而上学的问题(在这里,我们不仅要问包法利夫人对我们来说是什么样的对象,以及它本质上是什么样的对象),我还要额外补充三个相关问题:

6) 作者将包法利夫人的特点定为女性(即女性属性是包法利夫人相关属性中的内在属性),因此她是女性这一点不是虚构的;

7) 包法利夫人是抽象实体(5),也是具体实体(6);

8) 包法利夫人是一个对象,只是有着不同的属性(依据

---

① J. Searle (1979), P. van Inwagen (1979) 和 S. Schiffer (1996) 当然会在此停止。A. Thomasson (1999) 持有这种激烈的人为主义立场,但是 Thomasson (2003a)的观点有所缓和。

归因的起源，可以分为内部和外部属性）。

我在这里想要强调的是对创作过程的分析，之前我们已经（通过语言的实体化用法）确认了一个特定的对象，即包法利夫人作为抽象对象，必须回到小说本身，并进行个性化处理。在作者对语言的特征化用法中，描述包法利夫人的创造方式或将其刻画为一个有丈夫、女儿和两个情人的女人。因此，作者对语言的特征化用法，推动了小说中虚构实体的构成。因此，我们首先通过实体化用法，再通过特征化用法［回到语言的假装用法时——起初写作小说时是作者对语言的使用——我们会注意到，一旦小说写作完成，它就成为特征化用法，包含在属性的组合当中，以创造或描述相关对象，使其具有具体的女性（诸如艾玛·包法利）和男性（诸如查尔斯）属性］从本体论上专注一个对象。

这一点很重要，尤其要坚持（4）和（6）以完全相同的方式为真。[①]即便（4）和（6）都以相同的方式为真，一个人可能会反对［例如，托马森在《小说与形而上学》（*Fiction and Metaphysics*）[②]中所做的那样］从严格的形而上学的角度来看，对我们来说有趣的只有（4），因为我们感兴趣的是虚构实体包法利夫人在**我们的**世界中、在我们的日常生活中，对我们来说是哪种对象，以便了解它与其他对象（如桌子、数字和安娜·卡列尼娜）有何不同。针对这一异议，我想回答的是，我不明白为什么**我们的**观点仅在形而上学上与之相关。为什么唯一值得进行的形而上学的研究，应该是对**我们**世界中的对象进行分类，从而将它们系统化地装进**我们**家里的衣柜中。因此，这是否意味着一个对象不能成为独立于我们的对象？一个人可能会回答，当然许多对象是独立于我们的，但显然不是包法利夫人，她的存在要归功于语言的实体化用法（因

① 这是因为我们维护对象的“对象理论”方法，因此仅考虑用与对象相关的属性集来分析对象。从这样的角度来看，如果对象具有一种属性，无论是内部属性还是外部属性，那么它都具有相同的属性（以相同的方式），这是正确的。

② A. Thomasson (1999), pp. 105 - 114.

此要感谢我们），因此不能真正视为独立于我们之外。这一答案虽然正确，但只有当我们对包法利夫人采取遗传方法而非结构方法时，它才是合理的。

一方面，我们解释包法利夫人如何真实存在，给出创造机制的细节，使它可以作为人物存在（即它从哪里来、它的起源）。当然在这里，我们以及我们的类别都是基本的。另一方面，存在具有本质特征、自身性质及其属性的对象，没有了这些属性，它将不再是实际上的对象（即它的结构）。将对象的起源、对应的赋予方式与其结构相混淆是一个错误。对象理论及内、外部属性间的差异，为我们提供了避免发生此类错误所需的工具。然后，尽管通过实体论用法识别的对象，对我们来说，不过是这里、在我们的世界中的虚构实体，即抽象对象，我们一定不能忘记小说中同样的实体也存在着什么，它在小说中具有特定的属性集。这些属性必须以强有力的方式适应该对象。对象理论的这一方面显然可以用来解释某些判断的真实性，例如（8）—（10）显然是内部（或字面意义）的断言。为什么包法利夫人确实是女性或她住在扬维尔？因为就其内部属性而言，包法利夫人是（或者就其本身而言）对象，或者因为它是福楼拜赋予生活在扬维尔的女性的内部属性。因为据说在福楼拜作品中，包法利夫人是女性，即成为女性是包法利夫人所对应的一系列内部属性之一，因此，身为女性是包法利夫人身份的一部分。

五、具体而抽象的包法利夫人

对该方案提出反对的可能原因是，即使区分同一对象的结构和起源，也很难令人接受包法利夫人既具体又抽象的说法，因为抽象和具体是两个不兼容的属性。包法利夫人如何同时成为像伊丽莎白女王这样的具体的女人和像法律一样的抽象概念，同时又始终是同一对象呢？包法利夫人怎么可能成为一个如此奇怪的对象（或矛盾的对象）？一方面，她生活在一个小村庄里，有丈夫、有女儿；另一方面，她（它？）没有丈夫，也没有第三者陪她去电影院。[①] 让我们研究一下包法利夫人的这些不同特征。

包法利夫人有个丈夫，名叫查尔斯。她还有父亲、女儿和两个情人。她就像其他女人一样，睡觉、吃饭、做梦，遭受痛苦和死亡。这就是作者描述她的方式。当人们对她的外部属性存在争议时，她从不同的角度来看是完全不同的。实际上，对于文学评论家和爱书的读者而言，她是一个人物、一个抽象的人工制品。爱书的读者视书籍为人的心理行为，而非自然创造的制成品（法定对象），这在许多方面类似法律和游戏。作为抽象的人工制品，包法利夫人从形而上学的角度来看，只是一个人物：因此，她不是一个黑发、棕眼、有丈夫的女人。

因此，经定义，包法利夫人具有两种不同的属性[②]，即外部属性（由实力社团在语言实体化用法时使用的属性）和内部属性（由作者用来描述小说中人物的属性）。依据内部属性，她是女性，而依据外部属性，她是抽象的对象。有效地将其定义为小说内部对象的属性是其内部属性，而外部属性则反映了它在我们世界中的本体论地位。

包法利夫人作为人物，是我们乐于接受的对象：事实上，几乎没有人会说包法利夫人是个无名氏。在我们已经接受的福楼拜创造的**人物**中，我们不得不考虑包法利夫人这位女性。包法利夫人怎么会是女性呢？我们只需考虑作者在小说中用来描述包法利夫人的内部属性，这些内部属性多少[③]有助于将她塑造成一个我们愿意接受她为人物的抽象对象，这要归功于实体化的用法。接受包法利夫人作为抽象实体，我们将不得不在其后确定她的身份——着重于她的内部属性，其中包括

① 关于数字和女性在形而上学方面的差异，见 S. Yablo (1999)。

② 正确地讲，只有一种属性，（由作者归因时）它可能是内部属性或者（由读者或批评家归因时）是外部属性。因而，两种属性之间的差别指断定单一属性的两种不同方法。

③ 因为没有内部属性，我们就不会有小说，也不会有语言的实体化用法。

女性的属性——也是人。包法利夫人作为女性，是塑造她的内部属性(I_p)的关联变量(除此之外，作为其成员具有女性属性)，而包法利夫人作为抽象实体又是外部属性(E_p)的关联变量。不过，包法利夫人是同一个对象，一个高阶对象，因为它大于组成部分的总和。下面给出的图示说明一个对象如何成为两个不同集合的对象关联变量：

高阶对象

虚构实体

↑

$I_p\{a, l, m, p\}$ ⟶ 对象关联变量 ⟵ $E_p\{b, a, r, y\}$①

同一对象既是女性，又是抽象实体，这听起来很奇怪，因此：

(11) 包法利夫人长着一头乌黑的头发。

和

(12) 包法利夫人表现了人类的不满。

以相同的方式为真。人们可能接受这两句话都为真，但不是以相同的方式接受。因为第二个句子似乎在我们的世界中为真，因此简单地说是真实的。而第一个句子在其他世界(在包法利夫人的世界中)似乎为真，因此对我们来说，在这个世界上，这不是事实。因此，包法利夫人当

① 因此，两个集合只有一个对象关联变量。从这样的角度来看，如果两个集合中都具有相同的属性(例如，恰巧具有属性“a”或“抽象的”)，那么这显然不是问题：一个实体实际上可以具有作为抽象对象的内部属性和作为抽象对象的外部属性，就像在小说开头所说的那样：“从前有一个小的抽象对象……”

然具有是女性和有丈夫的属性。但**根据故事**，并从这个事实出发，指出包法利夫人只是一个女性，人们可能会混淆故事和真实世界中的真实情况（只有后者才是真正意义上的真理）。然而，对象理论显然不会冒这种风险，它只关注包法利夫人是哪种对象，而不关注包法利夫人既是具体对象与又是抽象对象之间的差异，例如伊丽莎白女王只是这个世界上的一个具体实体。对象理论只分析对象 x 所属的内、外部属性集，而与它们可能的、特定的给定方式无关。让我们考虑一下：

(13) 包法利夫人是女性；

(14) 包法利夫人是虚构实体；

(15) 马是哺乳动物；

(16) 马是概念；

(17) 数字 3 是奇数。

坚持(13)和(14)以相同的方式为真，是否与坚持(15)和(16)以相同的方式为真是相同的？那(17)呢？它像(13)还是像(14)？要回答这些问题，重要的是要记住对象理论关注的是什么：对象理论以绝对普遍性考虑对象，即它分析了这些对象所属的关联变量集的本构属性(constitutive property)。这意味着，如果一个对象既是内部属性集，又是外部属性集的关联变量，那么对象理论将关注这两者。考虑到这一点，很明显为什么对象理论说(13)和(14)以相同的方式为真：因为它认为对象兼具内部属性和外部属性的特点，因此不接受存在一些属性可以比其他属性更真实地归于这些对象（当然，这两个属性实际上都是对象的特征）。因此，对象理论会在完全相同的层次上考虑(15)和(16)：马实际上兼具哺乳动物的属性和概念的属性。这就是就对象理论而言，询问(17)与(13)还是(14)更相似的原因。

六、女性与创造者，人物与批评家

福楼拜创作的(即使正确地讲，只有在语言的实体化用法发生之后，我们才会意识到这一点)小说，虚构了一个女人，包法利夫人，他用来描述其内部属性集的对象关联变量。我们第一次见到这个女人是当查尔斯·包法利医生(她的未婚夫)去贝托(Bertaux)的农场给鲁奥老爹(艾玛的父亲)治疗断腿时。正是通过查尔斯的眼睛，我们才第一次看到了艾玛：

> (n) 她洁白的指甲让查尔斯感到惊讶。它们尖细而有光泽，修剪成杏仁状，比迪埃普(Dieppe)象牙更光亮。她手指长长的，可线条并不柔和。所以她的手并不漂亮，而且不够白，指关节还突出着。如果说她漂亮，那是在她自己眼中。她长了一双棕色的眼睛，但在睫毛的遮掩下看起来像是黑色的。它们带着质朴、坦率，迎着你的目光。……脖子上白色的领子翻了下来。她乌黑的头发从中间整齐地分开，可见头顶的曲线，两边的头发自然下垂，只露出耳朵尖儿，并在头后面盘绕成一个厚实的髻子，太阳穴处还留着几绺头发。这位乡村医生平生第一次看到这样的情景。她脸颊上涂着胭红，像男人一样把眼镜挂在紧身胸衣前面。①

我们应该怎么看待这件事？它是什么？这是属性集，我已将其标记为内部属性，福楼拜用这些属性创造了他小说的女主人公艾玛·包法利。这正是艾玛·包法利被描述为人类的方式。当其内部属性受到

---

① G. Flaubert, pp. 15 - 16.

威胁时，包法利夫人是一位女性，就像我和伊丽莎白女王一样。[①] 因此，我们有一个相互结合的内部属性集，包法利夫人作为对象关联变量与之对应。

这是作者的创造。这个女人将嫁给包法利医生，并在几年后因负债而自杀。福楼拜创造（或描述）艾玛的所有属性在此定义为**内部属性**，这些属性与生殖细胞在一代真实人类中具有相同的功能。而对于生殖细胞而言，在世代相传中基本的东西来自特定环境下两个特定的个体。因为对于内部属性而言，重要的是，它们必须由特定作者在特定小说中组装（组合）而成，这是我们说该虚构实体是由使用内部属性进行塑造的作者“烙印”的原因。

通过语言的实体化用法创造出来的包法利夫人[②]使我们处于完全不同的状况。在此重要的是，文学评论家和读者群体如何识别和描述人物，同时，描述该人物的外部属性集也很重要。这里，我们有的不再是一个睡眼惺忪的女人，而是一个类似于国际象棋游戏或交通法规的抽象实体。

因此，据说像包法利夫人这样的虚构对象具有双重结构：内部结构和外部结构（正如我已经强调的那样，内部属性和外部属性之间的主要区别是归属不同）。因此，它们的产生也以某种方式翻倍（显然即使对象本身并没有翻倍）：首先，它们产生于文学实践对语言的实体化用法；其次，它们作为具体属性集的关联变量出现，源于作者的专门描绘（对语言的特征化用法）。我们不能否认第二种产生方法：对语言本身的实体化用法，会让人联想起、追溯并不断地回到小说及内容中去。在这回溯中，一旦小说创作完成，就要把作者最初对语言的假装用法，考虑为

---

① 实际上，通过描述性的形而上学调查进行分析时，伊丽莎白女王和我也是属性集的关联变量。但是，我们与包法利夫人的情况有着根本的不同，因为我们是完整属性集的关联变量，而艾玛是不完整属性集的关联变量。关于这一点，请参见 Parson (1980)，pp. 19－21、56、77－78、182－185。关于真实与虚构实体间存在的差异，但从对虚构实体的反现实主义观点来看，参见 A. Orenstein(2003)，尤其是第 180 页。

② 然而，重要的是要记住这位女性和这个人物是同一个对象。

特征化用法。例如，句子(6)要想为真，就要求包法利夫人**设法**成为无才又无德，来自下层中产阶级，想寻求不同生活的女性。因此，我们需要使(6)中所讨论的实体具有这样的属性——作为内部属性——这些属性使我们能够断言她来自下层中产阶级、缺乏道德观念，等等。①

七、起源还是结构：虚构人物起于何时？

作品源自语言的假装用法，作者描述作品之初，小说的作者并未明确提及鲜明、完整的(因此无法完全使用)人物。因为，为了进行参考，作者必须牢记在小说过程中归属于人物的所有本构属性，而实际上他没有。事实上，正在开始组合各种属性以构成人物(进而是小说)的作家，牵涉到未完结的作品之中，这就是最终产品尚未出现的原因。但是，一旦作品完成，潜在读者肯定会走近它，因为人物即将塑造完成，因此可以作为一个整体进行考虑。这是怎么回事？

首先我们来看一下作者的作品，该作品与物质的起源有关。作者怎么可能凭空创造出像包法利夫人这样的女性？首先，他从小说的第一页到最后一页，写下一个单词、一个句子、一些描述性的语句，等等。小说完成后，我们可以看到包法利夫人已经成为高阶对象。实际上，即使在某些原始单词、句子或其他内容已经更改的情况下，我们仍能识别出她。高阶对象来自内部属性集(因此成为其对象关联变量，但不能简化为内部属性)。尽管发生了变化甚至错位，如在《库格麦斯轶事》(*The Kugelmass Episode*)中，这也正是我们认识到的。对于作者在撰写小说时用来创造包法利夫人的内部属性集，小说一旦完成，便会出现在给定材料基础上创建统一性的高阶过程。因此，内部属性集与包法

① T. Yagisawa(2001)也论证了内部属性对于外部陈述的重要性(但以不同的方式，用于保持立场)。与此处勾勒的更为相似的立场，另见 A. Bonomi(2004)。

利夫人(或该集合的对象关联变量)之间存在的关系,显然不是身份关系。包法利夫人是模型,它从最初的本构元素中脱颖而出,形成了格式塔品质,并且人们认为它是通过内部属性集创造统一性的高阶过程的产物。首先,这解释了作者写作时发生了什么;其次,解释了小说完成后,创造材料(例如包法利夫人)如何发生变化(使得模型可能出现)。但是,这仅仅是问题的起源,它描述了包法利夫人如何来源于属性集。

然后,我们来研究一下结构方面,其中虚构实体可以视为一个整体,即结构。小说完成后,人物如何作为整体出现?显然,我们在阅读小说时不给人物添加属性。实际上,相反的情况更有可能发生:我们真正拥有的不仅仅是个人属性。实际上,我们在阅读时所拥有的只是实体的一部分,而它又由整个实体的本质决定。因此,从结构的角度来看,给予我们的东西不会作为次要过程,从这些碎片的总和中出现。这就是为什么当我们发现包法利夫人的特征化属性时,已经将每个属性作为已存在的整个人物的一部分进行了个性化处理。因此,可以将描述虚构实体的方式或模型转换为不同的故事,即使它具有不同的属性,也仍将保留相同的实体。

包法利夫人这样的实体作为整体如何源自内部属性集,与阅读小说时我们确认同一实体之间的差异,仅取决于起源和结构方法之间的区别。起源方法侧重于逐步描述作品,而结构方法则关注作品完成后,描述人物是什么后验(posteriori)。这种双重方法并不存在什么问题:后验,简而言之,就是我们在整个创造过程中拥有的只是我们在最后发现的,从完全的意义上来讲整个对象的"碎片"或"部分"。

因此,格式塔转换(Gestalt Switch)是虚构人物整体结构的核心:小说结尾处的实体化用法使之前的假装用法为真,因而整个特征化过程也是如此。小说作者创作的每个内部属性,都只是该人物结构的一部分。

八、假装用法、实体化用法、特征化用法

因此，创作过程的构成可以视为三个时刻：第一是语言的假装用法，第二是语言的实体化用法，第三（这是重新考虑的第一步或实体化用法后的再次考虑）是特征化用法。在这三个步骤中，虚构实体作为抽象实体和具体实体被创造出来。下面我们逐一研究这些步骤。

小说作者开始写作时使用了语言的假装用法。因此，创造过程就此开始。[①] 他写出了虚假陈述，假装它们为真。目前，在作品中虽然结合了属性，但要处理的实体还不是虚构实体。它更像是一个想象实体，或更像是一个编造的实体。小说创作完成后立即开始实体化用法。现在，一个称谓的所指与先前的想象所指具有不同的本体论地位：实际上，现在称谓指虚构实体，其为抽象对象。一旦人们因实体化用法确认并接受虚构实体，就有必要回到小说中去。在小说中，我们乐于接受的实体的特点由视实体为真的属性集表现出来。这要归功于语言的特征化用法。可以看出内部属性是作者用来构建实体的那些属性，因此是表现虚构实体特征的属性。简而言之，特征化用法是假装用法在本体论上的转换，而这种转换又可以通过实体化用法来实现。

这三个步骤中最重要的显然是第二步，即实体化用法。因为没有它，我们就不会有任何虚构实体。尽管如此，特征化用法可能会更有趣，因为它提供了有关虚构实体如何由作者创造的详细信息。就处于

---

① 显然，我不认为语言的假装用法与 S. Schiffer（1996）的看法完全相同。实际上，我坚持认为，语言的假装用法开始时，我们拥有的首先是一个纯粹的对象（pure object），即由属性集专门定义的对象，该对象也是属性集的关联变量，之后才能将其标识为只是想象中的对象及虚构对象。因此，例如：在福楼拜开始创作《包法利夫人》时，处于危险中的语言的假装用法可能成为虚构实体创造的第一步，即使它只有在后来语言的实体化用法开始使用时才确认为真，这使得随后特征化用法为真（假装用法也是如此）。

危险之中的内部属性而言，人物是由作者的书写创造的，即仅通过被描述为存在物（或某种其他给予方式）就可以使其存在。因此，语言的特征化用法清楚地表明，虚构对象与社会对象存在高度相似性[①]：它们都是**规定对象**（stipulated object）。创造包法利夫人时，福楼拜规定包法利夫人是女性，这与意大利高速公路法规中规定的驾驶证由 20 个信用点组成的方式完全相同（即当驾驶员违反交规被扣除 20 分后，驾驶证将被吊销）。我之所以说规定，是因为发生的确切情况是，当作者通过内部属性创造人物时，就其内部属性而言，在创作故事过程中，人物确实具有这些属性。同样，一旦高速公路法规规定了驾驶证有 20 个信用点，那么就真的具有这种特征。因此，我们将对上面给出的定义予以补充：

> (C_2^*) 创造事物意味着赋予它积极的给予方式（存在或生存）。

带有规定元素，是为了给虚构实体下合适的定义：

> (C_{lf})[②]鉴于规定行为，创造虚构实体意味着赋予它积极的给予方式。

实际上，内部属性有助于将包法利夫人创造为具体对象，但作者将这些属性归类为内部属性，是为了产生、制造和使包法利夫人存在。这就是有包法利夫人这样的对象的原因。由于包法利夫人这个称谓首先

---

① J. Searle(1995)注意到文化实体和机构实体之间的相似性，因为它们通过简单地表示为存在而得以存在。他最喜欢的例子是金钱，他说："'此票据是所有公共和私人债务的法定货币。'但是，这种表示现在至少还是一项声明：它通过将其表示为存在，来创建机构地位。它不代表某种前语言的自然现象。"（第 74 页）

② "C_{lf}"代表"虚构文学作品"，仅在涉及虚构文学实体时才作为可能的定义出现。

是在同名小说中引入的(而不是从其他结构或语境中引入的),因此我们无须担心识别小说中引入的人物,也无须担心读者和评论家对作者刻画的相同人物的接受。因此,这种凭空创造与规定讨论对象要具有某些属性是一样的。例如,福楼拜通过规定包法利夫人是女性,有丈夫、女儿和两个情人,从而使包法利夫人成为具体实体,赋予它积极的给予方式(存在)。什么使得作者的创造在本质上具有规定性?[①] 无论其内容如何,这种生成总是正确的。如果作者将某个属性归于一个人物,那么此人具有该属性就永远是正确的。这意味着,如果福楼拜说包法利夫人的指甲有光泽,逐渐变细,比迪埃普象牙更加光亮,而且修剪成杏仁形[②],这就不存在争议了。因此,作者通过创造具有此属性的人物,使该人物具有某种属性的事实成立。作者可以自由规定,人物要具有什么属性,而不会弄错[③]:这是故事讲述者通常享有的基本创作自由。重要的是,不要忘记作者在创造人物时,行使创造权和创造力。他的创造力来自对错误的免疫。福楼拜说,包法利夫人的指甲有光泽,逐渐变细,比迪埃普象牙还光亮。他弄错了吗?当然不是,因为福楼拜关于包法利夫人一切的描述都必须为真。这是创作自由原则:

> (FC) 如果在创造人物 X 时,作者将属性 P 归于 X,则 X 确实具有 P。

因此,作者是选择人物具有哪些属性的最高权威。如果福楼拜对语言的假装用法有所不同,把实体实际属性中的不同属性归于该实体,

---

① 关于虚构实体的规定性本质,另见 A. Meinong, (1917), GA III, p. 374。

② G. Flaubert, p. 15.

③ 当然,如果作者想创作一部《包法利夫人》那样的现实主义小说,那本小说必须应用我们世界上所有有效的自然、物质和道德法规。然而,就像科幻小说中发生的那样,反映现实并不相关。

那么包法利夫人可能与实际情况有所不同。[①] 当然,我们或许想把包法利夫人从福楼拜的小说中移出,将其放入想创作的另一部小说中。[②] 在此种情况下,我们会从福楼拜的小说中借用一个人物,以自己的方式使用它,赋予它新的属性。然而,福楼拜创造的高阶对象,即像包法利夫人这样的人物,从语言的实体化用法开始,就永远固定在那里,**带有福楼拜的印记**了。因此,就起源而言,我们可以将虚构实体定义为任意的,但可以根据其结构客观地加以固定,打上作者的印记。

当然,一些倾向于直接引用称谓理论的哲学家,会认为这种用于虚构实体的方法很荒谬。根据他们的说法,像"包法利夫人"这样的专有称谓,要成为真实而非只是空洞的称谓,实际上它应该是合法授予实体的一个标签。

在此,我们显然有一个问题。因为,正如我们所看到的,起初我们缺少任何可授予称谓的实体。相反,我们之后所拥有的一方面是作者的创造物包法利夫人这个女性,这是作者整合在一起的内部属性集的对象相关变量;另一方面,我们拥有了读者和评论家的对象,即包法利夫人这一人物,它源于系列文学实践,是外部属性集的关联变量。显然,问题出现了,因为在这两种情况下我们拥有的对象——只是虚构实体(是单一对象)的两面——作为过程的结果出现,因此可以合理地称为生成过程结尾处的对象。

通常,授予称谓的行为是这样发生的:你拥有一个实体,并指着它说"XX"。从这一刻起,谈论的实体有了名字"吉尔达"。但是,福楼拜怎么能给包法利夫人命名呢?正确地说,直到故事结束,她才完全出现

---

① 包法利夫人本可以有所不同,但如果福楼拜赋予她有儿子而非女儿的属性,或者诸如此类的不同属性,那么她仍然是一个高阶对象。在那种情况下,**模型**显然会保留下来。如果福楼拜将兔子的属性归于她呢?当然,在那种情况下,我们将始终有一个名为"包法利夫人"的实体,但这将是一个不同的实体,仅与先前对象具有相同的称谓(因为高阶对象显然将是不同的)。有关此类问题,请参阅 A. L. Thomasson (1999), pp. 56 - 69。

② 谈到包法利夫人,这就是 W. Allen 在《库格麦斯轶事》一书中所做的。

在那儿。

继扎尔塔(Zalta)[①]之后,我们在此介绍**扩展命名过程**(extended naming process,扎尔塔将其称为扩展洗礼)的概念,这在虚构实体中很常见。对于存在的实体(例如我的狗和伊丽莎白女王),命名是通过表面张力来进行的。而对于像包法利夫人这样的虚构实体,则是通过语言的实体化用法,再通过语言的特征化用法来实现的。因此,讲故事(作者通过语言的假装用法)需要开始,然后结束,以便将虚构实体的命名视为结论(或者说,如果故事未完结,命名实际上不会发生,因为如果故事没结束,我们甚至不能说有虚构对象)。这是两种截然不同的行为:我们、评论家和我们面前的其他人做出的假装行为,以及只有在第一种行为发生后,我们才乐于承认福楼拜的描述行为。抽象对象的命名与福楼拜小说中的主要人物(包法利夫人)所辨识相吻合(即承认包法利夫人是虚构实体)。而对于具体对象,即这个女性的命名,则与福楼拜在小说中使用特征化用法的结果,即包法利夫人的个性化描写相吻合。在这两种情况下,小说都是基本要素,因此可以说在这两种命名过程之前出现(从某种意义上说,这是其自身的基础)。我们拥有从第一句话(1)到最后一句话(2)的整部小说,只有在那之后,我们才拥有可以命名的虚构实体(人物和女性)。

九、身份条件

虚构实体的身份条件是一个非常严肃的问题。从取消论或反现实主义的立场来看,它仅是对某些语言实践的解释。相反,从现实主义者的角度审视这个问题,意味着以某种方式找到那些条件。通过这些条件,我们可以识别虚构实体,然后将其重新识别为相同的对象。什么标

---

① Zalta (2003).

准可以使我们确定X和Y是同一虚构对象呢?

虚构实体是高阶对象。作为高阶对象,我们可以从两种不同的角度看待它们(如第一部分所述):从起源或结构的角度。对于身份条件而言,重要的是问题的结构方面,因为我们想知道如何才能将一个对象识别为相同对象,即该对象的结构是什么,它如何在变化中保持不变。高阶对象的结构必须符合两个基本的形式条件,即其一,高阶对象不是加成的附聚物(即它们不仅仅是其原始本构属性的总和);其二,高阶对象是可调换的,其中,可调换意味着即使原始本构属性已更改,也可以保持其结构形式。包法利夫人作为高阶对象,完美地反映了以下两个条件:实际上,它不仅是福楼拜用来创造它的属性之和,而且即使它失去大部分原始属性,依旧可以辨识,因为它的结构保留着。

有人可能会问:是否能将包法利夫人等同于我们世界中的真实实体?例如,可以假设包法利夫人实际上是一个真实的女性,而福楼拜讲的故事是一个真实的故事。福楼拜的一些读者实际上在小说《包法利夫人》中看出了他们那个时代的真实故事,即德尔芬·库图里尔(Delphine Couturier)的故事。该妇女与一位名叫欧仁·德拉玛尔(Eugène Delamare)的医务人员结婚。那时她年轻貌美,而他则是二婚(他的第一任妻子已去世)。她很快开始对他不忠,并背负了债务。随后德尔芬·库图里尔去世,将小女儿留给丈夫。这让德拉玛尔非常震惊,他在几周后也去世了。这一切都发生在鲁昂附近的一个叫瑞的小村庄,那是在福楼拜开始创作小说前的一两年。福楼拜的小说出版后,许多瑞村的居民都想起曾经遇到过"艾玛":那是她住过的房子、她的墓地、药剂师的商店和金狮子。

在这一点上,我们必须面对一个重要的问题:即使所有这一切都为真(德尔芬·库图里尔、她的丈夫、她的债务、瑞村等等),我们是否愿意将德尔芬·库图里尔等同于包法利夫人?我们会毫不犹豫地接受以下内容吗?

包法利夫人=德尔芬·库图里尔

目前来看，答案必是否定的。实际上，我们并不认为包法利夫人这样的虚构实体等同于德尔芬·库图里尔这样的真实实体。包法利夫人可能也具有德尔芬·库图里尔的一些属性（即包法利夫人作为对象关联变量的属性集，由许多属性构成，这些属性恰好也构成了德尔芬·库图里尔作为对象关联变量的属性集），但她们仍然不能（不）等同。尽管有许多共同属性，但它们还是两种不同[①]的对象。包法利夫人是虚构实体，是创造过程的产物，该过程不是德尔芬·库图里尔的特点。更重要的是，包法利夫人是属性双重归因（内部属性归属于作者，外部属性归属于主管社区）的高阶对象，而这种倍增显然与德尔芬·库图里尔无关。还要强调的是，两种归因都标记了对象本身的形式：源自作者和批评家归因的属性集的高阶对象，实际上是首先创造它的作者**从起源和结构的角度进行形而上学标记的**。包法利夫人可以引入其他作家的小说中，也可以与查尔斯离婚，或与莱昂（Léon）在另一种生活中相识。无论如何，它将永远承载着福楼拜的起源和结构印记，也就是说，其永远是福楼拜的创造物。如果它出自无名氏之手，或是没有特定作者的孤儿角色，会发生什么？在这种情况下，我们如何区分起源和结构印记？这是一个伪问题。实际上，在这种情况下，印记的存在与包法利夫人存在的情况相同，但不同于包法利夫人的是，它没有福楼拜的印记，而是匿名印记[②]，这是无法改变的。

对于将包法利夫人与德尔芬·库图里尔的关系刻画为身份关系的可能性，帕森斯的回答[③]要比刚才提出的说法简单得多：实际上，据他所言，虚构实体从未存在（即使存在虚构实体），即使有人存在（例如德尔芬·库图里尔），也证明了小说中描绘的包法利夫人的所有核心属性，对于存在的实体（例如德尔芬·库图里尔）要证明只有这些属性，也

① 这种情况下的差别是形而上学的差别。

② 然而，并非所有匿名印记都相同。实际上，如果我们不知道作者是谁，我们就用 A_1 印记、A_2 印记等等来表示。

③ T. Parsons (1980), p. 184.

是不可能的。例如,作为真实实体,它将是完整的,因此完全确定(不同于包法利夫人),还包括她肩膀上是否有痣的问题。所以,帕森斯会说,即使一个真实实体证明所有 F 的核心属性都存在,虚构实体 F 也不存在。

帕森斯的建议显然很有趣,但不适用于我们的理论方案,因为它基于两种属性,即核心属性和超核心属性。而我们认为属性有两种归因,即作者归因和评论家、读者归因。按照我们的思路,根本的要素是创造要素,这与帕森斯的归因[①]无关。而创造要素在每个虚构实体(实际上被视为高阶对象)的起源和结构印记中都有所体现。做虚构实体意味着被生产、被构成、被制造,并最终被认可为虚构实体,有这些才有资格成为实体身份调查中的基本要素。

就像谈论 J. L. 博尔赫斯(J. L. Borges)创作的《梅纳德案例》(*Menard's Case*)[②]时,在文学作品中常指的那样,我们以两位不同作者创作的两本类似小说为例进行说明。显而易见,为什么我们的立场有助于区分两个对象——两个都叫堂吉诃德的虚构实体,就像在梅纳德

---

① 帕森斯实际上是个柏拉图主义者,对创造根本不感兴趣。关于帕森斯的柏拉图主义,见 K. Fine (1982)。

② 据 J. L. 博尔赫斯说,梅纳德是《堂吉诃德》的作者。关于此,请见 H. Deutsch, 1991。Deutsch 强调,哲学家对博尔赫斯小说的种种解读如何"……无法解释作品中强烈的喜剧讽刺及讽刺手法。梅纳德的保证是'徒劳的'。……这项任务完全是徒劳的,因为结果将是'一本已经存在的外语书'";"……这个故事和其他故事都反映出博尔赫斯的观点是梅纳德的堂吉诃德和塞万提斯的堂吉诃德之间没有区别,否则就太可笑了。……抛开拙劣的模仿因素,把这个故事当作科幻小说来读(对哲学家的一种诱惑)就完全曲解了它的观点(和效果)", Deutsch(1991),第 224 - 225 页,注释 24。

有趣的是,这本小说真正讲了什么超出了哲学家的考虑范围。它描述了一个非凡个体、名人皮埃尔·梅纳德(Pierre Menard)留下的有形和无形的作品。他的有形作品包括象征主义十四行诗、关于莱布尼兹的专著、关于布尔符号逻辑的书,以及其他许多著作。但是他作品中最有趣、最不可思议的部分是无形作品,其中包括《堂吉诃德》第一部分的第六章和第三十八章,以及第二十二章的一部分。

博尔赫斯告诉我们,皮埃尔·梅纳德不想撰写另一本《堂吉诃德》,而恰恰是塞万提斯写的那本小说。但是,他重写塞万提斯的文本,并不是想简单地复制,实际上是要创造出与塞万提斯作品相同的作品。(转下页)

案例中应该发生的事情一样，例如：就对象关联变量所属属性集而言，它们是相同的，但起源和结构印记不同（由两位不同作者制造）。帕森斯在这方面没有什么帮助：实际上，他对核心属性和超核心属性的区分，将两个具有相同核心属性的对象视为相同、不可区分的对象，即它们将是同一对象。然而，从(g)中可以看出，直观看来显然它们不是创造假设：

> (g) **创造**：虚构实体是由作者创造的（包法利夫人由福楼拜创造）。

两位作者可以（正如有人认为在《梅纳德案例》中发生的那样）彼此独立地写出内容完全相同的故事，因此他们可以为相应人物赋予完全相同的属性。根据帕森斯的说法，两个故事中创造的人物会是相同的，

（接上页）

梅纳德首先想到，为了能这样做，他需要讲西班牙语，信奉天主教，与土耳其人作战，简而言之，要成为塞万提斯。但是这种方法对他来说不够有趣，因为它太简单了。因为太简单，所以他成不了塞万提斯，也写不出《堂吉诃德》。留下皮埃尔·梅纳德，然后写出与塞万提斯创作的《堂吉诃德》一样的书，会更加有趣。要记住的一个重要事实是，博尔赫斯写道，梅纳德只在12岁或13岁时读过一次塞万提斯的《堂吉诃德》。成年时，他只隐约记得读过的东西。

当然，梅纳德的计划比塞万提斯的要困难得多：他想创作另一位作家自发创作的作品。因此，梅纳德的《堂吉诃德》要比塞万提斯的《堂吉诃德》更加精巧、丰富。这就是博尔赫斯告诉我们的。要理解我们对梅纳德案例的推断，下面三点需要考虑：

1）梅纳德有可能无意中记住了他写下的那些章节：他小时候就读过这些章节（并且有许多办法可以唤回失去的记忆）。

2）最重要的一点是，梅纳德不想再写另一本与塞万提斯相同的书：他想写塞万提斯的书。因此，我看不出这对于小说的身份以及人物的身份可能造成什么问题：小说和人物本该是相同的。

3）即使梅纳德完全不知道塞万提斯的书，他的《堂吉诃德》也会与塞万提斯的《堂吉诃德》完全相同：因此，我们将拥有两个具有完全相同属性，但由两位不同作者创造的对象。根据我们的立场，在那种情况下，描述每个虚构实体的起源和结构的标记，正是使塞万提斯与梅纳德的《堂吉诃德》区别开来的原因。从那时起，我们将拥有堂吉诃德$_C$和堂吉诃德$_M$。

即使我们的直觉与此相反。谈到虚构与创造时，我们的观点与直觉一致。如果我们接受(g)，我们可能会认为：

(G_1) 虚构实体 X_1 由作者 A 创造；

(G_2) 虚构实体 X_2 由作者 B 创造；

(G_3) 即使 X_1 和 X_2 由相同的属性构成，X_1 和 X_2 也不同，因为 X_1 由 A 创造，而 X_2 由 B 创造；

(G_4) X_1 和 X_2 分别由 A 和 B 创造，是 X_1 和 X_2 的起源和结构印记。

实际上，根据本方案，由于内部属性是相对属性(即属性相对于起源归因，然后是作者或读者、评论家归因)，因为它们是作者为了创造虚构实体规定的属性，这就是起源问题至关重要的原因。因此，作者 A 归于实体 C 的属性 P，与作者 B 归于实体 C 的属性 P 不同，因为正确地讲，第一个属性是 P_A，第二个属性是 P_B，因此相应的最终实体不同。[①] 如果(即使按哲学家的说法)《梅纳德案例》是真实的，我坚持认为塞万提斯的《堂吉诃德》和梅纳德的不同，原因很简单：第一个是塞万提斯创造的，第二个是皮埃尔·梅纳德创造的。

我们只是在关注两个实体的案例，它们共享所有本构属性，但由两个不同的作者创造。在这种情况下，它们将不是同一实体，因为它们的起源和结构印记有所不同。我们现在有一个新案例。

以福尔摩斯为例。这是一个虚构的侦探，出现在亚瑟·柯南·道尔(Arthur Conan Doyle)爵士于 1887 年首次发表的《血字的研究》(*A Study in Scarlet*)中。第二本有关夏洛克·福尔摩斯的故事《四签名》(*The Sign of Four*)于 1890 年 2 月出版。道尔最后一次写到福尔摩

① 因为第一个实体打上了 A 印记，第二个实体打上了 B 印记。属性显然可以是同一个属性，例如“是女性”，但是起源归因会有所不同，因此这两个实体也不同。从这个角度来看，**两种判断方法**和**两种归因方法**是同一方法。

斯，是在《福尔摩斯案卷》(*The Casebook of Sherlock Holmes*，1927)中。简而言之，道尔写了 40 年关于福尔摩斯的文章。夏洛克·福尔摩斯到底在哪里？[①]在第一部作品中？那其他的呢？还是假设每部作品都有自己的福尔摩斯可能更好？[②] 我们首先关注一下朴素假设：

> (f) **身份**：虚构人物可能会出现在不同故事中(福尔摩斯是柯南·道尔创作的众多故事的主要人物)。

朴素假设明确表明，我们可能在不同故事中找到相同的人物。我们拥有带有特殊结构和起源印记的高阶对象福尔摩斯。正是这些要素，使我们认识到福尔摩斯是从《血字的研究》到《福尔摩斯案卷》中的同一对象。因此：

> (I) 当且仅当 X 和 Y 是由同一作家 A 创造时(即它们拥有相同的起源和结构印记)，并且当且仅当 X 和 Y 具有相同的模型时(即如果它们是高阶的同一对象)时，出现在作品 N 中的人物 X，和出现在作品 S 中的人物 Y 是同一实体。

实际上，该定义以创造本身的定义为前提：实际上当且仅当虚构实体与之前创造的虚构实体不同时，虚构实体才可以真正地被视为创造实体。正如我们已经指出的那样，不可能创造已经存在的事物。这就是为什么当我们读到《四签名》中的福尔摩斯时，我们有很强的直觉认为这个侦探与我们在《血字的研究》中第一次遇到的侦探相同，即使侦探可能具有不同的属性：无论如何，高阶对象并没有改变。

然而，在许多情况下，人物并非仅出现在同一作者的另一本作品中

---

① J. Goodman(2003)从人工主义角度对夏洛克·福尔摩斯进行时空定位，尤为有趣。

② 从不同角度看待这一问题，见 T. Parsons (1980)，pp. 182－183。

（如从《血字的研究》到《福尔摩斯案卷》中道尔创造的福尔摩斯），而是出现在他人的作品中，就像《百分之七溶液》[1]中的尼古拉斯·迈耶（Nicholas Meyer）那样。在这里，我们再次找到了夏洛克·福尔摩斯，而这个福尔摩斯不是迈耶创造的。迈耶实际上"引入"了道尔的福尔摩斯，也就是说，他引入了有着同样起源和结构印记的福尔摩斯。这一点从第一页就可以清楚地看到。迈耶写道："使用亚瑟·柯南·道尔爵士创造的福尔摩斯，要征得巴斯克维尔投资有限公司（Baskervilles Investments Ltd）的许可。"小说描述了西格蒙德·弗洛伊德（Sigmund Freud）和夏洛克·福尔摩斯之间惊人且不为人知的合作。此事由福尔摩斯的朋友沃森博士记录。除了他们在涉及千百万人安危未定的阴谋中相互合作，它还揭示了诸如可怕的莫里亚蒂（Moriarty）教授的真实身份、夏洛克和他的兄弟迈克罗夫特·福尔摩斯（Mycroft Holmes）共有的黑暗秘密，以及大裂谷时期侦探的真实所在，当时全世界都认为他已死。迈耶使最伟大的侦探重生，并赋予他重要的新属性。尽管如此，他并没有改变福尔摩斯的模型，因此我们可以接受迈耶的福尔摩斯与道尔的相同。

在这种情况下，作者借用另一位作者创造的人物，然后用它写作新故事。一种更简单的情况是，作者从作品中找出一个人物，与原作品中的人物完全一样，就像上述艾伦的小说中那样，包法利夫人只是福楼拜创造的生活在扬维尔的人物，等等。这就是库格麦斯（Kugelmass）教授希望她作为情人的原因（因为她不是他自己世界中的实体）。因此，我们就有了包法利夫人这个人物，它是福楼拜在同名小说中创造的。现在由艾伦借用，当作库格麦斯教授的情人在小说中使用。实际上，库格麦斯教授与苏荷区的包法利夫人同行，并带她去了唐人街的一家餐馆。

因此，人物可以借用。它们可以这样借用（或虚构：包法利夫人作

① N. Meyer, *The Seven Percent Solution*, 1974, Norton and Company, 1993.

为虚构实体由真人借用，但此人结果也是虚构的），就像在艾伦的小说里，或者可以用更经典的方式借用它们，如迈耶的《百分之七溶液》中所述。

这意味着虚构实体具有一种结构，即我们也可以在其他地方（在另一幅作品中）复制的高阶对象，从而更改了该对象的某些原始属性（即改变虚构实体作为对象关联变量的属性集的一些内部属性），但保留其模型以及起源和结构印记。①

可以假设，与这里提出的理论相比，基于核心属性和超核心属性之间区别的帕森斯理论，可以更好地解释我们正在寻找的身份标准。实际上，核心属性是构成对象本质的属性。因此，根据帕森斯的观点，当且仅当它们具有完全相同的核心属性时，才认为作品 N 中的对象 X 和作品 S 中的对象 Y 是相同的对象②：非常简单明了的标准。尽管它具有简单性，但是在很多方面，像这样的理论无法给出令人满意的答案。例如，如果虚构实体的本质是由核心属性集组成的，那么我们向该集中添加一个属性，对象就会发生变化。然后，从《血字的研究》到《四签名》，我们必须推断我们拥有的不是两部不同作品中的单个人物，而是两个不同人物（因为第一个故事中构成福尔摩斯的核心属性集与第二个故事中构成福尔摩斯的核心属性集不一致）。这是违反直觉的，显然违反了上面给出的假设（f）。帕森斯对此确实有一个回答：我们只需要考虑所有以夏洛克・福尔摩斯为主要人物的所有故事，从《血字的研究》到《福尔摩斯案卷》都是一部大型作品。但是，这不能认为是对身份问题的满意回答，因为根据这一建议，帕森斯无法帮助我们理解，如何在不同的作品中识别人物（根据他的观点，道尔的所有作品实际上只是“福尔摩斯的故事”的一部分）。

抛开帕森斯的理论，让我们回到自己的观点，回到需要面对的最后

---

① 模型和起源印记不过是一回事：模型始终包括起源印记。

② T. Parsons (1980), pp. 18－19, p. 188.

一个案例。那么，即使人物 X 和 Y 好像是**同类**人物，它们在两部不同的作品 N 和 S 中，看起来又不完全相同，人物 X 和 Y 会怎么样呢？在浮士德(Faust)[①]的案例中，这是正确的。我们有歌德的浮士德(Faust)和马洛的浮士德博士(Doctor Faustus)，两者显然是不同人物。但是，尽管它们是不同人物，但并非完全不同。实际上，我们可以轻松地假设，存在一个它们都包括的浮士德核(一个高阶对象、一个模型)，例如：与恶魔达成协议属性在内的属性集的对象关联变量。浮士德核是歌德的浮士德和马洛的浮士德依托的高阶对象。在此，我们在另一个人物[②](歌德的和马洛的)中包含了一个类似人物的东西(浮士德核)。这解释了为什么即使我们不愿意接受歌德的浮士德和马洛的浮士德是完全相同的对象，我们也想知道为什么它们不是完全不同，或者为什么它们可以合法地被视为共同对象的不同表征。在这种情况下，我们有一个高阶对象(歌德的和马洛的)建立在另一个高阶对象上：浮士德和浮士德博士都是基于浮士德核的人物，而浮士德核本身就是一个人物。

因此，根据我们的理论，跨虚构身份(transfictional identity)是可能的。就像旋律可以改变其所有音符，但仍保持原样，虚构实体可能出现在不同的作品中，且仍可被识别为同一实体。

虚构实体就像旋律、形式和结构一样，可定义为可转置的实体：它们不随构成要素的变化而变化，因此也不能归结为这些要素或其总和。在此我们建议，除了高阶对象的概念外，**同构**[③]概念也很重要，以便解释即使两个对象的属性集不同，如何也可以将两个对象定义为同一对象：因为它们保留了相同的形式，所以也可以称为相同的对象。

① 关于浮士德，参见 A. L. Thomasson (1999), p. 59。

② A. Meinong 曾说过，一个高阶对象是建立在另一个高阶对象(即前者的**基础**)上的。A. Meinong (1899), § 3, § 7.

③ 在数学中，同构事物的示例是两个对象间的双射图，该图在两个方向上都保留了所考虑的任何结构。因此，“群体同构”保留了群体结构；“有序同构”会保留有序关系，依此类推。通常，从上下文中可以清楚知道要实现哪种同构。

参考文献

W. Allen, (1986) "The Kugelmass Episode", in *Side Effects*, Ballantine Books.

A. Bonomi, (2004) "Fictional Contexts", in *Selected Papers from the Second International and Interdisciplinary Conference on Modeling and Using Context, held in Trento, Italy*, 1999, Stanford, CSLI Publications.

J. L. Borges, (1956) "Menard, the author of the Quixote", in *Ficciones*, Viking Paperback, 1999.

C. Crittenden, (1991) *Unreality: The Metaphysics of Fictional Objects*, Ithaca, Cornell University Press.

G. Currie, (1990) *The Nature of Fiction*, New York: Cambridge University Press.

— (2003) "Characters and Contingency", in *Dialectica*, 57, pp. 137 - 149.

H. Deutsch, (1991) "The Creation Problem", in *Topoi*, 10, pp. 209 - 225.

K. Donnellan, (1974) "Speaking of Nothing", in *The Philosophical Review*, 83, pp. 3 - 31.

G. Evans, (1982) *The Varieties of Reference*, Oxford, Clarendon Press.

K. Fine, (1982) "The Problem of Non-Existents", in *Topoi*, 1, pp. 97 - 140.

—(1984) "Critical review of Parson's *Nonexistent Objects*", in *Philosophical Studies*, 45, pp. 95 - 142.

G. Flaubert, *Madame Bovary*, Penguin, London, 2003.

G. Frege, (1892) "Über Sinn und Bedeutung", in *Zeitschrift für Philosophie und philosophische Kritik*, 100, pp. 25 - 50.

J. Goodman, (2003) "Where is Sherlock Holmes?", in *Southern Journal of Philosophy*, 41, pp. 183 - 198.

P. van Inwagen, (1979) "Creatures of Fiction", in *American Philosophical Quarterly*, 14, pp. 299 - 308.

S. Kripke, (1973) *The John Locke Lectures: Reference and Existence*, Oxford, Oxford University Press, 2018.

J. Levinson, (1980) "What a Musical Work Is", in *The Journal of Philosophy*, LXXVII, pp. 5 - 28.

D. Lewis, (1978) "Truth in Fiction", in *American Philosophical Quarterly*, 15, pp. 37 - 46.

A. Meinong, (1899) *Über Gegenstände höherer Ordnung und deren Verhältnis zur inneren Wahrnehmung*; English translation in *On Objects of Higher Order and Husserl's Phenomenology*, ed. by M.-L. Schubert Kalsi, The Hague-Boston-London, M. Nijhoff, 1978.

—(1917) "Über emotionale Präsentation", in *Sitzungsberichte der Akademie der Wissenschaften in Wien*, *philosophisch-historische Klasse* 183, 2, (GA III, pp. 283 - 476).

N. Meyer, *The Seven Percent Solution*, 1974, Norton and Company, 1993.

E. Napoli, (2000) "Finti nomi", in Usberti, G., eds. *I modi dell'oggettività*, cit., pp. 197 - 221.

A. Orenstein, (2003), "Fiction, Propositional Attitudes, and Some Truths about Falsehood", in *Dialectica*, 57, pp. 179 - 192.

T. Parsons, (1980) *Nonexistent Objects*. New Haven, Yale University Press.

S. Schiffer, (1996) "Language-Created Language-Independent Entities", in *Philosophical Topics*, 24, 1, pp. 149 - 167.

J. R. Searle, (1979) "The Logical Status of Fictional Discourse", in P. A. French et al. (eds.) *Contemporary Perspectives in the Philosophy of Language*, Minneapolis, University of Minneapolis Press, pp. 233 - 243.

—(1995), *The Construction of Social Reality*, New York, The Free Press.

A. Thomasson, (1997) *Ontological Categories: How to use them*, Philosophy Department, Indiana University, EJAP.

—(1999) *Fiction and Metaphysics*, Cambridge, Cambridge University Press.

—(2003) "Fictional Characters and Literary Practices", in *British Journal of Aesthetics*, 43, pp. 138 - 157.

A. Voltolini, (2003) "How Fictional Works are related to Fictional Entities", in *Dialectica*, 57/2, pp. 227 - 240.

K. Walton, (1990) *Mimesis as Make-Believe*, Cambridge (Mass.), Harvard University Press.

S. Yablo, (1999) "The Strange Thing About the Figure in the Bathhouse. Review of Thomasson, A. L. (1999)", in *Times Literary Supplement*.

T. Yagisawa, (2001) "Against Creationism in Fiction", in *Philosophical Perspectives*, 15, pp. 153 - 172.

E. Zalta, (2003) "Referring to Fictional Characters" [originally as "Erzählung als Taufe des Helden: Wie man auf fiktionale Objekte Bezug nimmt", *Zeitschrift für Semiotik* 9, 85 - 95], in *Dialectica*, 57, pp. 243 - 254.

6 意想不到的即兴创作和艺术创造力

亚历山德罗·贝尔蒂内托

一、创造力与规则

人们经常强调,创造力之于人类的生存与繁荣至关重要。创新行为使人们能够应对自然和社会环境变化。开展创新行为前,需要提出有前瞻性、高效且有价值的方案来解决问题。创新行为是智慧生活的标志。我们之所以特别珍视它,是因为它表达了"反思自由"(reflective freedom),即找到在特定情况下采取行动的**正确**方法和/或从先前遵循的惯常行动中抽身的能力。① 从这个意义上说,创造力不是一种艺术特权。无论如何,正如我们将看到的,在艺术中,创造力是以非常特殊的方式表现出来的。艺术在人类生活中的重要性,在很大程度上取决于艺术体验是产品、展示和创造力载体的这一方式。②

贝里斯·高特(Berys Gaut)将创造力定义为"用才能生产原创而

---

① B. Gaut, "Creativity and Skill", in M. Krausz, D. Dutton & K. Bardsley (eds.), *The Idea of Creativity* (=*IC*), Leiden-Boston, Brill, 2009, pp. 83–103.

② 见下列作品中包含的论文: A. Bertinetto, A. Martinengo (eds.), *Re-thinking Creativity: Creativity between Art and Philosophy* (special issue of *Tropos*, anno IV, n° 2/2011); A. Bertinetto, A. Martinengo (eds.), *Re-thinking Creativity: Histories and Theories* [special issue of *Tropos*, anno V, n° 1/2012 (forthcoming)]。

富有价值的物品的能力"[1]。在某些事物被认为是原创的情况下(即与其他行为或物体相比是第一个),似乎确实适合将其称为创造力。具有价值——因为它提供了问题的解决方案[2],并产生了可贵的效果(因此可以作为示例保留[3])——且借助天赋完成——因为生产过程不是以机械或纯随机方式进行的,而是需要技能。[4]

尽管如此,这个问题还是存在争议。这种解释不能为创造性行为提供充分的理由或原因。实际上,不存在创造性成就的秘诀或指令集,因为只有当结果不能完全追溯到先前条件时,它才具有创造性。否则,结果将可以预见,它既不新颖,也不具有创造力。[5] 这意味着,对创造力的解释,包括为创造性成就提供充分条件。此解释将消弭创造力。[6]

事实上,高特的创造力标准(原创性、价值、才能)并不能使人产生创造力。它们没有提供创造力秘诀。它们最多将某些行动归类为创意。换言之,它们是对行为及其产品的概念澄清,人们可以在做出这些行为、产品后,将其判断为具有原创性、价值和成就感。[7] 由于这些属性通常具有积极价值,因此相当于说"创造"是一个经常被用作行为及

---

① B. Gaut, "Philosophy of Creativity", in *Philosophy Compass*, n° 5/12, 2012, p. 1041.

② L. Briskman, "Creative Product and Creative Process in Science and Art", in *IC*, pp. 17 - 41, p. 32.

③ Gaut, "Creativity and Skill", pp. 83 - 4; Cf. C. R. Hausman: "Criteria of Creativity", in *IC*, p. 11.

④ Gaut, "Creativity and Skill", p. 86. 高特说"纯粹",因为他认为"创造存在偶然性"。然而,他还提到一次意外生产要具有创造性,一定是"对机遇进行技巧性探索"的结果,"而非单纯机遇"的结果。

⑤ Hausman, "Criteria of Creativity", p. 10.

⑥ J. Maitland ("Creativity", in *Journal of Aesthetics and Art Criticism*, n° 34, 1976, pp. 397 - 409) 把这定义为"创造力的悖论"。Cf. also Briskman, "Creative Product and Creative Process", pp. 19 - 20.

⑦ D. Novitz, "Explanation of Creativity", in B. Gaut and P. Livingston (eds.), *The Creation of Art*, Cambridge, Cambridge University Press, 2003, pp. 174 - 191, p. 177.

其产品价值标准的术语。[①] 在这种“附加评估方式”中，它经常被当作规范性概念，而非描述性概念。规范概念表示规范，即它表示我们为特定目标必须要做的事情。因此，如果一项行动或其结果受制于创造性规范，即具有[用西布利(Sibley)的话来讲][②]原创性、有价值和做工精巧等“优势构成属性”，就可以判断它具有创造力。因而，它可视为其他行为和产品应遵循的典范(我将在第二章论述艺术时，再来谈论这个问题)。

然而，行为或成就具有创造性的决定性属性[③]无法事先预测或概括：它们因情况而异。从经验上讲，创造性行为是通过无限多种方式实现和执行的：没有机制，“没有一套行动指导原则能负责所有原则”[④]。因此，创造性结果是意料之外的事情，无法预见。它得到积极评价，因为尽管有失败的风险，它还是可以巧妙地实现，并且具有价值效果。尽管可能需要经过长时间的精确准备，但仍有一些令人惊讶的地方。因此，我认为，创造力与即兴创作有着内在的联系。

创造性行为当然与公式化的规则背道而驰，即与如何完成某项任务的僵化方法背道而驰。否则，结果将可以预见，且没有创造力。这不意味着它们违背规则。反过来，遵循规则并不阻碍创造力。行动可以描述为对规则的应用，但从规范的角度来看，它可以理解为创造力，象棋游戏是经典的(维特根斯坦主义)例子。[⑤] 象棋玩家当然遵循象棋的本构和调控规则，即构成并定义游戏为象棋，而不是定义为国际象棋

① “判定某件东西具有创造力……就是授予它一个荣誉称号，声称它应该受到高度重视……” (Briskman, “Creative Product and Creative Process”, p. 17)。因此，创造力似乎是西布利所说的“附加评估属性术语”的概念，即“美味的”和“乏味的”之类的术语，“当将它们应用于某物时，不仅是将属性归于它，还表明说话者对该属性持有支持或反对的态度”，见 F. Sibley, “Particularity, Art, and Evaluation”, in F. Sibley, *Approach to Aesthetics*, Oxford, Clarendon Press, 2007, p. 92。

② Ibid., p. 94.

③ 西布利称它们为“优势属性”(merit-responsible properties)。

④ 参见 Novitz, “Explanation of Creativity”, p. 178。

⑤ 参见 L. Wittgenstein, *Philosophical Investigations*, Oxford, Blackwell, 1953, § 197。

(“象棋沿着棋盘的对角线移动”)和调控象棋特定方面的规则(“玩家触摸棋子时,他必须移动该棋子”)。即便他们不严格遵循基本的手动本构和调控规则,以及规范象棋的一般原则和准则,他们的下法仍然有效(“发挥所有棋子的作用,而不仅仅是兵”),但能够“读懂”游戏的具体情况,以便从允许的下法范围中选择,不仅是惯常的下法,而且是**特定**情况下“正确的”下法。[①]“正确”或成功的下法,是在特定游戏背景下使竞争者感到困难的那一步,因为他或她无法依据一般原则预见并反击。由于它偏离了标准且可预见的下法,这一步是冒险的尝试。但是,如果它成功了,则表明冒险(多少是预计的)是创造性活动所固有的,这是由于即使创造性活动遵循规则,也不受僵化惯例的束缚。[②]

我们已经看到,判断行为或对象具有创造力,有着积极的规范性“特点”,因为这意味着将其特殊优势评价为新的、具有示范价值的、才能成就的特点。好吧,如果象棋的下法展现出(多少与背景相关的)原创性、模范效果(“哇! 象棋就该这么下!”)和技巧(优雅、省时/省力、愿意/有能力承担风险),这种下法可以称之为有创造力。因此,这表明创造力与规则的应用有关。但是,出现了一个问题,即如果评估该行为具有创造力,那么在本案中遵循、应用规则的行为与规则之间的关系应如何理解。乔姆斯基对**基于规则的创造力**和**改变规则的创造力**的区别,

① 我结合了 John Searle 在“本构性”和“调控性”规则之间的区别,David Novitz 认为这种区别与艺术创造力的问题有关(请参见 D. Novitz, “Rules, Creativity and Pictures”, in P. Lewis Alder-shot (ed.), *Wittgenstein*, *Aesthetics and Philosophy*, Ashgate, 2003, pp. 55 - 72, here p. 57),以及斯坦利·卡维尔(Stanley Cavell)规则的表达,见“rules as defining”“rules as regulating”“principles” and “maxims” (S. Cavell, “Rules and Reasons”, in S. Cavell, *The Claim of Reason*, Oxford, Clarendon Press, 1979, pp. 293 - 312, p. 305)。

② 见 Gaut, “Creativity and Skill”, p. 102。在后文中,我会谈到风险在即兴的创造性行为中所起到的作用。

在这里至关重要。[①]

> 1. 根据第一种创造力，有限的规则可以产生无限新结果：象棋规则可以产生几乎无限的下法。
>
> 2. 根据第二种创造力，个体偏离规则的累积会导致新规则的产生。由于违反了一个（或多个）构成规则的实践，因此惯例管理的实践，可以转换为另一种惯例管理的实践，这一点体现在橄榄球发明者的故事中：他捡起橄榄球，手持球跑动，就发明了橄榄球。一旦同行承认此行为是新规则的实例，便发明了新游戏。通过违反旧游戏的惯例，并以此方式建立新惯例来建立新游戏。[②]

有趣的是，在人类实践中，这些创造力不相互排斥，而是相互交织。

1）在人类实践中，一项规则的应用以该规则为前提，但不能仅根据该规则进行解释。[③] 在规则管理的过程中，对规则的理解和执行本身不受该规则的支配。可以说，遵守规则可能需要对如何遵守规则的要求进行技能或见识方面的训练，因为在现实生活中规则的应用方式不能由规则本身来确定，而且可能因情况而异。由规则建立的约束，按经验要遵守。这种方式不由规则确定：总体而言，一般规则对单个案例不具有针对性。针对性是在规则的每一次出现中产生的。正如吉尔伯特·赖尔（Gilbert Ryle）曾经观察到的那样，在思想、言语和行动上，一

---

① 参见 N. Chomsky, *Current Issues in Linguistic Theory*, The Hague, Mouton, 1964。Chomsky 的这一区别见 E. Garroni, *Creatività*, Macerata, Quodlibet, 2010. 参见 D. Cecchi, "Stato d'eccezione e creatività: Riflessioni a partire da Carl Schmitt e Emilio Garroni", in A. Bertinetto, A. Martinengo (eds.), *Rethinking Creativity: Histories and Theories*, pp. 75 - 90。

② 参见 Gaut, "Creativity and Skill", p. 101。

③ 参见 Garroni, *Creatività*, p. 106。

般规则适用于“仅存在于现在的情况”[1]。或用汉斯·乔治·伽达默尔的话来说：“一般而言，由于在每种情况下规则的应用都受阐释行为的指导，因此没有规则能决定它的执行。”[2]尽管应用规则的自由空间在人类生活的不同领域以及不同情况下存在很大差异，有时情况非常有限，但是每个案例都是一个**新**案例，需要特殊对待。这样就可以在单个情况下，允许规则存在多种可实现性，并且某些规则实现的方法可能具有创造力。但是，该规则无法决定其应用的创造力。因此，遵循行为规则的行为创造力令人惊讶，不可预见。

2) 因此，规则的应用**可能**导致规则的**转换**。应用**可以**出于不同的原因，在不同程度上改变规则。规则的应用可能导致修改或更改规则，以便在特定情况下解决因规则产生的问题，或应对先前未考虑的问题和目标。从这个意义上说，例如，规范性法律因其不再以正确的方式起作用而被稍做修改、转化或根本改变。但是，规则的应用可以对规则进行修改，仅用于尝试新的实践(如橄榄球的发明)。这等于说，规则的自由偏离会产生新的规则。在人类实践中，规则管理的创造力以规则改变和规则建立的创造力为原则。[3]

实际上，规则赋予实用生活规范，在实际生活中产生，并由创造性实践建立。用罗伯特·布兰登(Robert Brandom)的话说：“个人依据社

---

① G. Ryle, “Improvisation”, *Mind*, *New Series* N° 85, 1976, p. 77.

② 在 *Truth and Method* (1960; Eng. Transl. New York: Seabury Press, 1975, Part II, Ch. II, § 2b)中，伽达默尔将亚里士多德的**实践智慧**概念引入康德的**反思性判断**概念，以解释规则或法律的应用，需要一种使规则适用于单个案件的阐释性行为。结果是规则的变化，而规范在不同程度上可能是具有“创造力的”。换言之，该规则的应用延缓(或至少可能延缓)这一规则(请参见 Cecchi, “Stato d'eccezione e creatività”)。

③ Ibid., p. 124. 在 M. Boden (“Creativity: How Does It Work?”, in *IC*, pp. 240－242)看来，三种心理创造力可以区分：组合创造力、探索创造力和转化创造力。组合创造力通过产生“熟悉想法的陌生(有趣)化组合”而发挥作用。探索性创造力使用“现有的文体规则或惯例……来生成新颖的结构(想法)，在探索发生之前可能已经实现或可能尚未实现”。转化创造力是一种探索性创造力，其中规则和惯例的转变更为激进。我认为，组合、探索和变革性创造力可视为心理过程，是导致将规则改变到可以发明新规则程度的心理过程。

会实践创作新颖表演的能力，使得新颖的社会实践成为可能。因为随着社区有能力做出新颖回应（他们自己要接受适当的判断），新颖的社会实践就产生了。"①规则在实践中产生并建立。正如维特根斯坦所言，我们"边前进，边建立规则"。② 在这一意义上，创造过程与人类实践的普遍发展方式相一致。

显然，并非规则的每一次应用都会更改规则。否则，我们将没有规则。例如，乍一看，每次使用自然语言都会改变其规则，这很奇怪，因为在这种情况下，人们很难相互理解，并且所使用的词语也很难算作"语言"。但是，语言不像机械的惯例那样（唯一地）起作用。使用语言时，我们或多或少地都具有创造力。对语言的有意创造性使用（例如在诗歌以及日常生活中）是在不同程度上、以不同方式探索遵循语言规律的可能性。这些方式不同于常规、标准的用法，而且有可能破坏规则。违反和/或颠覆旧有语言的非标准用法是有风险的，通常会付出无法想象的代价。但是，如果语言社群认可新的用法，新的用法就会成为规则。例如，一个词的隐喻用法可以成为该词的次要含义。

但是，在上述规范意义上，并非实践的每次变化或规则的每次意外或新的应用，都不具有创造力。在创造性过程中，规则的应用需要技巧、智慧和眼光。在这种情况下，技巧并非由规则或惯例决定，但技巧有助于以有效、先前难以预料的方式应用规则（例如，下象棋时考虑象棋的"正确"下法）。创造力不仅要新颖，还要有价值和体现才华。这是经验激起的自发性和实验探索能力共同作用的结果。③ 此外，回想起

---

① R. Brandom, "Freedom and Constraint by Norms", in *American Philosophical Quarterly* n° 16, 1979, p. 179. G. Bertram, "Kreativität und Normativität", in G. Abel (ed.), *Kreativität*, pp. 273 - 283; G. Bertram: "Improvisation und Normativität", in G. Brandstetter, H.-F. Bormann, A. Matzke (eds.), *Improvisieren*, Bielefeld, Transcript, 2010, pp. 21 - 40.

② 参见 Wittgenstein, *Philosophical Investigations*, § 83。

③ 参见 Gaut, "Creativity and Skill", p. 94。正如 Jerrold Levinson 所言："创造力……有时是一种物质，或重新构想、重新阐释、重建特定限制，而非总是一种创造性地维持或完全抛弃特定限制的物质。"J. Levinson: "Elster on Artistic Creativity", in Levinson, *Contemplating Art*, Oxford, Clarendon Press, 2006, p. 74.

来，只有在极少数情况下，创新举动才能得到社群主体的认可，并成为新行动和实践的典范。

二、艺术创造力

我上面的所有解释当然不是艺术的专属特权，而是总体上人类理性行动的重要特征。在任何情况下，我们通常都强调艺术是一种实践，即创造力特别重要的生活领域。的确，艺术创造力仅可视为创造力的例证。① 艺术品展示了**工作中的**创造力，并体现了将规则概念应用于创造力的问题。

一般而言，我们可以说，艺术创造力的具体特征以及艺术与科学创造力之间的区别是，艺术创造力是指艺术实践及其历史，涉及艺术介质、材料、程序和结构之间的关系，与想象的乐趣紧密相连②，引发了审美体验。因此，尽管负责艺术创造力的心理和认知过程可能与负责其他类型创造力的过程（尤其是科学创造力）没有区别，并且尽管对艺术创造力的精确定义可能会遇到与给艺术、审美体验下定义相同的困难③，这并不妨碍将艺术创造力视为一种具体创造力的可能。有人会说，艺术是锻炼和实现创造力的一个具体领域，因为在艺术中可以出于自身的

---

① 依据高特所言（"Creativity and Imagination", p. 284），我用"范式""范例"来指"为了理解所讨论的现象或现象的某一方面，我们要呼吁的事物。从这个意义上说，范式是一种启发式概念，它的应用有助于我们更好地理解相关现象"。

② 创造力与想象力之间的关系，参见 Gaut, "Creativity and Imagination"。

③ 在 A. Bertinetto, "Arte como desrealización", *Daimon, Revista de Filosofía*, no 39, 2006, pp. 175 - 185 (eng. version, "*Art as Derealization*", in *Imaginacija, utnost in umetnost / Zbornik referatov III. sredozemskega kongresa za estetiko* "Proceedings of the III. Mediterranean Aesthetik Kongress", 2007, pp. 22 - 27) and in A. Bertinetto, "Aesthetic Distance in the Performing Arts", in I. Álvarez, F. Pérez-Carreño y H. J. Pérez (eds.), *Expression in the Performing Arts*, Cambridge, Cambridge Scholars Publishing, 2010, pp. 218 - 234 中，我处理过这些问题。我在 A. Bertinetto, *Il pensiero dei suoni*, Milano, Bruno Mondadori, 2012 里讨论了音乐艺术的具体问题。

目的来实践,即为了体验,并让他人体验人类创造力的可能性,而非出于其他目的,例如科学创造力的情况。因此,艺术创造力就是这种创造力的范式。

像其他类型的创造力一样,创意艺术作品不仅需要规则管理的创造力,还需要规则改变和规则产生的创造力。显然,总是存在形式和物质上的约束(传统惯例、美学风格、文化背景、技术问题和解决方案),这些约束控制着某种艺术品的生产实践(例如,约束作品是否属于一种艺术类别、风格等)。然而,在约束也可能因其应用而被超越的情况下,应对约束的方法是自由的。换言之,这些限制并非完全严格,因为艺术家可以用有价值的方式革新艺术类别、流派等。[①] 正如诺维茨(D. Novitz)所观察到的,"艺术家对规则重要性的理解,允许他们进行改变,有时甚至是根本性的改变,而不必破坏观众的受训敏感性,从而可以找到社会认可度,或者,这样就可以有意造成震惊"[②]。因此,艺术家在惯例和规则的框架内工作,同时在其作品中通过其作品对其进行修改:惯例的应用方式重塑了这些惯例,因此可以说是不断发展的惯例。[③] 从

---

① 其中一些方式是"混合艺术形式",通过并置、合成、转换将传统艺术形式结合起来,从中创造出新的形式。依据 Jerrold Levinson 的观点,混合艺术形式"往往本身就是**创造力的象征**",因为"创造通常是将先前存在的材料重组为前所未有的整体。艺术形式的混合恰恰做到了这一点,不是在单个作品及其组成部分的层次上,而是在艺术类别及其前身的层次上"。J. Levinson: "Hybrid Art Forms", in J. Levinson, *Music, Art and Metaphysics*, Ithaca, Cornell University Press, 1990, p. 34.

② Novitz, "Rules, Creativity and Pictures", p. 61.

③ 参见 B. E. Benson, *The Improvisation of Musical Dialogue*, Cambridge, Cambridge University Press, 2003。N. Carroll 支持作为历史实践的艺术观念(*Beyond Aesthetics*, Cambridge, Cambridge University Press, 2001; 见于以下章节:"Art and Interaction", pp. 5 - 20 and "Art, Practice, and Narrative", pp. 63 - 75)。Carroll 正确地解释了以下内容:一、"一项实践的标志是参与者能够自觉辨认自己参与了实践";二、结合过去与未来,艺术实践得以发展、改变。(Carroll, *Beyond Aesthetics*, p. 67)因此,如果实践改变了,随着艺术实践的改变,参与者必须"有办法通过改变自觉地将自己视为同一实践的一部分"。然而,尽管 Carroll 奠定了艺术历史实践的连续性基础,但似乎削弱了艺术的创新潜力。这样一来,他就无法将艺术理解为一种**动态的**反思性实践,因为每件艺术品被感知和阐释后,我们就可以具体、(可能)令人惊讶的方式了解自己和世界。[关于此概念,请参见 D. M. Feige, "Art as reflective practice", in A. Bertinetto, F. Dorsch, C. Todd (eds.), *Proceedings of the European Society for Aesthetics*, 2010, pp. 125 - 142]而且,Carroll 将作为历史实践的艺术概念与指向审美体验概念的批评相联系。正如我在其他地方所言(Bertinetto, "Arte como desrealización"; eng. version, "Art as derealization"),这一批评基于审美体验的限制概念。在此,我将不做进一步解释。

这个意义上说，艺术作品表明了刚刚考虑的各种创造力之间的辩证关系：艺术家与文化社群的成员互动（其范围可以扩展到整个人类），艺术家工作要使用一套用文化和创造力建立的标准，以创新方式管理他们的实践。他们遵循这些规范的方式，可能导致这些规范发生变化；新规范将在正在进行的、主体间（对话、协作、竞争）任务中，管理其他艺术家的工作方式。

因此，单件艺术品的生产，以及凭借审美判断力对其进行鉴赏时，约束与自由之间的张力在起作用。按照"康德的"方式考虑精致艺术，"一件艺术品不得按照某些规则生产，而本身必须是一种规则"①。一件艺术品就是一种规则，因为至少从两种意义上来说，它是艺术规范化的典范。

1）艺术品体现的规则具有示范性，因为它巧妙介绍了（相对）新的工作技巧或形式，实现有价值艺术效果的方式，从而引入了新的艺术模型。杰出的先锋艺术品最初常常遭到公众和评论家的鄙视与谴责，但它们改变了艺术传统，因为从历史上来看，它们是艺术流派、实践或风格的第一批作品。它们是成为典范的革命性艺术品。它们具有创造力，因为它们改变旧规则，生成新规则，是改变规则的创造力的例证。

克劳德·莫奈（Claude Monet）的《日出·印象》（*L'imprssion, soleil levant*, 1872）是这些典范艺术品之一：有人认为这是第一幅印象派画作，出于论证的考虑，在此我仅将其视为第一幅。② 它是新绘画流派"印象派"的典范，因为它建立了一个可辨别的规则，例如爱德华·马奈（Éduard Manet）在其感受中表达了规则："一个人必须画出自己所处时代里看到的东西。"③因此，它成为体现规则的典范，该规则有着"正

---

① P. Guyer, "Exemplary Originality: Genius, Universality, and Individuality", in *The Creation of Art*, p. 126.

② 说实话，这也许不是第一幅印象派绘画，但它是（1874年）首次展出的印象派绘画，它赋予印象派名称。

③ É. Manet, in W. Vaughan and Ch. Ackroyd (eds.), *Encyclopedia of Artists* (2000), Oxford, Oxford University Press, p. 28.

确”和“不正确”的应用。雷诺阿(Renoir)的《塞纳河畔阿斯涅尔》(*The Seine at Asnieres*, 1878)是印象派规则的正确应用。相反,以乔治·德·基里科(Giorgio De Chirico)的《秋日午后之谜》(*L'enigma di un pomeriggio d'autunno*, 1910)作为印象派绘画例证的人,犯了一个错误。相反,它是另一规则,即“形而上学画派”规则的典范,要对模糊的现实进行明确的描绘。

2) 从更广泛的意义上来讲,成功的创意艺术品中确立的规则是示例性的。这是创造力本身的例子。大胆模仿创意艺术品及具有相同“优势属性”的艺术作品,不是创意成果。作为模仿,它的某些品质当然可以得到赞赏。这可能是**很好的**模仿,但不具有创造力。产生不同创意艺术品的两个生产过程遵循的规则,只在一般意义上具有相同的规则,即这两种艺术品都具有相同的“优势属性”(原创性、技巧、价值),这共同构成了创造性作品的规范条件。[①] 因此,艺术品 B(例如雷诺阿的作品)遵循了 A(例如莫奈的《印象》)设定的规则,且具有创造力,条件是两件艺术品生产的经验性惯例不同,而它们的优势构成属性(原创性、技巧、价值)在不同程度上相同。评价 B 具有创造力的标准,不是其遵循 A 设定的规范的方式,而是在特殊情况下应用该标准的特殊、不可预见的方式。从这个意义上说,即使雷诺阿没有像莫奈和德·基里科那样引入一种新的艺术模式或感受,它也是具有创造力的,因为它有价值、制作精巧且具有原创性。这是一种基于规则的创造力。

使用玛格丽特·博登(Margaret Boden)[②]在创造力研究中引入的哲学语言,可以说第一类创造性行为和产品改变了“概念空间”,即统一、有组织的思想和技术集群,管理着某种活动(在本例中为绘画)。从这个意义上说,**莫奈**从根本上改变了绘画的继承生成原理,因为它克服了绘画系统先前有序的约束和惯例,建立了一个新的典范。正如诺维

① 西布利规定的区别,见上文第一节。

② M. Boden, *The Creative Mind Myths and Mechanisms*, Cardinal, 1992.

茨所言[1]，这只是一种创造力。否则，我们很难认为第二类活动及产品具有创造力。我们不认为雷诺阿具有创造力，或者如果从音乐史上选择榜样，我们不会认为莫扎特的音乐具有创造力。因为莫扎特没有改变音乐的概念空间，后来勋伯格(Schoenberg)发明了十二音音乐，改变了音乐的概念空间。但是否认莫扎特音乐的创造力很奇怪，而且显然是这样。因此，我们必须增强创造力的概念，使创造力的种类不涉及"问题解决"和"概念空间"的转变，而是按照既定规则进行重组活动。重组可以产生有价值且令人惊讶的结果。举例来说，莫扎特的音乐非常出色，即使他"只是精心设计和探索，从未真正改变过他从约瑟夫·海顿(Joseph Haydn)那里继承的概念空间"[2]。

我们可以得出以下结论：所有艺术品在第一种意义上具有创造力，即"革命性的艺术品"为艺术实践设定新规则，改变其"概念空间"。在第二种意义上，它们也具有创造力(遵循特定规则)。在第二种意义上，具有创造力的艺术品中仅有一些，也是"革命性艺术品"。莫奈和德·基里科在第一种和第二意义上都具有创造力，而雷诺阿则在第二种意义上具有创造力。然而，最主要的一点是，在艺术实践中，艺术家应遵循既定的规则和某种艺术实践或类型的规则(例如绘画写实主义的规则、印象派的规则、赋格曲规则等)，和/或做什么的计划观念的规则(以表现主义的方式描绘特定风景，重新诠释有名的象征意象，演奏某支曲子)，回应一种或多种介质的支持(布面油画、和声结构、视频等等)，艺术家针对他们应对规范、审美、技术的约束，拥有自己的创造性成就。[3]所有这些元素——包括既定规则、原则、观念，它们一起使用，就像是一

---

① D. Novitz, "Creativity and Constraints", in *Australasian Journal of Philosophy*, n° 77:1, pp. 67-82.

② D. Novitz, "Creativity and constraints", p. 77. 根据诺维茨的说法，探索复杂的概念空间，对于创造力不是必需的。相反，它"有时可能抑制而非鼓励人类创造"(同上，p. 76)。

③ 艺术家本人可以发明计划观念并选择艺术品介质。然而，不同于他们的创造力，其他人(例如专员)也可能要求他们在特定介质中就某个观念进行创作。

种"配方"(模型)——是艺术家用于处理艺术创作任务的"成分"。有趣的是,为了创作作品,艺术家们并没有明确的、既有的惯例要遵循。该"秘诀"必须包含在其他"成分"中。因此,秘诀的应用会暂停秘诀(模型、规则),并根据经验以另一个意外的规则为例——这与创作艺术品时一样前所未有——似乎是针对单个艺术品的。从这个意义上讲,正如路易吉·帕里森(Luigi Pareyson)所言[①],创意艺术家通过做,即创作作品,发明了做事的方式,即创作规则。因此,人们可能会争辩,即使a)艺术家遵循技术规则和审美准则,并且即使b)艺术品可能成为其他艺术品的典范,艺术品的特定经验惯例或生产规则也仅在一种情况下具有创造性。在制作艺术品时[②],规则与应用无法区分,结果规则就成为单个艺术品:它们完全相同。遵循完全相同经验规则的作品,以相同的方式使用先前的创意作品所采用的"成分",将不会具有创造性。

根据帕里森的说法,规则是在生成艺术品时生成的,因为艺术品的构想和项目是单个作品生产的一部分,并且在艺术品的具体制作过程中会因以下因素而发生变化:经验、艺术作品的材料、情境和社会状况、对部分作品成果自我评价的持续过程、媒体的反对及建议,等等。因此,无法通过将艺术品或艺术活动与预先计划进行比较,或仅仅通过判断其使用熟知的技术、风格的方式来评估艺术事业的成功与否。雷诺阿的价值不仅在于他遵循的"印象主义规则"或"风景规则",而且还在于他遵循这些规则的前所未有的、娴熟的、富于价值的方式,而不取决于是否遵循作为成功标准的规则。对于特定的成功标准,即作品的完美,是由成为自己规则的作品本身决定的。这听起来可能是循环的。但是,所讨论的循环具有反思性。

正如贝里斯·高特最近观察到的那样,"要想发挥创造力,就必须

---

① 参见 L. Pareyson, *Estetica*, *Teoria della formatività*, Milano, Bompiani, 1988。也参见 G. E Yoos, "A Work of Art as a Standard of Itself", in *Journal of Aesthetics and Art Criticism*, n° 26, 1967, pp. 81-89。

② 这一"时刻"不是瞬间:它涵盖了从构思到展出的整个作品创作时间。

发挥相关评价能力。……具备评价能力是创意的制约因素之一”①。因此，规范艺术家的标准是“完美”的**理想**、创造性成果，因为做此事时他们能够在做事的同时，自觉评估所做的事情。他们在工作时会判断工作结果。这种潜在的连续评估，可能会使艺术家在计划或想象艺术品时，接受或评价审美评估约束的变化。这一理想可以证明是正确的，即仅在其指导下产生的**真实**艺术品，可确认为具有创造性的作品。同时，回想起来可将其判定为创造性理想计划的行动结果，即艺术家能够根据制作过程中的特定情况进行评估和更改的计划。因此，指导艺术家的评价性理想规范，只有在能激发创意作品生产的过程中，才可证明具有创造性。一旦创作出该作品，制作人及公众都会对其进行评价，并认为这是真正的原创、典范，它很可能成为其他艺术品的范式模型。②

在这方面，特别是在即兴创作方面，生产介质特别值得关注。在创造性艺术过程中，使用的材料不仅是为符合预构内容和形式（观念、意义、感情、预构规则，一言以蔽之：“秘诀”）必须排列的元素。实际上，我们缺少两件东西：雕刻精美的石头，彩色的表面，一面是结构化的声音或文字，另一面是表达的内容和预构的形式。通过遵循预先设立的生产规则，艺术创造力无法将一种已经存在的内容转化为介质。③ 我们认为艺术创造力的成就在于声音、文字、色彩、身体运动的**那种**特定排列，它们代表着那种不存在的特定内容。④ 因此，不能（仅）从解决问题的角度来看待艺术创造力，如：如何将介质调整为先前成型的观念。特定介质在艺术产品的制作中具有自主构成作用。它不是完全由艺术家控制的“载体”。相反，它给艺术家以冲动，有时是令人惊讶的冲动，使

---

① B. Gaut, “Creativity and Rationality”, in *Journal of Aesthetics and Art Criticism*, n° 70, 2012, pp. 259 - 270, p. 67.

② 感谢 Jerrold Levinson 在这点上给予我帮助。

③ 参见 G. Hagberg, “Against Creation as Translation”, in G. Hagberg, *Art as Language*, Ithaca and London, Cornell University Press, 1995, pp. 109 - 117。

④ 参见 J. Dewey, *Art as Experience* (1934), NewYork: Pedigree, 1980, pp. 53 - 54, 68。

他们应该能够掌握，使他们或多或少以实验的方式对初始观念及所使用的形式和技术（"秘诀"）进行各种修改，然后再获得最终产品。因此，艺术家在评价自己的作品时会经历紧张与惊喜。①

在这一点上，在即兴创作之前总结艺术创造力的显著特征或许是有用的。

a) 创意艺术作品是独特的，就像制作时遵循的规则一样。

b) 它是原创的，因为在很大程度上它是新的、出乎意料的。有意创造行动的确切结果，确实很难预先确定：创造力超出了我们的预见能力。② 但在原创性语境中，这仍然是适当且对生产环境的非偶然性评估反应。因此，艺术创造力只能在回顾中进行评判。③

c) 此外，创意艺术品是**偶然的**，其生产涉及失败的风险，因为没有任何东西——没有计划、没有规则、没有秘诀——能保证其成功（其生产过程不是自动的）。

d) 它具有很高的**价值**，尽管不是，但恰恰是因为它的成功不确定，就像是一种**恩惠**。④ 艺术品的完美与否，在生产过程中，通过与完美模型的比较（即与规范或规则）评定。确实，艺术品生产的规则，在某种程度上，在生产那一刻是唯一的，它与艺术品一致。

---

① 参见 E. Huovinen, "On Attributing Artistic Creativity", in A. Bertinetto, A. Martinengo (eds.), *Re-thinking Creativity*: *Creativity between Art and Philosophy*, pp. 65 - 86. Cf. Novitz, "Creativity and constraints"。

② D. Sparti, *Suoni inauditi*, Bologna, il Mulino, 2005, p. 167.

③ M. Rampley, "Creativity", in *The British Journal of Aesthetics*, n° 38, 1998, p. 276.

④ 参见 I. Kant, *Critique of the Power of Judgment* (1790; Eng. Trans. Cambridge and New York: Cambridge University Press, 2000), § 5。

e) 最后，艺术品是**不可复制的**，同时又是**典范**。它不可重复，因为生产的经验程序仅在单个案例（第二个就是模仿、重复）中具有创造性，并且不能归入决定性的总规则中。[①] 它是典范，这不仅是因为它是类似艺术品生产的标准，例如革命性艺术品成为一种流派的范式，主要是因为其生产方式会让其他人生产艺术品，同时巧妙地制定其生产规则（在这种意义上，勋伯格和莫扎特的音乐都是创造力的典范）：其他艺术品可以模仿“规则的运作效率”，以作为一种在作品生产过程中发明和评估的方式。[②]

由于上述原因，艺术创造力通常展示了人类在其生物和社会环境背景下及限制内的创造性行为方式。实际上，它举例说明了以下内容：1）一方面，我们的行为被嵌入社会实践、自然环境和“概念空间”中，它们之间界限分明；另一方面，这些实践、环境和“概念空间”则被它们管辖、限制和约束的相同行为所修改。2）我们行为的成功，通常不是由一般的机械惯例来决定的，因为遵循规则可能意味着在单个案例中创造规则。因此，它们可能会失败；相反，正是由于这个原因，如果它们成功，它们就变得很有价值。但是，成功永远无法保证。从这个意义上说，艺术使我们意识到生活中的不安全感，并以此帮助我们控制这种不安全感所引起的焦虑。[③] 同时，它表明了在行动中创造规则，在行动中

① 然而，可能有人反对说，几件艺术品是第一件艺术品中体现的创意的“复制品”，而第一件艺术品成了某些艺术家随后艺术创作的典范。复制品是创新的应用，不再有助于以创造性的方式创新艺术领域。例如，波洛克（Pollock）发明了滴画，并将这种技术应用于几件作品。但是，正如埃基·霍维宁（Ekki Huovinen）所观察到的，像几个**波洛克**一样，复制品也可以被视为创造力的真实记录。但是，这与作为艺术史创新的滴画方法无关，而是与艺术家“保持积极性以在后续工作中使用这种方法”的方式有关，并继续将优秀者与失败者区分开来（Huovinen，“On Attributing Arstistic Creativity”，p. 78）。

② Pareyson，*Estetica*，p. 141.

③ Garroni，*Creatività*，p. 174.

彰显自由的行为多么可贵，因此它具有原创性和示范性。

三、即兴创作

即兴创作的实践可以教给我们一些有关此问题的知识。我认为艺术是一般创造力的例证，而即兴创作是艺术创造力的例证。即兴创作因其所谓的准备不足、不准确和重复的单调性，在本质上是反艺术的。然而，即兴创作并不是一种没有准备、准确性和多样性就能完成的行动（或完成某件事的过程）。更重要的是，即兴创作是自由自在做事情的能力，通过意想不到、令人惊讶的方式，遵循、更改、发明和评估行为规则。从这个意义上说，即兴创作是创造力的重要特征。即使在需要大量调查和更正的非临时性和非实时性、创造性生产过程中也是如此。

1. 即兴创作的“逻辑”

艺术上的即兴创作是创作与表演重合的过程。它们是一种特殊的过程，其中创造性（发明性、概念性）活动和表演活动同时发生，并且是同一生成性发生。

因此，**即兴创作是一个被发明的过程**。但是我们必须小心。在一般意义上，我们想区分即兴创作和其他非机械活动，它们或多或少都是即兴创作的。确实，例如滑雪，就像其他运动习惯和日常活动（例如开车）一样是即兴的，因为尽管它利用了学习的自主性，但在某种程度上是自发的。此外，如果即兴创作被定义为生成过程，且在执行表演行为之前，在时间或逻辑上尚不存在的作品中并未完结，从这个意义上讲，每个游戏（例如国际象棋或电子游戏）的玩耍都是即兴的。但是，并非每个行动胜过结果的过程都是正确的即兴创作。与滑雪、下棋或开车等做法不同，通过聆听或参加即兴表演（例如在音乐或戏剧中），我们不仅会经历持续性和发展性过程特征，及不可逆转、无法重复的事件，此外，它还可以通过多种方式发挥创意（例如，有人可能在滑雪时发明了一种新的滑雪技术）。我们宁愿体验那些**有意**即兴创作活动的开展，也就是说，我们在表演过程中协助艺术家生成展品，这些艺术品或活动旨在提供观众的审美鉴赏与评价。[①] 从这个意义上讲，按照作品的指示演奏古典音乐作品，例如贝多芬的交响曲，并不是即兴创作。在这种情况下，生成过程在作品表演前就已经关闭了。[②] 相反，在即兴创作中，注意力的焦点是在表演时进行发明创造的过程。表演和发明过程故意重合，并同时呈现给观众。[③]

即兴创作是不可重复的过程。他们通常不会产生可以一遍又一遍执行的作品，在即兴创作的情况下，如大卫·戴维斯（Davied Davies）所说[④]，在创作中使用即兴方法作为可重复艺术品的生产手段，重复不再是即兴创作。在即兴创作中，艺术创作的目标和审美关注的目标是在此时此地表演时，进行发明的动态活动。这是一个无法重复的事件，原因很简单，按照定义，即兴重复并非即兴。即兴创作是指某种东西的产生，例如音乐、戏剧表演、舞蹈等，它们只能承担表演时间。它来来回回在其发明过程中被感知。它出现、发展，经过美学体验后消失（尽管它

① 参见 A. Bertinetto, “Improvvisazione e formatività”, in *Annuario filosofico*, n° 25/2009, Mursia, 2010, pp. 145 – 174, pp. 145 – 147。

② 尽管如此，优秀的表演者还是创造性地运用了乐谱的阐释规则。因此，阐释可能是一个创造性过程。除非作品是由遵循算法的机器执行，否则可以说，从这个意义上讲，音乐或戏剧作品的每一次表演在某种程度上都是创造性的、即兴的。但是，我们应避免将即兴演奏和阐释混为一谈的风险。在《音乐的即兴演奏》中，我已经解决了这一问题。A. Bertinetto, “Paganini Does Not Repeat: Musical Improvisation and the Type Token Ontology”, in *Teorema*, n° XXXI/3, 2012, pp. 105 – 126.

③ 我们可以在非表演艺术中呈现即兴表演的例证。在绘画、建筑和雕塑等非表演艺术中，产品是审美关注的目标；此外，创造力和表现力之间的区别似乎是站不住脚的。通过争论即兴创作是艺术创造力的典范，我暗示我们可以解决这个问题。如果与传统的日本绘画一样，非表演艺术作品是即兴创作，且创作过程没有间断、删除、更改或修正，并且如果该产品的重要性，仅通过将自己呈现为无法重复生产过程来体现，那么，这件非表演艺术作品就是即兴创作。但是，我在此不做进一步解释。

④ D. Davies, *Philosophy of the Performing Arts*, Malden MA, Wiley-Blackwell, 2011, pp. 150 – 160.

可以保存在记忆中或通过视听媒体存储）。

不同于创作作品，艺术即兴创作中的发明是表演性的，反之亦然，表演是创造性的。创造性过程及其产品同时产生。① 因此，创造过程是审美关注的目标。的确，如果审美关注表演行为，那么由于这两个过程是同一过程，也必然涉及创造性过程。② 这就是为什么即兴表演的发展方式是不可预见（*improviso*）且令人惊讶的。表演前，不知道要表演什么，因为只有通过表演，即兴表演才能实现。或更应该说：**这才是**表演。总而言之，即兴创作可以定义为一种有意发明的过程。其中，表演被发明出来，表演性发明被同时提供给观众，表演者和观众同时评估表演。其他子集属性来自同时发生的创造和表演过程。

> a）不可逆性：创造性过程结束后无法改正，因为它来自外部。创造性过程的任何更正都是该过程的一部分。③
>
> b）情境性：即兴创作是一个此时此刻发生，并在发生的同时就消失的过程。
>
> c）奇异性：没有，也不存在两个完全相同的即兴创作。这从逻辑上排除了两个或多个即兴事件的标识，因为它们具体的时空条件是其存在的一部分。复制、模仿、重复从定义上

---

① D. Sparti, *Il corpo sonoro*, Bologna, Il Mulino, 2007, p. 122.

② R. K. Sawyer, "Improvisation and the Creative Process: Dewey, Collingwood, and the Aesthetics of Spontaneity", in *The Journal of Aesthetics and Art Criticism*, n° 58, 2000: pp. 149 - 150; G. Hagberg, "Improvisation and ethical interaction", in G. Hagberg (ed.), *Art and Ethical Criticism*, Oxford, Wiley-Blackwell 2008, p. 259.

③ 人可以为此过程指出另一个方向，但是完成的就已经完成了，无法擦除。参见 G. Tomasi, "On the Spontaneity of Jazz Improvisation", in M. Santi (ed.), *Improvisation: Between Technique and Spontaneity*, Cambridge, Cambridge Scholar Publishing, 2010, pp. 77 - 102, p. 85。无论如何，在表演过程中，已经表演内容的含义可能会（甚至从根本上）由于随后的事情而发生改变。过去的事情无法改变，但是由于新情况（或通过对旧情况的不同评估），它们的解释可能有所不同，从而重新定位我们的阐释。

来说不是即兴创作。①

d）自我建构（*autopoiesis*）和自我参照。在即兴创作过程中，后续行为会影响并实现之前已执行的那些行为的重要意义。在即兴创作的过程中，会出现连续的**反馈循环**，由此，已经发生的事情变成了后续行为的阐释框架。后续动作会追溯已执行内容的含义，因为它们为阐释提供了新的语境。② 因此，即兴创作是一种自我指涉的自生事件，因为它是从内部产生并发展的。③

2. 即兴创作现象学

刚刚我所勾勒的这些特点，为诸如此类的艺术即兴创作的定义提供了逻辑框架，同时说明即兴创作代表艺术创造力的缘由。我在第二部分中提出，创造型艺术家起初只是有个想法，后来才发明生产艺术品的具体方式，同时生产出艺术品，因为“艺术品只在创造过程中，依据量身打造的方案产生”④。主要由于介质的原因，在艺术品产生之前，艺术家的创造成就无法预见。即兴表演**展示**同样的特点，因为在此例中的创造性过程，即艺术项目的发明是（表现为）审美鉴赏的关键。

然而，从经验考虑，即兴创作并非真正的创造力。⑤ 仿佛艺术创造

---

① Sparti：*Il corpo sonoro*，p. 133.

② G. Hagberg，“Jazz Improvisation：A Mimetic Art?”，in *Revue Internationale de Philosophie*，2006，pp. 469-485；D. Sparti，*Suoni inauditi*；E. Fischer-Lichte，*Aesthetik des Performativen*，Frankfurt a. M.，Suhrkamp，2004.

③ 在《即兴创作和规范性》（“Improvisation und Normativität”）中，乔治·贝特拉姆（Georg Bertram）详细阐述了这种自我参照的规范性方面。

④ E. Landgraf，*Improvisation as Art*，London，Continuum，2011，p. 79.

⑤ L. B. Brown，“Musical Works，Improvisation，and the Principle of Continuity”，in *Journal of Aesthetics and Art Criticism*，n° 54，1996，pp. 353－369；L. B. Brown，“‘Feeling my way’：Jazz Improvisation and its Vicissi-tudes-A Plea for Imperfection’”，in *Journal of Aesthetics and Art Criticism*，n° 58，2000，pp. 113－123；Tomasi，“On the Spontaneity of Jazz Improvisation”.

力的其他结果一样，即兴创作从未在纯净状态中实现。即兴创作产生总需要一定的背景。[①] 在即兴创作中，预先存在的形式和成形材料以崭新或不同的方式产生并被重塑（被“阐释”“结合”“变形”）。清晰或模糊，有意或无意的规则、常规、戒律、指令、能力、习惯、风格、模式引导即兴表演过程，尽管这一过程既因这些情境限制而产生，又力图冲破它们。表演时，即兴创作自我构建、自发产生的“内部”情境在“管控”并“激起”发明的现有（“外部”）情境框架内展开，同时颠覆这些限制的反过程别出心裁地自我供养。

因此，即兴事件，像每件艺术作品一样，应**一分为二**地来看。它存在于常规和新程序的张力间。它的出现源于矛盾因素之间的相互碰撞：准备与发明，计划与惊奇，结构与过程，合法性与自发性。[②] 在每对对立概念的第二方面中，都可以找到纯粹的即兴创作元素。但从经验上讲，它只在与相应对立面的遭遇中才能实现。

因此，即兴表演在文化实践中进行，并依存于文化实践。同时，它们也改变，并有时革新文化实践。如同创意艺术品所带来的新颖性，即兴表演尤其在极少数情况下为新的表演设定了新的惯例、规则和规范。从这个意义上说，即兴艺术的创造力是**基于规则和改变规则的创造力**的完美结合。

即兴表演取决于构建性和调控性规则，即构建某种实践的规则（例如，在既有和弦上进行的旋律和节奏上的即兴演奏）和调控该实践发展的规则（例如，演奏五重奏的每位音乐家都演奏副歌长独奏，并在**断拍**时与鼓手对话。）但是，通过应用规则，即兴创作者在某些“革新”情况下不仅改变了调控性规则，还改变了构建性规则，他们为进一步的表演设

---

① 参见 C. Dahlhaus, “Was heißt Improvisation?”, in R. Brinkmann (ed.), *Improvisation und neue Musik*, Mainz-London-New York-Tokio, Schott, 1979, 9-23。

② T. Gustavsen, “The Dialectical Eroticism of Improvisation”, in *Improvisation: Between technique and Spontaneity*, pp. 7-51.

定了新规则，并以此方式改变了实践，让他们能够继续发展。

而且，更重要的是，即兴表演在现场展示了规则是如何被发明、遵循、应用、改变、拒绝的。例如，在即兴演奏的音乐团体中，表演者从演奏的方式和演奏的某些（可能是最小的）指示开始。例如，他们决定演奏著名的《我好笑的情人节》，而无须说明主题的旋律。或者他们选择避免参考标准或和弦序列，而是根据其音乐实践和彼此的默契，遵循隐含的约定或指示，比如"自由"爵士乐。无论如何，在某个时候，他们根据无法预料的经验事件（有名的民谣、一段和弦、宽松的约定），无论演奏什么（例如，用贝斯演奏的 7/4 拍的有节奏的变奏），都可以由同伴演奏者用不同方法进行评估。每一种方法都会将表演引向不同又无法预料的方向。钢琴家可以基于他们的共同表演经历，接受贝斯发出的指示，可以将其识别为要遵循的典范规则。但是他也可以根据自己以前的想法忽略贝斯的指示。或者，他可以修改贝斯手的指示，接受节奏，但拒绝其建议的速度。我们假设鼓手也遵循节奏模式：然后可以增强演奏规则的诞生感。① 规则的产生是通过某一音乐事件的方式，并非有意要指示一种规则。这一规则经评估具有创意性，并作为其体现和指示规则的范例。因此，在即兴演奏中，在表演过程中产生并交流的自我评价和同伴评价，具有表演意义。它们有助于指示某个事件是生成事件和规则的示例。因此，该规则以先前无法预见的方式在现场产生，以后可能以相同的方式被更改或取消。因此，在表演过程中，规则多少以出乎意料、令人惊讶的方式，多少以熟练、成功、令人满意的方式，多次被创建、遵循、应用、转换、拒绝。最后，演出的主要特征，也许恰恰是

---

① 据诺维茨（Novitz）《关于美学、心理学和宗教信仰的讲座和对话》（*Lectures and Conversations on Aesthetics, Psychology and Reiligious Belief*）（Oxford, Blackwell, 1966, p. 5），维特根斯坦将"对规则的感觉"理解为"在一个时期的文化中，规则起到的作用"（参见 Novitz, "Rules, Creativity and Pictures", p. 61）。我没有理由否认，我们可以对在互动过程中遵循、有时会产生的特定规则有感觉，例如在艺术即兴创作或对话中出现的规则。

节奏模式可以作为进一步演出的范式。①

即兴创作过程中的"成功的魔术公式"通常是通过将传统实践、风格、技术给出的以下规则与这些规则的转换相结合的能力而发现的，即通过巧妙地混合使用预期的和意料之外的事情会导致新规则的发明和遵守，如在不可重复但又典范的即兴创作事件中。② 这反映了日常生活中如何体验创造力，并指明了创造力在一般情况下如何在艺术上发挥作用。

四、即兴创作是创造力的典范

就像我们日常生活中的普通互动一样，艺术的即兴创作过程必须对无法预料的情况做出反应，并勾勒出新的行动路径。在此过程中，它们多少可以是传统的或创新的。因此，它们可能多少是安全或危险的。因此，尽管冒险本身并不意味着要创造性地采取行动，但事实恰恰相反。创造过程存在风险。

在社会、生物和环境情况下，无法通过应用经过测试的模式和技术来应对，必须冒尝试新事物的风险。在艺术品生产和艺术即兴创作中（以及在科学和技术研究中），人们可能**有意地**争取创造成就。在这两种情况下，拒绝一种众所周知的动作模式（例如在滑雪中学得很好的运动习惯或在弹奏贝斯时更常见的有节奏的 4/4 拍），并尝试新的东西（不同的技术或令人惊讶的 7/ 4 拍节奏），着眼于任何改进，都会增加失败的风险，因为人们不完全了解自己行为的后果：这些后果可能仅仅

---

① 参见 Bertram，"Kreativität und Normativität"；Bertram，"Improvisation und Normativität"；Brandom，"Freedom and Constraint by Norms"；A. Bertinetto，"Improvisation：Zwischen Experiment und Experimentalität?"，in *Proceedings of the VIII. Kongress der Deutschen Gesellschaft für Ästhetik*（Experimentelle Ästhetik）（http://www.dgae.de/kongress-akten-band-2.html），2012。

② Sparti，*Suoni inauditi*，pp. 191 - 194.

是不良的、不希望的后果。但是，如果在接受并克服了失败的风险之后，他们娴熟地创造出有价值的东西，那么新的动作常规或意想不到的节奏就可能具有创造力。

因此，说创造者被迫即兴创作似乎是正确的。正如我上面所解释的，创造力之所以是冒险尝试，是因为不存在"创造力的秘诀"，即生产有创意、有价值、制作精巧的物品的秘诀根本不存在。人们无法预先知晓他/她的创新是否会成功，以及是否会受到主体间的评估。因此，创造力涉及一定程度的即兴创作，而即兴创作又是日常行为，尤其是艺术创作中所面临的风险的典范。每个即兴过程都具有一定的风险，因为它的结果总是某种程度的冒险且不可预测。在艺术即兴创作中，表演者**有意**承担一种特殊的风险——艺术表现可能失败的风险：前一个例子中，贝斯手冒险做事，因为他不确定自己提出的节奏是否会成功，是否会被视为有价值、需要遵循的规则。这种**安全风险**（尽管可能会对艺术家的生活造成真正的负面影响）显示了如何在风险情况下采取行动。通过这种方式，它也表明了应对风险的能力，实际上是日常生活及艺术成功与否的衡量标准。

通过发现问题而非解决问题的活动来准备冒险并掌握技巧，即发明那些边行动边做事的方式，是艺术即兴创作的核心，因为即兴创作者在没有更改可能的情况下表演他们的创作。正如日常生活中的发展正是即时表演的一部分，即正在发生的事情的一部分：**这**一特定事件是不可重复的，因此它独特而具原创性，并且一旦成功，则成为行动创造力的典范。

因此，艺术即兴创作是艺术创造力的典范。这不仅适用于即兴作曲，还适用于需要长时间酝酿、完善和修改的艺术品，以及按照预先设定的固定规则对介质进行处理而产生的艺术品。事实上，从上面解释的意义上说，创造力是即兴的，它的结果不可预见。他们会令旁观者甚至艺术家感到惊讶。因为艺术家不只是遵循"秘诀"，他们多少采用探索和实验的方式，根据具体情况并提供他/她反应的具体介质来修改

(甚至拒绝)“秘诀”,并以此作为其生产艺术品的一种“原料”来使用。即兴创作者以明确的方式做同样的事情。在对具体情况做出实时反应的同时,他们使用——当然,他们适应并改变——各种“秘诀”(和弦、旋律式、歌曲、动作模式、戏剧情节、文化习俗、美学风格、表演技巧等)作为即兴表演的“成分”。

总而言之,从古德曼提出的例证的意义上来看,即符号的例证必须适用于它,可以将艺术即兴创作理解为艺术创造力的例证。[①] 即兴创作是演员的艺术创造力的象征,它把创造力行为的特征搬上了舞台。[②] 作为行为方式的发明,它表现出创造力,在某些特定情况下行事,并在对介质的阐释中做出反应。正如埃德加·兰德格拉夫(Edgar Landgraf)所写,“即兴创作展示了艺术品如何从……过程中产生,从而创造出原创、不可预测、无法预见的作品或表演,超出了过程参与者可能事先计划或设想的范围”[③]。在即兴创作中,创造性工作的结果会在思考过程中显示出来,也就是说,在做出有关遵循、改变和发明规则的决策时,这些结果至少部分是原创、有价值的,并且可以彰显天赋成就。作为工作中的艺术创造力,即兴创作表现出艺术创造力如何通过塑造和重塑程序、传统、风格、体裁来展现:通过遵循和发明行为准则;通过失败和成功;通过完成(如果成功的话)一些意想不到的、有价值的、不可重复的典范事件。它表明,在艺术中,就像在生活中一样,失败和错误可以变成不可预测的、原创的、成就典范的机会,或者可以保持单纯的失败与错误。

---

① N. Goodman, *Languages of Art* (1968), Indianapolis, Hackett, 1976, pp. 52-57.

② Hagberg, “Jazz Improvisation and Ethical Interaction”, p. 259.

③ Landgraf, *Improvisation as Art*, p. 101.

7 古典美学之美与存在*

詹尼·瓦蒂莫

一、古典美学的“现代性”

古代思想之于美学史的意义，仍在很大程度上存在争议。关于这一主题的解释性观点总是在一般性观察之中摇摆不定，以至于古希腊和罗马时期的思想并未详尽讨论艺术问题(因此，孤立思想的零散呈现在关于美的艺术问题初级阶段表现出了哲学的敏感性)，以及试图在古代发现明确的现代性哲学理论的前提。现在，很明显，历史探究的对抗只能通过“我们的偏见”发生，因为这是我们“让文本说话”的唯一且不可避免的方式。正如人们通常所说的那样，向他们提问，从他们那儿找到答案，以便我们构建有意义的整体，而不是孤立和杂乱无章，从而塑造作者或相关时代的形象。

但是，并非每种方法都是正确的。这不是因为它与我们的查询对象相对应。相反，工作假设的价值在于其深度和完整性，以及其详尽程度。

准确地说，关于古典美学的最新研究要面对这样一个问题，即论点

* 本文译自 Gianni Vattimo, “Beauty and Being in Ancient Aesthetics,” in *Art's Claim to Truth*, Santiago Zabala(ed.), Luca D'Isanto(trans.), New York: Columbia University Press, 2008, p. 3。——译者注

本身已存在的问题。[①] 的确，像沃里（Warry）在《希腊美学理论》（*Greek Aesthetic Theory*）中所言，人们一开始就要认识到研究古典美学的紧迫性，以期为当代问题寻求解决方案。[②] 然而，结果却是古希腊（仅限于柏拉图和亚里士多德这两个最著名的代表）对艺术与美的贡献成了一种沉闷、狭隘的表征。该书前言明确指出，该书的基本目的并非要证明此书方法不足及主题的阐述是有道理的，因为该书声称要通过发现、重读经典文本来解决当代问题。事实是，这些所谓的当代问题从未有过明确的陈述或界定。在沃里的论述中，我们可以对属于当代思维方式的主题（尤其是精神分析）大体上有所感知。基于这种方法，作者对柏拉图和亚里士多德的美学做了阐述，并通过各处得到的引文丰富地重构了它们的系统（尤其是柏拉图的系统），但对它们的使用并非总是正确或有序的。

沃里对"现代性"很感兴趣，这使他无法真正理解美的问题，尤其是柏拉图对美的论述。现代美学的核心是艺术问题及其主观条件。从现代美学的观点来看，古典作家的作品似乎分成一系列孤立而无关的陈述。因此正如沃里明确指出的那样，阐释者有必要介入，以实现统一和系统化。

阅读此书会让人感到愉快，但这不是作者想要的。举个例子，在讲述《会饮篇》（*Symposium*）这个故事的章节里，亚西比德（Alcibiades）被称为雅典的花花公子。作者专门用两页来解释为什么该对话录的英文标题应该是《鸡尾酒会》（The Cocktail Party），而非《宴会》（The Banquet）。[③] 在《会饮篇》里，苏格拉底演讲进行的心理分析（尽管从这个角度来看仍然很含糊）也是如此，并且对艺术的催眠价值做了一些复

---

① J. Warry, *Greek Aesthetic Theory* (London: Methuen, 1963); E. Grassi, *Die Theorie des Schönen in der Antike* (Cologne: Dumont, 1962); W. Perpeet, *Antike Aestetik*, (Freiburg: Alber, 1961).

② 例如：参见 Warry, *Greek Aesthetic Theory*, p. 84。

③ Warry, *Greek Aesthetic Theory*, pp. 18 - 20.

杂的评论：

> 尽管对现有诗歌有很多谴责，但正确的思想最好通过诗意小说传达给儿童。大多数男人在内心里都是孩子，无论是好是坏，他们更容易受到小说和诗歌作品的启发，而非乌托邦的政治体系。就像激起柏拉图本人的想象力一样，要激起多数人的想象力，我们应该只差一小步。①

尽管如此，沃里还是对柏拉图和亚里士多德著作中表述或暗示的古典美学提出了一种解释。据沃里所言，此解释可以概括为对希腊美学理论中明确存在的两个层次的认同，而其历史的形成取决于它们的构成方式及不和谐：潜意识的层次和意识层次。柏拉图和亚里士多德在人及审美经验的二分法上基本是一致的。②

在柏拉图看来，二分法是《会饮篇》里体现的美的浪漫愿景与《斐莱布篇》(*Philebus*)中发现的形式理智愿景的并置。这贯穿在柏拉图的整部作品中，因为美的含义是和谐、衡量、比例。在亚里士多德看来，同样的二分法使我们能够理解模仿的概念及其相关节奏。实际上，模仿并不是建立艺术对自然依赖的原则。沃里正确地注意到，悲剧发生的真实性或必要性是根据观众的心态而非自然来衡量的，无论是否是人类，都会抽象地将其视为模仿对象。因此，模仿是外在形式的原则，也就是说，悲剧与观众的必要比例；模仿在作品的比例结构中也具有内部形式的对应原则。③

节奏是在这里引入的。④ 节奏具有相同的悲剧比例结构，尽管它是在理性(事件)或非理性层面(韵律、音乐、舞蹈)上考虑的。就其节奏

---

① Warry, *Greek Aesthetic Theory*, p. 80.

② Warry, *Greek Aesthetic Theory*, p. 150.

③ Warry, *Greek Aesthetic Theory*, p. 107.

④ 但是，沃里对此概念有些困惑。参见 *Greek Aesthetic Theory*, pp. 108 - 109.

而言，与悲剧成比例的“形式”会影响观众。形式唤醒情绪的抒发。情绪的抒发既不是宗教也不是仪式。它不在于情感的净化：理性和非理性两个层面（等同于潜意识和意识层面）对应情绪抒发的道德—理智层面和情感层面。[①] 用这些术语来说，作者在结论中指出的内容还不清楚：虽然意识层面是道德和认知价值所在和赖以生存的场所，但艺术、美、丑关注的是潜意识层面（艺术造成的催眠或半催眠状态）。他没有回答这样一个问题，即乍看之下是否应该在两个层面上都可以看到艺术和艺术上的美，还有它们的活动是否降到了潜意识层面。

二、亚里士多德对美本体论的消解

关于问题的解决办法和思维风格，格拉西（Grassi）和珀佩特（Perpeet）的作品与前一部大相径庭。它们证实了我们在沃里的著作中看到的以消极方式呈现出来的内容：在系统和理论目的上制定的方法越清晰，我们就越能真实地理解文本，文本就可以权威的方式与读者就当代问题进行对话。

格拉西和珀佩特的出发点相似，尽管格拉西在《美的理论》（*Die Theorie des Schönen*）中更明确地提出了这些，但偶尔也屈从于“现实性”的要求（尽管他的书价值高，却属于通俗系列）。在格拉西看来，与古典美学的真正对话（将其视为真正的对话）只能从承认所有现代美学终点的美学主义开始。这在艺术领域、美学领域都已经失败了。对作者而言，许多 19 世纪的先锋派都归结为马拉美（Mallarmé）和瓦莱里（Valéry）的技巧，它的表现到现在也是不可阻挡的，其消解过程始于亚里士多德的艺术理论作为可能的代表，也就是说，作为对世界的纯粹主观的阐释，这被赋予了个人意志和情感范畴，而剥夺了所有本体论的

① Warry, *Greek Aesthetic Theory*, p. 123.

基础。

然而,消解过程的核心是,部分先锋派希望恢复本体论基础。通过这一观察,格拉西将自己的立场与现代性的末日谴责相区别。在这方面,格拉斯分析19世纪诗学哲学观点的论述很有启发性。这些运动见证了当代艺术为恢复美的本体论根基所付出的努力,是对作为无趣的游戏和分解领域的“审美领域”的拒绝。因此,探索古典美学(作者不再称其为美学,而是基于其前提的美的理论)的目的,是追溯最终以唯美主义来恢复的美的本体论消解的缘起。美会满足当代艺术表现出的认识论紧迫性。或许,这就是面对美的另一种立场的主线。尽管格拉西始终坚持自己的观点,保持着理论上的兴趣,有着独到的见解,但他的论述(附有精选文本①)沿着其对这一问题的理论方法所概述的线索展开,偶尔有些关于古典、现代和当代观点之间的对立言论。

美的古典起源可追溯到诗学,尤其是荷马。在这一发展的早期,美的概念仍然具有强大的宗教色彩:属于上乘甚至“神圣”生活领域的一切事物都是美的,并且表现为**亮度和**“证据”(这是对其后续发展很重要的特点)。请勿将其与逻辑证据相混淆,后者是指将实际的给予和断言作为客观存在被迫接受,而不是像观念证据那样被束缚,以意识活动作为证据。被理解为亮度的美具有隐含的先验特征:光的显现使任何形式的显现都可以成立。

格拉西在他的书中对色诺芬(Xenophone)的一些文本进行了实质性的分析。在柏拉图之外,美的信条在诗人和神话宗教传统中得以形成。色诺芬在作品中比柏拉图更为鲜明的是将美视为本体论的断言,即存在的完美体现。“由《斐多篇》和《会饮篇》发展而来的美的辩证法,是一种本体论辩证法,而非审美辩证法”(作者强调)②,柏拉图对爱神的坚守并不意味着它陷入了情感和主观性的范畴。主观性与存在并无

---

① Grassi, *Die Theorie des Schönen*, pp. 187 - 266.

② Grassi, *Die Theorie des Schönen*, p. 93.

关联："爱欲、美与事物存在之间的联系不是审美关联；它是经由存在程度，从表象世界到存在本身的形而上学的进展。"[①]柏拉图的模仿概念并不是存在表象和理解为复制的模仿之间的另一选择：就艺术模仿事物而言，艺术代表思想。毋庸置疑，在柏拉图和色诺芬看来，艺术问题绝不会耗尽美。的确，它的构成要素不过是它的一个方面，因此，只有在美的一般理论的语境下，才可以其独特的含义理解对它的任何论述。因此，它保留了很强的本体论或更普遍的宗教腔。在过去的几个世纪中，这深刻地塑造了西方传统，而与亚里士多德的潜在唯美主义形成鲜明对比，后者最终将以当代艺术的技术特征作为高潮。

实际上，亚里士多德是美学的奠基人——至少格拉西用此术语表达该意义——由于其对美学的认同，呼应了克尔凯郭尔（Kierkegaard）赋予该术语的含义。的确，在亚里士多德身上，我们看到美与存在之间显而易见的分裂，从某种意义上说，艺术作品（即悲剧）可能是美的，而其程度并不能说明它是存在完美品格的光辉表现。而是因为它代表了人类的可能性。诗人只要遵守一致性和完整性法则，就可以选择和确定这种可能性。

以完成文字阐释为代价，按照不遵从线性路径，而是推动系统性的阅读为方式，格拉西得出这样的结论——我们在总体上可以达成共识，亚里士多德对西方传统的贡献是超越他的文字的。结果，他草率地将所有艺术都简化为模仿动作（当然，诗歌是这样，但是建筑和音乐等其他艺术并非如此），排除了模仿自然的艺术观念。这可能迫使作者对亚里士多德的"审美"阐释设定限制，尽管未必是决定性的。同样，他只关注可能性的类别，以确定悲剧应该代表的行动类型。诗学讲的必要类别以令人信服的方式结束。[②] 在这里，作者从认识论角度去理解亚里士多德的理论，但未能通晓。

---

① Grassi, *Die Theorie des Schönen*, p. 94.

② Grassi, *Die Theorie des Schönen*, p. 143.

我再重复一遍，这些观察丝毫没有削弱格拉西对亚里士多德阐释的一般含义，他觉得这在某些方面受到限制。① 的确，与柏拉图和前柏拉图传统的本体论形成对比，亚里士多德肯定了一种艺术理论，即建筑理论之所以获得成功，并不是因为它能够提供存在感，而是因为它假设控制了具有内部连贯性的作品，无论它们与自然或历史的关系如何。如前所述，通过赋予诗人一个模仿可能而非自然的任务，亚里士多德得出这个结论：实践是悲剧的模仿对象，而实践只是人的可能性之一。并非每个动作或事件都构成实践：诗意模仿的唯一条件是实践，是具有完成和内部连贯性的行为。亚里士多德用可能的东西代替（因此是诗人的意志，他对现实的主观阐释），将神话的原义降低为寓言、小说和任意发明的水平，取而代之的是言语和行动的模糊统一。

在编制艺术教学理论的古代经典艺术理论家［例如昆体良（Quintillian）］中，人们发现亚里士多德是第一个将美与存在理论区分开来的思想家。一旦艺术失去与存在的原始联系，这一理论就为找到艺术存在的缘由应运而生。在整个西方传统中，教学论、道德主义和具有敬业精神的美学理论的持续存在，有力证实了艺术本体论的逐步消亡。艺术本体论起源于亚里士多德，凭借现代主义的美学和技术性达到顶点。古典晚期的另一个平行现象是美与外表之间的联系日益受到重视。例如，就像斯多葛主义所展现的那样，这里的外表不再是直到柏拉图时期存在的自我表现，不再是相同的外表。外表的这种退化也直接与亚里士多德的模仿和寓言含义减弱有关。古典美学中发现的这两种潮流，无论在古典时期还是以后都没有得到调解。相反，它们一直保存在我们的传统中，直到今日。在这些前提下，亚里士多德学派并没有形成美学理论，而是形成了诗论。甚至在古典晚期和中世纪时期，诗论的普遍性（当“本体论”美学继续存在于形而上学和神学中时）也超越了艺术和美的哲学理论，这要归因于亚里士多德的影响以及对美的日益

---

① 参见作者在 *Die Theorie des Schönen*, p. 148 中的例证。

技术性刻画。

在人们弄清本体论的含义和出现在柏拉图作品中美的本体特征的前提下，我们有可能对古典美学这两股潮流的关系进行更深入的分析。我已经说过，格拉斯对亚里士多德思想的某些方面阐释不足，这也可能引出他自己思想中的本体论话语。亚里士多德认为，诗歌的任务是代表可能性，这真的等于要将艺术与一切本体论来源分离吗？难道诗人要模仿的不是人类的（一种"存在"）可能性吗？

三、作为存在基础的美的本体论

如果珀佩特在《古典美学》（*Antike Aesthetik*）（我这里要研究的最后一本书）中没有提出这样的反对意见，那么这似乎是挑剔的。对他而言，美的本体论基础与对人的所指之间不存在对立，它们是一体的。珀佩特也从对现代美学的批判态度入手，尽管没有格拉西明确。说他没有那么明确，是因为他看到了现代美学的消解及陷入唯美主义。相反，他拒绝将美与艺术问题相提并论。他的态度透露出他对美的本体论问题同样敏感，为此他在古典美学中寻求解决方案。正如格拉西从美学中标记出美的理论（最后一个必然要谴责的唯美主义）一样，珀佩特清楚地区分了美学（即美的理论）与艺术理论。他只关注美学，因此推翻了对现代美学中艺术的排他性关注。这就是为什么他在本主题的其他详尽讨论中，只专门关注亚里士多德（以致他"是艺术理论的创始人，而非美学理论的创始人"）。[①]

格拉斯提出的问题在珀佩特的作品中没有给出答案——无论人们可否在亚里士多德的作品中找到艺术的技术性特点和本体论特点之间的调和。但是，他确实提示人们回答该问题的方法。实际上，他在自己

① Perpeet, *Antike Aesthetik*, p. 112 n. 1.

的作品中将对美的本体论指称（在格拉西作品中，仅停留在概念层面上）准确地称为对人的存在的指称。

因此，珀佩特谈到柏拉图式美学的存在和人类学结果。[1] 这并不意味着柏拉图要将自己与前苏格拉底诗人和思想家最初提出的美的本体—宗教传统相分离。相反，这一传统在他的作品中第一次获得了问题的哲学形态。这说明柏拉图是第一个有序安排美的哲学问题的哲学家，尽管他没有实现完整的系统化，但提出了一系列与辩证法相关的假设。

柏拉图式美学的人类学和存在结果并不矛盾，而是清楚地表明了传统的本体论意义。相对于该传统，这一结果可以准确把握。我们还应牢记，在美作为亮度的概念中，什么在传统中占主导地位，并且直到普罗提诺（Plotinus）的美学，它都是决定性因素。这是美、亮度和活力之间的联系。美的亮度不是静态存在的外表，而是对生命的强加，比例适当、适应生活。对作者而言，似乎有可能在其调查结论中指出，古人从未有过我们所谓的自然之美的感觉或观念，在基督教传统中理解这一术语时，要坚信宇宙是神创造的。[2] 波利克里托斯的《法则》（*Policletus' Canon*）不是一个特别、孤立的事实，它的含义比我们通常认为的更广泛。它成为古典美学整体思维模式的典型体现，对美的理解仅与生活息息相关，尤其是在人类的生活中。[3] 因此，如果古典美学完全与美的辨识相结合是真实的——所以美的观念是本体论断言和存在的自我体现——同样真实的是，美是存在的表现与辉煌，美的存在是活的存在，即人。

柏拉图在《大希庇亚篇》（*Greater Hippias*）中，一劳永逸地定义了几个世纪以来美的哲学理论所属的问题领域，他提出一系列假设，在《蒂迈欧篇》（*Timaeus*）中得出了这一结论，从测量（measure）方面给出

① Perpeet, *Antike Aesthetik*, pp. 66 – 67.

② Perpeet, *Antike Aesthetik*, p. 103.

③ Perpeet, *Antike Aesthetik*, p. 37.

了美的定义。只有从与柏拉图所获得的道德意义相关的角度来看，才能正确把握这一尝试。从动态角度来看，美是比例、是测量：对希腊人而言，“音乐”是文字、舞蹈、旋律、节奏和模仿的统一。美只有在被模仿时才被视为测量，即美被视为道德态度，从生活的各个方面进行衡量，而非仅从艺术观念上。凭借这种人类学对美的衡量标准，柏拉图接管并加深了在希腊古典美学中已经普遍存在的亮度与活力之间的联系。正如珀佩特所暗示的那样，古典美学另一位伟大代表普罗提诺得出了相同的结论，尽管方式更为明确。普罗提诺比柏拉图更清楚地看到，享受美就被它同化，人将活在狂喜中。而且，以美为基础的本体论指称与人类学指称不可分割。

因此，在珀佩特的著作中，比在格拉西的著作中更为明显的是，古典美学凭借其本体论和人类学的标记，构成了一个紧凑的统一体，与后来的美学完全不同。这似乎是他书中最后几章所讲的，基督教美学的起源及其《圣经》基础，将其转变为一种全新的相对自主的现象。格拉西认为，现代美学具有唯美主义和技术性特征。从这一角度来看，有趣的是，探索《圣经》传统带来的新颖元素在多大程度上决定了这一过程，在这种情况下，它将不再仅仅是或主要指称亚里士多德。也许亚里士多德在很大程度上属于希腊传统，而非此阐释介绍的样子。带有主观性和技术性的现代美学，属于基督教创立的世界。这似乎暗含了珀佩特提出的(浪漫)论点。然而，他的结论使我们回到了出发点：事实上，如果美的本体论基础只是古典美学的人类学和存在基础，那么应该被驱逐或至少质疑的唯美主义和主观主义，在过程结束时，已经似是而非地全力以赴回归。而这本该导致存在的恢复。尽管有这两本书的理论推助，但我们很可能在谈到本体论时，还要更广泛地讨论我们的观点。

8　艺术在精神和人类社会中的地位*

贝内代托·克罗齐

关于艺术的依赖性或独立性的争论，是浪漫主义时期最热门的话题。当时，有人提出了“为艺术而艺术”的座右铭，有人则提出了“为生活而艺术”。从那时起，文人或艺术家，而不是哲学家，为了讲实话，开始讨论这个问题。它对我们的时代失去了兴趣，跌入了初学者自娱自乐或自我锻炼的行列，或者跌入了学术演讲的争论之列。然而，在浪漫时期之前，甚至在包含对艺术进行反思的最古老的文献中，人们都可以找到它的痕迹。美学哲学家们好像忽略它（的确以粗俗的形式忽略了它）时，其实考虑了它，实际上可以说没有别的想法。因为对艺术的依赖性或独立性存在争论，所以艺术的自治性或他治性，只是要探询艺术是否存在，以及如果艺术存在，它是什么。一项活动的原则取决于另一项活动的原则，那么该活动实质上就是另一项活动，并且本身保留了仅假定的或常规的存在：依赖道德、愉悦或哲学的艺术，就是道德、愉悦或哲学，而不是艺术。一方面，如果认为它不具有依赖性，那么最好研究其独立性的基础——也就是说，如何将艺术与道德、愉悦、哲学以及所有其他事物区分开来，它是什么——并假定它可能真的具有自治性；另一方面，那些肯定艺术原始本质概念的人可能会断言，尽管它保留了其独特本质，它的地位却低于另一种高级尊严活动，并且（据说曾经有过

* 本文译自 Benedetto Croce, “The Place of Art in the Spirit and in Human Society,” in *The Essence of Aesthetic*, Douglas Ainslie (trans.), London: William Heinemann, 1921, p. 61。——译者注

这样的用法)它是道德的仆从、政客的妻子、科学的翻译。但这只能证明,有些人习惯于自相矛盾或让自己思维混乱:糊涂的人从不寻求任何证据。因为,就我们而言,我们应注意不要陷入这种状况;并且还要清楚,艺术与物质世界及作为**直觉**的实践、道德和概念活动是有区别的。我们不要再感到焦虑,而要假定通过首次演示,已经证明了艺术的**独立性**。

但是,关于依赖性或独立性的争论中还隐含着另一个问题。到目前为止,我还没有明确谈论这点,现在我将对其进行探讨。独立是关系的概念,在这方面,唯一的绝对独立是绝对或绝对关系。每个特定形式和概念,一方面具有独立性,另一方面又具有依赖性,或者二者兼而有之。如果不是如此,精神和现实通常要么是一系列并列的绝对值,要么(同一件事)是一系列并列的无效值。形式独立意味着它所作用的事物,正如我们在艺术起源中看到的那样,形式是情感或激情素材的直觉形成。在绝对独立的情况下,因为所有物质和营养品都想得到它,形式本身无效,即成为无效值。但是,由于公认的独立性,我们不会认为一种活动是在另一种活动的支配下,因此依赖必须保证独立性。但是,即使有这样一种假设,也不能保证这一点:一项活动应与另一项活动以相同方式相互依赖,例如两种力量相互平衡,其中一种力量不会消灭另一种。因为如果它不消灭另一种,就存在相互抑制、平衡;如果它消灭了另一种,单纯、简单的依赖关系就已经被排除在外。因此,从总体上考虑该问题,似乎各种精神活动同时存在独立与依赖关系,而非制约与被制约的关系。其中,被制约方胜过制约方,成为它的前提,就这样成为条件,这样就产生了新的被制约方,因而形成了一系列的**发展**。这一系列没有其他缺陷,除了没有了先前的限制条件,这一系列中的第一条件就成了条件,最后一个条件不会成为条件,因而形成了发展规律的双重破裂。如果将最后一个条件设为第一个条件,将第一个条件设为最后一个条件,就可以纠正此缺陷。也就是说,如果将该系列视为对等动作,或者更确切地说(放弃所有自然主义用语),将其视为一个**循环**。这种观念似乎是摆脱与其他精神生活观念斗争的唯一途径，这既使它成为独立且不相关灵魂能力的集合，也包括独立且不相关价值观的集合。以及将所有这些都归于一种观念，并以此来解决问题，而这仍是固定且无力的；或者，更巧妙地将它们视为线性发展的必要等级，从非理性的第一者到最后希望成为最理性的，但最终是超理性的一个，因此其本身也是非理性的。

但是最好不要坚持这种抽象方案，而要从美学精神入手，考虑在精神生活中实现它的方式。出于这一目的，我们将再次回到艺术家或男人—艺术家那里，他已经从情感动荡中解脱出来，并在抒情意象中将其具体化，也就是说，已经达到了艺术的境界。他对这一意象很满意，因为他朝着这个方向努力：所有人都或多或少地了解充分表达的快乐，我们成功地赋予了自己适当的冲动，而当我们关注他人作品时，其他人的喜悦也是我们的喜悦。在某种程度上，他们的喜悦也是我们的，我们使得这喜悦成为我们自己的。但是满意感是确定的吗？艺术家—男人是被逼走向意象吗？朝着**意象**的同时朝着其他方向前进；他是艺术家—男人，就朝着意象，他是男人—艺术家，就朝着其他事物；朝向第一平面上的意象，但是，由于第一平面与第二和第三平面相关，因此也朝向第二和第三平面，即尽管直接朝向第一平面，但也间接朝向第二和第三平面吗？现在他已经到达了第一平面，第二平面就在其后面，从之前的间接目标变成了直接目标。新的需求宣告成立，新的流程开始了。如果仔细观察，就会知道，直觉的力量并非像取代愉悦或服务一样，取代另一种力量。但直觉的力量本身——或精神本身，起初好像是，在一定意义上是，全部直觉——在新的过程中发展，这一过程来自第一者的生命力。我们当中，“没有一个灵魂是被另一个人点燃的”（我将在但丁的话中再次表达自己），但是一个灵魂，首先汇聚在单一的“美德”中，并且“似乎不再服从任何力量”。仅凭这种美德（在艺术意象上）得到满足，就发现了这种美德，连同其满足感、不满足感：“满足感，因为它赋予了灵魂其所能给予和期望的一切；它的不满足感，是因为获得了所有这些，并以其最终的甜蜜满足了灵魂，”——“被问及要感谢的”，人们向第一次满足所引起的新需求寻求一种满足，而没有最初的满足，这一满意感不会出现。众所周知，从经验来看，新需求潜伏在形象背后。乌戈·弗斯科洛(Ugo Foscolo)与伯爵夫人阿瑞斯(Arese)有爱恋关系。从他写的信中可以证明，他知道自己需要什么样的爱，需要什么样的女人。然而，在他爱她的那一刻，那个女人就是他的全部，拥有她是他最大的幸福。他的热烈追求让这个人间女子成为仙女，它将这个尘世间的生物化身为神圣之物，为她创造了新的爱情奇迹。实际上，他已经发现她对天堂(朝拜和祈祷的对象)的崇拜：

> 而你，神圣的，住在我的赞美诗中，必须接受因苏布里亚后裔的誓言。

颂歌《致治愈的朋友》(*All' amica risanata*)不会按照弗斯科洛的想法成形，除非人们真切地渴望爱的蜕变(如果恋人甚至是哲学家恋爱了，他们就可以见证这些荒唐事是很可能发生的)。弗斯科洛用意象表现他对女神的痴迷，甚至陷入危险的境地。意象不会像我们看到的那样生动。现在灵魂变成了宏伟的抒情表现形式，而灵魂的动力又是什么呢？弗斯科洛、士兵、爱国者、学识渊博的人是否都被精神需求所打动而渴望表达呢？他行为积极，将思想转化为行动，并在某种程度上为实际生活指明了方向吗？在爱的过程中，弗斯科洛有时并不需要洞察力，他的诗歌也时不时地成为他自己的化身。当创造的骚动平息时，他又重新获得了清晰的视野。他自问，自己真正想要什么，他值得为那个女人付出什么。如果在到处检验是否对女性有讽刺痕迹，是否诗人对自己有讽刺痕迹时，我们的耳朵没有受到蒙骗，那么可能在意象形成过程中，怀疑已经出现了。如果是一种质朴的精神，这是不会发生的，而诗歌也将是质朴的。诗人弗斯科洛已经完成了自己的任务，因此不再是诗人(尽管准备再次成为诗人)，现在他想知道他的真实情况。他不再产出意象，因为它已然形成了。他不再想象，而是感知和叙述（“那个女人”，他稍后会谈到“圣人”，“用心的地方，就有头脑”）；对他和我们来说，抒情意象变成了自传的摘录或感知。

凭借知觉，我们进入了一个全新、广阔的精神领域；确实，言语不足以使那些思想家感到满意，他们现在和过去一样混淆了意象和知觉，使意象成为知觉（肖像或自然的模仿或复制，抑或是个人及时代的历史等），更糟糕的是，这种知觉可以通过“感官”来理解。但是，知觉多少是一种完全的判断，因为判断隐含着一个意象及必须支配该意象（现实、品质等）的精神类别或系统。关于意象或知觉和想象力（直觉）的先验美学综合（a priori aesthetic synthesis），是主题、谓语的表示形式和范畴的新综合。这种先验逻辑综合（a priori logical synthesis）可以重复另一个的所有陈述，最重要的是，在不可分割的统一体中，主题和谓语的内容和形式没有表现为由第三要素联合而成的两个要素，而代表形式表现为类别，类别表现为代表形式：主语只是谓语中的主语，而谓语只是主语中的谓语。知觉不是其他逻辑行为中的一种逻辑行为，也不是最基本、不完美的逻辑行为。因为能从中提取出所有珍宝者，无须寻求其他逻辑上的确定性，因为对周边的感知（在主要书面形式上以历史为名）和对宇宙的感知（在主要形式上以系统或哲学为名）源自知觉，而知觉本身就是一种合成：哲学家在他们出生和生活的地方，凭借知觉判断的合成联系，辨认哲学和历史。他们发现哲学和历史构成了高级统一体。无论在哪里，明智的人总会发现凭空产生的思想是幻象，唯独真实是值得了解的，这才是真正的事实。此外，知觉（各种知觉）解释了为什么有才智的人脱颖而出，给人类带来由数学测量和关系所控制的类型世界和法律世界，因为哲学和历史以外，**自然科学**和**数学**也形成了。

我曾经或正在勾勒美学，但此处我不是要勾勒逻辑。因此，在避免确定和发展逻辑理论，以及智力、知觉和历史知识的基础上，我将继续论证线索，这不是从艺术和直观的精神出发，而是从逻辑和历史的角度出发。它们已经超越直觉，并阐述了“知觉中的意象”。精神会以此种形式找到满足感吗？当然，众所周知，知识和科学能带来满足感；众所周知，在幻觉的掩盖下，欲望拥有发现现实面貌的体验；尽管现实面貌可憎，发现总带有深深的快乐，但现实能带来满足感。但是，这种满足感与艺术最终带来的满足感不同吗？难道不满不会与对现实的满足感并存吗？这也是确定的。了解的不满在对行动的渴望中自我表现（确实是经验使然）：了解事情的真实状态是好的，但是我们必须为了行动去了解它；为了改变世界，我们要尽其所能了解它：认识时间、打破时间、更新时间。没有人会在知识上原地踏步，甚至连怀疑论者或悲观主义者也不会，他们因为知识而采取这种或那种态度，采用这种或那种生命形式。要记住获取的知识，即“理解”之后的“保留”，没有它（仍然引用但丁的话），“就没有科学”，类型和定律的形成，测量标准、自然科学和数学，是对理论行为的超越。人们不仅从经验中获取知识，还可以通过与事实的比较获取。但是考虑到这一点，显然事情不会向其他方向发展。曾经（那不是为了无意识的柏拉图主义者、神秘主义者和禁欲主义者而存在），人们相信学习就是将灵魂提升到上帝、观念、观念世界、至高无上的人类之上的世界。显而易见，当灵魂与自然产生对抗而疏离自己后，便到达了那个高级境界。它迷惑地回到了地球，在那里人们可以保持长久的快乐与懒散。那个不再是想法的想法，为了平衡，拥有了不是现实的现实。但是，自从［维柯（Vico）、康德、黑格尔和其他“异教领头人”］知识降落到地球，它不再被认为是稳定现实的苍白复制品，不是人类创造的抽象思想，而是三段论和历史判断的具体概念，对实际、实践的认识不再代表知识的退化，即从天到地、从天堂到地狱的二次堕落，也不再是可以解决或放弃的东西，但作为理论的要求，在理论上是隐含的。它作为理论，因此也作为实践。我们的思想是历史世界的历史思想，是发展的发展过程。资格没有价值时，很难宣布现实的资格，因为它本身产生了一个等待新资格的新现实。经济和道德生活的新现实将知识分子变成实践者、政治家、圣人、商人和英雄，并将先验逻辑综合化为实践先验综合。然而，这总有一种新感觉、新欲望、新意愿、新激情。其中，精神永不停歇，但最重要的是，它将一种新直觉、新抒情主义、新艺术作为新材料。

因此，该系列的最后一项与第一项重新结合（如我开头所述），环形闭合，段落重新开始：这一段落是对之前的回归，现在成为经典。其中维希恩（Vichian）的概念用“回归”一词表示。但我所描述的发展解释了艺术的独立性，并且在构建错误学说（享乐主义、道德主义、概念主义等）者眼中，它也解释了依赖性存在的原因。我已批评了以上错误学说，在批评过程中，它们都可以找到对真理的某种指称。如果有人问，各种精神活动中哪一种是真实的，或者全部是真实的，我们必须回答，这些活动都不是真实的。因为唯一的现实是所有这些活动中的这项活动，并不存在于任何活动中：在我们一个接一个的各种综合中——审美综合、逻辑综合、实践综合——唯一真实的是**综合的综合**，即“精神”。它是真正的“绝对”，纯粹的行为。但是，从另一个角度来看，出于同样的原因，在永恒的来去，即永恒的持续性与现实中，在精神的统一中，一切都是真实的。那些在艺术中看到概念、历史、数学、类型、道德、愉悦以及其他所有事物的人，都是正确的，因为这些和所有其他事物都由于精神的统一而包含在其中。实际上，它们的存在，以及在任何其他特定形式中艺术的活力单边性，都倾向于将所有活动减少为一种，解释了从一种形式到另一种形式的转变，解释了一种形式在另一种形式中的完成，同时，它还解释了发展。但是这些人错了（由于不可分割的完整时刻的区别），因为他们发现它们抽象地相等或困惑。因为概念、类型、数量、量度、道德、效用、愉悦和痛苦在艺术中都是艺术，既可以是先前的，也可以是随之而来的；因此，这里有假设［沉没并被遗忘，采用了德·桑克蒂斯（De Sanctis）最喜欢的表达方式］或作为预感。没有那种假设，没有那种预感，艺术也不会成为艺术（并且所有精神的其他形式都会受到它的干扰）；但是如果人们希望将这些价值观强加于艺术之上，那也不是艺术，因为艺术是纯粹的直觉。即使艺术家的艺术品表现出低劣的道德和哲学，他在道德上和哲学上也无可指摘：他就是一名艺术家，他不行动，也不推理，而是用诗歌、绘画、歌唱表达自我：如果我们采用不同的标准，我们应该以 17 世纪意大利文艺风格的评论家和路易十四时代法国批评家的方式，回到荷马史诗的谴责中。路易十四不屑那些被称为醉酒的、叫喊的、暴力的、残忍的和没受过教育的英雄的“举止”。批评但丁诗歌的哲学思想当然是可能的，但是批评将进入但丁艺术的地下部分，就像侵蚀基础一样，表面的土壤完好无损，这就是艺术；尼古拉斯·马基雅维利(Nicholas Macchiavelli)将能摧毁但丁的政治理想，不建议皇帝或教皇烦扰解放，而建议暴君或王子这样做。但他不会根除但丁渴望的抒情品质。同样地，建议不要向男孩和年轻人展示，并且不允许他们阅读某些图画书、爱情故事和戏剧。但此建议和禁止行为将仅限于实际领域，并且不影响艺术品，而影响作为艺术品复制工具的书籍和画布。这些艺术品和画布作为实际作品，在市场上可以出售，价格等同于玉米或黄金，它们本身也可以被封存在橱柜中，甚至可以在萨伏那洛拉(Savonarola)的“虚荣柴堆”(pyre of vanities)中燃烧。当艺术超越道德或在艺术统治科学时，或者当科学统治或超越艺术，抑或是本身已经被生活所支配和超越时，人们就无法理解统一的冲动，使道德成为艺术的主导：这就是对统一的理解，是要严格区分的，应该预防并拒绝。

而且它也应该防止和拒绝它，因为环形物各个阶段的既定顺序，不仅使人们可以理解各种精神形式的独立性和依赖性，还可以理解它们**有序地相互保存**。值得一提的是，在此处出现的一个问题，现在要再次讨论，因为之前我短暂地提到过它：想象力与逻辑的关系、艺术与科学的关系。这个问题与诗歌和散文之间的差异问题基本相同。无论如何，(人们很快就发现，并在亚里士多德的《诗学》中找到了它)人们认识到，由于存在散文诗(如爱情故事和戏剧)和韵律散文(如教诗和哲学诗)，所以不能在韵律和非韵律之间进行区分。因此，我们将以更深刻的标准来进行区分，即意象和知觉的标准、直觉和判断的标准，这些我们已经解释过了。诗歌是意象的表达，散文是判断或概念的表达。但这两种表达具有相同的性质，并且具有相同的美学价值。因此，如果诗人是他感情的抒情诗人，那么散文家也是他感情的抒情诗人，尽管这是他内心生发出的，或在寻求这一概念时产生的。我们没有理由向十四行诗的作曲家承认诗人的素质，并且向创作《形而上学》《神学》《新科学》《精神现象学》的作者拒绝它，讲述伯罗奔尼撒战争的故事，讲述奥古斯都(Augustus)和提比略(Tiberius)的政治或“世界历史”：与任何十四行诗或诗歌一样，所有这些作品都具有相同的激情、抒情能力和代表性。为保留诗人的诗性而否认散文家的诗性，犹如那些费了九牛二虎之力才运到陡峭的山巅，随即又落入谷底中的具有毁灭性的石头，然而，这之间存在明显的“差异”。但是为了确定差异，诗歌和散文不能以自然主义逻辑的方式区分，就像两个相互协调的概念彼此对立：我们必须在发展中将它们构想为从诗歌到散文的变化。由于诗人在变化中，不仅因精神统一假设了一种激情材料，而且保留了激情，并将其提升为诗人的激情(对艺术的激情)，所以思想家或散文家不仅保留了这种激情，并将其提升为对科学的激情，还保留了直觉的力量。他的判断与周围的激情一起得以表达，因此他们保留了其艺术性和科学性。我们总是可以考虑这种艺术特征，以它的科学特征为前提，或将其与科学批评相区分，以便享受它所呈现的美学形式。这也是科学在不同方面属于科学史和文学史的原因，但在修辞学家列举的诸多不同种类的诗歌中，为什么它反复无常，拒绝“散文诗”的节奏呢？比起那些矫揉造作的诗歌，有时散文诗是更纯粹的诗歌。我应该再次提起另一个同类问题，即艺术与道德的联系，人们已经否认将两者直接等同，但是现在必须重申这一点。要注意的是，由于诗人在不受其他激情的影响下保留了对艺术的激情，因此他在艺术中保留了责任意识(对艺术的责任)。每位诗人在创作过程中都是有道德的，因为他完成了一项神圣的工作。

最后，各种精神形式中，一种是另一种的必要条件，因而所有形式都是必要的。一方面，各种精神形式的顺序与逻辑，揭示了以另一种形式的名义否定一种形式是愚蠢的：哲学家(柏拉图)、道德家[萨伏那洛拉或蒲鲁东(Proudhon)]或博物学家和实践主义者的错误(此处人数较多,不再一一列举),是他们反驳艺术和诗歌。另一方面,艺术家的错误是反抗思想、科学、实践和道德,就像以前悲剧中的许多“浪漫主义作家”和当今喜剧中的许多“颓废派艺术家”一样。这些都是错误、愚蠢的行为,我们也可以不计过往(永远谨记我们的计划,不要让任何人感到沮丧)。因为显而易见,他们在消极中拥有自己的积极内容,作为对艺术与科学、实践与道德的某些错误概念或错误表示的反抗(例如,柏拉图反对诗歌是“智慧”的观念;萨伏那洛拉反对意大利文化复兴时期那些很快消失的、造作的、腐败的文明),等等。但是,一方面试图证明存在没有艺术的哲学,是疯狂的。因为没有条件,问题和呼吸的空气会从中抽离以战胜艺术。如果不行动起来,怀揣抱负,即艺术的“理想”“可爱的想象”,努力复活,实践就不是实践。另一方面,没有道德的艺术,被颓废派艺术家篡夺了“纯粹美”的称号,在此之前也被膜拜,尽管曾被一群魔鬼崇拜为恶魔偶像。这种艺术解体为艺术,由于它产生和发展的过程中缺乏道德,因此变得反复无常、奢侈、善于骗术。艺术家不再服务于它,而它自身作为卑鄙的女奴,服务艺术家的私人、琐碎的兴趣。

循环观念有助于阐明艺术和其他精神形式之间的依赖和独立性联系。然而,人们普遍反对这种观念。因为它视精神作品为令人生厌的行为与不为,即不值得费尽周折的单调的自我转向。当然,这里没有隐喻,但某些方面可以模仿和讽刺。当他们暂时取悦我们时,我们就被迫认真地回到隐喻中所表达的思想。思想不是无效地重复,而是在进行中不断丰富。它再次成为首要的思想,而非最初的思想,并呈现出概念的多样性和精确性。体验过生活,思考过作品,想要使用最初的术语。它为更崇高、精致、复杂和成熟的艺术提供了素材。因此,循环观念不是永久不变的进化,而是**进步**的真正哲学观念,是精神和现实本身的永恒增长,没有重复,保存了增长的形式。除非有人反对走路,否则他走路是静止的,因为他总是在同一时间移动双腿!

人们经常观察到另一种反对意见,或者说是另一种反对同一思想的叛逆运动,尽管人们没有清楚地意识到这些:存在一些或若干种情况中的躁动,努力打破并超越生命法则的循环性,努力从运动中获得宁静,因而充满了焦虑。从海洋中撤出并站在岸上,他们将转身注视起伏的波涛。但是我已有机会讲述这宁静的构成。高尚表象下对现实的有效否定。当然这是可以实现的,但是它被称之为死亡。个人的死亡,而非现实的死亡,现实不会死,也不会因自己的运动而受痛苦,而是乐在其中。其他人则梦想着一种令循环消失的精神形式。这种形式应该是思想的思考、理论与实践的统一,爱、上帝或它可能带有的其他名称。他们没有意识到这种思想、这种团结、这种爱、这个上帝已经因循环而存在,他们无用地重复了已经完成的搜索,或者隐喻地重复了已经发现的东西。在另一个世界的故事中,重复着真实世界中的跌宕起伏。

到目前为止,我已按真实情况将这部戏剧的性质概括为理想的和时空外的。为了叙述方便和表明逻辑顺序,我采用了以上两个词作为第一和第二术语:理想的和时空外的,因为时时刻刻,每个人都在表演,就如宇宙中的微粒都按上帝的意志在呼吸。但是,理想戏剧的理想、不可分割的时刻,可视为在经验现实中分裂的,就像是理想区分的身体象征。并不是说它们真的分裂(理想是真正的现实),但是对以分类为目的观察者而言,它们似乎是如此依靠经验,因为除了夸大理想差异,他没有其他方法在关注的类型中确定事实的个性。因此,艺术家、哲学家、历史学家、博物学家、数学家、商人、好人,他们的生活似乎完全不同。艺术、哲学、历史、博物学、数学文化,经济、伦理文化,以及与之相关的许多领域的文化,似乎彼此不同。最终,人类的生活似乎被划分为代表一种或其他或某些理想形式的时代:想象、宗教、投机、自然科学、工业主义、政治激情、道德热情和寻求快乐的时代;这些时代都有它们或多或少完美的过往。但是历史学家的眼睛发现了个人、阶级和时代的统一性的永久差异;哲学意识、差异中的统一;哲学家—历史学家视理想为差异中的进步。

但是,我们暂时作为经验主义者讲话(既然存在经验主义,就一定有它的用处)，我们自问哪种属于我们的时代，我们来自什么形式，它的主要特征是什么？这一问题存在直接且统一的回答，它在文化上是且一直是自然主义的，在实践中是工业化的；哲学的伟大和艺术的伟大将同时被否定。但是，既然(经验主义已处于危险之中)没有哲学和艺术，任何时代都无法生存，我们的时代已经拥有两者。它的哲学与艺术——后者间接，前者直接——在思想中找到它们的位置，记录了我们这个时代真正存在的复杂性与利益；阐释这些，我们将能够清除我们必须承担责任的基础。

当代艺术喜欢感官享受，对享受的渴望永不满足，对不被理解的贵族制进行混乱的尝试，这表明它是一种倾向感官享受的理想或傲慢和残忍的理想，有时会为一种既自私又倾向感官享受的神秘主义而叹息，不信上帝，不信思想，怀疑又悲观——而且往往最有力地表现出这种灵魂状态:这种艺术——白白被道德家谴责——理解其深刻动机和起源时，它要求采取行动，这当然不会指向谴责、压制或重新引导艺术，而是指向更积极地引导生活走向更健康、更深刻的道德，这将是更崇高的艺术之母，而且，我也会说，将是更高尚的哲学之母。有一种哲学比我们这个时代的哲学更加崇高，它不能解释宗教、科学和自身，也不能解释艺术本身，它再次成为一个深刻的谜团，或者更确切地说是实证主义者、新批评家、心理学家和实用主义者提出的一个可怕的错误的主题。迄今为止，他们几乎独自代表了当代哲学，并且已陷入(当然是为了获得新的力量和成熟的新问题!)艺术最幼稚、最原始的概念。

9 作为体验哲学的美学

保罗·安杰洛

分析哲学与大陆传统之间的差别一度非常显著，但现在无疑已经缩小了。曾经是方法、兴趣、结果的根本差异，如今却是一场有益的对话。在此对话中，分析哲学家们不会回避与伟大的哲学史传统进行比较，而大陆哲学家则将更多的哲学视为对某些问题的探讨。然而，在美学领域，这种差异似乎比其他研究领域更为明显，而且肯定彼此更为相关。

20 世纪 50 年代到 21 世纪初的五十多年里，分析美学被**艺术定义**问题所主导。美学的主要目标被确定为在必要条件下给艺术和艺术品下定义。自相矛盾的是，从新维特根斯坦主义者的论文开始，他们对定义艺术的可能性持怀疑态度，而非对家族相似性产生怀疑。自那以后，我们看到它们在制度定义、历史定义和叙事定义，以及所有这些定义的各种组合之间交替出现。很难想象除了大陆哲学家对美学的理解之外还有什么。在欧洲的传统中，对艺术的单纯定义从未被视为美学的中心目标，而人们不把源自过去伟大的美学理论[模仿艺术、实践艺术(art as in-Werk-setzen der Wahrheit)、抒情直觉艺术(art as lyric intuition)]的艺术定义理解为操作定义。人们认为，美学理论通过某种方式决定某物是否为艺术，但达到了另一目的，例如相对于其他人类活动，艺术的特征描述及功用的澄清，是要解释为什么艺术很重要，并解释它需要什么回应。它们是艺术的定义，而非艺术品。

另一方面，传统上分为各种哲学流派(现象美学、接受美学、美学阐释学、阿多诺的美学理论等)的大陆美学,在过去十年回归鲍姆嘉通的传统,提出感知和感性的一般哲学(general philosophy of sense and sensibility),好像已经找到了相对的完整性。德国哲学家沃尔夫冈·韦尔施(Wofgang Welsch)、马丁·泽尔(Martin Seel)或格诺特·伯麦(Gernot Bohme)、意大利哲学家艾米利奥·加罗尼(Emilio Garroni)、毛里齐奥·费拉里斯(Maurizio Ferraris)等,提出美学是感知的哲学(an aesthetic as philosophy of sense),是感觉和/或感知理论,是对氛围感知的研究。

这样,鉴于英美哲学总是将美学视为**艺术哲学**(少数可提及的例外明显属于不同的研究传统,例如实用主义者的例外),而大陆哲学家则反对**艺术哲学**,支持感官知觉的一般科学,所以,我们更仔细地研究了分析哲学与大陆哲学之间的差别。

只有双方都改变自己僵化的立场,才能实现两种传统的和睦共存。当然,不能为了寻求一个乌托邦式的共同讨论的基础而追求这一目标。无法追寻这一目标,还有一个更重要的原因,即每种立场都表现出非常明显的局限性。这些局限性无法满足且不能充分解释美学现象。

提出的各种艺术分析定义,已成为许多分析、批评和适时反对的对象。但是,可以针对它们提出更多的一般性论点。可以看出,给艺术下定义对艺术作品的**有效**接触似乎并没有决定性的意义。例如,没有人真正根据艺术的定义来决定一件作品是否为艺术品。黑格尔提醒我们,艺术品的实质性定义保留了对象的丰富性,只能从其理论路径得出结论,而偏离该路径则意味着谴责其贫乏与不足。尼采指出,只能对没有历史的事物进行定义,而艺术品是其中最具历史意义的变量。

尽管对提出的定义存在更多内部反对意见,但它们可能还会成倍增加。例如,从迪基(Dickie)的制度定义或莱文森(Levinson)的历史定义来看,人们经常注意到,对于边缘个案[对于迪基而言,是外行艺术,对于莱文森而言,是城市艺术(Ur-arte)],它们是循环的,不能提供很多信息,也不是很有效。从这一点上来看,根据我的提议,在本文中考虑研究一个非常重要的观点，会是一个不错的主意。

人们认为，这些定义及卡罗尔(Carroll)的历史叙事定义，是分类性而非评价性的定义，它们倾向于确定什么艺术独立于任何形式的价值判断。由此，他们**提出了一种纯粹的分类性定义**。艺术的制度或历史理论似乎没有任何评估标准，这仅仅是因为它们通过将标准归因于他者来隐藏或替代标准。

我们来看一下制度理论的情况，并考察迪基所使用的奇怪表达“人工制品(artefact)……鉴赏物”。选择这一方案，就是为了捍卫以下事实：欣赏一件作品就够了，不必达到什么目的。然而，我们要问：欣赏的是什么？我们欣赏事物出于各种原因：由于它们的用处、经济价值或情感原因。显而易见，这些原因均与帮我们识别该对象为艺术品无关。这不仅是将对象作为艺术品进行鉴赏，还是实现它的审美鉴赏。

某物是艺术品，因为有人说它是。制度理论缺乏限制和评估条件，因为它将评估的重任转嫁给他人。声称观察已完成的艺术品以及那些不成功的艺术品，就达成了艺术的分类定义，这只是一种幻想。从纯粹的分类意义上讲，人类手工制作的任何物品都可以被视为艺术品，并且为弄清什么是艺术品，以某种方式进一步区分，重新进行假设评估。

莱文森的定义指出，要将一件人造物品视为艺术品，必须“以任何方式考虑或正确考虑既有艺术品”。但是，这一必要条件非但不会简化事情，还会使事情复杂化。显而易见，一件艺术品可以不同方式看待，而这往往与它的艺术价值无关。因此，莱文森不得不补充道，真正重要的是艺术品被“**正确**”看待的方式。这一表达的模糊性使我想到了迪基“欣赏”一词中的模糊性。显然，以我们认为正确的方式欣赏某物是不够的，这对于所讨论物品的艺术价值是很重要的。我们必须处理“欣赏”并考虑对象的艺术性。

甚至历史意向理论(historical-intentional theory)也将什么是艺术或什么不是艺术的决定权转嫁到他人身上，即上一个时代决定什么是艺术的那个人。即使在这种情况下，还是有人下定决心评估什么是艺术，什么不是艺术。它不再涉及想象的艺术世界，而是过去的法官和评论家。但是，在这种情况下，引导他们的动机或遵循的标准还未可知。将艺术是什么的问题转嫁给他人，可以避免选择和评估这一问题，从而模糊这一程序。

另一方面，作为感官理论的大陆美学论点似乎向激进批评敞开了大门。提议将美学视为不加说明的感觉或感知理论，从词源学的角度来看似乎是合理的，并且因为它为美学提供了广阔的研究领域，所以似乎很有吸引力。一种反对意见是，由于已经有研究感觉和知觉的科学（例如心理学和认知科学），因此尚不清楚美学能做出什么贡献，这需要在实验室环境进行观察性实验。

即使哲学可以创造出很好的感知学概念，但事实仍然是感觉理论并没有详尽讨论艺术或自然美。显然，艺术品是通过感官了解的，正如康德所说，如果我们只是理性的人、天使，我们将不知道如何对待艺术品。他还补充道，即使我们像非人类动物一样具有纯粹的感觉，我们对艺术品的需求也很少。伯麦氛围理论（atmospheric theory）的缺点在于，因为我们是"通过氛围"感知的，所以认为氛围感知是审美感知，是违反直觉的。马或狗比人对氛围的感知更多，但是很难认为他们有更多的审美体验。在不被词源学蒙蔽的前提下，我们更容易认为并非所有的感觉都是"审美"体验。在黑暗中听见沙沙作响是一种感官体验，而且很有氛围，但是从听交响乐的意义上说，这不是审美。看一棵树、一条河或一座山是一种感官体验，但与看风景不同。换言之，这不是审美体验。当然，我们需要听和看才能聆听音乐或欣赏风景，但是还有更多。若非如此，我们可以推断出，即使是吃草的羊也能看到风景，因为它们在田间觅食，从河中饮水。

美学理论家从未将其作为感官理论来考虑的逆命题，甚至可以忽略不计。尽管有证据和词源，但并非所有审美体验都是感官或感知体验。在观看绘画时，如果感知失真或受限，例如如果观看者是色盲或视觉受损，他则无法与艺术品亲密接触。但是，如果读一首诗或一本小说，显然感觉和感知并不起到很大作用。鲍姆嘉通的美学概念作为感官理论持续了一段时间也许并非偶然。

尽管分析主流和大陆分析之间存在差异，但两者在否定的东西方面非常接近。两派都不承认价值判断始终是审美现象的基础。分析学认为对艺术品进行分类识别是不可能的，而大陆哲学家则在大量的感官知觉中减少了审美现象。

要决定某物是不是艺术，就一定**要去体验**。要决定为何一个对象属于“艺术品”的荒谬之处，在于**艺术品不是一类对象，因此不能这样认为**。我们遇到一件艺术品时，面对的不是一类对象，只是单个对象。永远不要说“这是艺术，这不是艺术”，就好像根据某些预定标准在现场做决定一样。相反，有必要让自己沉浸在对象之中，受到对象的侵扰，在对象中停留一阵，过一段时间重新检查对象。如果我们宣称要发表判断，在不与我们感兴趣的对象共处的情况下，去判断某物是否为艺术品，这样的判断更像是一时兴起或一场游戏，无法让人真正信服。只有在某些情况下，我们才有机会通过阐述正确的判断来表达自己的感觉。参与到对象之中更多的时候不需要言语表达。我们再来观察讨论的对象，我们无法脱离它，并且每次观看都发现了以前未曾见过的新事物，这再次引起我们的注意，这一事实足以证明我们的参与。艺术必须要去体验，才能知道它是否为艺术。在没有体验的情况下对其艺术价值做出判断，这并不严肃。

要宣称不可能将审美体验与感官、知觉体验区分开，只需观察日常普通语言用法，以及感觉谓词和审美谓词(aesthetic predicate)之间的差别就够了。宣称美学术语(例如艳丽、雄伟或典雅)与红色、高大或沉重这样的词有着相同的逻辑和使用条件是可能的，但这看起来是违反直觉的。后者只是词源上的“美学”术语，因为它们涉及感官知觉，而前者则是“审美的”，因为它们涉及我们对某些对象的反应方式，以及我们是否认为它们令人满意。用环境或生物术语描述景观，列出动植物、岩石和沉积物的类型、丘陵的高度和河流的力量，并没有描述景观，而是描述了物理环境。通过给出画作的尺寸，指明所用画布的类型、调色的颜料来描述绘画，对于画作分类可能是有用的，但无法让观看者近距离接触艺术品，了解其美学意义。正确使用感官谓语仅要求没有感知障碍，但要正确使用美学术语，则需要辨别力，即**品位**。

有些感官特性与美学无关。再举一个例子，所有雕塑都有一定的重量，这种重量是可以通过感官观察到的感官特质，但不是审美特质。当然，据说丁托列托（Tintoretto）绘画中的人物具有重量，而博特罗（Botero）绘画中的人物则没有重量。因此我们做出了审美判断，但它们的重量不同。在一种情况下，重量是用千克和磅来计算的。这是可以确定的，且足以否认美学和一般感官理论间的等同性，这说明**并非所有的感官判断都是审美判断**。这可以通过传统的良好感觉（如双关语）来理解，例如味道、气味或触感，将其排除在美学意义之外。不可否认的是，这些传统感知可以进入艺术品之中，并发挥至想象的层面。我们需要建立一个有辨识度的等级，否则可以得出结论，即使性愉悦也是一种审美愉悦，因为从词源学的角度来看，它确实如此。

相反的命题，即存在不是感官判断的审美判断，则不太明显。然而，经过反思，可以发现这种情况经常发生。例如，文学作品永远不会或很难做出感官判断。也可以断言，一首诗的语音符号数据与感官有关（尽管不清楚是哪种感官，最重要的是，如果用一种未知的语言阅读一首诗，我们为什么无法理解它）。但是，显然文学文本所具有的结构、情节或人物心理的所有特质似乎都与感官领域无关。即使在绘画和音乐中，我们也无法将许多方面定义为感官，而这些方面似乎直接适用于感官。戈雅（Goya）的画作《藤茎》（*Cane*）中无边的荒芜，或塞萨尔·弗兰克（César Frank）小提琴奏鸣曲和管弦乐的乏味的第二乐章，并不是感官特质，因为我们可以想象一个耳聪目明但没受过良好教育的观众，认为戈雅的绘画简直是奢华或难以理解，而弗兰克的音乐则无聊或伤感。

审美体验是一种什么样的体验，它与一般体验是什么关系？

从历史上看，认知美学和美学感情主义（aesthetic emotivism）或多或少平分了该领域。古老的模仿理论将想象力和知识与认可某物的满意度联系在一起。鲍姆嘉通将美学作为一门哲学学科，以“敏感的科学认知”的形式提出。在浪漫主义艺术家的引领下，艺术将知识带到了更高的境界，开辟了一般信仰无法企及的领域，并将其解释为一种智力直觉形式，或是一种哲学产生知识的器官。克罗齐将美学与个人的直觉知识联系在一起。对于像纳尔逊·古德曼这样的理论家来说，艺术本质上是一种观察世界的方式。实际上，这是我们**构建**世界的方式之一，正如我们通过科学构建我们的世界一样。

伴随着艺术就是知识的观念，艺术与我们的情感及情感状态相关的观念也一直存在。在公元 1 世纪，伟大的匿名作家 CE 以升华的风格与伟大的灵魂产生了共鸣。此事的来源让人着迷，并引发了**感受**（*pathos*）。模仿的观念在 18 世纪开始褪去，后来在浪漫主义时期又面临巨大的危机，因此艺术作为**表达**和情感表现的观念取代它并非偶然。对于浪漫主义艺术家而言，这是艺术的表现范式，根据华兹华斯的说法，艺术是“强烈情感的自发溢出”。神经科学发现**镜像神经元**（*mirror neurons*）让我们感到安慰，我们也因此看到了美学里移情作用的回归。这种理论是 19 世纪下半叶发展起来的，它在审美活动中见证了内部情绪在我们外部形式上的**投射**（*projection*）。

然而，这是认知科学本身，它警告我们将知识与情感分离是危险的，还提醒我们，是否知识总是在情感上得以定位和表达，是否我们的情感总是受到对事实了解情况的制约。还有另一个事实促使我们审慎地操纵认知和情感主义假设，并迫使我们不要将它们分开，而要加入其中。审美体验涉及学习，但未必产生知识，艺术表达的情感并非我们在现实生活中遇到事和人时所表达的情感。

一方面，知识未必是通过审美体验获得的。相反，我们采用类似认知行为的行为。有些艺术作品包含相关知识，如狄更斯或托尔斯泰的小说，但人们是否为此目的阅读《我们共同的朋友》或《战争与和平》就不得而知了。如果是出于此目的，最好还是去读史学或社会学文本。有些作品的直接认知内容似乎很少，如抒情诗或幻想文学。在整个艺术流派中，似乎不可能说某事是后天习得的，例如装饰艺术或器乐。实际上，捍卫艺术认知价值的人通常会想到文学或写实绘画，而很少想到舞蹈或抽象绘画，并强调并非所有艺术都是虚构的，有些作品没有虚构成分（例如肖像画、讽刺作品或自传）。

另一方面，审美体验中的情感似乎与现实生活中的情感相同。通常，这发生在阅读感人或恐怖故事时。人**真的**会哭或害怕。在黑暗的街道上被攻击时的恐惧与看恐怖电影时的恐惧是有区别的，反思一下它们的区别就够了。在前者中，情绪立即转化为相关的动作，即逃避，而在后者中，我们仍然保持舒适的坐姿。第一种是持久的情绪，需要时间才能恢复，而在第二种情况中，一旦我们从电影院的座位上站起来，恐惧就消失了。现实生活中感动的人真的很痛苦，而让我们哭泣的演员可能会非常高兴，因为他已经让剧院座无虚席，或让正在拍摄的电影声名鹊起。

因此，审美体验一方面与一般经验相称，与后者共有一些非常重要的方面；另一方面，它又从根本上改变了共同体验的特征。审美体验似乎更接近认知体验，但同时好像又没有获得真正的知识。从情感意义上讲，它似乎很有内涵，但好像又没有感受到真实情感。因此，我们不应该对比，而应将这两方面结合起来。可以看出，通常出现的“**审美体验是体验的复制或加倍形式**”，并且在此复制过程中，体验的特征既会减弱，也会增强。审美体验脱离直接目的，没有确定目标，从这个意义上讲，特征减弱。取向本身允许体验的本质以某种力量出现时，特征就增强。美学与一般体验没什么不同，它只是这种体验的不同组织和最终结果。

在没有实际需求的情况下，组织体验的这种需求，是人类行为的显著特征之一。以**装饰**为例，装饰身体、面部或其他常见对象的欲望，是几乎在所有文化中都存在的一种冲动。但是，除了可能找到人们期望中的裸露表面或简单自然的组织外，装饰是什么呢？没有装饰，它似乎是空虚的，没有感觉，但如果用装饰性的图案组织起来，它就成为从内部可以找到自我的东西，因为它是一种有组织的体验，而非留给自己的体验。黑格尔在他的《美学》中所说的是正确的，他将文身，即边远文化中刺在人体上的最痛苦、最明显的荒诞变化，与孩子将石头扔进湖里或河里，只为看一下同心圆形成的平庸姿态联系在一起。据黑格尔所言，这个姿态表明，人类渴望在自然的不同中发现自己，换句话说，就是要获得“脆弱的陌生感”(spröde Fremdheit)。可以说，秘密动机不是将自然留给强加的组织，而是根据我们自己的组织来安排它，即使在没有真正理由的情况下也是如此。

美学的许多基本现象可以由人创造的组织重叠来解释，这些组织显然没有任何目的，或者甚至对遵循不同逻辑的现象起到反作用。**节奏**就是这种情况，它可以分割时间，并在其重复中找到一种使姿态与要完成的作品不谋而合的方式。这需要连接所产生的任意结构所需的姿态结构，因为需要将姿态的机制连接起来，或与其他姿态进行计算。任意结构与产生的必要结构化相关联，因为它可以点亮姿态的机械性质，或与其他姿态协同完成此姿态。同样的事情发生在带有韵律结构或声音重复的口头语言中。在词语中加入本身不具有交际功能的结构或组织，可以为话语带来新的秩序，从而提高其有效性。

审美活动体验的重复，不仅表现为形式的重复，而且还表现为内容的重复。大量的审美活动采取虚构的形式并非偶然。加倍体验的本质出现了，这种本质已被认定为美学的真正本质。这项发明或虚构创造了一个与现有世界平行的世界。人们常说艺术创造了第二现实，这是类似于已知现实，但可以完全颠覆它的现实。而重要的是，另一个现实必须有自己的规则、自己的逻辑、自己的连贯性。简而言之，它必须表现出自己的、不同于日常生活的体验组织。

如果将审美活动视为体验的补充，我们可以更好地理解为什么日常体验的特征又不是审美体验的特征。这是因为它以不同且修改过的形式出现，并具有认知体验的面貌。正如已看到的那样，人们常认为艺术是一种认知体验，但很难指出它所创造的实际知识。如果艺术创造平行体验，即体验加倍，那么很明显，艺术不是知识，而是对知识条件的行使。我们不应指望给出认知概念或内容（即使如所见，每次这肯定会发生），因为它对知识的贡献不同且更加重要。它不包括获取特定知识，而是行使认知能力，即在没有获得任何特定知识的情况下使它起作用，并使思想开放且可能获得新知识。

对于美学的情感方面，我们可以做出相似的类比。一方面，艺术产生的感觉（在这种情况下，处理的是艺术体验，这不是美学的全部，但代表了美学的实质部分）似乎与现实世界的体验惊人地相似，但同时似乎又相去甚远。哈姆雷特惊讶于他会为赫卡柏（Hecuba）哭泣，但你不会哭泣，不会把她的孩子当成自己的。人们已经多次尝试找出真实感觉和描述的感觉之间的区别，并指出后者是虚假的，与真实的感觉相去甚远。但是，我们现在处理的是表征的感觉，不是实际的感觉。这些都是具有象征意义的感觉，通过这种感觉我们可以学习如何面对现实生活中未曾经历过的情况，或者在类似情况下比较我们的行为。审美活动似乎更像是一种**平行体验**，它是在“真空”中进行的，但硕果累累。体验的重复不仅使我们能够保持高效的能力，而且可以产生体验**预期**（学习面对各种可能性），同时可以**增强**体验（专注于正在发生的特定方面），并**积累**体验（通过审美活动，有可能会接触到许多实际未曾经历过的情况）。

存在这样的观点：使美学成为与感官知识相关的学科，并将美学体验简化为感官体验。人们不相信这一观点是有原因的。审美活动的特征不是通过感官感知来实现的，而是与元表征有关，即此表征不是由直接存在的对象提出的，而是在没有直接刺激的情况下产生的。没有元表征，就没有审美体验。也没有复杂的操作需要元操作能力（例如制造器具以生产其他器具）或语言，这需要与直接呈现的事物保持一定距离。这就是为什么我们觉得，与艺术定义的分析尝试相比，我们更接近坚持想象力的分析美学[肯德尔·沃尔顿(Kendall Walton)和格雷戈里·柯里(Gregory Currie)]的最新趋势。但是,在将美学与想象力和幻想联系在一起的古老传统中,我们可以得到安慰。亚里士多德的模仿不是对现实的纯粹复制,而是对可能性的更多的了解。在知识的三方关系中,弗朗西斯·培根将诗歌赋予想象力,而维科则将原始知识理论确立为诗学或富有想象力的体验组织。

传统上归因于审美体验的另一方面是提出美学是体验的补充并有助于理解。如果从艺术使用和自然美的体验中排除某些严格的立场(如阿多诺的立场),那么愉悦的立场就始终与之相关。文艺复兴时期的悲剧理论家将愉悦定义为艺术的目标,并远离剧院的说教和理性主义理论,甚至超越了霍雷肖(Horatio)的**功利性**(utile dulci)。在《判断力批判》(*Kritik der Urteilskraft*)中,康德通过获得美的愉悦(Wohlgefallen)特征,分析了区分审美判断的特征,而桑塔亚纳(Santayana)则指出,美不过是客观化的**愉悦**。今天,如果我们将审美体验看作体验的并行实践,那么可以很容易理解为什么它会产生独特的愉悦感。如果将审美体验视为脱机体验,即没有外部目标的体验,我们可以更好地理解为什么需要确认不同的顺序,该确认以情感补偿的形式存在于执行该顺序的对象中。如果审美体验是针对外部的或旨在达到特定目标,则可以通过是否达到所讨论的目标来衡量。因为这是一种复制体验,但不会最终确定体验的活动,所以有一种不同于仅达到目标的控制形式。换言之,在审美体验的情况下,目标的实现转化为活动本身所获得的愉悦。

如果时间充裕,我们可以考虑维持该立场的某些推论。下面列出了其中三个推论。

第一,拒绝美的观念。在过去的二十年间,美的观念得到了意想不到的复兴。"美"仅意味着"成功的审美体验"。所表征的事物漂亮、成比例、对称且令人愉悦,是否这一事实可以确保成功是完全次要的。许多艺术品和自然景观不是后者意义上的"美",但产生了审美体验。反之亦然，“美”、优雅和愉悦形式的使用，并不能保障艺术上的审美成功。从描述意义上讲，美是一种额外的审美价值。

第二，重新评估艺术本体论研究对美学的启发价值。艺术本体论并不强调艺术品特有的面貌，而是在不同于艺术对象的本体论范畴内观察艺术品。即使是艺术本体论揭示的最微妙的区别，也可以且确实是指与艺术无关的事物。单纯的事物和本体论艺术品之间的差异，总是给我们此种感觉。在没有评估的情况下下定义，最终定义的是一般人工制品而非艺术品，因此类似的事发生在给艺术品下定义时。相同的事也发生在本体论中。以各种形式实践的艺术本体论是人工制品的本体论，而非艺术品的本体论。它的评估以不同方式针对人类制造的所有事物的一般特征。

第三，反复提醒人们尝试多次辨识、重叠美学与伦理学，并提出事实与内容之间的联系。每次将一项道德任务分配给艺术时，艺术就落入教化、教导或虚假的领域。伦理与美学的关系只能在元理论层面上展开。审美体验的运作方式与道德的运作方式之间存在相似性，更好的是功能上的同质性，就像审美判断方式与道德判断方式之间的关系一样。例如，审美判断和道德判断都与单个对象或个案有关，而与概括性无关。如果一幅画被认定为美的，我们不能概括判断所有类似的画都是美的。道德判断必须始终是指行为被认定为真实道德判断的具体条件。审美和道德判断都不能一概而论。

鉴于篇幅有限，我们不再进一步探讨这些问题，而是直接观察结论。我们要讨论的事实是，要说明的情况与从进化心理学角度对人类审美活动起源的研究是一致的。但是，这种方式与最近提出的新达尔文主义美学的尝试完全不同。在新达尔文主义美学中，美学及其兴起与性选择有着紧密关系。杰弗里·米勒(Geoffrey Miller)、让-玛丽·舍弗(Jean-Marie Schaeffer)和威尔弗里德·门宁豪斯(Wilfried Menninghaus)等学者都坚持达尔文的假设，即审美活动与“鸟类推理能力低下”是一致的。“鸟类是所有动物中最具审美能力的”，这也从

“品位”和“审美偏好”的角度，解释了天堂鸟中的雌鸟性选择的原因。我更倾向于科学家们普遍认可的假设，即我们眼中的审美特征实际上是健康的一般指标。

采用关联美学与性选择的方法的基本困难在于，观察非人类动物的美学行为可以发现，它们在进化阶梯上远远低于人类。如果存在连续性，我们会发现，我们眼中的美学行为更多地在向类似人类的物种阶梯上发展，反之亦然。此种行为在与人类进化距离较远的物种中似乎特别普遍。

因此，为了找到审美活动的人类学根源，我们必须朝着不同的方向需求，不是朝着“低级的”生物学功能，而是朝着较高的认知功能。将一项活动视为愉悦的来源是不够的，必须区分审美鉴赏的本质和从活动中获得的愉悦。

据我们所知，在该领域似乎很难得出无可辩驳的结论，但可以注意到，“美学”人工制品的蓬勃发展是区分智人与以前的人类群体（尤其是尼安德特人）的各种能力的特征之一。各个地方的洞穴壁画所展示的象征性活动的激增，似乎始于公元前三万年。可以公平地说，此种激增不是瞬间发生的，之前是有准备阶段的。

如果我们认为新近的研究倾向于将语言的起源置于大约10万年前，那么就有可能认为技术能力的完善（尤其是人科的元操作，而非简单的操作能力）与语言能力的兴起、“审美”活动的存在都是相关现象。

在这种假设的情况下，审美活动作为体验补充的观念似乎变得更加确切。元操作能力、语言和审美活动的存在，将**智人**的所有态度联系在一起。这是我们已提到的产生**元表征**的态度，即目前尚未感知的对象和状态的表征。美学呈现为补充物，也就是说，似乎不直接与行动目标相关，在此意义上，它是“自由”且“无动力的”。但是，此补充绝对必不可少，因为它释放了评估空间，使人可以预见可能的情况，如预见间接使用工具或一类可能指称的参考点。在这点上，补充变得必不可少，因为它在进化层面上打开了产生有利结果的可能性。

我们可以更好地理解，为什么将审美活动仅与感官知觉联系起来是还原性的，且基本上是错误的。创造审美活动的特征不是感官能力的提升，而是使感官数据翻倍。如果体验是在感知层面上创建并得出结论的，那么这不是审美体验。这就是在将某些关联选择列为美感时必须非常谨慎的原因，例如在性领域和非人类动物的伴侣选择上。如果一件作品充满想象力，可以设想可能的情况或评估其他情况，那么我们就有了审美活动的雏形。进行这项活动对于认知能力的发展至关重要，并且可以使人们摆脱对眼前目标和纯粹本能反应的**担忧**。

在旧石器时代，洞穴壁画的非凡发展证明了人类创造虚拟场景的能力。这种场景与审美活动密切相关，而与学界所讨论的壁画具有独特的巫术力量或仪式目的无关。正是这一目标，以元表征能力为前提。象征意义的激增既证明了这一点，又有助于它的扩展。因此，如前所述，在所谓的“史前”艺术与后来的艺术之间建立联系并不是完全武断的。有人强烈宣称拉斯科洞穴是史前的西斯廷教堂。在历史上，西斯廷教堂是更先进、更复杂时代的拉斯科洞穴。

10 实践之美：概念艺术欣赏

戴维·达·萨索

一、引言

本章的主题是美与一种艺术的关系，即自 20 世纪下半叶以来形成的“概念艺术”。

此种关系特殊且复杂，因为它无法解释，即使我们认为它是概念艺术本体论的可能解决方案，且认可艺术对象非物质化的假设。该假设的基本表述是露西·利帕德(Lucy Lippard)和约翰·钱德勒(John Chandler)(1968)在 20 世纪 60 年代关于艺术变化的批判性论述。他们的主要观点是随着概念艺术的发展，艺术中的物质对象逐渐过时。实际上，接受这一假设是正确的。人们通常会认为，欣赏此种艺术总的来说就是享受意念、模式、操作部署、信息或行为，即概念艺术之美在于欣赏无形的实体。此外，按照理论家和艺术家主要在 20 世纪 60 年代提出的反思观点，艺术是非物质的，所以此种艺术必然是非审美的：艺术家通过试图摆脱作品的物质部分，旨在限制作品引起的审美和情感反应。我们将看到，此种方法只能部分共享。

从此种方法(此方法对概念艺术的理解有很大影响)得出的论点如下：在概念艺术中，我们认为美主要是艺术家试图传达的意念或行为，因为从审美角度来看，作品是非物质化的，且缺乏重要性。

我试图将刚刚提出的论点称为**非物质主义论点**(*Immaterialist Thesis*)(简称 IT),仅解释了美与概念艺术之间的部分关系。它主要涉及概念主义艺术创作的初始阶段,但是由于从 20 世纪 70 年代发展至今的新物化实践,概念主义艺术创作已迅速改变。在此期间,越发清楚的是,艺术家能用自己的作品表达观点的必要条件仍然是使用物质,无论是工业物质还是天然物质,甚至是他或她自己的身体。特别是从形式的角度来看,物质和具体实体发生了变化,以至于它们的外观不及艺术家创作作品时的所为更重要。

例如,我们来分析一下艺术家巴斯·扬·阿德(Bas Jan Ader)于 1971 年创作的《毁坏坠落》(有机体)(*Broken Fall*, organic)。在 1 分 44 秒的黑白短片中,我们可以看到艺术家悬挂在运河上方的树枝上。他摆动身体,然后失去控制,掉入水中。要表达坠落的观念,必备的是:画家的身体、他与树枝的接触、他的动作,以及准确地讲,他从树上跌落到运河中。最重要的是,为了捕获所有这些方面,影像(或照片)录制至关重要。该作品可以精确地表达艺术家的观念和/或行动,因为不同的物质元素成就了这种可能。没有它们,就没有作品。

关于这点,我们可以考虑两方面。一方面,这类作品旨在通过致力于形式,即意图层面和物质层面,以及前者向后者的转移,来促进其内容的传播;另一方面,艺术家借助这些作品表达了此种**操作方式**(*modus operandi*),也就是说,他们使该方法可识别、可辨认,并强调作品是使用物质的结果。

概念艺术之美,乍一看似乎与无形之境相关,实际上它首先是由具体的变化决定的。

因此,理解美与概念艺术之间关系的一个重要目标是解释如何在对物质具体干预的基础上,欣赏非物质的事物。与传统艺术中使用的方法相比,它的特点是采用更具创新性的形式解决方案。从这个意义上讲,我们可能会认识到,概念艺术的发展基本上是借助标志着艺术家创作实践的变化来实现的。我们可以从如下的操作方向上概括艺术家的创作:从需要将观念和行动从作品的物质载体中解放出来,到尽可能成功地表达作品,还原其形式潜能。

我在这几页中的提议,可以称之为**实用主义论点**(*Pragmatic Thesis*)(简称 PT)。它表示欣赏概念作品的可能性,既与艺术家的表达需求有关,又与他们处理物质的方式有关。它的理论支点不是物化,而是可能性的条件。在我看来,可能性条件是艺术家的实践,即在概念艺术的背景下,我们所说的“表达具体性的诗学”。我用这个词来强调,概念主义者有不同的方法来处理具体的物质,以保证其作品的表现力,即诗学的外在化,他们艺术创作方式的外在化。①

美与概念艺术的关系本质上是由人类实践决定的。人类实践以不同的艺术创作方式加以规定,并通过**还原**形式来使概念作品具有新的表达潜力。但是,实践和物质的关系密切。因为在概念作品中,艺术家的所作所为可以用他们使用的物质和使用方式来表达。欣赏其所为,首先要考虑物质,因为它们保留了痕迹。

该提议旨在将实用主义论点视为克服和整合传统非物质主义的论点。其背后的主要原因是出于对美和形式问题的反思。

为了确定前者,在下一段中,我将首先进行简要的概述,以突出我们必须解决的一些关于美的问题。形式问题将在第二段中介绍,并在后面的段落中谈论与美相关的内容。

---

① “表达具体性诗学”的观念可以追溯到安伯托·艾柯(Umberto Eco)关于诗学、先锋派与艺术死亡假说关系的一些论述。特别是他关于艺术品与接近其可能性关系的思考。这些作品被认为是诗学的具体体现,而接近它则要理解它能举例证明的程序(见 Eco 1989: 167 - 170)。在我看来,正如我将在接下来的页面中阐明的那样,这在概念艺术中仍然更加明显,因为作者们通过作品的具体性,用不同方式增强艺术的表现力。

二、美的各个方面

几个世纪以来，在文化和社会变革方面，美一直是众多重要哲学思辨的主题，这些思辨有助于凸显美的不同特征。从苏格拉底提出的关于理想美、精神美和功能美的不同含义的构想中，我们进入了柏拉图哲学中所谓的和谐构想①，以及亚里士多德的结构构想②。和谐与比例是柏拉图构想中必不可少的参考要素，它将以“辉煌”为主题进一步扩展，反过来又决定了新柏拉图哲学家提出的观念。尺度、比例和确定性等标准为亚里士多德的思想提供了依据，其中还构想了两种形而上学的美的秩序（一种是数学的，另一种是普遍的）之间的联系。

在古代构想中，美是从广义上考虑的，其理论化与愉悦、欣赏密切相关，首先是与自然秩序和人类实践有关。正如我们今天所了解的那样，美并不直接关乎艺术，最重要的是，不能将其理解为事物的物质特征。除了相同的人类实践外，它还涉及观念、理论构想、思想，即构成无形之境的要素。“比例”这一概念确实具有补充功能，因为它可使属于理性经验领域的东西变得井井有条。

比例和秩序是古代哲学中确定的两个标准，在毕达哥拉斯

---

① 该表达的主要参考如下。一方面，柏拉图提出的美的概念是一种理想本质，我们可体验的事物可以展现，但需要有理智的远见来帮助理解；另一方面，它的本质可以用秩序、尺度和比例等标准来概括。正如柏拉图在《蒂迈欧篇》（约公元前360年）中所言，如果存在比例，那么美就是美好的。美作为尺度的典型体现，是通过灵魂、身体和宇宙之间的对应关系实现的。柏拉图对美的思考被一种张力所超越，即认同理想形式与认同外在表现之间的张力。从张力中实现和谐是平衡的源泉，这种平衡使美的愉悦成为可能。欣赏产生于一种摇摆之中，即在美的观念的广阔性和它对展现美的物质的包容之间的摇摆。从这个意义上讲，我认为可将柏拉图的美的概念视为和谐概念。更多细节，参见 Tatarkiewicz (1976) 1980，§4；Eco 2004，§1－3。

② 此表达的参考源自安伯托·艾柯关于亚里士多德哲学中将结构视为具体形式和操作模型可能性的论述。参见 Eco (1968) 2002，pp. 251－293。

(Pythagoreans)的思考中得以阐述,这些标准在中世纪重新流行起来,即使在文艺复兴时期具有了其他术语意义,还是得以保留下来。各部分的比例对于人类身体的解剖与评价艺术对象(将其理解为基于某些操作规则的实践,如在建筑中)都是必不可少的参照。

因此,来自古代哲学的观念是欣赏和愉悦首先归因于构造的一般秩序,或更确切地说,归因于组成的总体平衡,归因于比例决定的完美结合和构造感。换言之,我们可以说某物很美,因为回想起亚里士多德哲学,它具有公正的尺度。而且,我们不仅可以通过对象的感官体验来掌握这种公正的尺度,还可以从对象的制造方式开始,以评价的方式表达美。

与**比例**概念相关的客观主义概念相仿,与诡辩者认为人是万物标准的观点一致,美也可根据另一标准,即充分标准相关的主观主义概念进行分析。正如瓦迪斯瓦夫·塔塔基维奇(Władysław Tatarkiewicz)(1976)所言,充分性是美的变体,有助于凸显欣赏对象与美的主体之间的密切关系。

美在客观和主观维度上都与苏格拉底式的调解相去甚远,“比例”和“充分性”的概念表示对美反思的理论摇摆。推断的不稳定性是根据客观主义或主观主义的方法考虑美的可能性而确定的。①

古代关于美的最初思考,使我们能够认识到另一个由内、外部维度之间张力所决定的理论摇摆。这最终揭示出美、物质性和非物质性之间的联系多么具有决定意义。第二种推断的不稳定性在中世纪的思考中很典型,主要是根据有关物质和精神层面的理论张力来阐明的。

正如安伯托·艾柯(1986)所言,中世纪的思考强调了最后的摇摆。这种摇摆,例如,依据神圣建筑中装饰元素的批评(注意,这不会导致完全漠视)导致了物质和精神之间的冲突。有时,这种理论上的可变性使

---

① 塔塔基维奇(1976)指出,这种理论上的摇摆导致客观主义与主观主义之间的争论持续了几个世纪。更多信息参见 Tatarkiewicz (1976),尤其是第六章。

人想起苏格拉底的概念，即基于对外部性的不信任而认可了精神美与功能美的观念。然而，与此同时，中世纪的思考也根据神秘思考中出现的两种观念，促使人们关注内在性与外在性的深层联系。一方面，外在美的不确定性巩固了内在美的卓越地位，即内在美是永恒的；另一方面，或许物质可以表达精神，即身体是灵魂的物质表达。

一般而言，在中世纪文化中，尤其是基于以下理论核心，美与艺术的关系得到了显著改善：一、艺术概念取决于生产规则的各种人类实践；二、艺术美源于其有用性；三、巩固美与形式之间形而上学的联系(见 Eco 1986)。

古代和中世纪的各种思考中陈述的标准，以含蓄的方式凸显了美与客观特性的联系。在现代哲学中，学界再次从主观性的角度来看待美的问题。弗朗西斯・哈奇森(Francis Hutcheson)和大卫・休谟(David Hume)等哲学家强调体验以及愉悦和欣赏的主观维度。哈奇森是否强调每个欣赏者都拥有美的观念——就特定倾向而言，是一种把握美的审美倾向。休谟则是更清晰地谈到了主观维度："美不是事物本身的特质。美存在于考虑它们的头脑中，每个头脑都会感知不同的美。"(Hume 1757：136)

伊曼努尔・康德(1790)认为美与判断有关，并着重强调了以下方面：超然是美学沉思的特点；审美判断的普遍性和必要性；与目的有关的美的自由。审美判断或鉴赏力判断是基于愉悦(或不悦)的感觉。这种愉悦感决定将其与其他判断区分开来是超然的表现。尽管它具有普遍的有效性，但是没有任何规则能使人判断美的事物。康德指出，对美的判断是基于"不确定的概念"(Kant 1790：§57)。对美的判断并非以目的为前提，却可以有正式目的。① 主观性和普遍性是审美判断的两个特征，它们是审美判断的必要条件(参见 Zangwill 2014)。审美判断是主观的，因为它基于愉悦或不快的感觉。它的普遍有效性也揭示了

① 要了解康德目的论的美学的更多信息，请参见 Ginsborg 2013。

其规范性。[①] 考虑到判断可能会受欣赏对象概念的影响，康德将以对象概念为先决条件的美与不以对象概念为先决条件的美区别开来。他称第一种美为“依附之美”，第二种美为“自由之美”（Kant 1790：§16）。

一方面，18世纪的研究从不同理论视角探讨了美的主观概念；另一方面，同一时期为美的思考奠定基础是具有决定性意义的。因为这与美学的诞生和美术体系的产生有关。将美学定义为敏感知识科学的亚历山大·鲍姆嘉通也促进了美与完美之间的区分。查尔斯·巴特（Charles Batteux）（1746）阐述了艺术的一般理论，将模仿自然之美确定为主要的分类原则，它不是对现实的模仿，而是对真实的模仿。这是决定性的理论方法，旨在巩固自然与真实之间的关系。

在这种情况下，丹尼斯·狄德罗（Denis Diderot）（1751）提出的关系概念值得特别关注。[②] 根据狄德罗的观点，美与构成对象各部分之间关系的主观感知有关。更确切地说，关系涉及主体和客体。也就是说，欣赏对象的结构可以凭借其制作方式变美，并可能引起对其组成顺序的主观反应。

狄德罗用“关系”概念表示欣赏对象的形而上学特性，一方面涉及它的结构——我们还可以根据形式与质料的关系来考虑它的结构——另一方面，对象的敏感体验使主体的智力反应成为可能。

狄德罗指出，这种关系是“真实的”，因为它直接关系到可体验、可欣赏的事物的审美特性。按照此理论方法，狄德罗区分了真实美和感知美，他观察到此关系对于欣赏对象的构成及其与美的联系至关重要，因之它不是绝对的。

古代和现代提出的一些对美的观念的简述，旨在强调我们必须考虑的三个方面。第一，美涉及物质和非物质维度；第二，它与欣赏某物

① 有关审美判断力必要条件的进一步考虑，请参见 Zangwill 2014。

② 狄德罗撰写的关于美的文章，成为《百科全书》的条目，后来在他的《美学作品》（*Œuvres Estétiques*）中再次刊出，请参见 Diderot 1751。有关狄德罗美学思想的概述，另请参见 Diderot 2011。

的主体反应，以及在它特性范围内被欣赏的对象有关；第三，对美的概念的阐述，以不同维度（物质的或非物质的、主观的或客观的）之间的理论摇摆为标志，不仅涉及美与自然的关系，还涉及美与艺术的关系。

三、形式的作用

艺术与美之间的关系与形式有着密切联系。就是说，首先，亚里士多德在他的本体概念中指出的重要因素之一，是依据其在物质角度赋予的形式确定的。

在亚里士多德哲学中，特定的本体被视为形式和质料不可分割的结合。[①] 后者可以视为某种本体可能存在的媒介，形式就是使它如此存在的原因。因此，“形式”概念与“具体”概念以及“结构”“环境”“方案”等概念有关。它指操作维度，这是以某种方式安排某个主体的可能性条件，也是通过操作部署获取具体结果的可能性条件。因此，形式的构成有两个维度：一是**内部维度**，涉及主体的环境，该主体将通过确定的创意过程以某种方式处理质料，可以说，留下了自己的印记，我们可以称之为“风格”；二是**外部维度**，涉及质料如何与操作环境相关，与起源的**示意顺序**有关。因此，形式可以说是操作的开始，是可以在物质层面上实现并在具体对象的外观中得到认可的潜在结果。

其次，艺术与美之间的关系主要涉及外部形式、外观或更确切地说，如苏珊·K. 朗格（Susanne K. Langer）（1953）所述，是作品的**外观**。引导艺术家进行作品创作的操作环境，对于他在形式层面上达到一定

---

① 亚里士多德在《物理学》（*Physics*）一书中介绍了“形式”和“质料”的概念。他在《范畴》（*Categories*）中探讨了本体（substance）问题，还将“第一本体”（primary substances）与“第二本体”（secondary substances）区分开来，并且他在《形而上学》（*Metaphysics*）中拓展了对这些主题的研究。特定物质作为形式和质料不可分割的结合体的概念，在最后一卷中被提出。有关亚里士多德哲学中的形式与质料关系的研究和讨论，另请参见 Ainsworth 2016。

结果至关重要：作品本质上是按照**某种方式而非另一种方式适应环境的。**

但是，作品并非以具体形式结束，因为它提供更多内容。尽管其外部形式对欣赏至关重要，但这只是决定其外观的特征之一。朗格强调的是，通过操控作品的具体形式，艺术家设法赋予其虚幻特征。当作品表现出“幻觉气息”时，它就成功了(Langer 1953：45)。

内部和外部形式可能的对应关系，后者对前者的呈现以及这种关系在艺术创作中的程度如何，这些主题都要质疑艺术家的操作活动，而操作活动必然是不断变化、调整的主体。内部与外部形式之间的关系贯穿在创作过程中，使艺术家得以完成自己的作品。通常，对于创作过程必不可少的一系列活动、变化和操作方向，相对于作品所具有的外部形式而言，始终处于背景之中。欣赏的第一参考系是艺术家在其作品的形式具体性上获得的成果。这是什么意思？

我们试着想象一下艺术史上的目录，一个针对个人的目录，我们每个人都可以在自己的脑海中构想出来，并且可以回忆起一幅或多幅作品，以便让我们意识到艺术与形式的联系是多么紧密。什么以及多少作品将构成这样的目录，将取决于我们以及我们的记忆力和想象力。但是，我们感兴趣的不是目录，而是作品本身。它们都具有某种外观或某些外部特征，这些特征在某种程度上影响了我们，引起了我们的兴趣，也促使我们去欣赏。它们是我们想象出来的目录，因为最初根据创作方式，它们有对我们产生决定性作用的标记。它们如此重要，一直都留在我们的记忆中。那标记实际上是形式标记。

欣赏或拒绝某件艺术品的第一个诉求，恰好是对形式的诉求。判断一件作品美或丑可能与我们对其作品形式的欣赏有关，即与使我们产生幻觉的外观有关。

正如艾柯(2004)所注意到的那样，艺术史上的众多作品都是珍贵的例子，它们使我们能认识到艺术与美之间关系的发展，以及后者的不同方面。在无数方面，例如，我们可以提及光度和亮度、瓦砾之美、模糊性、丑的必要性、崇高等(Eco 2004),这些在杰出样本的创造中得到了强调。而这些杰出样本是人类创造技艺的成果。也就是说,艺术品的生产,一方面激发了我们对艺术品的具体制造方式和所提供价值的欣赏;另一方面,如果没有关注形式的艺术家的作品,就不可能做到这一点。一种出于艺术创作目的基本原则的实践,正如朗格坦言:“形式立即被赋予感知,但它超越了自身;它是外观,但似乎充满了现实。”(Langer 1950:521)

但是,将艺术与形式的生产紧密联系在一起,至少意味着两件事。首先,艺术实践技巧的变化让作品的形式永远不会停止更新。其次,这种形式是我们欣赏或拒绝艺术的主要参考。最为重要的是,就像用外观一样,这次我们将用形式来评价作品,其物质方面对于引起我们的兴趣并吸引我们去欣赏至关重要。外观引起审美反应:我们明智地感知到存在;我们根据自己的鉴赏力欢迎或拒绝它;我们对其可能的价值进行评估。因此,形式是我们判断的首要目标。

形式的作用是可以在物质层面上实现的,并且需要一定的结构和操作方法,对于我们与艺术品的审美关系无疑是决定性的。但是,它也以不同的方式表征了与自然及与其他生物的审美关系。这是什么意思?有两点。一方面,属于形式的结构可以在外观上以可变的方式根据艺术家的意图具体表达;另一方面,形式内部和外部维度的关系可理解为由形式的外观首先引起的稳定性、秩序感和平衡感。换言之,这意味着引发审美反应的第一(当然,不是唯一)元素,即我们欣赏或拒绝风景、人体、自然或艺术对象的喜好是其形式,或更确切地说,是某种内部结构秩序的外部表达。

此种结构秩序还决定着和谐感,而和谐感可以通过指定对象的外在形式表现出来,还可以由积极或消极地表达自己对于美的看法的主体所理解。在古代哲学中,欣赏和谐感与上述两种方法有关,即客观主义和主观主义方法。

根据以上观点,我们已经使用了两种概念来区分事物内在的客观美之和谐与仅以某种方式造就而出的和谐的主观印象。前者使用“对称”的概念，而后者则使用“比例协调”的概念。

四、美的关系概念

现在让我们缩小目标，考虑用主观主义和客观主义的方法，研究艺术、形式与美之间的关系。为此，我建议回到狄德罗(1751)提出的关系概念。依据此关系概念，美与欣赏对象各部分之间**关系**的主观感知有关。

从中我们可以得出两个论点。第一个论点是我们所谓的“组合美”，它基于组成特定对象的各个部分之间的关系。我们可以理解的关系概念，涉及事物结构中固有的秩序、对应关系和对称性。因此，该关系具有组合性质，因为它涉及欣赏对象的结构。第二个论点是关于美的相对性。根据它的对象与表征对象的真实关系，美的相对性可能因情况而异。同样相关的是狄德罗的话，他在说明关系与现实之间的联系时宣称，理智确实可以用来把握关系，但这只能借助感知来实现。

让我们从第一个论点开始。根据狄德罗的观点，概括地说，把握这种关系意味着在欣赏对象中感觉到结构的存在。通过体验物质使直觉成为可能，并且直觉旨在捕捉其结构中的内部关系。我们首先可以用感觉来理解关系，因为它们具有不确定的特点：在音乐作品中，我们可以感知不同声音之间的关系，在建筑中，可以感知不同组成部分之间的关系，等等。因此，结构各部分之间的关系是对象形式固有的。或更确切地讲，正如狄德罗所观察到的那样，它具有现实基础。因此，组合美的论点表明，关系概念的第一参考系是对象。更准确地说，根据上一节所讲，参考是对具体形式而言的。在该形式中，决定结构的内部关系可以得到确认(因为从物质上讲，它们是相互转换的)。

但是，感知这些关系不仅意味着要识别对象在其主体中的形状结构安排，而且还意味着要确定与其他对象的关系：建筑与城市环境、其他建筑物、道路、桥梁等有关。音乐创作与表演工具、音乐家、乐谱、表演地点等有关（见 Diderot 2011：13－14）。

第二个论点指出，根据狄德罗的关系概念，美是真实的，也是相对的，因为它暗示着与某些比较条件密切相关的表达赞赏的可能性。

我们举个例子，如文艺复兴时期画家皮耶罗·德拉·弗朗切斯卡（Piero della Francesca）于 1472 年至 1474 年创作的《布雷拉的圣母马利亚》（*The Brera Madonna*）。根据关系概念，我们欣赏作品的能力取决于组成作品的各部分之间的关系（真实美），就像该作品与同时期的其他作品（相对美）之间进行的比较一样。我们是将其与同一历史时期内诞生的其他作品比较。

关于第一点，重要的是我们首先要参考的是形式。我们分析作品的一些构成元素时，即场景上部的空虚与下部的拥挤形成对比，在中央的圣母马利亚与圣子的两侧五个人物的对称排列，我们将显示以视觉形式呈现的作品结构各部分之间的关系。换言之，我们将研究通过使用蛋彩画阐释特定表征而获得的艺术家作品。

至于第二个方面，要说皮耶罗的作品很美，并不取决于他的绘画天分的特殊性，也不取决于他如何设法在画板上以视觉方式呈现蛋彩画中身体、衣服和建筑的物质复杂性。我们可以说这是一件精美的作品，因为我们会将其与拉斐尔·桑齐奥（Raffaello Sanzio）或佩鲁吉诺（Perugino）的画作进行比较。请注意，在这种情况下，为了确定哪个是最精美的作品，也必须将它们与形式进行比较，即与表征它们的外观和组成特征进行比较。

因此形式是必不可少的参考。它是主体与客体之间美学关系的中间元素，对于在体验特定客体的主体中找出一个或另一个答案具有决定性作用。更准确地讲，形式使我们可能欣赏某个对象，并且这使我们能阐明狄德罗关系概念的认知方向。实际上，狄德罗遵循从世界到心灵的认知方向发展他的理论。该方向是美的关系概念的基础，可以概括如下：基于结构，对象有利于感知其内部和外部关系，从而判断它是美是丑。

狄德罗得出了两个与艺术的变化有关的重要结论。前者指出，美在于对各部分关系的感知，因为它基于大多可以通过感官来感知的真实关系。后者表明，判断的形成与经济或关系的丰富性有关。

狄德罗的关系概念对于处理艺术与美之间关系的某些方面至关重要。为了更清楚地了解其范围，我建议进一步阐述形式问题，以便仔细考虑这两个结论。

五、具体形式与操作模型

狄德罗的第一句话使我们认识到形式的重要作用，更具体地讲，是理解关系的具体维度。在艺术品（面部或身体）中，对欣赏至关重要的不是细节，而是决定作品（面部或身体）形式的关系。因此，正是对它们外观的感知，即从物质角度看它们与形式的关系，标定了我们欣赏的方向。

在大量或少量的关系表征形式方面，狄德罗指出，判断的形成一方面与对象的生产方式有关，另一方面与理解关系的主观能力有关。因此，要使某件作品具有美感，就必须让人们能清楚、容易地理解其关系。不过，狄德罗指出，与观众在作品中感知的关系相比，艺术家可以建立更多的关系。因此，依据辨识的是全部或部分关系，判断将有所不同。

狄德罗的话中最重要的方面就是关系与价值之间的联系：为了确定某个对象或主体是否是美的，我们不仅需要关系，还要考虑它们的价值。经过第一阶段的知识，即对给定对象的物质、具体性、外部方面的感知，接下来是对价值的赋予。换言之，我们可以说欣赏的方向是从形式的外部转向内部，即从物质到非物质。或者，就像艺术一样，从作品的外观到确定其内容的形成方式。

狄德罗关系概念的优点之一是准确地强调美、关系和价值之间的联系，特别是具有两个特征的联系。首先，它必须考虑形式，因为它既涉及关系的内部配置，又涉及质料在外部层面上的表达。其次，它打开了形式的表现潜力。下面我们来简要地讨论这些方面。

例如，在人体可以是灵魂的镜子这一观念中，即在一定程度上，内在美可以通过外在美表达的观念，找到形式的中心性及其在美学关系中位于中心的证明。有一种观念，即古代哲学的遗产使得人们关注决定形式的关系及其内部和外部维度之间的深层联系，而此联系在表现潜能上呈现两极分化的状态。

关于形式的两个维度，即内部和外部，首先要特别注意两个方面。一方面，再度诉诸亚里士多德哲学、操作配置、方案与以某种方式形成的物质成为一体；另一方面，形式能以可变方式在物质中找到表达。

例如，在艺术中，物质通常以含糊的方式表达内部形式，取而代之的是强调外部形式的优越性，也就是说，与朗格的观念一致，作品通过幻觉增加外观的潜能。而每种艺术（绘画、雕塑、戏剧、舞蹈……）中产生的幻觉各不相同。

至于表达，重要的是要阐明形式与质料之间关系的可能性。正如艾柯（1968）解释的那样，亚里士多德的形式概念开辟了两种可能的解释。首先，这些可以从亚里士多德哲学派生出来的本体结构性质中得出。其中，形式被视为由观念、方案、本体之间的关系决定的有机安排。这些要素至关重要，因为形式决定了质料的组织，即正如我们所言，形式与质料是一体的。但是，艾柯指出，依据亚里士多德的概念，如果没有物质实例，没有本体，就无法定义观念。通过抽象识别观念，我们实际上可以检测到"在我们的认知中早已存在的可理解性系统"[①][Eco 1968(2002):257]。因此，形式的本质将是结构性的，并且根据亚里士多德概念中的理论摇摆，可以用两种方式来考虑形式的本质：结构化对

---

① 我已将对艾柯[Eco(1968)2002]的全部引用由意大利语翻译为英语。

象与结构模型。

艾柯认为,结构是一个整体,是一个有机系统,它包含整体的各部分以及它们之间的关系。其中,观念起到根本性作用,因为它与具体对象、它的创建和随后的理论理解密切相关。"此处仅与本体相关并存在本体之中:这是本体的可理解性结构"(同上)。因此,观念涉及形式的本体论和认识论,是结构的基本元素。正是出于此原因,该观念与创造物有关,这决定了内部和外部形式之间、结构模型与结构化对象之间的结合。艾柯写道:"当亚里士多德想到要做某事时(例如,建筑师想到房屋结构),这种操作观念不叫**理念**(*eidos*),而是'实体'(pròte ousìa):形式已处于萌芽阶段,不能与它的载体相分离。"[Eco 1968 (2002):258]

从艾柯的叙述中,可以得出以下我建议称之为"形式的结构概念"的理论框架,它使我们能够首先阐明形式与质料的关系,并加以解释和表达。简言之,我们可将形式视为源自观念的内部结构,受某些操作环境及其所建立的关系的调节,并以质料来表达。因此,形式是一种指定为**具体形式**和**操作模型**的结构形式,即通过质料和以各种方式提供的由一套操作可能性组成的有机系统。

因此,需要确认的相关方面是结构与其通过物化提供的可能性之间的关系。表达涉及这一关系,尤其是用具体形式解释操作模型的可能性。以后我们再来探讨表达。

六、非物质主义论点

形式的结构概念使我们也能处理艺术、美与价值之间的关系,首先要根据非物质主义论点来考虑概念艺术的具体性质。[①]

如果我们研究传统的艺术品,即绘画、舞蹈、戏剧、雕塑、电影和摄

① 因此,我将用 IT 指代非物质主义论点。

影等实践的成果，我们会认识到一个重要方面：它们的外观一定是不透明的。对于方案、操作设置、确定作品创建或作品所传达的观念，实际上我们几乎一无所知。

这是因为，在大多数情况下，外部形式掩盖了所有这些方面，将我们的注意力首先吸引到其特征、艺术家所取得的成果上，而非他/她的所作所为或他/她可传达的信息上。因此，在传统作品中，外部形式对于欣赏或拒绝作品至关重要。

在概念艺术中，似乎已经扭转了这种情况，而且由于艺术家放弃了物质，而是代之以观念和/或行动来识别作品，因而这一结果得以实现。

接受非物质化假设——我们将第一项表述归功于利帕德和钱德勒(1968)——就接受了两个论点。前者支持作品与可以在观念或行动中确认的非物质本质之间的同一性。① 后者主张非物质化艺术是后审美的，即它与感知方面(特别是在视觉方面)不相关，但与智力相关。利帕德和钱德勒提到了考虑方程或数学公式美的可能性，只是为了强调本质上的认知关系。这两点都基于概念作品是符号的想法。符号属于形而上学领域，而非物理领域。“艺术品，如文字，是传达思想的符号，它们本身并不是事物，而是事物的象征或表征。这样的作品本身就是一种媒介，而非‘艺术即艺术’的结果。”(Lippard, Chandler 1968:260)

概念艺术品是形而上学的符号这一概念，可以视为非物质主义论点的基础，它提出了从产品艺术到观念艺术的转变。概念作品不是潜在的具体欣赏对象，而是“意向观念的形而上学的工具”(同上:270)。媒介，即作品的物质部分，是一种无用的负担，因为观念也可以其他方式传达。在这方面，需要考虑三点：第一，“媒介不必成为信息，某些超概念艺术似乎宣告，传统艺术媒介已不能胜任媒介本身，这就是信息”

① 正如利帕德后来指出的，“超概念艺术”的结果，即实践的最终结果自 20 世纪 60 年代流行开来，现在已经认为“来自两个方向：作为观念的艺术和作为行动的艺术”(Lippard 1995: 19)。

(同上:260); 第二,“概念可以在不影响产品本身的情况下确定生产方式”(同上:270); 第三,“观念要足够棒,才能与对象竞争”(同上:270)。

根据非物质主义论点,概念艺术中两个最重要的转变涉及技术和媒介。

一方面,概念主义者的目的是放弃物质以支持观念的首要地位,即他/她能直言想说的话,做想做的事,免于作品物质部分的束缚。从技术上讲,他/她没有为作品找到合适的媒介,但目的是使这一观念成为自主交流的工具。

另一方面,作品的物质部分,即媒介,应主要与作品的逐渐淘汰、与它成为无须存在的无关要素有关。这是因为该作品实质上包含了艺术家意在自主传达的关于物质的观念。

非物质主义观点鼓励人们欣赏作品抽象而非具体的维度。它的基本前提是质料相对于形式是次要的,而观念是作品的基本要素。因此,概念艺术将是一种观念的表达以作品的物质部分为代价的艺术。正如利帕德后来澄清的那样:“对我而言,概念艺术是作品,其中观念至高无上,物质是形式,是次要的、短暂的、廉价的、朴实的和/或非物质化的。”(Lippard 1995:17)

上一节中介绍了形式的结构概念,接下来我们可以谈谈,根据非物质主义论点,在概念作品中可以欣赏的主要是操作模型。因此,概念作品的美就在于观念美、操作方案美、形式的抽象本质美,这被视为对其潜在物化的必要预期。按照这种观点,概念艺术的价值主要在于观念的价值,以及艺术家传达观念的新方式。

七、还原论与形式

非物质主义论点对于理解概念艺术及其本质非常重要。它使我们可以从异类作品的角度来考虑这类艺术。与传统作品不同,异类作品放弃了具体对象，产生于操作模型。更具体而言，非物质主义论点声称，形式模型优先于具体形式：前者是概念作品的标志，而后者是传统作品的标志。

相反，非物质主义论点的另一假设指出，这种放弃不会发生，因为具体形式对于作品表达操作模型至关重要。我们不应该将具体形式和操作模型倒置，这决定了后者脱离前者获得自治，我们应该确定出现的关系：操作模型可以从作品的具体形式中获得，**它源自后者**。

但是，如果确实如此，人们首先会问，概念艺术家如何能够表达自己的观念和/或行为。这也将在一定程度上阐明，我们在作品中欣赏的是什么。

我们体验概念作品时，看不到渗透其间的观念、信息、概念或方案。相反，我们会根据它们的具体形式、行动和表演的情况以及它们的录音来理解和评估它们。质料表达形式。换言之，这意味着概念艺术的特殊性（就其诗意的创新，以及我们将看到的与美和价值的关系而言）在于概念性作品是一种具体形式，可以更清晰地表达操作模型，而非任何传统作品。

如果有人要争辩说，该作品是操作模型，那恰恰是因为该模型来自物质形式，与艺术家在作品形式上展现的作品一致。而且这也意味着在表演、活动或关系与参与性实践中，要使作品成为操作模型，具体形式的存在仍然是必要条件。

我要解决的两个主要理论方面是：首先，具体形式可以表达操作模型；其次，对概念作品具体形式的感知，使我们首先评估艺术家的行为，即他们如何决定作品形式的结构关系，以及如何通过物化创作。

为了弄清这些方面，重要的是要研究有关形式在概念艺术中的作用，艺术家的实践及其作品的表达意义的特定主题：还原论问题。

哲学家埃尔曼诺·米格里尼（Ermanno Migliorini）提出了还原论的问题。他通过将作品的总体结构还原为各个组成部分及其关系，以操作法证明了概念主义和极简主义实践的共同起源。因此，概念作品将是还原、精简甚至适应的结果，它的设计主要体现在形式层面，后又在质料层面上得以实现。米格里尼用“还原论”的概念指出，艺术家在20世纪60至70年代都采用操作法，这揭示了极简主义与概念主义之间的深层联系。极简主义者通过还原论程序，主张**敏感性**至上。还原论程序表明，作品仍然具有美学价值。概念主义者主张**创制**（*poiesis*）至上。创制是观念与实践之间的深刻联系，表明作品的艺术品质价值。

事实上，米格里尼研究的最重要方面是极简主义和概念主义这两个实例，对于将艺术价值问题置于首位具有决定性作用。还原论是一种基本的操作部署，因为对于作品的实质和新的表达可能性而言，作品对于连续重新定义作为艺术评估基础的价值论结构具有决定性作用。通过还原论（也可视之为旨在净化艺术的方法），概念主义者强调了价值问题[见 Migliorini 1972 (2014)]。

就形式而言，概念艺术最终决定了还原而非废除或放弃艺术对象。米格里尼的叙述与认识到这点是相关的。就是说，更确切地讲，概念艺术通过使形状适应最小的物质成分，让还原成为可能。20世纪60年代末以来，更准确地讲是20世纪70年代以来，概念生产的变化尤为突出。因此，还原论最重要的是认识到具体对象不是被拒绝，而是成为更新作品表现潜力的起点。

要评估这些言论的范围并继续探讨表达问题，我们可以考虑一些概念艺术品。

《以手捕铅》（*Hand Catching Lead*）是理查德·塞拉（Richard Serra）于1968年制作的一部无声黑白短片。在其中，我们看到一只手张开又闭合，试图抓住从上方掉落的铅块。

《呼吸》（*Respiro*）是乔凡尼·安塞尔莫（Giovanni Anselmo）1969年的作品。地板上有两根长铁棍。铁棍的两端是一块海绵，它打破了两根铁棍之间的几何规则性，而两根铁棍则构成了金属平行线。

《100只靴子》（*100 Boots*）是埃莉诺·安廷（Eleanor Antin）在1971年至1973年制作的作品。她每次都将100只靴子置于不同环境的不同位置，并对其拍照。然后，艺术家将照片作为明信片寄出。

这些只是概念作品的一些示例，可以让我们意识到目前为止所谈论的内容。

如果塞拉的作品是非物质的，那么就不可能理解捕捉的基本维度，不可能反思“抓住”的概念，不可能反思物质和试图抓住下落物品的手之间的接触。对于要考虑的这些方面，以某种方式起作用的手、从上方掉落的物质，尤其是记录这一切的视频，都是必要的。例如，即使我们想要评估表征塞拉作品的重复与变化之间的关系，这些也是相关的。

安塞尔莫作品的诗意归功于他使用和联系在一起的物质。海绵造成结构干预。它是一种与空气、水相关的改变具体形式的柔软对象。它会伸缩，让我们想到呼吸。但是，海绵侧面的两根金属棒中断了我们的想象，它是工业物质中的天然元素。在安塞尔莫的作品中，可以理解所用物质之间的对比所表现的张力。张力正好揭示了安塞尔莫的诗意，他的所为以及作品在对比的基础上得以表达的观念。但是，如果该作品是非物质的，我们又如何理解这些方面呢？具体对象真的那么不重要吗？而且，为了欣赏他的作品，安塞尔莫的所作所为又如何与之相关呢？

安廷的作品至少包括活动的三个层面：选择特定环境摆放 100 只靴子，在环境中用照片记录它们的存在，将照片作为明信片寄出。安廷的每张照片都创造出了富有想象力的路径。而靴子的存在使它们成为可能，特别是通过它们在特定环境中的摆放方式。作品的内部和外部关系至关重要：假设具体形式是次要的，考虑这样的作品好像就相当困难了。

现在我们来分析这些作品的美，并问自己最喜欢哪些作品。假设为了回答问题，我们依据狄德罗提出的美的关系概念，如果物质对象、具体形式确实如此不相关或不存在，那么我们如何理解其中一部作品的结构关系呢？我们如何将它们与其他作品进行比较，并确定我们是否喜欢它们呢？

当然，答案可以是将它们视为定理、数学公式或科学理论：我们可以说它们很美，而不必提及任何物质元素。我们可以。但是与这些无形的对象相比（值得注意的是，无论如何也可以通过书籍、纸张、书面痕迹等物质来接近这些无形的对象），艺术家的所为并没有停止与**具体形式存在**的关联。当然，在一些表演或关系和参与性实践中，艺术家无法制作对象。但这并不意味着，没有具体形式使实践成为可能。缺少对象确实涉及艺术品的可能输出，而非可能的条件。

因此，为了表达我们的赞赏并评价概念作品，首先应考虑艺术家一直使用的所有物质，表征它们的关系以及它们如何与所处环境及其他对象相关联。这是具有决定作用的。

需要重点关注的一点是，物质不仅对于概念主义诗学的成功有帮助，形式问题对概念艺术也同样重要。在一定程度上，它是通过还原论更新的，即根据艺术家的所为。这是什么意思？作品越是物质层面上形式还原的结果，其表达就越有力。

八、表达与形式

乔治·桑塔亚那（1896）写道，不存在不是某物形式的形式。形式是我们可以通过感知理解的东西，首先是通过体验具体表现形式。根据桑塔亚那的说法，美的起源在于欣赏，而这主要归功于与物质体验密切相关的感知。

因此，有关艺术范畴，表达问题关系到艺术家们如何使用物质成功地引导我们欣赏，以及我们如何处置这种可能性。桑塔亚那声称，忽略物质只看形状，就意味着失去了充分欣赏它们的机会。出于美的目的，质料是不可缺少的，因为它增强了形式的效果。“因此，物质美是所有更高等级美的基础，无论是在对象上（其形式和意义都必须置于可感知的事物中），还是在思想上（其中，首先出现的感官观念是最先引起愉悦

感的)。”[Santayana 1896 (1936):62]

表达涉及主体和客体之间的关系。根据桑塔亚那的说法,它既涉及具体对象,又涉及“暗示”对象(同上:147)。回到结构概念,我们可以说,表达是指具体形式及其可以表达的内容,即操作模型。桑塔亚那称某对象的召唤潜力为“表现力”(同上:149)。并且他指出,借助对象物质,它成为表达。①

然而,表达问题非常重要,尤其是要考虑艺术品如何成为内容的载体,即符号。如我们在第五部分中所述,在传统作品中,外部(或具体)形式主要优先考虑作品的外观。我们的鉴赏主要以此为导向。相反,在概念艺术品中,它们的表现力成倍增加,因为艺术家还原了具体形式。

在概念艺术中,还原论至关重要,因为概念艺术品可以比传统作品更具表现力。从具体性角度讲,它们大不相同,因此在形式上也存在很大差异。实际上,概念主义者决定工作时少用方法。但是,该做法不会使工作变得乏味,反而会为工作提供更多可能性。形式被简化,即适用于质料最少的情况。这方面在极简主义和概念主义取向的关系中尤为突出,而且利帕德明确指出:“如果极简主义正式表达了‘少即是多’,那么概念艺术就是要用较少的形式表达较多的内容。”(Lippard 1995:27)

这就是重点。艺术家通过展示日常物质、普通对象或他们自己的身体、行动和事件(可以通过具体形式实现,少用形式,多获取成果),从而将两种方法结合起来。

① 见 Santayana [1896] 1936, pp. 145-49。

九、实用主义论点

概念艺术品与传统艺术品的区别在于，前者的操作模型可以通过创建还原的具体形式来表达。相反，在传统作品中，具体形式隐藏了艺术家可能想表达的操作模型、动作和观念。

在我看来，概念艺术品的标记恰恰是桑塔亚那所指意义上的表现力，即对象的召唤潜力。通过概念艺术家使用物质的不同方式，可以增强表现力。对象、身体和物质很重要，因为它们传达并共享观念和/或动作。换言之，我们可以说在概念艺术中，具体形式使表达操作模型成为可能。这是什么意思？

首先，非物质主义论点表明，概念主义者引入的变化，不在于将作品转变为形而上学的符号，而是将其重新定义为物理符号。

其次，这种重新定义至关重要，因为它让我们能以新的视角看待概念艺术，并对其进行欣赏。

将概念艺术品视为物理符号意味着，认识到其美首先在于所用物质的简单与纯净。从这个意义上讲，正如朗格所写，我们可以区分艺术品与其他任何东西，因为它是“玻璃和透明物”(Langer 1950:522)。由于概念作品更具表现力，因此它比传统作品更透明。这是由于对象的还原，即形式层面的还原在物质层面表现出来。物质层面上的形式还原，意味着增加作品的象征意义。“艺术通过一个笔画、一个姿态表现出来，因此具有百分之百的象征意义。”(Langer 1950:522)实际上，从这个意义上讲，我们可以将概念作品视为物理符号。

因此，实用主义论点认为，概念艺术品比传统艺术品更具表现力。其理论焦点如下：具体形式可以通过艺术家实践的还原论来表达操作模型。换言之，正是因为艺术家使用某些物质和对象，用他们的身体实现事件或动作，我们才能欣赏他们诗意的提议、观念和/或行动。

该理论建议的相关方面是欣赏作品可以表达的内容，我们欣赏艺术家的所作所为，以及她/他为获得特定结果的工作方式。与欣赏传统作品相比，这无疑是一个巨大的改变。正如我们看到的，传统作品是基于其外观形式的。欣赏艺术家所做的一切首先意味着要认识到她/他作品的物质还原，因此，从其具体形式的外部回到内部形式，主要考虑艺术实践。

这些是实用主义论点的大致线索。实用主义论点旨在整合并克服非物质主义论点，并以此方式成功回应尽可能多的反对意见。下面我们来探讨其中一些线索。

对实用主义论点的第一个异议是表演、行为、关系和参与性实践都是非物质化作品。由于它们不产生对象，因此使用非物质主义论点而非实用主义论点，似乎更容易解释它们。

从形而上学的观点来看，实用主义论点并不声称动作和事件等同于具体对象和物质。中心论点是，为了理解艺术家的观念和/或行为，并识别其行为和表演，(观众的)身体在某些空间中的活动与对象或其他主体的互动，并最终激发参与者之间可能的关系等都是必要的。

而且，正如这些作品经常发生的那样，使他们的表演及时作为痕迹保存的记录，无论是照片还是视频，都是至关重要的。操作模型首先由存在的物质形式表达，并通过记录重新识别。

对实用主义论点的第二个异议，涉及观念和/或行为的表达，可以提出以下问题:难道在概念作品中把握观念和/或行为的提议，不是将其物质载体置于背景中吗?媒介在何种程度上如此重要?

实用主义论点的提议是将概念艺术品视为可以指定为具体对象或操作模型的结构。在这两种情况下，具体形式都是必不可少的。艺术家越还原作品的具体形式，作品就越能表达观念、行为、意图，即操作模型。

十、表现具体性的诗意

现在我们来探讨美。我们要回到前面提到的概念作品，即巴斯·扬·阿德、埃莉诺·安廷、理查德·塞拉和乔瓦尼·安塞尔莫的作品。

在一段短视频中，一个男人从树上掉下并掉进运河里。我们能从中欣赏到什么呢？从什么意义上讲，100只普普通通的靴子摆在不同的环境中会是美的呢？地板上两根铁棒中间的海绵会让人愉快吗？在一段短视频中，我们看到一只手不断试图抓住一些铅块，我们能从中欣赏到什么呢？

通常，为了回答诸如此类的问题，首先要参考：艺术家的观念、假设或启发她/他并对其作品起到决定性作用的反思，即她/他已完成的创建作品的活动。在这方面，重要的是要注意这些方面在传统艺术中很重要，远早于概念艺术。观念和活动一直是艺术的关键，首先指作品的形式。但是，传统艺术中的观念和行为隐藏在具体的形式中，由于其还原，它们才在概念艺术中得以显露。

这些方面值得特别关注，至少出于两个原因。第一，因为在概念艺术中，我们可以不同于传统艺术的方式，专门欣赏艺术家的观念或行为；第二，因为它们也使我们能够阐明，如何理解与物质使用紧密相关的观念和动作。

我们先从第一点开始。艺术作为观念及艺术作为行为的吸引力，似乎是由试图应对概念艺术的艰难欣赏所决定的。为了满足这一需求，我们确定了一种与传统产品不同的事物，而忽略了该事物（观念或行动）在艺术中既普通又特别，而特别的是表达并理解观念及行动的**方式**。

观念或行为的集中化似乎是在承认以下论点：在概念艺术中，重要的是观念或行动而非物质。因此，人们会说最重要的是观念或行动，以证明欣赏此种艺术的难度。如果一件作品由于外观令人不满意(毕竟,它是一张桌子、一块石头、一个人体等等),那么就有必要找到可以使它特别的东西。或许,此种特别之处可以在作品的非物质维度中找到,即在观念或行动中。因此,此研究将寻找答案、制定说明,以将对象留在背景当中,因为这不重要或可能根本不存在。这样,美与概念艺术间的关系将通过接受非物质主义论点来解决。

遵循另一种方法,即评估实用主义论点的提议,起点将是具体对象。与其寻找非同寻常的事物,不如根据比例和尺度、构成形式结构的关系与和谐等标准进行判断,可能会更有成果。我们可以评估之前所提到作品的平衡与结构变化,因为我们首先评估了艺术家使用的物质。

这意味着要问自己一些有关埃莉诺·安廷作品欣赏的问题,首先要考虑靴子及其在环境中的摆放。或者,对于安塞尔莫的作品,评估金属棒和海绵之间的关系,等等。

我们来谈谈第二点。与传统艺术家相比,概念主义者可以更清晰地表达观念、行动以及在某些情况下的观念与行动。主要原因是还原论与表达之间的关系:通过形式还原,概念主义者提高了作品的表现力。

彼得·高迪(Peter Goldie)和伊丽莎白·谢勒肯斯(Elisabeth Schellekens)(2010)表示,概念作品可以提供知识、哲学观念,并促进情感互动,主要是因为其中作为媒介的观念优于艺术家可以使用的任何其他手段,“传统艺术中的媒介(艺术家在油画布上使用的颜料)在概念艺术中**只是**物理手段”,因为在概念艺术中“媒介就是**观念**”(Goldie, Schellekens 2010:24)。

高迪和谢勒肯斯做出的区分是相关的,因为它使我们认识到媒介(非物质)如何区别于手段(物质)。

如上所述,作品表达观念(或行动)的可能性,并非归因于它相对于物质手段的自主性。相反,相对于概念主义者的提议,这要归因于使用新方式的表达。在概念作品中,我们可以欣赏观念或动作,因为物质对象通过艺术家可以实现的形式还原来表达它们。

因此，物质对象对于欣赏艺术家的所为仍然很重要，因为这首先是物质所表达的内容。

因此，可以将物质对象（媒介）的体验视为可能的条件，也可能是对观念（Goldie and Schellekens 2010：99－107）和/或动作的审美欣赏。这也意味着，概念作品的外在美，即还原形式的美，对于把握内在美应该具有决定性意义。

要阐明最后一点，我们可以参考阿瑟·C. 丹托（Arthur C. Danto）（2003）提出的美学之美和艺术之美的区别。前者涉及对审美特性的欣赏，它基于我们通过感官感受到的体验，即事物的外在性。后者涉及感官无法捕捉到的东西，例如意义。此区别的基础是丹托关于视为象征意义的艺术品本质的论点（见 Danto 1981）。在他看来，要欣赏艺术，只欣赏审美特性是不够的，因为超感官因素也是必要的。这些特征［历史性、模糊性（aboutness）、隐喻、解释等］涉及艺术品的内在维度。因此，艺术美是内在美，而非外在美。至于内部与外部、物质与非物质这些不同维度之间的关系，在这几页中详细阐述的建议是从对物质的体验开始的，考虑对非物质的欣赏。换言之，将艺术品视为人体，从外在美朝着内在美的方向发展：在不同程度上，它们可以表达某种内在的东西，因为它们与内在的东西是一体的。但是，这并不意味着我们将完全接触到艺术品的内部维度，或像它一样完全透明的事物。相反，概念艺术中的物质首先表达了艺术家的所作所为，因此也是我们欣赏的第一参考。艺术家的所为与她/他可能在概念艺术品中建立的结构关系密切相关。因此，正如狄德罗的关系概念所示，此关系是欣赏此类作品的重要参考。实际上，正如我试图证明的那样，我们也可以利用狄德罗的关系概念，因为它使我们的研究富有成果，阐明艺术与美之间的关系，并将其有效地应用于概念艺术。

因此，概念艺术品可因其物质的纯净而得到欣赏。它们是具体的实体，它们的还原形式可以表达艺术家的观念和/或行为。从这个意义上说，概念主义者的观念和行为，就是表达具体的诗学。这种支持实用主义论点的方法旨在表明美与概念艺术之间的关系仍是一种美学关系，因为它基于对象、物质和身体体验的首要地位。的确，由于物质仍然存在，它们提供了一种审美体验。媒介是我们欣赏、评价概念作品的起点。

具体形式的存在以及艺术家的还原（即对物质形式的适应决定了表现力的提高）是欣赏此类作品的关键。

概念艺术之美，似乎是实践之美，是通过形式加以还原表达的人类实践之美。

参考文献

Ainsworth, Thomas (2016) "Form vs. Matter", in Zalta, Edward N. (ed.), *Stanford Encyclopedia of Philosophy*, https://plato. stan-ford. edu/entries/form-matter/.

Batteux, Charles (1746) *Les Beaux Arts réduits à un meme principe*, Paris, Durand; *The Fine Arts Reduced to a Single Principle*, translated with an introduction and notes by James O. Young, Oxford: Oxford University Press, 2015.

Danto, Arthur C. (1981) *The Transfiguration of the Commonplace: A Philosophy of Art*, Cambridge MA: Harvard University Press.

Danto, Arthur C. (2003) *The Abuse of Beauty: Aesthetics and the Concept of Art*, Chicago: Open Court.

Diderot, Denis (1751) "Recherches philosophiques sur l'origine et la nature du beau", in Id., *Œuvres Estétiques*, Paris: Éditions Garnier Frères, 1959: 385 - 436; Italian Translation by Guido Neri, *Trattato sul bello*, a c. di Miklos N. Varga, Milano: Abscondita, 2012.

Diderot, Denis (2011) *On Art and Artists: An Anthology of Diderot's Aesthetic Thought*, ed. by Jean Seznec, trans. by John S. D. Glaus, Dordrecht-Heidelberg-London-New York: Springer.

Eco, Umberto [1968] (2002) *La struttura assente. La ricerca semio-tica e il metodo strutturale*, Milano: Bompiani.

Eco, Umberto, ed. (1986) *Art and Beauty in the Middle Ages*, trans. by Hugh Bredlin, London-New Haven: Yale University Press.

Eco, Umberto (1989) *The Open Work*, trans. by Anna Concogni with an introduction by David Robey, Cambridge MA: Harvard University Press.

Eco, Umberto (2004) *On Beauty: History of a Western idea*. London: Secker & Warburg.

Ginsborg, Hannah (2013) "Kant's Aesthetics and Teleology", in Zalta, Edward N. (ed.), *Stanford Encyclopedia of Philosophy*, https://plato.stanford.edu/entries/kant-aesthetics/.

Goldie, Peter and Schellekens, Elisabeth (2010) *Who's Afraid of Conceptual Art?*, London and New York: Routledge.

Goldstein, Ann and Rorimer, Anne (eds) (1995) *Reconsidering the Object of Art: 1965-1975*, Cambridge MA: MIT Press.

Hume, David (1757) Of the Standard of Taste, in *Essays Moral and Political*, London: George Routledge and Sons, 1894.

Kant, Immanuel (1790) *Critique of Judgment*, trans. by James Creed Meredith, Oxford: Oxford University Press, 2007.

Langer, Susanne K. (1950) "The Principles of Creation in Art", in *The Hudson Review*, Vol. 2/4: 515-534.

Langer, Susanne K. (1953) *Feeling and Form: A Theory of Art Developed from Philosophy in a New Key*, London: Routledge and Kegan Paul.

Lippard, Lucy R. and Chandler, John (1968) "The Dematerialization of Art", in *Changing: Essays in Art Criticism*, New York: Dutton and co. 1971.

Lippard, Lucy R. (1995) "Escape Attempts", in Goldstein and Rori-mer (eds), 1995: 17-39.

Migliorini, Ermanno [1972] (2014) *Conceptual Art*, nuova edizione a c. di Davide Dal Sasso, Milano-Udine: Mimesis.

Santayana, George [1896] (1936) *The Sense of Beauty: Being the Outlines of*

Aesthetic Theory, New York: Charles Scribner's Sons.

Tatarkiewicz, Władysław [1976] (1980) *Dzieje sześciu pojęć*, Wydawnictwo Naukowe, PWN: Warszawa; English translation by Christopher Kasparek, *A History of Six Ideas*, Springer.

Zangwill, Nick (2014) "Aesthetic Judgment", in Zalta, Edward N. (ed.), *Stanford Encyclopedia of Philosophy*, https://plato. stan-ford. edu/entries/aesthetic-judgment/.

11　审美判断的形成与演绎：旧二分法之外*

法布里齐奥·德西代西

一

希拉里·普特南(Hilary Putnam)在他颇具影响力的文章《事实与价值二分法的崩溃》中指出，在科学研究过程中指导理论选择和偏好的连贯、简洁、自然和美的标准在各个方面都是有价值的。根据这些标准，判断"在查尔斯·皮尔斯(Charles Peirce)看来，是所有规范性判断，是'应该'的判断"①。普特南说，既然科学"以价值为前提"，就很难在描述事实的科学陈述与伦理评价和理想关系之间划清界限。由于这种困难，逻辑实证主义哲学家和一些分析哲学家捍卫的事实与价值二分法就崩溃了。

这种崩溃是指在本体论层面(相对于定义和事实的一致性)和逻辑

* 本文的初稿已于2014年6月24至28日在佛罗伦萨举行的第六届地中海美学大会上提交。该会议由巴黎第一大学法国国家科研中心(CNRS)的艺术、创造、理论、美学研究所(Institut ACTE)组织。法文扩展版已在2016年第18卷的《新美学评论》(*Nouvelle Revued'Esthétique*, pp. 11－27)上发表，标题为《审美判断的另一种演绎：克服事实与价值旧二分法》("Une autre deduction des jugements esthétiques. Pour un dépassement de l'ancienne dichotomie des faits et des valeurs")。英文简写版尚未发表。

① Putnam, 2002, p. 31.

语义学层面上。它认为不可能明确地区分具有意义的认知陈述的客观领域(与理论约定一致的观察语句)与道德判断和形而上学信念的主观领域,其起源只能是没有概念的感觉。由于不可能在本体论和认识论意义上将认知判断的描述性计划与评估性判断的规定性计划区分开,所以事实和价值之间真正的纠缠出现了。因此,普特南认为形而上学的二分法被实用主义的区分所取代。此种区分的有效性是通过特定的松散策略来表达的:可以说,这是语境敏感有效性。

二

假定局部存在重要性,那么事实与价值的区别就变得更加复杂。价值领域及其对规范性的直接和间接影响,不仅涉及道德。正如我们已经指出的,即便是科学,也具有价值。简言之,既有认知价值,又有道德价值。随着二分法的崩溃,则不可能将事实与价值区分视为分析与综合二分法的投射。因此,价值域似乎是在有效性区域中构建的,每个有效性区域依次具有揭示其本质的内部联系和层次结构。这当然适用于道德领域,因为普特南指出,在《塔木德》中,上帝的正义和同情心表达了不同的关切,尽管"两者对道德生活都是必不可少的"(同上)。

但是,普特南没有观察到的是识别为认识论的价值,例如团结、自然、连贯甚至美(狄拉克提到的假设之美),主要是审美价值。在将这些范畴用诸科学研究特殊领域的价值之前,它们是在审美体验的共同基础上发挥作用的。普特南给出的例子质疑这种价值观,并非没有道理。考虑到它的范式意义,不但没有掩盖它,而是视其为事实与价值二分法崩溃的外在因素,这是值得深思的。

如果存在人类体验的问题基础和相关的概念领域,其中事实与价值之间、描述性与规定性之间的相互作用不仅是真实的,而且是构成性的,这就是美感的普遍基础。这是受康德启发提出的论点,我对此表示支持并意欲将其发扬光大。在美学领域，事实与价值二分法的崩溃可以被认为少些理论尴尬。同时，认知判断和伦理判断的关系可以用系统关系来概述，而非仅仅是混合。正如我们将看到的，仅在美学层面（以及美学预设的体验层面），事实秩序与价值秩序之间的纠缠不仅是真实的，而且还具有构成性的先验意义。换言之，美感可以作为实际需要的认知性与道德评价的规范性之间关系存在的可能条件而出现，前提是它们之间存在真正的纠缠。从美学角度看，诸如简洁、自然、连贯、优雅、美之类的范畴，并不局限于理论范式和认知策略之间进行选择的过程，而是在现实体验及相关方面，获得了明确的表达效价。这些价值在我们的日常判断中直接用作审美范畴，表达对象、个体、面部、身体、位置、风景、城市等的属性。

审美判断当然不会涵盖所有美学领域，也无法替代体验、知觉、感官影响、情感反应的所有问题，否则，谈美学就没有意义了。审美判断让我们想起了源于“感觉”(aisthesis)的词源变化。考虑到目前已经崩溃的事实与价值二分法问题，如果没有判断力这种展现美的能力和乐趣，美学领域就不会具有它的特性和哲学意义。应用于世界的现象、对象和各个方面，而非应用于认识论的理论和策略，诸如简洁、优雅、自然、统一及美之类的属性告诉我们一些有关现实的重要意义，以及我们通过充满知识的情感回应现实的方式。审美判断暗示着这两个维度，以不同方式表达了它们的融合与统一，它既非情感盲目，也非认知空虚。正如我们将看到的那样，从更积极的意义上讲，审美判断是一种非概念性的认知和规范性判断，并没有预设明确的规范。

三

一个示例可以阐明此陈述的含义。如果我判断房间中间的桌子“漂亮”，或判断透过窗子看到的风景“和谐简洁”，或者，如果我说猫走起来很“优雅”，或孩子的脸露着“自然美”，在所有这些情况下，所用词语（直接或隐喻意义上的“美”）唤起了人们对所指对象的非审美特性的期待。什么样的期待？我认为，在这种情况下，期待是不确定的，但仍然能够将其自身投射到现实中，但要排除某些特征。我将其称为审美特性的负投影能力。如果某物被认为“可爱”，我不会想到埃及金字塔或庄严的橡树。

这强化了一种观念，即审美和非审美特性之间存在不确定的约束条件，这些约束条件只能“自上而下”起作用。正如首先由弗兰克·西布利（Frank Sibley）以及后来由杰罗德·莱文森（Jerrold Levinson）①所论证的，这意味着对象的审美特性无法通过其非审美特性来预测②：它们随后者出现而出现。

正如我在其他地方所论证的那样③，“随附性”（supervenience）在此指人类思想与世界之间生产性联系的出现。这种联系，不仅表达了我们的情感反应、评价和欣赏，还揭示了现实的“本体论”层面。在这方面，因此有可能假设审美特性的内部表达，这是由它们不同的可投射性或负面描述性指标构成的。表征其对现实的非审美特性负面约束的内部自由度越广，抽象程度就越高，对期望的唤起就越不确定，审美范畴就越能更好地充当其他类别的参考值。因此，我们将得到类似道德概念中广义和狭义之分的东西。因此，美与优雅将具有力量和不确定性（谈到参考的自由），类似道德范畴中的善良与正义。正如这些道德标准，美与优雅等概念在审美价值等级中具有突出地位。

声称审美判断以同一术语（归因于对象的审美特性）统一了（负面）描述性层面与（积极）评价层面，结果我们不可逆转地破坏了物理主义和情感主义的二元论，这是旧二分法的理论根基。但是，不能简单地假

---

① Sibley, 1959 and 1965; Levinson, 1984 and 1994.

② “一般审美判断的基本特征”是“其真实性从未在逻辑上由任何非审美判断的真实性保证”(Sibley, 1965, p. 47)。

③ Desideri, 2011 and 2013.

定此步骤，必须在其内部必要性中彰显它。因此，有必要从康德对审美判断的演绎中重新开始，但所提出的论点与康德在《判断力批判》第30至40段中的论点有所不同。在这方面，我建议至少从方法论的角度，统一康德在策略上与众不同的两个层面的分析，即审美判断的经验（生理）阐述层面及其（先验）演绎层面。简言之，这是系统地联系起源观点与审美判断合法性的观点。审美判断合法性是事实与价值纠缠最有利的范式例证。

四

康德认为，审美判断［例如伯克（Burke）提出的审美判断］只有经验—生理阐述是远远不够的，因为对可感对象引起的情感和身体感觉的分析，不能证明鉴赏力判断的多元性。审美判断仅还原为感觉的即时性，加之审美判断的索引单一性（indexical singularity），除了追求无私的相对主义外，别无他求。正如"演绎纯粹的审美判断"的关键部分所显示的那样，康德的关注点在于显示其对合法普遍性的渴望，即内在的多元性。因为康德在审美判断的定义中包括了自然赋予的美的形式的目的性。[①] 康德将审美判断的演绎限于自然美，旨在加强其表现主义，即愉悦感作为审美判断原则，表达了精神倾向与世界各方面的有益融合。

因此，"表现主义"一词是指克服另一种方法论和本体论的二分法：内在主义与外在主义之间的二分法。确实，审美判断中的一致性涉及认知能力（它们的"比例调和"[②]或协调）。但是，该一致性是依据对象形式而发生的，就好像是为它制作（技术生产）的一样。对这种"好像"

① 见 Allison，2001，pp. 160 - 192。

② 见 Kant，1790，§ 9；关于这一段，参见 Allison，2001，p. 186。

只是一种代表性虚构主义的误解，表征了康德《第三批判》的多种阐释。

美的形式“四处散播，甚至在人眼很少穿透的海底，你依然可以发现它”[①]。此形式目的性中的“好像”，当然具有将审美判断从依赖概念的需要中或“证明依据”的要求中解放出来的功能。只有与概念的规范主义、证明的经验主义保持双重距离，才能行使审美判断的力量：凭借表达共识，赋予自身准则的力量。

但是，该一致性不仅具有内部特征，还表达了与外部目的性，即“好像”（好像客观地由概念确定）的关系。该外部目的性“好像”属于所谓“美的”自然对象形式。将我们判断为“美”的事物阐释为心理投射或仅为内部表征，将最终恢复事实与价值二分法的某种形式。除非我们意在将美感概念用以支持普遍透视主义和不受限的相对主义的工具，如果我们想避免这两种结果，则须进一步澄清审美特性。

审美属性凭借其表现力，在多大程度上可以消除内在主义与外在主义之间的分歧，从而定义思维与世界相互交织的独特方式呢？这种“审美”交织在何种程度上是人类繁荣的一种不可还原的表达，方能揭示我们的思维功能和现实本质呢？在尝试回答这些问题时，我将致力于定义一致的审美模式。我们可以在这种模式中从起源（康德称之为“生理学”）和合法性（先验价值）两个角度考虑审美判断的可能性。因此，抛开先验的纯洁与经验现实之间的二分法，美感最终可以被视为一种“通道”：必要且偶然的通道。

五

我第一步要澄清“美感”的含义，定义其概念核心。在对美感概念核心进行最精确定义的过程中，我将提出人类审美心理机制的假设：这

① Kant, 1790, § 30.

种机制从心理和文化角度构成了最具差异的美学体验的基础。从这种心理机制的角度来看，审美态度可视为一种跨文化人类学常数。

阐述康德式的直觉，可以将美感的概念核心确定为情感与认知之间的积极联系，即体验的情感层面与认知层面之间的表达融合。我们必须讲，最初的融合具有以下特征：大脑不同网络之间的融合或协调，内部和外部之间、精神生活内部与世界外部之间的融合或协调。总之，表达融合在审美判断的命题形式中找到了自己的声音，构成了维特根斯坦意义上的"内部关系"。鉴于此，审美判断的声音才是普遍的声音，同时又保持了它的索引性。

六

在对美感核心进行最小限度而非含糊定义的基础上，我们将美感作为不同要素之间最初且新兴的融合，就此，我们可以更好地理解审美机制的含义。

我现在提议，发展一种与美感核心概念的定义一致的心理机制观念，将其作为感知动态中固有的情感共鸣和认知歧视的表达和有益融合。因此，下一步包括从任何因果关系一元论中解锁该机制，用多种因素代替它，其中多种因素与作为聚类概念的"美感"一词的特征精确对应。它们中的多数可以枚举，即构成审美机制的因素不是无限的。因此，即使只是临时且在采取所有适当谨慎措施的情况下，我也认为审美机制在起源上有四个因素：

1. 现实的模拟同化(扩展熟悉的圈子)；

2. 探索的乐趣(寻求对新事物的好奇心并发现密切关系)；

3. 偏好的乐趣(选择能力是生活行为中的自由度与

优势)；

4. 表演的冲动(通过有趣的练习和模拟实现的内部特定、合作的学习实践)。

其中，每个因素都有倾向特征。它们是植根于主要情感系统[①]的倾向，这些情感源于心理生活的早期，以具有操作和预知资源功能的态度形式发展而来。它们中的每一个都经过锻炼，并在非人类世界和人类世界中广泛传播，而不必与审美内容的实践与态度相提并论。这些在情感心理语境中发展起来的倾向代表了美感出现的前提。但是，它们本身并非决定性因素。如果是的话，每个意向因素在特定情况下，都可作为特征因素出现。例如，表达偏好的乐趣在所有以美感和性选择交织为特征的现象中起作用。模仿同化在那些塑造母子关系(从婴儿谈话到各种特殊方式)的原始审美事件(proto-aesthetic event)中发挥作用。[②] 埃伦·迪萨纳亚克(Ellen Dissanayake)对原审美事件进行了深入研究。戏剧的表现维度起源于许多表演和虚构模拟艺术实践。即使在改变对象生产规则的情况下，在审美体验的所有方面，对于新颖性的追求都是显而易见的。

但是，所有这些因素都无法充分体现美感的特征，也无法确定其生成和传播机制。因此，我们可以假设，审美态度和艺术态度源自一些倾向于与我们物种特有的较高认知功能的独特整合。因此，我们可以假

① 主要情感体系见 Panksepp & Biven，2012；Desideri，2014。

② 参见 E. Dissanayake，"In the Beginning：Pleistocene and Infant Aesthetics and 21st-Century Education in the Arts"，in Liora Bresler (ed.)，*International Handbook of Research in Arts Education*，Berlin：Springer，2007，pp. 781 - 795；Ead，"Becoming Homo Aestheticus：Sources of Aesthetic Imagination in Mother-Infant Interactions"，in H. Porter Abbott (ed.)，*On the Origin of Fictions：Interdisciplinary Perspectives. SubStance* 94/95，Vol. 30，1&2，pp. 85 - 103，2001；Ead.，*Art and Intimacy：How the Artsbegan*，Seattle：University of Washington Press，2000；Ead，*Homo Aestheticus：Where Art Comes From and Why*，New York：Free Press，1998.

设，作为典型人类跨文化态度的判断力所揭示的美感，源自较高的认知功能（包括反身处理能力和感觉输入的分类能力）与探索乐趣（第二倾向）、表达偏好的融合（第三倾向）。同样，我们可以想象，智人（如果不是其他同种人类）的特定艺术态度是由于整合了更高的认知功能（尤其是信息的反身处理、概念和设计的反身处理）以及生产性技能发展的结果（从技术制造意义上讲），连同模仿同化的倾向（第一倾向）及模拟表演与实践的倾向（第四倾向）。

然而，产生两种态度（审美和艺术态度），需要同一种审美机制：大脑的动态活动将新皮层和皮层下的神经回路整合到共振和谐的单个空间中[①]，即情感上协调的心理活动与信息认知处理过程的特定方面。

七

因此，与审美体验的密度和多层模式一致，其起源机制可配置为不同神经网络和大脑不同区域之间相互融合、共振[②]和关系的协调空间（也是从进化论的角度来看）。因此，可以将表达审美机制的这种动态

---

① 为此，请参见史蒂文·布朗（Steven Brown）等人的有趣论文“Naturalizing Aesthetics: Brain Areas for Aesthetic Appraisal Across Sensory Modalities”（Brown et al., 2012）。布朗等人参考了埃德蒙·罗尔斯（Edmund Rolls）对美学的神经生物学起源的研究（见 Rolls, 2005 and 2012）。布朗等人认为美感是一种演变为“食品评估祖传体系”的机制（Ivi, p. 256）。因此，美感起源于味觉的扩展。出于社会对歌曲、绘画等艺术品的需求，人们已经选择用于自我平衡需求的基本线路以“评估具有生物重要性的渴望对象”（Ivi, p. 257）。尽管作者在其模型里并没有回答关于艺术起源的许多问题，并极大地限制了美感的范围和复杂性，但不同凡响的是不同线路和工艺间相互作用的特征：此融合不能局限于情感反应领域。

② “显然，整个网络将在每个点上做出响应。可以说，它将进入‘共振’状态，整个感觉设备将充斥着与该特定模式有关的信息活动。……我相信这解释了为何早期人类用装饰物和马赛克装饰他的人工制品，以及为何复杂的编织图案是人类最早呈现数学概念的成就之一。我甚至敢说，当暴露于某些高度冗余的刺激下时，我们体验到的几乎是身体愉悦。此身体愉悦不仅是我们审美判断的根本，而且实际上是我们神经系统结构化所固有的。”（Von Foerster, 1962, 11）

空间[①]视为意识空间。此意识源于感觉和知觉生活，因为它是在注意过程中出现的，其特征是对知觉活动的选择和高度调节。[②]

在这方面，决定性的因素是与头脑中现实的关系：环境中不仅满是对生存的挑战和威胁，而且满是听起来有利，以及不只是有利的其他因素和方面。我认为，这里最重要的形式是能够激发不同心理倾向和不同态度的融合与统一，以此方式产生空前的期望和对现实不确定的渴望。

如果没有这些形式固有的“好像”目的性，它们在认知上和情感上都对我们有利，那么审美属性的概念将失去其表达自主权，因此，审美判断形式本身将重新引入旧的二分法。

恰恰是为了克服这种二分法并重视纠缠的概念，审美机制无法认同为特定才能或特定功能。它甚至很少位于大脑的单个区域中。我们必须考虑的是倾向本质不同态度之间的融合。一种非模块化策略，可以最初有利的方式融合这些态度，并摆脱环境提供的吸引物或馈赠。

此融合的内在动力是感官知觉的情感内容(其内在共鸣)与其辨别评价内容之间的相互便利且有益的结合。由于此种融合，涉及的倾向因素(模仿倾向、寻求、偏好、表演冲动)转化为机制时刻。在这方面，不容错过的是融合并非起源于心灵，也不是在心灵内部起作用，而是由动态感知激活。在这里，我们从“感觉”理解了美感的起源，“感觉”是内外之间的相互交换：心灵与世界或生物与环境之间的相互交换。因此，唯有通过这种交换，通过有利且有益的知觉交易，才能产生审美意识(aesthetic mind)，这对心理和外部环境都会产生影响。

审美判断的命题形式，是这种知觉交流的表达记忆和交流向量。发生的乐趣在于在不同情况和心理活动能力之间充满活力的和谐感。康德指出，一种感觉会导致人们对“身体器官”的知觉增强。没有身体

---

① 有关与我所述审美机制模型一致的更为详尽的脑动力学描述，请参见 Vitiello，2010。

② 有关人类杏仁核与认知意识之间的关系，请参阅 Phelps，2005。

器官，生命本身就会还原为“纯粹的存在意识”[①]。在非有意的前提下，审美判断的先验悖论直接涉及“感觉的可交流性”[②]，因为情感和认知之间的融合是感受到的统一[③]：对情感论者私见和概念论者还原主义的批判。

总而言之，因此审美判断的起源是一种机制，该机制将模仿、寻求、偏好和表演等四个倾向因素转化为逻辑、操作和递归联系的时刻。这一联系具有和谐的特征以及与世界环境相关的自由表演特征，似乎旨在激活心灵审美功能的各个方面：形状、概观、对象（正如康德在《美的分析第三瞬间》中所注意到的，因此，也在《审美判断的演绎》的所有内容中）。所以，审美判断的一个极其重要的特点，表现为一种揭示内外部秩序的价值。

八

回顾海因茨·冯·福斯特（Heinz von Foerster）[④]支持的论点，我们可认为，环境世界揭示的秩序不是仅有噪声或等待处理的分类数据的存在，而且与典型的审美意识判断有关。因之，与审美意识最相关的特征是内、外部之间的表达一致性。此种一致性或和谐，可根据不同比例检测到，这取决于每种倾向在审美机制内的权重或相关性。内、外部表达的和谐或一致性，使我们能够超越内在论和外在论的对立。其中，内在论将审美事实心理化，而外在论则将其还原为外部正确性标准或社会实践与行为。

---

① Kant, 1790, *General Comment on the Exposition of Aesthetic Reflective Judgements*, p. 278.

② Ibid.，§ 39.

③ 见 Fricke, 1990。

④ 见 Von Foerster, 1987, 121。

一方面，美感是从（“感觉”的）感知体验的土壤中生长出来的，因此它不可能是先天或遗传的。结果，审美判断活动本身应归因于天分这一说法，必将带来许多不良后果。另一方面，令人甚至不可想象的是，我们的美感仅源自社会历史背景或作为文化传统而传播。分享文化主义论点意味着将审美特性和判断复合体传递给激进相对主义，这将再次引入事实与价值二分法。鉴于此，根据尚热（Changeux）和德海恩（Dehaene）的说法①，最好将审美机制起源于我们的审美意识视为神经元选择的表观遗传稳定作用。因此，这是基于大脑可塑性的假设，以及体验的决定性作用假设。

美感的表观遗传特征，即将彼此独立的倾向因素转变为瞬间的本质，使其超越了内在论和外在论选择。因此，审美判断的演绎将与它们的表观遗传特征论点一致。因此，我们可以将审美范畴起源的社会动力解释为表观遗传过程。从表观遗传上看，审美范畴随着时间的流逝而稳定、传播、变化，以确立审美偏好。这将鉴赏力判断的多元性质确认为审美共通感（sensus communis aestheticus）表达，而从未僵硬地固着在无意识或文化主义的意义上。

由于其表观遗传本质，产生审美判断的机制可想象为一种操作子结构，该子结构能够产生既不具有情感主义流动性，又不具有表征认知主义范畴的清晰表达（模式）。与情感方案和认知方案相比，审美方案具有弹性、多模态的特点，但缺乏特定范畴。它们的内部差异是基于四个时刻中每个时刻的相关性和它们共同或分别起到的作用。也是由于这种内部差异，审美机制的特征在于相对于其功能和发展的自由度。凭借其构成要素的自由度，审美机制的功能方式或其生成操作方案的步骤具有双重效价：一、调整平衡效价，促进和谐，或者在某种程度上自由地使用让·皮亚杰（Jean Piaget）的术语②，即情感系统与认知结构的

---

① 关于此问题，请见 Changeux，2002 和 Dehaene 2007。

② 见 Piaget，1975。

平衡。二、现实层面想象力扩展的效价，通过作品和实践创造新的意义世界，发现新的意义维度。鉴于构成审美判断种类特征的双重效价，审美机制展现为具有补偿特征的、凸显其他动力和过程的子结构。这也意味着，美感领域比最初出现时更具广泛性和普遍性，同时以判断形式出现。但是，从审美判断的角度来看，美感的扩展及其领域的概念配置变得可以理解。在判断情况下，美感补偿机制在只有语言才能实现的表达递归形式中呈现出随附性的特点。

九

在审美判断上，在其语法范畴起源的不确定机制中，维特根斯坦[①]意义上的意义与感觉[②]可以充满活力地短暂接触。因此，审美判断始终超越旧的二分法。通过它们，借助它们表达的内部关系，可以对我们有利的方式，预见每个形而上学二元论过时的纠缠。鉴于他们的自由反身性，以及他们尊重我们感知固有的限制，事实上，我们有双重期望：与一般知识形式有关的期望，以及是什么与应该是什么之间快乐融合的期望。在这两种情况下，真理可以视为音乐上的相互一致。在纠缠观念中存在纠缠的艺术逆转：承诺这会有所不同。

参考文献

Allison, H. E. (2001) *Kant's Theory of Taste: A Reading of the Critique of Aesthetic Judgement*, Cambridge: Cambridge University Press, 2001.

① 见 Wittgenstein, 1953, § 432。

② 正如理查德·B. 奥尼安斯(Richard B. Onians)所指出的那样，希腊语动词 aisthomai(我察觉到)[由此产生了实质性的感性和加长形式**感觉**(*aisthanomai*)，我们的美学等]，是荷马时代的**感觉**(*aistho*)"我喘着粗气呼吸"的中心(Onians, 1988, p. 75)。

Brown, S., Gao, X., Tisdelle, L., Eickhoff, S. B., Liotti, M. (2011) "Naturalizing Aesthetics: Brain Areas for Aesthetic Appraisal Across Sensory Modalities," *Neuroimage*, 58, pp. 250 - 258.

Buss, D. (1995) *The Evolution Of Desire: Strategies Of Human Mating*, New York: Basic Books.

—(Ed.) (2005) *The Handbook of Evolutionary Psychology*, London: Wiley.

Changeux, J. - P. (2002) *L'homme de verité*, Paris: Éditions Odile Jacob.

Currie, G. (2011) *The Master of the Masek Beds: Handaxes, Art, and the Minds of Early Humans*, in Schellekens, E., Goldie, P., (Eds.), The aesthetic Mind. Philosophy & Psychology, cit., pp. 9 - 31.

Dehaene, S. (2007) *Les neurones de la lecture*, préface de J. - P. Changeux, Paris: Éditions Odile Jacob.

Desideri, F. (2011) *La percezione riflessa: Estetica e filosofia della mente*, Milano: Raffaello Cortina.

—(2013) "On the Epigenesis of the aesthetic Mind: The Sense of Beauty from Survival to Supervenience," *Rivista di Estetica*, 54 (3/2013, LIII, pp. 63 - 82.

—(2014) "*Emoticon: Grana e forma delle emozioni*," in Matteucci, G., Portera, M., (Eds.), *La natura delle emozioni*, Milano: Mimesis, pp. 89 - 107.

Dissanayake, E. (1998) *Homo aestheticus: Where Art Comes From and Why*, New York: Free Press.

Ead. (2000) *Art and Intimacy: How the Arts Began*, Seattle: University of Washington Press.

Ead. (2001) "Becoming Homo aestheticus: Sources of Aesthetic Imagination in Mother-Infant Interactions," in Porter Abbott, H. (ed.), *On the Origin of Fictions: Interdisciplinary Perspectives*, *SubStance* 94/95, Vol. 30, 1&2, pp. 85 - 103.

Ead. (2007) "In the beginning: Pleistocene and Infant Aesthetics and 21st-Century Education in the Arts," in Liora Bresler, L. (ed.), *International*

Handbook of Research in Arts Education, Berlin: Springer, pp. 781 - 795.

Fricke, C. (1990) "Explaining the Inexplicable: The Hypotheses of the Faculty of Reflective Judgement in Kant'S Third Critique," *Nous*, 24, 1, pp. 45 - 62.

Kant, I. (1790) *Kritik der Urteilskraft*, transl. by W. S. Pluhar, Indianapolis/Cambridge: Hackett Publishing Company, 1987.

Kohn, M., Mithen S. (1999) "Handaxes: Products of Sexual Selection?" *Antiquity*, 73, 1999, pp. 518 - 526.

Levinson, J. (1984) "Aesthetic Supervenience", *Southern Journal of Philosophy*, suppl., vol. 22, pp. 93 - 110.

—(1994) "Being Realistic about Aesthetic Properties", *Journal of Aesthetics and Art Criticism*, vol. 52, 3, pp. 351 - 354.

Markovic, S. (2012) "Components of Aesthetic Experience: Aesthetic Fascination, Aesthetic Appraisal, and Aesthetic Emotion," *I-Perception*, Vol. 3 (2012), pp. 1 - 17.

Mithen, S. (1996) *The Prehistory of Mind: A Search for the Origins of Art, Religion and Science*, London: Thames and Hudson.

Onians, R. B. (1988) *The Origins of the European Thought: About the Body, the Mind, the Soul, the World, Time and Fate*, Oxford-Cambridge: Cambridge University Press

Panksepp, J., Biven, L. (2012) *The Archeology of Mind: Neuroevolutionary Origins of Humans Emotions*, New York/London: WW. W. Norton & Company.

Phelps, E. A. (2005) "The Interaction of Emotion and Cognition: The Relation Between the Human Amygdala and Cognitive Awareness," in Hassin, R. R., Uleman, J. S., Bargh, J. A., *The New Unconscious*, Oxford: Oxford University Press, pp. 61 - 76.

Piaget, J. (1975) *L'équilibration des structures cognitives: Problème central du développement*, Paris: P. U. F.

Putnam, H. (2002) *The Collapse of the Fact/Value Dichotomy and Other Essays*, Cambridge, Massachusetts, and London, England: Harvard

University Press.

Rolls, E. T., (2005) "Taste, Olfactory, and Food Texture Processing in the Brain, and the Control of Food Intake," *Physiol. Behav.*, 85, pp. 45 - 56.

Rolls, E. T., (2011) "The Origins of Aesthetics: A Neurobiological Basis for Affective Feelings and Aesthetics," in Schellekens, E., Goldie, P., (Eds.), *The aesthetic Mind. Philosophy & Psychology*, cit., pp. 116 -165.

Schellekens, E., Goldie, P. (Eds.)(2011) *The Aesthetic Mind: Philosophy & Psychology*, Oxford: Oxford University Press.

Sibley, F. (1959) "Aesthetic Concepts," *The Philosophical Review*, 68, pp. 421 - 450; reprinted in Id., *Approach to Aesthetics*, ed. By J. Benson, B. Redfern & J. R. Cox, Oxford: Oxford University Press, 2007, pp. 1 - 23.

—(1965) Aesthetic and Non-aesthetic, *The Philosophical Review*, 74, 135 - 159; reprinted in Id., *Approach to Aesthetics*, cit., pp. 33 - 51.

Vitiello, G. (2010) "Dissipazione e coerenza nella dinamica cerebrale" in Urbani Ulivi, L., (ed.), *Strutture di Mondo-Il pensiero sistemico come specchio di una realtà complessa*, Bologna: Il Mulino, pp. 105 - 126.

Von Foerster, H. (1962) Perception of Form in Biological and Man-Made Systems, in Zagorski, E. J. (Ed.), *Trans I. D. E. A. Symp.*, Urbana: University of Illinois, pp. 10 - 37.

—(1987) *Sistemi che osservano*, edited by M. Ceruti and U. Telfner, Roma: Casa Editrice Astrolabio.

Wittgenstein, L. (1953) *Philosophical Investigations*, transl. by G. E. M. Ascombe, Oxford: Blackwell.

—(1975) "Philosophical Remarks," ed. R. Rhees, in *The Complete Works of Ludwig Wittgenstein*, Oxford: Basil Blackwell.

—(2005) *The Big Typescript. TS 213*, eds. C. G. Luckhardt and M. A. E. Aue, Oxford: Blackwell.

12 味与鉴赏力：难以分辨的同义词*

安伯托·艾柯

我们试图将特定文化中的词语及概念翻译成另一文中的术语时，要依赖将特定语言翻译成另一语言时所遵循的相同原则。

我们知道不存在同义术语，翻译之前我们必须比较两种语言的不同语义结构，以确定其同一性与差异，然后考虑含义的相似性与多样性，继而找出审慎的翻译。

想想德语单词 Sehnsucht。它的“语义空间”只能被诸如怀旧、向往、渴望或一厢情愿之类的词部分涵盖(尽管没有一个词能充分表达它)。

唯一的方法是找到所有这些概念的共同点以及它们不具备的特点。

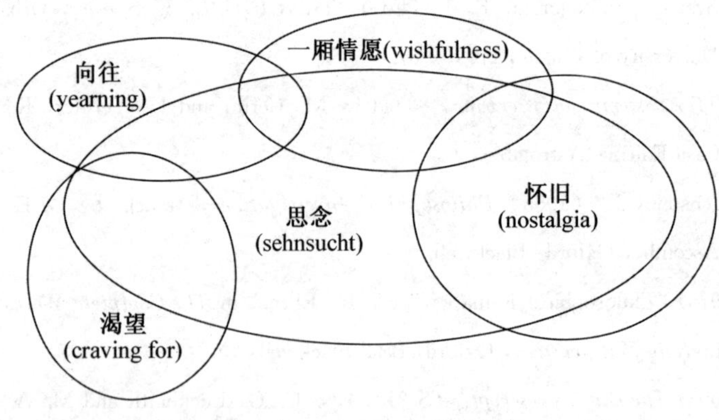

图 12-1

* 本篇题目原文为“Rasa and Taste：A Difficult Synonymy”。本篇为 2005 年 10 月在本地治里(Pondicherry)举行的跨文化会议上的演讲。——译者注

只有在进行了这样的比较后，我们才能根据上下文和使用该词的语境，来决定我们可使用的、正确的（或较少有错误的）英语术语。

那些熟悉维特根斯坦哲学的人可能已经意识到，我正在处理一种被定义为**家族相似性**（*family resemblances*）的语言游戏。

维特根斯坦在《哲学研究》[*Philosophical Investigations*]（格言65—69）中谈到语言游戏时写道：

> 因为有人可能会反对我说："你避重就轻！你谈论各种语言游戏，但是没有提到语言游戏的本质以及语言的本质是……"
>
> 这是真的。我不创造语言共有的东西，而是在说，这些现象没有共同点，这使得我们对所有现象使用相同的词语，但它们以不同方式彼此关联。由于这种关系或这些关系，我们将它们称为"语言"。我将尽力解释这一点。
>
> 例如，考虑一下我们称之为"游戏"的程序。我是指棋盘游戏、纸牌游戏、球类游戏、奥林匹克运动会等等。它们有什么共同点？不要说"一定有共同点，否则就不能称之为'游戏'"，而要看一下它们是否都具有共同点。因为如果你查看它们，你将不会看到所有现象共有的东西，而是它们之间的相似性、关系和整个系列。重复一遍：不要想，要看！……我认为没有比"家族相似性"更好的表达来表征这些相似之处了……我要说：游戏形成家族。

事实上，网球和足球的共同点是用球，但打网球时人们使用手臂，而踢足球时用脚。一个人下棋、玩轮盘赌都是为了赢，但下棋要有能力，而玩轮盘赌要靠运气。此外，金钱在轮盘赌中起到根本性作用，但下棋不需要。在某些游戏中存在竞争，而其他游戏则缺乏竞争。有些游戏可以单人玩，有些则需要团队，等等。

可以说，我们必须尝试以相同的方式比较游戏，比较怀旧(Sehnsucht)概念与英语中相似但不相同的概念：

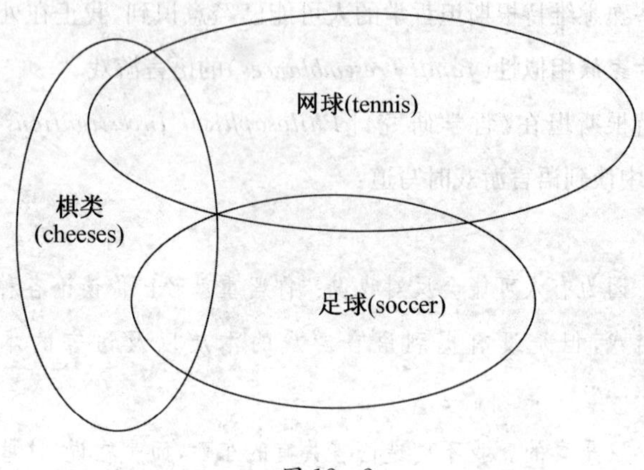

图 12-2

但是，似乎两个女孩跳绳的活动(身体上的娱乐，没有竞争，它能带来纯粹、平和的愉悦)与上瘾的赌徒在轮盘赌上下注(赌徒在赌最后一笔钱时，没有愉悦，只有愤怒与压力)之间没有共同特点。

尽管如此，我们已经指出，为了检测两个给定项目之间的家族相似性，它们所有特点不必均相同。

我们来考虑根据共同特征可分析的 A、B、C 三个概念。显然，每个概念都具有其他两个概念的部分属性，又并非其全部属性。因此，鉴于以下情况：

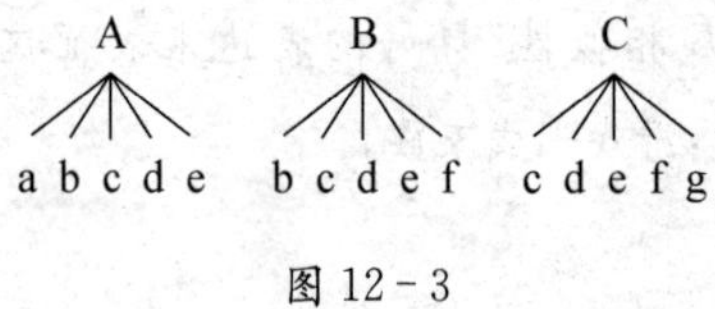

图 12-3

我们可以说，A、B、C 这三个概念具有共同点。这看起来像各种游戏的情况。

但是，我们现在按照相同标准来扩展系列，以便得到以下结果：

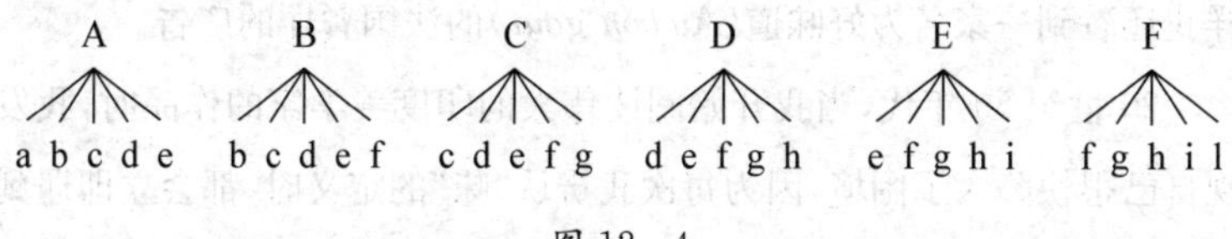

图 12 - 4

最后，A 和 F 之间没有其他共同属性，只有一个：它们属于相同的家族相似性网络，并且在某些语境下，A 和 B 要用相同的词来表示，因为它们属于相同网络，并且它们与 B、C、D 和 E 等概念相近。

寻找家族相似性的游戏是非常冒险的，但是如果我们想比较不同文化中所谓的同义概念，这是必不可少的。

现在我尝试讲述一下个人经历。20 世纪 50 年代，大约在我做中世纪美学博士论文后，我受同时期印度美学家作品的英文译本的启发，如欢增（Anandavardhana）[9 世纪作的《韵光》（*Dhvanyaloka*）]和阿毗那婆笈多（Abhinavagupta）的作品。后者最初生活在 11 世纪初，是许多阿拉伯和基督教哲学家的同时代人。确实，婆罗多（Baratha）也引起了我的兴趣，虽然古老，但是他的《戏剧学》（*Natya Shastra*）对欢增和阿毗那婆笈多都产生了影响。

我对味（rasa）的概念很感兴趣，因为我发现它可以翻译为**鉴赏力**、**美味**、**风味**（也可以是**汁液**）。这一发现令人兴奋，因为西方中世纪艺术理论中绝对没有鉴赏力的概念。作为一种美的判断能力，它在意大利文艺复兴时期（非理性地）出现在非技术意义上[如**乐趣**（gusto）]。菲拉雷特（Filarete）在 1464 年写道："我以前也很喜欢现代派，但了解古典派后，我便讨厌现代派了。"米开朗基罗、阿里奥斯托（Ariosto）、切利尼（Cellini）等人将**乐趣**与美联系在一起。但是在 17 世纪、18 世纪，它才成为占主导地位的美学范畴。

鉴赏力、**乐趣**或**味道**（**gout**）等词在欧洲语言中有多种含义，因此我们可以将其用在食物美味、美酒鉴赏力、艺术鉴赏家的鉴赏力及艺术品的特殊风格上。因此，最近浏览互联网时，我发现一家**马来西亚和南印度风味餐厅**（*Rasa Malaysian & South Indian Restaurant*）的广告，同样我还看到一家名为**好味道**(*Au bon gout*)的法国餐厅的广告。

20世纪50年代,当我开始阅读伟大的印度美学家的作品时,我发现自己很快陷入了困境,因为每次我辨认"味"的定义时,都会立即遇到一个相反的定义。

必须明确的是,我以前没有读,现在也仍然没有读过梵文,所以不得不依靠西方的翻译。因此,我和圣奥古斯丁身处同样的境地,他对《圣经》的各种译本持批判态度,但是遇到了令人尴尬的障碍:他不懂希伯来语,对希腊语也知之甚少。他没有屈服,决定通过比较不同的拉丁语译本来弄清《圣经》文本的真实含义。

由于奥古斯丁不遵循科学语言学方法的现代标准,所以我不敢模仿他,这就是为什么除了在20世纪50年代末期以评论形式撰写了一篇短文外[1],我放弃了印度美学,也不再惶恐地尝试扮演学者的角色。

但是我喜欢回顾这种经历,因为除了极少数成熟学者的案例外,我们对异国文化思想的认识与奥古斯丁对《圣经》一样。我认为我的经历很有意义,因为通常跨文化接触是通过翻译进行的,而在处理翻译时,人们并不知道原文的真实含义。

我自然可以相信印度学者,他们非常了解自己的文化,并且很精通西方文化(因为他们用英语写作),因此很可能会尽力向西方读者解释什么是**味**。

但是,接触不同文化时,我们会带上一些"背景书"(background books)旅行,这些"背景书"的影响是旅行者发现和看到的一切事物,都将用书里的术语来解释。我们未必要随身带着它们,我是说,我们旅行

① "Problemi di estetica indiana", in *Rivista di estetica* 3,1 1957, pp. 119-129. 我正在审查我的西方资料来源,即 Raniero Gnoli, *The Aesthetic Experience According to Abhinavagupta* (Roma: Istituto italiano per il Medio e Estremo Oriente, 1956), Pravas Jivan Chaudury, "Catharsis in the light of the Indian Aesthetics" (*Journal of Aesthetics and Art Criticism*, December 1956)。我还向阿南达·库玛拉斯瓦米(Ananda Coomaraswamy)咨询了 *The Transformation of Nature in Art*, 1934 (New York: Dover 1934)。

时怀有自己文化传统所接受的世界观。我们很想去旅行，因为我们知道即将有所发现，因为先前的一些书告诉我们，我们应该发现什么。这些“背景书”的影响是无论旅行者发现和看到什么，都将用书中的术语来解释。

整个中世纪传统令欧洲人相信独角兽的存在。这种动物头上长角，看起来像温顺苗条的白马。按照古老的传统，独角兽生活在异国他乡，例如印度祭司王约翰(Prester John)的王国，尽管当时印度是一个非常模糊的地理概念，有时甚至指整个亚洲。

马可·波罗到中国旅行，显然是在寻找独角兽。他是商人，不是知识分子，而且，他刚开始旅行时还很年轻，读了许多书。他当然知道当时流传的关于异域的所有传说，因此他想见到独角兽，并开始寻找它们。因此，在回来的路上，也许是在爪哇，他看到了某些**看起来**像独角兽的动物，因为它们头上也有一个角。所有传统都让他做好了见独角兽的准备，因此他认为那些动物就是独角兽。他很诚实，所以不能不说实话。事实是，他看到的独角兽与千年传统所表征的独角兽截然不同。它们不是白色，而是黑色的。他们有水牛的毛发，蹄子大小像象蹄，舌上有刺，头看上去像野猪。事实上，马可·波罗见到的是犀牛。

我们不能说马可·波罗说谎。他说了一个绝对事实，那就是，独角兽并不像人们以前认为的那样温顺。但是他不能说自己遇到了新奇、罕见的动物：他本能地试图用众所周知的形象来识别它们。在认知科学中，今天我们可以说，他是依据**认知模型**才这样做的。不提及已知内容和期望内容，他将无法谈论未知。他是背景书的受害者。

没有背景书，从心理上讲是无法旅行的。但是在文化上、方法论上可能的是，比较我们的互惠背景书，看看它们之间的共同点，以及它们之间无法准确翻译、又需要某种形式协商的东西。否则，(我会讲一种典型的西方亵渎)那就是我们可能犯下异国情调或东方主义的罪过，即将一种特定的文化通过曲解和审美**拼贴**(aesthetic bricolage)，发明另一种文化的理想形象，例如过去的欧化**中文**、高更的波利尼西亚

(Gauguin's Polynesia)[更不要说悉达多综合征(Siddhartha syndrome)和依据新时代翻译的印度神秘主义了]。

我认为,西方学者在寻求印度智慧的过程中会遇到同样的情况,印度学者试图根据梵文背景书来阅读西方美学的整个过程也是如此。

更不用说阿南达·库玛拉斯瓦米(Ananda Coomaraswamy)了,他依据基督教神秘主义和西方神秘主义翻译印度哲学。1965 年,我偶然见到了克里希纳·查塔尼亚(Krishna Chaitanya)的一本书《梵文诗学》(*Sanskrit Poetics*, London: Asia Publishing House, 1965),发现味的概念与狄德罗、华兹华斯、济慈、鲍姆嘉通、歌德、托尔斯泰、波德莱尔、坡、利普的移情理论,以及瓦莱里、里尔克、奥迪诺·雷东、皮埃尔·勒韦迪、T. S. 艾略特、苏珊·朗格、克劳·兰色姆,还有我记不清姓名的一些人的美学概念相似。最近,我在互联网上发现普拉亚达希·帕特奈克(Pryadashi Patnaik)已发表了味理论在西方现代文学中的应用研究的成果,涉及马雅可夫斯基、卡夫卡、加缪、康拉德、海明威、福克纳、马尔克斯、艾略特、尤内斯库、贝克特、洛尔卡、聂鲁达等人。

显然,如果所有这些人都说相同的话,或具有相同的艺术观念,那么西方任何人都无法再撰写美学史研究,因为这里已经无话可说了。幸运的是,对于那些必须发表论文才能获得美学教授职称的人来说,西方美学史是不同艺术理论与美之间的不断斗争。坦率地讲,要不是偶然使用一些相似词语来指不同现象,我就看不到移情心理理论与艾略特的客观相关理论之间有任何家族形似性,作为情感的艺术理论与摆脱情感的艾略特诗歌理论之间也不存在继承关系,狄德罗与济慈之间也没有联系。

拉涅罗·尼奥利(Raniero Gnoli)在为阿毗那婆笈多的《怛特罗·色拉》(*Tantrashara*)①所作的意大利语译本前言中写道:"那些希望根据西方哲学来理解印度哲学的人,冒有知之甚少的风险。"

① 此处译者疑原文 *Tantrashara* 应为 *Tantrasāra*。——译者注

可以说，即使在印度美学史上，我们也可以找到一系列对于味的不同定义（我认为至少已经了解到这一点），但在这种情况下，学者的职责是隔离差异，不把肉类当作蔬菜来卖，反之亦然。

在西方美学史上，对于不同作者或学派，当**鉴赏力**在不同时代指向不同现象时，将**味**翻译为“鉴赏力”是什么意思？现在，我们要对这不合适的类别进行简述。

1. **鉴赏力是相对时间和地点而言的。**马勒伯朗士（Malebranche）在《寻求真理》（*La Recherche de lavérité*，1674）中认为鉴赏力与感官事物（美感）有关，是一种次等感性美，并认为它是相对的。奥吉尔（Ogier，18世纪）说：“不同国家的鉴赏力是不同的。西班牙人想象并喜欢的美与我们在法国珍视的美很不同，因此，毫无疑问，各国的思想偏好与他国的确不同。总之，对诸如诗歌之类的知识性事物之美的感觉不同。”

2. **鉴赏力具有通用标准。**对其他思想家而言，存在鉴赏力标准，要求人脑和所鉴赏对象都具有精确且通用的结构，以便同一审美评价能够且必须在不同环境、时代和国家，被不同的人所共有。

因此，在某些时候，人们认为鉴赏力取决于被欣赏对象表现出的客观特征，而在其他时候，它被视为评估思想对对象的反应力，因此美不再是事物本身的客观特点，而在于思想与其对象之间的关系。甚至夏夫兹博里（Shaftesbury）也将鉴赏力视为从某些对象中感知到的、属于对象的、属于感知心灵的和谐秩序的内在感觉。它是与生俱来的，但需要改善。它取决于国家性质，但除去偶然影响，还是具有普遍性。

而且，鉴赏力是一种非理性的情感反应，还是需要推理？

3. **鉴赏力是主观感觉问题。**鉴赏力作为一种神秘本能，使人能在不同的生活环境中做出正确的选择，这是文明行为的基础，这在17世纪的巴尔萨扎·格拉西亚（Balthazar Gracián）的作品中首次广泛使用。

阿贝·杜波斯（Abbé Dubos，1719）将鉴赏力定义为一种感觉，此感觉是一种被定义为“第六感”的特殊才能。

对孟德斯鸠而言，鉴赏力也独立于推理，是人将艺术规则应用于个别情况的才能(Encyclopédie,1757)。

4. **鉴赏力以有意识的智力培养为基础。** 对于拉罗什富科(La Rochefoucauld)而言,在他的文章《味道》中,鉴赏力虽然变幻无常,依据个人喜好和环境而不同,但**良好的鉴赏力**是依据判断而非感觉进行正确评估的本能。

理性主义思潮主导着18世纪的法国美学。对于阿贝·巴托(Abbé Batteux,1747)而言,鉴赏力就是用受教育的感觉来掌握规则。狄德罗视鉴赏力为通过反复体验而获得的才能,无论什么令它变美,都是对真善把握的才能,是即刻受到鲜明影响的才能。沃弗纳格(Vauvenargues,1746)和达朗贝尔(D'Alembert)(*Encyclopédie*,1757)似乎使鉴赏力隶属于推理。对于伏尔泰而言(*Encyclopédie*),鉴赏力接近推理,并可能通过推理得到纠正。尽管一般而言,鉴赏力因国家或其他而异,但良好的鉴赏力还是有共性的。

对鲍赫斯(Bouhours)而言,良好的鉴赏力是一种本能的良好判断力,"一种出于合适理由的本能"(une espèce d'instinct dc la droite raison)。拉布吕耶尔(La Bruyère)写道,良好的鉴赏力是合理判断的结果,"在常识和良好判断力之间,存在因果差异"(*Les Caractères*, "Des Jugements",1694)。

最复杂的论点之一出自休谟。他曾在一些作品中表示:"有些美,刚一出现,就赢得我们的喜爱和赞许……但是在许多美的秩序中,尤其是美术领域,必须运用大量的推理才能感受到特定情感。错误的欣赏经常要通过论辩和反思来纠正。"(*Enquiries*)

相反,他在另一篇文章中说,正确地讲,美不在于诗歌,而在于读者是否具备有鉴赏力的感受。如果一个人没有细腻的性情来感受到这种情感,那么他就对美一无所知(*The Sceptic*)。

然而,在休谟的《论趣味的标准》("On the Standard of Taste",1757)一文中,他试图解决这一矛盾。他再次表示,趣味是一种主观感觉,美并不属于事物本身,而是表达思想对事物的反应,后来他继续持有此观点：

这样看来，在各种趣味的变化中，存在某些认可或责备的一般原则，细心的眼睛可能会在大脑的所有运作中察觉到这些原则。

从内部构造的原始结构中得出的某些特殊形式或品质，是取悦他人的，而另一些则是令人不悦的。如果它们在任何特定情况下均无法发挥作用，则归因于器官存在某些明显的缺陷。

……为了不从太深奥的源头汲取我们的哲学，我们将求助于有名的故事《堂吉诃德》。

桑丘大胆地对乡绅说："我有理由假装对葡萄酒有判断力：我们家族有这种特质。我的两个亲戚曾被要求评价桶装葡萄酒，那是陈年好酒。"

……其中一人品尝酒，深思熟虑后，他说这是一款好酒，但是他察觉到一丝皮革的味道。另一位也很谨慎，他也判断那葡萄酒是好酒，但他轻而易举地发现里面有一丝铁的味道。你无法想象，他们都因为自己的判断被嘲笑。但到底谁笑到了最后呢？喝光了那一大桶酒后，就可以看见桶底部有一把旧钥匙，上面绑着一根皮绳子。

精神和身体趣味之间的巨大相似之处，很容易教会我们运用这个故事。尽管可以肯定的是，不只是甜蜜和苦涩、美与畸形，并不是对象的特质，而是完全属于内在或外在的情感。必须允许对象具有某些特质，这些特质自然适合产生那些特殊的感觉。

现在，由于这些品质可能在较小程度上被发现，或者可能彼此混合并混杂在一起，因此经常会发生这样的情况，即趣味不受这种微小特质的影响，或者无法区分所有在无序中呈现的特性。器官如此敏锐，任何东西都可以察觉到，同时又能精确地感知混合物中的每种成分：我们称其为趣味的细腻性……

在此，美的一般规则是有用的。产生这些一般规则或认可的构成模式，就像找到带皮绳的钥匙一样，这证明了桑丘亲属的判断是正确的……

因此，似乎根据休谟的观点，我们在处理两种不同但互补的关于鉴赏力(taste)的概念：(1) 在 taste-for 结构中指鉴赏力，它是一种主观态度(例如"他对葡萄酒有很好的鉴赏力")；(2) 在 taste-of 结构中指味道(如"他能够识别出葡萄酒的醇厚味道")，指必须通过教育、训练获得的能力，如此方可识别出所欣赏对象的某些客观品质。

今天，我不便分析康德在《批判力批评》(1.1.)中所做的尝试。他尝试的目的是调和所有这些作为审美判断力的鉴赏力概念。

对康德而言，审美判断(1)涉及无利害关系的愉悦感("决定鉴赏力判断的愉悦感与利益无关……")；(2)没有概念的普遍性("除了是一种概念，美就是取悦"，而审美判断并非表明所有花都是美的，而是说**这朵**花是美的。我们认可这朵花美的必要性，并非取决于抽象推理、花的概念、目的和我们的个人愿望，而是取决于我们对这朵花的感觉)；(3)没有规则的规律性；以及(4)没有任何终结性的目的感("美是对象的最终形式，除了目的表征外，是可以感受到的")。

因此，美除了是概念外，被视为一种**必要**愉悦的对象，而审美判断则需要**理性和想象力的自由互动**。

鉴赏力和美的这些定义是否可以等同于一些印度概念？我们刚刚看到，在西方美学中，思考的对象通常是美，它必须以某种方式定义并等同于欣赏对象的某些特性。相反，我已经指出印度美学的目的是不同的。麦克斯·缪勒(Max Muller)说，自然界中美的概念在印度教思维中并不存在。我知道麦克斯·缪勒(在这个国家)被控种族主义，他可能误解了印度教的思维。因此,我试图辨认印度美学家是谈及审美享受对象可察觉的特性,还是相反地谈论其产生的感觉。

当然,在最早且受人尊敬的关于**味**的理论家,即婆罗多看来,戏剧动作的价值首先受到赞扬,因为它对观众的思维产生了影响。

存在很多关于婆罗多的**味**理论和亚里士多德的**净化**理论的类比研究。

婆罗多确定了八种永久精神状态(如愉悦、愤怒、悲伤、大笑、恐怖、厌恶、惊奇、英雄主义)。这些状态由某些原因造成,并产生既定效果及伴随它们的精神状态。

当永久精神状态表征在戏剧中时,效果和随之而来的精神状态就成为基本的决定因素、后果(如晕厥、出汗、哭泣等现象)及暂时性精神状态(有33种,今天我不能将它们考虑在内)。

将永久精神状态转变为戏剧性表征的过程中,产生了八种味:艳情、滑稽、悲悯、暴戾、英勇、恐怖、厌恶、奇异,最后是平和与安宁。

我们意识到,此种味的概念与西方的鉴赏力概念无关。根据亚里士多德的说法,这与悲剧的净化作用有关。我们知道,当谈到用狂热的音乐治愈热情过度时,亚里士多德的净化观念源于希腊医学文献。同样,婆罗多似乎从印度医学传统中借鉴了味的观念与术语,它指甜、酸、咸、苦、涩、平六种味觉的物理品质。这六种味觉代表着体液。或者,就像阿育吠陀(Ayurveda)所言,味表示消化系统从食物中提取出来的重要汁液,这些汁液可以转化为血、肉、骨、髓、脂肪和精液。

现在,对亚里士多德而言,悲剧旨在使观众产生怜悯和恐怖的感觉,并且这些感觉让观众经历情感净化。但是,在亚里士多德的《诗学》中,有两种方式理解净化,因为对净化的解释要么是顺势疗法的,要么是对抗疗法的。

在第一种情况下,净化源于这样一个事实,即悲剧的观众真的感到怜悯与恐怖,甚至到了阵发性的地步,以至于在遭受这两种情感时,他得到净化,并从悲剧体验中解放出来。这种解释似乎与该术语的医学渊源以及精神狂乱的庆祝仪式，即用香水和药物的依洛西斯秘密仪式(Eleusinian mysteries)更加一致。

在第二种情况下，悲剧文本使我们与表征的情感相距甚远，我们从情感中解放出来，并非通过情感体验，而是通过欣赏情感表征的方式。

婆罗多的理论是顺势疗法，还是对抗疗法？

根据一些作者[例如理查·谢克纳《味的美学》(Richard Schechner, "Rasa Aesthetics", *The Drama Review* 45, 3, 2001)]所言，悲剧效果与身体体验有关。谢克纳引用了一些段落，其中婆罗多过于强调味与感官体验(例如将不同的调味品和酱料混合在一起)之间的类比，而其他一些现代阐释者似乎将婆罗多所描述的演员的技巧与斯坦尼斯拉夫斯基(Stanislawsky)的方法等同——因此这以一种演员和角色之间以及观众和演员之间的完全情感识别为前提。

相反，如果我相信拉涅罗·尼奥利和普拉瓦斯·吉万·乔杜里(Pravas Jivan Chaudury)从"印度美学的净化概念"中提出的**阿毗那婆笈多的审美体验**，那么我很想在婆罗多的论述中(或在阿毗那婆笈多对婆罗多的阐释中)找到类似于疏离或**陌生化**(Verfremdung)作用的东西。其中，陌生化出现在贝托尔特·布莱希特(Bertolt Brecht)的戏剧理论中。

阿毗那婆笈多引用了婆罗多的两位评论家巴塔·洛拉塔(Batta Lollata)和桑卡(Sankuka)的说法。巴塔·洛拉塔认为艺术是对现实的模仿，戏剧的效果是一种特别强烈的精神状态(似乎他的阐释是一种顺势疗法)。但桑卡说，味不是一种强烈的精神状态，因为艺术不能是模仿。他说，当人们看到绘画中的一匹马，不会把它误认为是原始的马，而是将其视为原始马的表征，从而通过这种识别来获得审美愉悦。由于艺术无法模仿原始主题的所有特质，因此艺术只是一种推论，而非模仿。他还用森林中的火进行类比：因为我们可以从树丛上方的烟推断出火情，就像通过演员所呈现的情况可以推断出他们基本的精神状态一样。从这个意义上讲，桑卡的说法肯定是顺势疗法。

根据乔杜里的说法，味在阿毗那婆笈多那里显然是逆势疗法的体验。阿毗那婆笈多将第九种译为“平和与安宁”的味添加到婆罗多的八种味中:这第九种味与先前八种味的性质不同,但它是最终的诗意效果,与超脱所表征情感的状态相吻合。这最终的味使人立刻情绪激动,又心情平静,因为它所表征的情感与日常生活中的情感有所不同。普通情感在诗意上转化为类别情感,即一种普遍的观念、一种理想的内容。一位在舞台上流泪的女士,只能表征这种普遍悲伤中的“雷德伍德”(Ladywood),而她的眼泪则是理想内容“泪液”。阿毗那婆笈多引用的另一位作者巴特·那邪迦(Bhatta Nayaka,9世纪)曾说过,观众或读者不会悲伤或快乐,因为由于归纳的诗意力量,他们获得了某种“审美距离”:尽管在舞台上拉玛(Rama)对西塔(Sita)的爱是特定的,但变成了普遍的爱情体验。

这就是为何这样的表征产生平和与安宁,因为人们总是被动接受普通情感,而以沉思的心绪欣赏种类情感。即使没有理由用鉴赏力来翻译味(至少不是西方意义上的),在此审美超脱理论中,还是有一种类似康德理论的东西。在此理论中,审美愉悦毫无意义。人们还可以从阿毗那婆笈多的理论中找到康德式的观念,即审美判断虽不是概念性的,但在某种程度上是普遍的,或至少对所有戏剧观众来说是普遍的。

尼奥利说,对于阿毗那婆笈多而言,“艺术创作是一种感觉或‘广义’情感的直接或非常规表达,即不区分时间与空间,因此不区分诗人本身的内在力量、创造直觉或艺术直觉影响下的所有个人关系和实践兴趣”。诗歌中表达的此种意识状态被转移给演员和观众。“诗人、演员和观众这三者,在对艺术品的沉思中,实际上形成了一个单一的认识主题,并以相同的感觉和相同的净化快乐融合在一起。”但这是真正的印度读物,还是已经熟悉康德美学的西方学者对印度思想的阐释呢?

无论如何,阿毗那婆笈多不是康德。他是一位神秘主义的思想家,对他来说,无利害关系的愉悦感与了解婆罗门(对神的认同)时所经历的喜悦相似。他在《洛迦纳》(*Locana*)和《舞论注》(*Abhinavabharati*)中都说,审美享受类似于品味至高无上的婆罗门的乐趣,那感觉是“自我对自我的愉悦品鉴”。

到目前为止，在任何情况下，味似乎都只与艺术品的效果有关，而与它的客观特性无关。

但是我们不能忘记两件事：一是在婆罗多和他的所有评论家中，很大的注意力都放在了戏剧作者为产生味而实施的特殊技巧上，即演员的手势、言语、眼泪和许多其他戏剧策略，在某种程度上，甚至阿毗那婆笈多(像许多西方研究鉴赏力的哲学家一样)都坚持认为，感觉到味需要获得良好的文学才能，并通过不断研究诗歌来培养一个人的品位(以西方的意义来理解)。情感语言不是私人语言，而是一组规则，只有那些了解正确的文学惯例的人才能理解。从这个意义上讲，味应该是欣赏被欣赏对象的某些客观属性。从这个意义上讲，味好像不仅是一种鉴别力，而且是一种味道。

在婆罗多和阿毗那婆笈多之间还有欢增，阿毗那婆笈评论了欢增的《韵光》(*Dhvanyaloka*)。在《韵光》中，味理论从戏剧体验转变为一般的诗歌体验。首先，由于我们阅读诗歌比观看电视剧时情感参与(我想说的是身体参与)更少，因此强化了味的非顺势而是沉思感。

但是在《韵光》中，味似乎也是一种**修辞**和**语义**现象。欢增发展了**韵**(dhvani)理论。这个隐喻促进了许多神秘阐释，但相反，欢增说语言可以传达字面意义、隐喻意义、暗示和隐含意义。字面意义和隐喻意义或多或少是西方意义上的意义，因为印度语言学和修辞学与相应的西方理论之间有许多共同点。不忽略字面意义，可以理解隐含含义。例如欢增引用了迦梨陀娑(Kalidasa)的一首诗，我尝试将其由意大利语译文翻译成英语：“神圣的诗人正在讲话，帕尔瓦蒂(Parvati)脸朝下，靠近父亲，好像玩耍一样，在数着莲花的花瓣。”欢增说，数花瓣的表面行为，暗示了帕尔瓦蒂对婚礼的喜悦与谦逊。

有趣的是，像雅克·拉康(Jacques Lacan)(*Ecrits*, Paris, Seuil, 1966)这样的精神分析学家认为，**韵**是分析学家的揭示词，它表明患者未说的内容，并且它隐含(或缺席)在他或她的话语中。

欢增列举并研究了不同层次的隐含性，但只有他称之为**韵**的隐含意义是诗歌作品所传达的。这是一种闪耀在所有语言元素之上的东西，它随着美丽女人的魅力而发生，而这不只是她显见的美丽特性之总和。

诗意话语将欢增的**韵**保留为隐含意义（他说，就像回声一样），也很难用文字来翻译，即使欢增说它并非完全无法言喻，并且总能以某种方式表达或阐释。

实际上，欢增坚持使用传统的修辞手法，可以用**韵**引出味的感觉。因此，我知道，可以通过分析其语法和修辞策略，以某种方式表达或解释味。

此外，在《韵光》中，极少出现欢增所说的与味觉概念类似的东西，如在欧洲 17 和 18 世纪。在第一章第 4 节和第 6 节中，他谈到**韵**的各种可能解释，并提到某些作者，他们认为韵无法名状。因此，《韵光》里讲，"敏感者要借助审美鉴别力才能认识到它"。我认为，他在讲，**韵**就像葡萄酒的味道一样，它无法用文字来定义，而只有具备特殊检测能力的、有品位的鉴赏家才能欣赏它。不幸的是，我读的是意大利语的《韵光》，不知道译者是否用"gusto"来翻译味道，即味一词或其他词的出现。但是，有人鼓励我以此方式阅读这段文字，因为根据维士瓦那特（Visvanatha）（*Sahitya Darpana*，1450）所言，味的品鉴，即美的景象，"只有那些有能力的人才能欣赏"。

如果说"审美鉴赏力"是一种味，那么对于欢增，味有双重含义，即味既是主观感知诗味（鉴别力）的能力，又是客观的诗意感（味道）。

欢增并未定义味，但他将味与**韵**联系在一起。不能用其他词语表达的诗歌的隐含含义是味。从这个意义上说，**韵**仍然是一种修辞策略，是味的载体。这一点在《韵光》中不清晰，因为欢增从未定义过**味**。

阿毗那婆笈多解释欢增时会说，味是**韵**的灵魂。似乎我们在这里将味定义为一种无法言喻的诗意效果，这仍然是一种语义现象，可以说逐渐成为或多或少的非理性感觉。从某种意义上讲，味是一种隐喻的诗意味道。因此，许多当代译者认为阿毗那婆笈多的味只有一种诗意的直觉，在许多理想主义的西方美学意义上(例如贝内代托·克罗齐美学)，去除了所有智力操作。

然而，阿毗那婆笈多把注意力从欢增感兴趣的语言程序转移到我们对这种语言策略的心理和情感反应上。因此，对他而言，应该从心理学角度来理解味，而读者则成为文学批评的焦点。阿毗那婆笈多并没有把味当作没有任何智力内容的纯粹直觉。如果不认真对待最近将阿毗那婆笈多理解为当今认知科学先驱的阐释，他的味似乎是一种融合了智力的感觉。

在他的理论中，有许多有趣的心理因素。例如，他所说的戏剧是一种能在我们的脑海中唤起以往经历的忘却、无意识记忆的东西。因此，通过回忆，我们可以更加超脱且具洞察力的方式重新考虑它们。只是在将它们转化为更普遍的东西时，我们才对神感到认同。因此，诗意的欢愉代表着一种更高级的智力知识。

到目前为止，我认为我们已经至少辨认了 15 种不同的美学现象。我从西方美学的角度翻译并列出了它们。因此，味可以译为顺势疗法、逆势疗法、情感模仿的欢愉、来自表征情感的愉悦感、普遍感知、无利害关系的愉悦感、对客观语言和修辞策略的愉悦感、对神的神秘主义认同、通过文化训练获得的能力、对内隐的感知、鉴赏力、味道、心理现象、无法言喻的诗意情感、高级智力知识。它们都以某种方式涵盖了味的概念的一个方面，却不能包括其整个语义空间。我们不能同时接受它们，因为如果将味等同于其中一个，则不能等同于其他。

如果我必须总结这个不可分割的家庭相似性网络，我的图表会很复杂。如图 12－5 所示：

至多，可翻译**味**的仅有的西方表达是**美感**或**审美反应**。但它们根本不是定义。相反，它们正是美学探究应该去加以定义的。

在我看来，味也有同样的情况。它不是一个定义，而是一种要定义的现象，并且在几个世纪的过程中，从作者到作者，它经历了许多矛盾

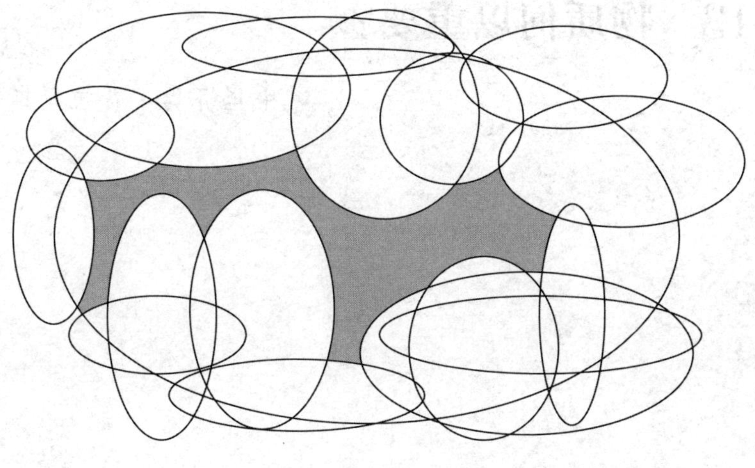

图 12 - 5

的定义。

这表明(一方面),要确定存在多少种味理论,以及它们在何种程度上可以相互兼容,并不容易。我认为与西方概念进行比较,对不惜一切代价寻找身份并无太多帮助,而是对描述差异有帮助。

另一方面,我们应该相信,那些所有试图在各种味理论和西方理论之间找到类比关系的尝试,往往以失败告终。如果有许多西方美学理论,那么也有许多印度美学理论。在任何情况下,好像很难将味等同于 17 和 18 世纪欧洲的**鉴赏力**,这是一种主观态度或主观反应,取决于审美对象的某些客观品质。而且在许多情况下,它是这两种现象之间可察觉的相互作用。因此,现在用**鉴赏力**翻译“味”具有误导性。

或许我是错的,但当我面对另一种文化的概念和词语时,我确实想表达作为特定文化一员的困惑。让我感到困惑的是,受邀进行更多比较、展开更紧密的相互对抗,以便更好地定义家族相似性,并在必要时认识到陌生的多样性,**诸如此类,是否有解**。

13 物质何以重要?

毛里齐奥·费拉里斯

一、灵韵之作

你如何想象自己的葬礼?如果你认为自己会选择世俗仪式,那么演讲和掌声会是即兴的,即兴表演比较流行。没有程式化的仪式,也没有正式的组织让大家节哀顺变。然而,如果宗教仪式要模仿世俗仪式寻求不确定性并承受困难,那么同样的事情也会发生:想象一下,它发生在一个装饰不佳的破旧教堂中,演讲词没有使用庄严语体,而是日常用语。这样的葬礼实验有些极端,但最终适于(因为它影响到每个人)解决神圣艺术的难题。目前神圣艺术与世俗艺术相混淆,后者并非处于黄金时代。

为何如此?卡米尔·帕利亚(Camille Paglia)在《闪耀的图像:从埃及到〈星球大战〉的艺术之旅》(*Glittering Images: A Journey Through Art from Egypt to Star Wars*)①中谈到了精神危机。大教堂的日子一去不复返了,宗教不再是艺术的主题。根据作者的说法,这在宏观层面上体现了对教规的遗忘(人们不了解"天使报喜"或"逃往埃及",因为他们不知道那些是什么)。我要补充一点,艺术的主要客户已经改变,

---

① Paglia 2012.

因为后者不再是教堂，而是政府：艺术家现在不得不对社会大众的趣味亦步亦趋，就像过去对宗教趣味亦步亦趋一样。公众不再去教堂看艺术，而是在媒体和广告的推动下参观展览。结果，只有在涉及挑衅时，人们才谈论神圣艺术，例如塞拉诺（Serrano）的《尿浸基督》（*Piss Christ*）、基彭贝格（Kippenberger）的钉在十字架上的青蛙或卡特兰（Catelanan）的被陨石砸碎的约翰·保罗二世。

为了应对这种趋势，现在天主教堂试图在威尼斯双年展上设计梵蒂冈亭子，或让当代艺术家参与古代教堂活动[帕尔梅贾尼（Parmeggiani）在雷焦艾米利亚大教堂（the cathedral of Reggio Emilia）设计的祭坛、库奈里斯（Kounellis）的主教椅、斯帕莱蒂（Spallett）的烛台]，来恢复与非从属或模仿艺术的联系。正如权威保守评论家最近指出的那样[参见马克·富马罗利（Marc Fumaroli）①、让·克莱尔（Jean Clair）②和罗杰·斯克鲁顿（Roger Scruton）③]，其结果并不明显，因为神圣艺术品的困境只是一般艺术品困境的最显见的征兆。实际上，艺术似乎正在实现哥白尼之后尼采关于人类的预言：它正“朝着未知滚动”，没有终点，没有方向。

现在，很容易看出，当代艺术的许多领域都处于危机之中。甚至更容易看到，过去二十年来谈论的“重返宗教”在很大程度上是一个错误的警示：它没有给在各个方面世俗化的习俗或信仰带来任何真正的改变。但是，我发现在精神危机与审美危机之间建立直接关联（如帕利亚所为）太过简单化。两者之间肯定存在联系，但是，如果有的话，也与作者的假设相反：艺术的超灵性化成为概念，是造成审美危机的原因。黑格尔很好地描述了这一现象：尽管古典艺术发展出一种“审美宗教”，其特点是形式与内容之间的严格对应，但现代浪漫主义艺术的内容（精神、观念）却胜于形式。十字架上的基督不好看，重要的是场景的精神

① Claire 2011.

② Fumaroli 2009.

③ Scruton 2009.

意义：在这里，在这种极端观念主义中，我们看到了杜尚的最强前情。

所有浪漫艺术及其继承者的前卫艺术发展了这种超灵职业。当代视觉艺术声称，美不是其中心①，这是对超概念性的陈述。本雅明之后经常有人反复说，在机械复制时代，艺术已经失去其独特性的灵韵，这并非事实。事实恰恰相反，现在的艺术品基本上是灵韵之作，完全是精神奉献的产物。通过奉献精神，物品变成艺术品，博物馆变成寺庙，游客变为朝圣者和忏悔者，艺术品经销商成为灵韵的商人。②

如果将其置于适当的位置并采用适当的仪式，任何东西都可以成为一件艺术品，这意味着在艺术创作中融入转化性：艺术家将物品神圣化，通过阅读艺术评论家撰写的虔诚文本，将物品转化为艺术品。的确，不再有（带有神圣主题的）神圣艺术，而且我们不再知道如何建造漂亮的教堂。但是在新建的漂亮大教堂，即博物馆里，我们正在进行永久崇拜。如果真是这样，那么艺术并没有死，而是比以往任何时候都更加生动，它确实已经取代了宗教。

人们可以反对这种解释，即"概念"不等同于"精神"，精神或许是神秘与启示，而概念则透明、清晰，常是无用的游戏。人们也可能反对概念作品的灵韵是虚假的灵韵的说法。当然，但问题在于，要恢复神话（也许像两个世纪前浪漫主义者梦想的那样，创造一个"新神话"），只有这样做的意愿还不够。毕竟，整个故事已经写在《战争与和平》中：博罗季诺战役（the battle of Borodino）前夕，资产阶级和开明的皇帝拿破仑想象他儿子当上罗马国王。他的对手库图索夫（Kutusov）跪在圣像面前。这场战役的结果无法确定，而战争的结果对拿破仑来说将是灾难性的。但从长远来看，在将我们与博罗季诺分开的两个世纪中，拿破仑的原则占了上风。现在，我们更可能看到这些原则在艺术、经济和政治以及我们自己生活中的局限性。但是我们也意识到（或者至少这是我

① Benjamin 1968.

② Dal Lago-Giordano 2006.

坚定的信念)，灵性和神圣注定是我们要承认的力量，即便不采取虚幻的形式，我们也不能牺牲现代性的价值、荣誉和痛苦与之和解。

二、合约艺术

在“概念艺术”一词中，定义“概念”的含义很重要。从何种意义上讲，杜尚的酒瓶架比拉斐尔的雅典学派更具概念性呢？拉斐尔试图通过亚里士多德半举手的单一动作来体现伦理美德**借助媒体**(via media)的特征。事后看来，概念艺术的说法是法律概念：如果采用“法律与艺术”一词[①]，我们会注意到前者对后者而言并不是外在的(如果我们依据“精神病学与艺术”一词，通过作者的病理学来解释艺术品，情况会不同)。

实际上，在过去的一个世纪中，概念艺术一直是合约性的：它处理经济数据(艺术世界首先是艺术市场)，并试图拓宽艺术的定义，就买方、作者和用户之间的隐性合约重新谈判，使其本质上成为合约。实际上，概念合约艺术所使用的唯一概念终究还是艺术法则，即规范观念，指艺术品是作者创造的、具有迷人外观的实体物品。因此，有必要违背规范，绕过它们，扩展它们，将其删去，而所有这些(相反地)是通过传统上与规范、合法性相关的工具进行的，即合约。

合约的力量之所以强大，是因为它具有执行维度，可以让人们用言语做事，这是英国哲学家、言语行为理论家约翰·L. 奥斯丁(John L. Austin)所建议的。[②] 他指出，在婚礼上“我愿意”一词，不仅描述仪式，而且产生两个新的社交对象，即丈夫和妻子。文件同样会系统地发生相同的事情，使人们可以按照双重模式进行认证、记录、存档、命名等。

---

① 见 Donati 2012，Ajani-Donati (eds)，2011。

② Austin 1962.

我认为此双重模式可以追溯到以下情况:“弱文件”(事实记录)和“强文件”(行为铭文)。需要明确的是,所有记录表演但注定要消失的艺术家,都在制作弱文档。当艺术家[例如使用法律文件制作拼贴画的戈登·马塔·克拉克(Gordon Matta-Clark)]利用文书工作的审美感染力和档案的神奇力量时,也会发生同样的情况。

但是,文档可以更强大的形式来使用,即从字面上产生行为:西奥多·富·万(Theodore Fu Wan)通过合约将名字改为萨斯喀彻温·万(Saskatche Wan),阿里克斯·兰伯特(Alix Lambert)在六个月内与五名女子结婚,玛丽亚·艾希霍恩(Maria Eichhorn)将自己的艺术活动构想为合约草案,以保护受投机威胁的城市地区。文件的授予权是实践的核心,例如斯蒂芬·布鲁格曼(Stefan Bruggemann)和罗伯特·巴里(Robert Barry)的实践,他们每五年将其两份作品通过合约分配给彼此。同样,菲利普·帕雷诺(Philippe Parreno)和彼得·休伊(Peter Huyge)利用版权法,获得了使用漫画人物的权利。合约可以逐步走向颠覆规则的舞台。它们不再是艺术规则,而是刑法规则,例如艺术家下令抢劫杂货店时,或者如超柔集团(the group Superflex)的“腐败合约”中所述,买方(明显背弃了作为道德善良的象征的美的标准理论,因而刻意减损)致力于敲诈和贿赂。

人们也可以仅凭合约**法令**就创作艺术品。1959 年,伊夫·克莱因(Yves Klein)创办了一个名为“无艺术家”(Empty Artist)的没有作品的展览。在该展览中,他向用户颁发了出售“非实质性图片敏感性区域”的合约。后来,在 2010 年,埃蒂安·钱伯(Etienne Chambaud)创作了仅由合约、证书和真实性陈述组成的作品。同样,合约可以将作者变成艺术品,就像吉尔·马吉德(Jill Magid)授权给一家专业公司将其烧焦的遗骸变成钻石一样。但是,极端的情况也许是罗伯特·莫里斯(Robert Morris)1963 年的合约,其中包括两部分:左边是一块刻有几行线条的铁板,右边是艺术家撤回艺术品地位的声明,他将艺术灵韵转移到文件上。

康德说艺术的特征在于使人思考。但是这些作品引发了什么思考呢？这本质上是法律性质的问题。例如：如果作者只是指示他人进行创作，那作者是谁呢？如果她像塞思·西格劳布(Seth Siegelaub)所做的那样在合约中规定，即使是最细微的变化都涉及对艺术品不可逆转的改动，她可能是在恐吓对方。她甚至故意表现出专制。丹尼尔·布伦(Daniel Buren)就是这样，他坚决反对在作品上签名或鉴定作品。再说一次，当展览或博物馆负责人的责任超出对博物馆展览空间做出安排时，他就是作者[例如，像卡特兰这样的艺术家，已经与马西米连诺·乔尼(Massimiliano Gioni)共同策划了 2006 年柏林双年展]。

表演真的是一种可以逃离市场的无关紧要的艺术品吗？按照最初的思想体系是这样，但是现在世界上到处都是表演的录像。确实，世界上到处都是文件，就像与伊恩·威尔逊(Ian Wilson)进行的哲学对话，现在只剩下一张带签名的纸。甚至还有可以按照使用说明进行收集和拆编的“脚本”，或者是仅包含文件的作品，例如卡特兰在弗利警察总部提交的投诉书，其中记载了他汽车上的一件隐形艺术品被盗。

然而，当代艺术只是凸显各时代不同类型艺术品的特征。文档总是定义艺术的范围，因为它与一般社会对象的建立有关。因此，与任何其他社会对象一样，艺术品是由法规定义的，我曾依据“对象＝规定行为”(Object＝inscribed act)确定该法规的形式。也就是说，社会对象是社会行为(如至少涉及两人)的产物，其特征是记录在一张纸上、一个计算机文件中，或者甚至只是人们脑海中的事实。因此，合约的维度并非割裂传统艺术的本质，它假设作者和用户之间存在三十多年前艾柯在《故事里的读者》(*Lector in Fabula*)中所指的合作。① 甚至在传统艺术中，将期望完全转化为现实，通常会导致一些意外，即对规则的轻微违背，从而赋予期待意外因素的艺术(与严格编码的传统不同)以新的气息。

---

① Eco 1979.

当代变体恰恰是合约的快感，其中，艺术家越具革命性，设计就越巧妙。在此，超越性和意外因素成为作品最重要的特征，而官僚主义的快感代替了构成传统艺术作品的其他元素（信息、情感、审美满足感）。把世界变成一件艺术品的浪漫梦想，在文书工作中得以实现。在那里，艺术真正具有了生命力。不给你收据的酒吧招待可能是绝对的表演者，如果他还向警察报告此事，该事件就更加崇高且完整了。

我们所有人都在等待公寓集会成为艺术品的时刻，其痕迹（会议纪要）将作为装饰挂在墙上。在合约艺术中，朱塞佩·诺维罗（Giuseppe Novello）的一幅旧漫画成为现实。该漫画描绘了一个贵族出身、家教良好的年轻人想成为一名作曲家，但他在深夜站在双眉紧锁的贝多芬的半身像下，找到了自己真正的缪斯女神：财会。他没有错。毕竟，杰夫·昆斯（Jeff Koons）在股票市场工作。如果卡特兰凭借在多年的艺术打拼中积累的专业知识而获得商法主席的位置，那就完美了。

三、从维托里亚诺到小便池

美？当然，这曾经是个问题，但现在不是了。自1993年以来，在波士顿成立了MOBA，即坏艺术博物馆（Museum of Bad Art），该博物馆组织展览和会议，提出一种简单但有效的观念：拍摄一些不良画作，并以真实姓名来称呼它们。这并非总是可行的，毕竟有些作品还不是很糟糕。总的来说，人们的印象是，坏艺术的比例并不比许多古代和现代美术博物馆中现有的坏艺术比例更大。然而，重要的是，坏艺术博物馆讽刺了一个世纪以来前卫艺术的基本审美信条，我将其称为"审美差异信条"。也就是说，据此观点，美不再是过去所谓的"精美艺术"的主要目标，以将精美艺术与有用的艺术区分开。这种审美（或更确切地说是麻醉性）信条来自遥远的地方，至少可以追溯到浪漫主义，黑格尔（他不是很喜欢浪漫主义者）将其特征视为内容的普遍性，视为预先安排并强烈要求的不和谐。1853 年，黑格尔派哲学家罗森克兰兹(Rosnkranz)写出了《丑陋的美学》(*Aesthetics of the Ugliness*)①，这并非偶然，而是抓住了时代精神：人们不需要美，有灵韵就已经足够了，尽管这发生在银版摄影术时代，即本雅明所说的技术可再现性，它认可了艺术灵韵的终结。我相信，这是我试图捍卫的论点的较早且明显的证据，即美的消失和灵韵的注入是两个同时出现的现象。

然而，就像在任何宗教里一样，审美差异的信条在理论上比实践上拥有更多的追随者。写美学文章时，人们总是乐于肯定自己在进行概念体验，其中美是不合时宜的僵化事物。但是，在购买桌子、扶手椅、地毯或衣服时，人们不愿肯定这一点：然而审美愉悦的要求并没有改变。在这里不难认识到矛盾(或用宗教行话来讲，双重真理)，这样我们就有了一个时代，我们自己的时代，精心培育美的神话的时代，但容易认为曾经称之为“美术”的东西不再以美为主要目标。

因此，一方面，我们拥有历史上最貌美的男女、最精美的物品、最优选的食物、最醇香的葡萄酒；另一方面，我们故意制造丑陋艺术品，邋遢、毫无意义或至少属于一门自认为有智慧的丑陋艺术。而且，由于外观(和品位)仍然很重要，因此可以通过精美的画廊为游客提供慰藉(在此不细说，我们稍后再做介绍)。也许满足感在于就职典礼上提供的免费白葡萄酒和奶酪(与电影院不同，在电影院中，如果你想要的话，需要购买酒和奶酪，因为据说审美满足感来自节目)。现在，有些人确信，在画廊中看到的东西和放在自己家里的东西之间都有很大差别。我(我怀疑我是唯一的一个)相信事实并非如此，因为许多作品都像其他作品一样，注定要进入人们的家。在接下来的几页中，我将尝试驳斥审美差异及灵韵无处不在的相关信条，并试图回答以下问题：如何避免 MOMA、MOCA、MACBA、MADRE 或 MAMBO 与 MOBA 相混淆？

尽管出现了坏艺术博物馆，但它仍属于一种古老的传统，因为它的

① Rosenkranz 1853.

前身已经在卡洛·多西(Carlo Dossi)描述的情况中出现。卡洛·多西在《那些疯子:第一次在罗马参加维托里奥·埃马努埃莱二世纪念碑比赛》[①]中评论了维托里亚诺的草图,他说:“在此我与你们同在,可怜的素描逃脱了或被送往庇护所,那之前在悲惨中度过一生的人们愤怒行事,视其为游戏的人们则沉迷于欢声笑语。”[②]那是在1884年,那个时代大量的摄影材料可能产生不良品位和折中主义(在这方面,而非灵韵的缺失方面,我们应该衡量技术可复制性对艺术的影响)。人们仍然在搜寻美,但没有找到,结果我们仍然可以在罗马的威尼斯广场上看到白色的大理石书写机器。毕竟,如果我们将其与多西所嘲笑的、其他人拒绝接受的草图相比较,还是不错的。

与充斥画廊和博物馆的许多艺术品相比,这还算不错,并且回应了我提出的、我们称之为“伟大概念艺术”的艺术:这是一种培养了审美差异和灵韵无所不能信条的艺术。如果“疯子们”的作品常是丑陋的,但非故意为之的,那么“伟大概念艺术”的作品同样丑陋,但是有意为之。人们可能很想在其中看到额外的责任,但是相反,带有神奇程序(因为它与变形有关)的它并非如此。嘲笑维托里亚诺时,人们可以接受鄙视它的丑陋和怜悯作者的态度,如果有人冒险对伟大概念艺术做同样的事情,他就会陷入麻烦之中,被指怀旧、无能、品位低劣和缺乏美感(该艺术并不追求美,这是很奇怪的)。美不再是艺术的事,如果你不明白,那就无知了。

如果你考虑一下,这种学说就是奇怪的,因为这就像说健康不是医学的重中之重。鉴于伟大概念艺术是在维托里亚诺之后不久出现的,因此有人可能会恶毒地认为,审美差异的信条是狐狸和葡萄寓言的较

---

① Dossi 1884.

② 作者给出的英文原文为:“Here I am, you poor sketches escaped from—or made in—the madhouse, before whom those who take life tragically pass showing disdain, and those who take it (as they should) as a game abandon themselves to moments of clamorous hilarity.”

晚版本。然而,受威吓的听众却接受并容忍。他们去看展览,鼓掌,如果买得起就购买,实际上与19世纪的资产阶级相比,他们的自信心要低得多。这也许会轻视印象派,但至少这样做可以表明印象派有自己的品位。伟大概念艺术品用户最多只能对自己说:"我本可以做到这一点。"但是他们错了:努力远远超出了他们的能力范围,这是非常浪漫的,具有里程碑意义。在疯子们为维托里亚诺竞争的时代,尼采写了《超越善恶》(*Beyond Good and Evil*),提出了对所有价值的重估。毫无疑问,这是一个巨大的项目,它在艺术中得以实现。最后一批毫无准备的游客,无论是对是错,站在美或丑的作品前准备大喊:"丑! 丑!"当他们都去世后,就有人施了一个咒语,结果他们的儿子或孙子面对不追求美(仅有的已声明的特点)的作品时,都说:"美! 美!"

此重估的创始人显然是杜尚,其时距维托里亚诺的疯子们时代已经30年了。但正如有时人们认为的那样,杜尚的天才并不包括与过去的决裂。相反,那包括他的艺术与过去的终极连续性。他的小便池以及留着小胡子的蒙娜丽莎,汇集了折中主义和浮夸主义世代累积的审美挫折感,以及对非概念艺术的半宗教式的被迫崇拜。你是否厌倦了在蒙娜丽莎面前表现出不属于自己的审美投入? 别担心,在她脸上画些胡须,这样伟大概念艺术的介入将使你得救。你是否厌倦了想要表现出美而实践上粗俗或平庸的作品? 再说一次,不用担心:把小便池、酒瓶架(顺便说一句,这是让人好奇的工具)或自行车轮置于相关环境中(画廊或博物馆)来展示,给它命名并签上名,你将实现奇妙的概念转换,这使得一个普通物件成为灵韵之作。由此来看,不惜一切代价应用审美差异和灵韵信条是至关重要的,以避免一些无能的想法,即奇迹取决于审美特性的作用,而非概念上的发明。这是与维托里亚诺纪念碑的第一个区别。维托里亚诺纪念碑追求美,但美却不青睐它。

还有第二个区别。多西可以轻松地嘲笑维托里亚诺,而对杜尚的小便池,则需要表现出认真、周到、钦佩并专心的态度。否则,就有可能像法兰蒂(Franti)一样在《爱的教育》(*Cuore*)中被定义为"坏人",因为老师讲述翁贝托国王的葬礼时，他还在微笑。就像对于每个奇迹，观察者必须坚信奇迹会出现。你一定要相信这点。只有这样做，才可能进行重估。我要用轶事来证明这一点。几年前，一个重要的伟大概念艺术基金会要求我组织一场会议连同一个艺术家展览。据说这些艺术家对暴力进行了深刻的反思。当我要求知晓反思内容时，他们解释说，这位画家去了墨西哥的一家屠宰场，并用锤子杀死了那里的十几匹马。对暴力的反思包括屠杀记录。我指出，我看不到其中的反思，因为它（如果言语有任何意义的话）不是反思，而是行为，一种残忍、极端的暴力行为，是一部针对动物的谋杀实况影片。而他们却告诉我，无论如何这些动物都将被杀掉。

因此，如果这位艺术家去奥斯威辛集中营洗澡，并将那些进入其中（无论如何都将要死去）的可怜人用锤子锤死，也许有些评论家或策划人会说，这位艺术家的行为是对暴力的深刻反思。整个对话都不得不（我们将回到这一点，这似乎是侧向的或环境的，但在侧向或环境这点上是至关重要的）发生在像苹果手机店那样布置雅致的白色小房间里。和我交谈的人们都是受过良好教育、有礼貌的善良男人和（多数是）女人。我没礼貌，不愿理解他人。在回家的路上，我想知道是否所有价值的重估都不是从美学转向伦理，因为也许审美萎缩，这种吞噬一切的习惯，已经开始释放出道德萎缩的形式。

四、恐吓与放纵

最终，展览没有举行，因为动物权益保护者和部门主管禁止这样做。我想知道：如果举行了，艺术家会怎么做呢？他会拿着锤子站在画廊门口吗？也许，即使没有手拿锤子的艺术家欢迎他们，参观者在美术馆里似乎也会害怕：他们常花钱去看展览，但带着害羞而恭敬的态度走来走去。也许有人想知道人们有多恐惧，究竟是谁在威胁他们。另外，人们可能想知道，是否可能人为地找到**所有**美的事物：在餐馆或商店里向来不能，因为总会有有人不喜欢的东西。然而，在艺术中，一切都被认为是美的，而这——更进一步的悖论——恰恰发生在伟大概念艺术强加审美差异规范之时。然而，当人们意识到审美差异掩盖了灵韵的无限权威时，这种悖论就不存在了。

人们很想得出一个简单结论：在这种变形中（就像在所有转型中一样），不仅存在规避措施，而且还存在很多社会恐吓。这种威胁性因素依赖于牢固的资产阶级因素，从尼采到布尔迪厄，这些思想家将其称为"卓越"[①]。不对屠杀马匹予以赞赏，并不值得赞许。面对摆在船上的电锯（我碰巧看到它）作品表现出犹豫，并不值得赞许。我想这是指所有人类事务的短暂性，某种程度上类似于乐华・梅兰（Leroy Merlin）创作的静物画。大约100年后，小艇中的电锯成了现成制品的重复性阵发版本。现在，我知道这种观察与最初相去甚远，但是现成品好像成了知识诈骗中出于经济利益，随时间变化、反复模仿的骗人玩意。现成品有着强大的直觉。当维托里亚诺的疯子们徒劳地寻找美，想用审美光泽掩盖所有事物时，现成品表现出激进的姿态，并表示寻找毫无用处：任何东西都可以是艺术品。

然后，第一个动作便是亵渎。对于这一点，艺术品没有什么特别的，它可以是任何东西：至少从名义上讲，它可以是没有灵韵或艺术的东西。但是，实际上，并非所有事物都可以成为艺术品，因为将飓风等自然事件转化为艺术品是很困难的。对于等边三角形之类的理想对象也是如此（最多会有一个具体对象，即等边三角形的设计，并非三角形本身，会成为艺术品）。[②] 相反，我个人很认同杜尚提出的合理观点：**艺术品首先是**具有某种维度、特征的**事物**。确实，自古以来，博物馆（包括之前的皇家美术馆）就包括了各种出于非审美考虑的东西：武器、带扣、

---

① Bourdieu 1987.

② 我在 Ferraris 2007 中已提出这点。

墓碑，当然还有人体（例如，埃及博物馆就展示了人体艺术如何具有古老的灵魂）。

因此，真正的亵渎不是说任何事物都可以成为艺术品，而是无论艺术品是什么，都可以丑陋，即不追求美，不追求杜尚“视网膜艺术”（retinal art）的状态。[①] 此外，这不适用于具有审美价值的其他事物，例如设计物。因此，杜尚真正的神来之笔，远不止现成品，而是对作为灵韵的无限权威的审美差异论的实际阐述。在审美混乱的时代，这一论点经证明是有价值的，并且具有救赎意义。在审美混乱中，许多传统的折中主义产生了加达在《熟悉悲伤》（*Acquainted with Grief*）中描述的情况：布里安扎的别墅“有宝塔和纺纱厂之类的东西，也是对阿尔罕布拉宫和克里姆林宫的折中”[②]。在这种风格、种类、品位和文化的摸彩袋中，没人能确定自己的品位，每个人都有理由认为这是错误的：印象派的评估者感到不安，因为现在立体派已经攻克了品位，华丽艺术（Art Pompier）爱好者也有同感，因为印象派和立体派发烧友将其视为“精神贫瘠”等。因此，一方面，存在一条从维托里卡到维托里亚诺的道路，即汇集了博物馆各种恐惧的包容且调和的道路；另一方面，存在杜尚与过往的决裂：重要的不是美，而是作品的概念。一旦明确这点，人们就可以不再担忧，而是进行一场激进的哥白尼革命。

然而，这种明显的亵渎完全利用了艺术的神圣价值，这就是恐吓的症结所在。正如蒙娜丽莎脸上画的小胡子通过违规和冒犯而获得声望一样，现成品是以与亵渎密不可分的奉献为前提的。杜尚在展示其对象时，充分利用了艺术的规范价值：尊重和灵性的全部遗产。屈服于这种丑陋，屈服于对耶稣受难地的不敬（回想一下，对黑格尔而言，浪漫派在十字架上的基督丑闻中找到了它的基本范式）[③]，因为通过这种跪拜，你将烧香给未知的神。一旦放到基座上，该物就会变成艺术品，信

① Cabanne 1967.

② Gadda 1969.

③ Hegel 1975.

徒将以同样的张力和对浪漫艺术的审美关注态度来考虑小便池和酒瓶架。实际上，观展者的举止与其教堂里的举止或在拜罗伊特的行为完全一样：他们通常保持沉默或窃窃私语，不敢像 18 世纪的剧院一样亮着灯，人们看演出时随便吃东西。甚至就职典礼上给你的霞多丽葡萄酒和切达干酪都具有圣餐的功能，而非“聚会食品”。因为这会将作品简化为纯粹的点缀和佐餐酒。

出人意料的是，当艺术家亵渎（至少在表面上）时，使用者奉献并感觉被赋予了重要任务：使艺术具有价值，用自己的信念点亮艺术——仿佛沙漠中的陨石被信徒改造为上帝的象征。两种经历——即画廊中的仪式和沙漠中的仪式——有一个共同元素：神秘。人们对艺术品的期望尚不清楚，但这是一种救赎。如果技术可重复性导致独特性的灵韵缺失，则该灵韵会被用户的信仰迅速（且更丰富地）重建。对这一事实的确认令人震惊。奉献的外在表现往往是不够的，因此人们所说的“美，美”是一种祈求，而非赞赏。他们的策略是崇高的，在前卫的批判性论述中，这并非偶然地得到了广泛的恢复。在缺少美的地方，人们刻意追求普通与丑陋，而美因缺位而变得引人注目。但此种缺位和概念与对象之间的不匹配（本质上是崇高的，尤其是数学上的崇高，正如康德在《判断力批判》中将其理论化一样）[①]，给人的印象是远远超出了美，因为重要的是意图与思想，而非可感的外表。正如康德再次表明的那样，他表现出可怕的男子气概，说女人可以是美的，但男人才是崇高的。[②]

像所有形式的禁欲主义一样，恐吓不仅涉及放纵，还意味着回馈快乐和回报奉献。与浪漫主义精神时代一样，伟大概念艺术时代是提出互补性子类别——媚俗（Kitsch）、坎普、波普（波普由有策略的伟大概念艺术呈现，我们稍后再谈）——的品位史上唯一的时代，这并非巧合。

---

① Kant 1961.

② Kant I. 1951：ch. III.

这正是维托里亚诺和维托里卡的情况:品位不再确定自己,或者不能承认自己的偏爱。如果与斯托克豪森相比,有人更喜欢麦当娜,想听她的音乐,或者如果有人喜欢坎贝尔的汤罐,却对毕加索一无所知,最重要的是,如果有人对多次观看杜尚的小便池感到无聊之极,那么有一种解决办法:可以声称自己喜欢媚俗、坎普和波普风格,他也会给人留下深刻印象。这表明,由于品位的不确定性,补偿性三合一(媚俗-坎普-波普)的共同要素是害怕被评判和(甚至更多是)进行评判。

对于一种现象的完全"接受",人们必须等待其结果和自然发展:正如人们读到的,后现代主义以一种明晰的形式从现象中产生,例如,可以在查尔斯·詹克斯(Charles Jencks)与苏珊·桑塔格(Susan Sontag)有意义的对话中产生。[①] 詹克斯的想法是人们为了原则而毁了他们的生活,这对虚无主义者更好。也就是说,不要在乎那些评判我们媚俗、坎普或波普的人。后现代品味的谱系如下:它以坎普(首先是英国,然后是全球)开始,接着是媚俗和波普,并以后现代主义和虚弱的思想达到高潮,这还给坎普、媚俗和波普迷(即人类的大部分)某种意识:一种宽容或放纵。"别担心,你的品位不差",或者说,即使品位不佳也有一定的空间和社会尊严:关于它的文章、手册、会议和惯例都很多。

当然,像所有放纵一样,这也会引起一些怀疑:这种宽恕是否会扩展到杜嘉班纳(Dolce and Gabbana)和Lady Gaga? 但问题的核心很清楚。浪漫主义者想要融合哲学与艺术,他们追求一种新的神话。这个梦想产生了两个结果:苦行艺术与媚俗。前者首先出现在贝多芬后期风格中,后者最初指摩纳哥新资产阶级品位。该新资产阶级无法忍受贝多芬的四重奏,却非常喜欢洛登斗篷。随着时间和工业的发展,随着资本主义和帝国主义的出现,这种现象被普遍化,成为更强大的文化巡回和更重要的工业巡回。这就是弗里德里希·荷尔德林(Friedrich Hölderlin)孤独的媚俗(这产生了人们"诗意地栖居"的说法)如何被愉

---

① 对话出现在Cleto 2008 (ed)中。

快活跃的伦敦布莱恩·琼斯、吉娜·洛洛布里格里达、维克多·莫里德、飞侠戈登和穿着双排扣的吉安妮·阿涅利所取代的。

在这种情况下，尼采写给布克哈特(Burckhardt)的话很恰当："我就是历史上的所有名人。"[①]或者，正如阿尔贝托·阿尔巴西诺(Alberto Arbasino)在《超级埃里加巴洛》(*Super Eliogabalo*)中所写的"尼采、阿多诺、拉康、托托"，毫无疑问，都很做作。如果是这样的话，其中最做作的就是马丁·海德格尔，穿着提洛尔外套，头上戴着睡帽[做作的托马斯·伯恩哈德(Thomas Bernhard)在《历代大师》(*Old Masters*)中很好地理解了这点][②]，宣称艺术品正是真理的自我运作，并用以下几点证明他的观点，即帕埃斯图姆神庙(最初在佩尔加蒙祭坛样品上建立的纽伦堡齐柏林田径场，是为希特勒演讲之用)、凡·高画的鞋子和康拉德·费迪南德·迈耶(Conrad Ferdinand Meyer)的诗。[③]

五、物质很重要

因此，这是犯罪现场。该怎么办？首先，在概念的极权主义背景下，值得注意的是，没有一种艺术不诉诸知觉，即某种未被思考的事物。因此，艺术品不仅是对观念的提醒，即一个人出于某种原因选择了做艺术家而非哲学家。这是向黑格尔学习，不是在他讲浪漫主义和艺术消亡时，而是当他说"感觉"是个美妙的词时，因为它有两个相反的含义。一方面，它指感觉——视觉、听觉、触觉、嗅觉、味觉——以及与知觉有关的一切；另一方面，当我们说"生活的感悟"时，它指与思想相关的意义。美学(对艺术的研究)这一名称源自感官知觉(希腊语中的**麻醉**)，

---

① Nietzsche 1885/1889，该信日期为1889年1月6日。

② Bernhard 1985.

③ Heidegger 2002.

这并不奇怪。[①] 试图避免两极之间的混淆，不要认为物质很重要，认为艺术越伟大，它从知觉获得的就越多：这些是将"伟大概念艺术"带入死胡同的首批错误。然而，永不中断与感觉和知觉的联系，人就可以打开通向美的道路。

但是还有更多。正如简·奥斯丁在《理智与情感》中指出的那样，还存在另一种二元性，类似于"奇妙"的感觉和感官的双重性。这一概念必须始终伴随着感觉，那些拒绝艺术感觉的人之所以这样做，是因为他们将感觉与感伤相混淆。这个想法很简单。我们看艺术品时在寻找什么？主要是感觉。[②] 否则，我们将改为阅读论文。我们在艺术中寻找的不是真理：这就是为什么艺术一直与美相关。出于同样的原因，正如我们在马匹屠宰者的例子中看到的那样，人们可以理解为什么某种程度上审美萎缩与道德萎缩是一致的。

最后，我们还应该考虑伟大概念艺术的第三个要素，即寻找一种可以立即被识别出的风格，甚至通过各种各样的实现、媒体和问题。他们说风格是艺术家自己。但那也是艺术品，因为我们期望作品就像人一样，是与众不同、独特的事物。[③]

六、十、十一、十二缪斯

恢复知觉、感觉和风格之后，我们可以继续前进。哲学家在阐述艺术理论时，常常只是指视觉艺术，仿佛它是范式的。但是，事实并非如此。当代视觉艺术及其教堂般的博物馆，造就了一种受审美差异理论支配的奉献、礼拜和钦佩的形式。但是，有很多艺术对象（例如录像带、电影、漫画书、歌曲等）比视觉艺术对我们生活的影响更大。这些对象

---

① 我在 Ferraris 1997 中提出了这个观点。

② 我在 Ferraris 2007 中已经提出这个观点。

③ 我在 Ferraris 2009 中已经提出这个概念。

遵循完全不同的时尚，试图用最世俗的事物来吸引用户，而又无法承受审美差异的奢侈。仅凭善意是不够的，这些对象常常很丑或没什么特别之处，但关键是，尽管视觉艺术的东西各不相同，用户仍然可以说“我喜欢”或“我不喜欢”。因此，两个世纪前黑格尔预言的艺术之死得以完美实现。至少它是在视觉艺术中完美实现的，或者更确切地讲，是在视觉艺术将自己理解为伟大概念艺术的那一部分中。其他类型的艺术做得也很好，并且出现了新的艺术品（例如录像带或图像小说）。新的艺术形式取代旧的艺术形式（例如，在某些时候史诗消失了，小说出现了），这并非第一次，而真正有趣的是，我们想知道接下来会发生什么。

回到灵韵的问题，我们意识到也许情况与预期大相径庭。差不多100年前，本雅明曾辩称，技术可重复性将导致灵韵的损失。他指的是这样的事实，即绘画被照片代替，而单一的作品被许多相同的副本所替代。50年前，安迪·沃霍尔（Andy Warhol）开始用宝丽来相机签名拍摄照片，因为这些没有底片的照片都是独一无二的。但是，当然，它们也是反常事物，因为普通照片都有底片，可以无限复制，数码照片更是如此。我想知道，如果本雅明（1940年去世）和沃霍尔（1987年去世）能预测到这种可重复性会因互联网的产生而大大提高，他们会说什么呢。具体来说，如果我输入“布里洛盒子”＋“沃霍尔”，在谷歌上将有9 000个网页可以点击。如果选择图片搜索，我会找到将近3 000件《布里洛盒子》（*Brillo Box*）的复制品。《布里洛盒子》是1964年由沃霍尔设计的钢丝绒盒，被视为流行图标。但是，如果我在平板电脑上进行此搜索，会找到3 000张图片，并且如果我在智能手机上执行相同的操作，也会发生同样的情况。结果，在同一桌面上，我将有大约9 000个《布里洛盒子》的图像和27个谈论或复制它的网站。

现在的问题是：这种无限可复制性是否导致了艺术的消失？当然不是。从某种意义上讲，艺术品太多了。存在无数的波普艺术作品，无数的艺术形式。唯一消失的东西，或者说在复制的艺术品中急剧下降的是价格。但正是为了纠正这一问题，才设计了灵韵作品，即20世纪最恶意且棘手的创造物，最坚决地激怒品味，最自负地宣称，美并非高于理想。我曾碰巧与一名博物馆馆长进行讨论，他告诉我："当然，为了充分理解这些作品，人必须是艺术界的一部分。"我认为，这与要理解某些作品一定得是雅利安人，并没有什么不同。就我所知，这是人们通常不会谈论的方面，但我认为这是至关重要的。为什么我们要谴责工业生产中的过剩并指责金融资本，而谈到艺术时却要被动地接受同样的事情呢？

重新考虑艺术与社会现实之间的关系，并不意味着（上帝禁止）捍卫某种形式的现实主义。相反，它意味着要从现实的角度研究，什么可以跟一些令人困惑的现象保持一致，这些现象不仅影响艺术品的生产，还影响整个艺术世界。像阿尔瓦罗·西扎（Alvaro Siza）这样的建筑师，如何能在那不勒斯的马德雷实现美丽的展览空间，却没有在其中放置插座和开关呢？最糟糕的是，这种严重的功能失调是出于审美原因，就像臭名昭著的斯塔克榨汁机一样。

我提到的是艺术中拒绝美的副作用，以及灵韵作品的成因。"否定"美之后，必须由其他机构执行供应功能——生成曾经难以想象的人物，例如时尚受害者、设计狂人或强迫性展览参观者，或奇特的一对，如超大型建筑博物馆与其作品。除了名字（这是现代艺术博物馆的变体）以外，博物馆通常各不相同。但是，里面的作品都同样违反道德准则，都同样不寻求美感（因为如果这样做，它们将降级到更适度的空间，例如设计商店）。因此，这是一个值得思考的悖论。常识显示，任何事物都可以是一件艺术品（而非灵韵作品，灵韵作品通常具有某种传统灵韵价值）。但同时，设计也教会我们，造就优质物品有多么困难：并非任何物品都可以成为设计物。结果，就物品而言，确实做艺术品就像是成圣，而做设计物就是提升等级，该等级比 20 世纪时的等级还低，那么成为圣徒好像比受到祝福更容易。

现在，切利尼制作的盐罐显得有些笨重，但如果有必要的话，还可以装盐，而斯塔克榨汁机不会榨出像样的果汁。切利尼和斯塔克相比有什么不同？毕竟，这是一个好问题。我认为，答案比看起来简单。中产阶级（未必受过良好教育，不像之前彬彬有礼的贵族赞助人那样）将具有灵韵的作品视为社会进步和富裕的工具。在这一点上，灵韵之作的工业化生产开始了，并装满了用公款（其中，官员们用人民的钱买单）建立的画廊和博物馆。我完全不相信，博物馆馆长会把他们展出的灵韵之作带回家，如果要自掏腰包，他们也不会买。提醒一句：总是有坏艺术品，任何人都可以看到，卢浮宫或旧美术馆里到处都是。人不完美，最重要的是，完美很罕见。但是，20 世纪成功地通过灵韵之作实现了丑的意识形态合法性。我想知道，如果且当未来的考古学家发现灵韵之作时，他们会怎么想。也许他们不会注意到，而将如今的小制作视为艺术品。

七、未来的考古学家们

在这方面，我想提出一种反思。在萧伯纳的《皮格马利翁》（*Pygmalion*）中，教授[亨利·希金斯（Henry Higgins）]努力将一个纯朴的女孩[伊丽莎·杜利特尔（Eliza Doolittle）]变为上流社会的女性。在毛罗·科瓦奇（Mauro Covacich）的《向我丈夫解释当代艺术》[①]中，（文学创作的）传统主题被颠覆。其中，受过教育的妻子或女友，通过逐字解释杜尚（画廊的小便池）、卡特兰（被陨石砸中的教皇）和曼佐尼（盒子里的粪便）希望的挑衅感，将富有但没教养的男人带出了对当代艺术无知且怀疑的深渊。或者为什么玛丽娜·阿布拉莫维奇（Marina Abramović）花时间在威尼斯双年展上将肉从骨头上剥下来。或者这就是昆斯（Koons）媚俗中的美。

科瓦奇不使用术语，清晰、完美地解释了从范式作品开始的 30 位

① Covacich 2011.

艺术家，就像一位优秀的艺术史教授一样（即使他接受过哲学家培训，也是一名专业哲学作家）。在科瓦奇的书中，丈夫最终被妻子救赎，并表示理解。那么，故事有了一个幸福的结局。但是，在我看来，即使她赢得了所有战役，伊丽莎还是输了这场战争，这不是她的错，而是对象的错。最初，科瓦奇在解释艺术时，不止一次注意到，皮格马利翁一直在思考着他的技术小玩意，这确实让他着迷。如果皮格马利翁是对的，该怎么办呢？实际上，伊丽莎向他解释的许多近期作品[从仍处于数字化前时代的维奥拉·卡勒（Viola Calle）的作品，到总结评论的巴尼（Barney）和霍克尼（Hockney）的作品]都恰恰暗示了他要思考的对象，而那时她正把他拖进博物馆。人们很容易想到，那些充斥着广告、网络以及伊丽莎生活的皮格马利翁这样的对象，并非通过对比，而是通过联想出现的。这带来了后续的想法：当所有这些都在其他地方以技术和创新对象的形式存在时，为什么要来这里观看视频和装置呢？此处展出作品的创新对象往往是冗长的再现。因此，听着伊丽莎的解释，皮格马利翁可能会推出另一本书：理查德·芬内尔（Richard Fennel）和丹尼尔·瓜斯蒂尼（Daniel Guastini）编辑的《新美学关键词》（*Parole chiave della nuova estetica*）。[①] 在本书中，38 位作者编写了 82 个条目，其中至少有 50 个条目恰好与技术时代有关：智能手机、相机、闪存等；而少数则关注感官、口味和慢食：利润、快乐、实际面及作品的压抑性。

故事的寓意：灵韵作品并不能妨碍对象的和平享受，甚至审美乐趣。阿瑟·丹托将《超越平凡》（*Transfiguration of the Commonplace*）[②]与杜尚和沃霍尔相联系，该书在荷兰室内绘画中具有特殊背景，尤其在维米尔的室内绘画中。他成功完成了“日常超越”[那是爱德华·维亚尔（Edouard Vuillard）作品中的“日常接受”]。实际上，荷兰人早在波普艺术之前就教会我们，物品中总有潜在的艺术品。然而，这种比较表

---

① Finocchi, Guastini 2011.

② Danto 1981.

明,17世纪的阿姆斯特丹居民与20世纪的新阿姆斯特丹居民极为相似:他们都有着资产阶级有产者的自豪感。现在,家具与博物馆之间的相似性,以及物品与艺术品之间的相似性,已经超出人们的想象。这是马里奥·普拉茨(Mario Praz)在《室内设计插图史》[①]中的教导:德累斯顿的马克斯亲王宫可追溯到1776年,这是没有人像的"内部描绘"类型在19世纪取得巨大成功的首批证据之一。这类似于马梅森酒店(Malmaison)的水彩画。该画作始于1812年,并于20年后完成。它描绘的客厅里摆放着沙发,地上还有件被丢弃的羊绒披肩。从1807年创作的另一幅水彩画中可以推断出,披肩属于拿破仑的第一任妻子约瑟芬,她20年前就丢弃了那把椅子。无人的房间出现了轻微震动——或许这就是为什么在家具目录中,广告商们常加入快乐的人们。没有人的房间里藏着存在的秘密,即我们生前及身后的秘密。

最后,对象与环境之间存在一种关系,我们应该对此多多反思。歌德曾写道,现实未必要显形:在周围徘徊就足够了。[②] 依据真相(环境真相是什么?),这一原理无法解释,但它完全适合博物馆。艺术家认为,美不是艺术品的重中之重。因此,美迁移到其他地方,在环境中徘徊,从**成果**(ergon)转变为**附属物**(parergon),从灵韵之作转变为框架(已不那么耀眼了)。然后,从框架开始,审美感染力可能重新凸显,但不在灵韵作品中:它重新出现在博物馆的商店中,在那里你可以找到仪式中的物件,它们以书包、领带、铅笔和文具等形式融入你的生活。

---

① Praz 1964.

② 引自 Heidegger 1969。

八、无装饰的现成制品

灵韵之作让我们习惯了（我说“习惯”是出于礼貌，因为如我们所见，这带有一丝恐吓的意味）接受“任何事物都可以成为艺术品”的观点（尽管如此，但“任何事物都可以成为灵韵作品”）：买一个咖啡机，在画廊里展出，将其命名为“黎明时的忧郁”，它就是一件艺术品。但是，[我认为，这是对奈斯波罗（Nespolo）作品的最初体验]如果你拿起相同的开瓶器，将其放在设计商店中，说这是设计作品，那么使用者不会认同，除非它确实是。这不奇怪吗？在设计物和现成制品之间似乎有一种奇异的对立。

实际上，就现成制品而言，来自标准化生产环境中的物品，只要得到了艺术界的祝福，就可以成为一件艺术品。就设计而言，进行搜索的目的是制造出好的物品，而（与艺术不同）评论家和画廊的赞成是远远不够的。你必须处理功能性、技术可重复性、工业可行性等方面的需求。与伟大概念艺术不同，设计无法承受浪漫主义、意义过剩与审美差异。不，它必须在内部与外部之间、形式与功能之间保持某种经典平衡。这凸显了现成制品不可言说的一面，即它的黑暗与真相。博物馆的例子表明，物品与环境之间存在一种关系。例如，博物馆出来的小便池放在垃圾填埋场，不会产生任何冲突。这表明杜尚在宣称对“视网膜艺术”漠不关心时，他并非完全真诚。相反，他对这一事实非常敏感，还坚持自己的观点。

现在，我们来看看现成的布里洛盒子的独特变形。认为像布里洛盒子这样的东西可以恢复杜尚的小便池是错误的。严格来讲，前者与后者没有任何共同之处。首先，它不是现成的：它是制造出来专门用于展览的，没有任何实际用途，并且里面没有钢丝绒，因为这个盒子比原来的盒子大得多。如果这个盒子装了钢丝绒，就会重达一吨。像米开朗基罗的《悲痛》(*Pietà*)(不像杜尚的小便池或酒瓶架)一样,布里洛盒子被做成**一件艺术品**。它(鉴于其大小的增加)远没有以虚无主义的姿态被发现和展示出来,而是确实放大了我们生活的方方面面,即大众社会的生活和广告(包括汤、女主角、功能强大的电视)。这就是说:"看看你的世界有多美,看看那光辉,看看美丽的女人,再看看强大的男人。"沃霍尔赋予作品强烈的审美维度:他确实放大了(使它更大、更明显)坎贝尔的汤、布里洛盒子,当然还有玛丽莲·梦露和利兹·泰勒。他是出于简单、决定性的原因才这样做的,即它们是美的——而小便池、酒瓶架或杜尚的《新娘》不能说是如此。有人可能会认为,杜尚和沃霍尔之间的唯一相似之处是他们都曾在纽约工作过。

布里洛盒子隐喻性地指现成制品,因为它复制了属于消费品世界的东西。因此,从审美角度讲,它使伟大概念艺术中劣等的、不重要的现成制品变得令人喜爱。布里洛盒子不仅是普通物品成为艺术品的转变,还代表了现成制品的世俗化,这将伟大概念艺术的苛刻和丑陋局限在波普的欢迎之地。这一过程具有与高级时装和成衣之间的关系相同的动力和动机:一种深奥的现象,一种没有任何审美感染力的智力游戏,在显然更具吸引力和感性的框架中重新提出它(至少与盒子一样感性且具有吸引力)。原始现象很少保留,基本上什么也没有了,因为沃霍尔的作品不是真正的现成制品,只不过是比利希滕斯坦真正的漫画而已;但是,隐喻地呼唤大型游戏,即伟大概念艺术游戏,使它们具有彩色和装饰性的愉悦感。

这是容忍灵韵之作的秘密。公众容忍让他们恼火的事物[在这一意义上,埃里克·萨蒂(Eric Satie)凭借其幽默感,在《烦恼》(*Vexations*)中将他的钢琴作品连续表演了 800 遍],因为美在他处找到了避难所,并远离伟大概念艺术的恐吓和媚俗-坎普-波普的放纵。美存在画廊典雅的墙面上,家具、旅馆和饭店的设计中,尤其是大量工业生产的精美物品中:奥利维蒂的第 32 封信、智能手机和平板电脑、日式汽车和记号笔、莫尔斯金日记、点唱机和万宝龙的笔。这些东西都是美的,当然是美的:美使它们更易出售。它们具有文化上公认的审美尊严,因此在现代艺术博物馆和他处,它们体现在“设计”之中。

但是,这不是现成制品中保存得最好的秘密吗,即物体具有自己的特征,自己的隐藏之美吗?在这些被匆忙称之为“小艺术”的对象中,现在有了大艺术的基础,因为某件东西可能受到伟大概念艺术时代的影响。此种美一直存在,等待着这些物品的出现:在阁楼里、跳蚤市场中,或者硬件存储物的精彩档案中。在钉子、钳子、锤子、钥匙、螺钉和成千上万种详细分类的其他物品之中(否则会如何找到它们),存在一份世界物品清单,因此存在各种可能的故事清单,人们从中可以找到数百本小说(例如,一对夫妇购买锤子和钉子在新房里挂画,几年后他或她返回那里换了锁具)及潜在形状(它们的审美资源在所有人的眼中,与灵韵之作相比,存在方式没那么吓人)。

我来做个简单的预测。很难想到 20 世纪许多并不美的作品会保留下来。也许有些作品因为文献和人种学原因而保留下来,或者出于某种虐待狂的好奇心,就像一些酷刑博物馆或宗教裁判所一样。但是物品肯定会保留下来。或许是设计师的作品。但可以肯定的是,更深刻的是,只是作品:它们是按定义保留的。杜尚表示任何东西都可以成为艺术品,但他真正的意思是说(令人庆幸的)完全不同的东西。一方面,正如我们目前所见,他表达了一种同义反复式的论点:任何事物都可以是灵韵之作,只要我们认可皇帝的新装就足够了;但是,另一方面,他提醒人们注意一种不显见但至关重要的状况,并且与灵韵之作的超概念主义相对立:艺术品首先是一件**物品**。

许多艺术家在第一条道路上追寻杜尚,即在灵韵的轨道上追求怪异与奇特。然而此间惊奇减少,重复增加。这其中的基本原则是,一张证明文件能让牙痛成为杰作(这是最糟糕的官僚作风)。很少有人(或相反,违背并完善他)在第二条道路上追寻他,即在艺术品首先是一件物品的论点上。但这并不太重要,因为在观念的斗争中,最大的赢家始终是带有埃及魅力的幸存物。

参考文献

Ajani, G. M. -Donati, A. (2011) *I diritti dell' arte contemporanea*, Torino: Allemandi.

Austin, J. L. (1962) *How To Do Things With Words*, Cambridge (MA): Harvard University Press.

Benjamin, W. (1968) "The Work of Art in the Age of Mechanical Reproduction" in Hannah Arendt (ed.), *Illuminations*. London: Fontana.

Bourdieu, P. (1987) *Distinction. A Social Critique of the Judgement of Taste*, Cambridge (MA): Harvard University Press.

Cleto, F. (a cura di) (2008) "Riga", numero monografico di.

PopCamp, Marcos y Marcos, Milano Bernhard, T. (1985) *Old Masters. A comedy*, Chicago: Chicago University Press.

Cabanne, P. (1967) *Entretiens avec Marcel Duchamp*, Paris: Belfond.

Clair, J. (2011) *L' Hiver de la culture*, Paris: Flam-marion.

Covacich, M. (2011) *L' arte contemporanea spiegata a mio marito*, Roma-Bari: Laterza.

Dal Lago, A., Giordano, S. (2006) *Mercanti d' aura. Logiche dell' arte contemporanea*, Bologna: il Mulino.

Danto, A. C. (1981) *The Transfiguration of the Commonplace. A Philosophy of Art*, Cambridge (MA): Harvard University Press.

Donati, A. (2012) *Law and Art. Diritto e arte contemporanea*, Milano: Giuffrè 2012.

Dossi, C. (1884) *I mattoidi al primo concorso pel monumento in Roma a Vittorio Emanuele II*, Milano: Lampi di stampa, 2003.

Eco, U. (1979) *Lector in fabula*, Milano: Bompiani.

Ferraris, M. (1997) *Estetica razionale*, Milano: Raffaello Cortina (n. ed. *ivi* 2011).

—(2007) *La fidanzata automatica*, Milano: Bompiani.

—(2012) *Documentality: Why it is Necessary to Leave Traces*, New York: Fordham University Press.

Finocchi, R., Guastini, D. (2011) *Parole chiave della nuova estetica*, Roma: Carocci.

Fumaroli M. (2009) *Discours de réception de Jean Clair à l' Académie Française et réponse de Marc Fumaroli*, Paris: Gallimard.

Gadda, C. E. (1969) *Acquainted with Grief*, New York: Brazilier.

Hegel, G. W. F. (1975) *Aesthetics. Lectures on Fine Art*, Oxford: Clarendon Press.

Heidegger, M. (1969) *Art and Space*, http://pdflibrary. files. wordpress. com/20 08/02/art-and-space. pdf.

—(2002) "The Origin of the Work of Art" in *Off the Beaten Track*, Cambridge: Cambridge University Press.

Kant, I. (1961) *Observations on the Feeling of the Beautiful and Sublime*, Berkeley: University of California Press.

—(1951), *Critique of Judgment*, New York: Hafner Publishing.

Marangoni, M. (1933) *Saper vedere*, Roma: Tumminelli Editore.

Nietzsche, F. (1886/1887/1888/1889) *Letters* 1885 - 1889, nietzschesource. org/ # eKGWB/BVN - 1885.

Paglia, C. (2012) *Glittering Images: A Journey Through Art from Egypt to Star Wars*, New York: Pantheon Books.

Praz, M. (1964) *An Illustrated History of Interior Decoration from Pompeii to Art Bouveau*, London: Thames and Hudson.

Rosenkranz, J. K. F. (1853) *Ästhetik des Häßlichen*, Königsberg: Bornträger.

Scruton, R. (2009) *Beauty*, Oxford: Oxford University Press.

14　形象、语言、图形：观察与假设（节选）*

艾米利奥·加罗尼

前言

第一人称的简短前言。

通常，我将以下内容称为“内部形象”：前形象（感觉）、当前正在生成的形象（知觉）、正在重新生成或记忆并详细描述的形象（想象力）。通过这种方式，我将这些形象作为整体与外化的“图形”（例如通过图片）进行区分。内部形象的这三方面密切相关，有时甚至无法区分。因此，通过这些观察及相关假设，我有时将负责它们的官能称为“形象能力”，其中包括感觉、知觉和想象力。但是，有时我需要强调相对于其他方面的某一方面或时刻，因此也经常谈论“感觉”“知觉”和“想象力”。但是，我们要达成共识的是，如果这些术语不指总体的“形象能力”，则无法完全理解它们。

我这样讲，因为坚信内部形象无论大小，都是不解之谜：这一看法

---

* 本篇摘录自艾米利奥·加罗尼（Emilio Garroni）的最新著作 *Immagine linguaggio figura*：*Osservazioni e ipotesi*，Roma-Bari：Laterza，2005。这些页面的选择和所有脚注均由斯特凡诺·韦洛蒂（Stefano Velotti）所作。

在我头脑中与日俱增,尤其是在重新思考所谓的“康德图式论”时。目前,这一主题既古老又时尚,所以健在的学者还在探讨它并非偶然。这个谜就是我的论题。我特别要提出下面的问题:什么是内部形象?它是如何产生的?准确地讲(或不准确地讲),它是什么?如何描述它?但源自知觉想象力观念的根本论题自然更加广泛,也许规模更加宏大。它涉及在可能的范围内,尤其是对我可能的范围内,更清晰地观察到我们作为一个物种的生存状态与模式,我们的行为、知情和交流的状态与模式。简言之,我要使用一个有些浮夸的表达,即我们在这个世界上存在的理论基础。

当然,这提出了所谓的“哲学”理解问题(在这里我不讨论这个问题),即对世界整体形象的可能性的理解。就完全确定的表征而言,这是不可能实现的,并且它需要确定性中隐含的不确定性的空间(正如我们将看到的那样)。因此,此理解状态问题暗示,我在先前的书中称之为“看穿”[①]的东西,是形而上学认为的“从外部看总体世界”、经验主义认为的“仅着眼于我们逐渐形成的对世界这方面、那方面的具体表征”的唯一可替代方案。“看穿”自相矛盾地统一了我们对物质世界的参与、确定性,或者应该说我们与事物的“亲密性”与“距离感”,即我们的目光透过确定性指向那些容易察觉,却永远无法完全触及的边界。即便我们不是哲学家,这也是我们每天都在做的事。对我们而言,这就是确定性存在的原因。……

一、确定性、不确定性、整体性

不言而喻,尽管我们不以完全确定的方式感知,我们也无法以完全

① 维特根斯坦在《哲学研究》第 90 节中使用了动词“看穿”,即“我们似乎必须看穿现象。我们研究的不是现象,而是现象的‘可能性’”。

不确定的方式感知。确定与不确定是互补的。存在某种确定性的地方,也必须存在某种相关的不确定性,反之亦然。

的确如此:我们醒着时,有时会出现明显的无法识别和感知完全不确定性,有时我们甚至无法识别自己的脚从缠绕的床单中戳出来。可以说,或许我们正“看见的”只是不确定的事物,而我们无法完全理解与识别物体相关的确定事物吗?我们可以很容易地回答,然而事实并非如此。

在严重的病征情况下,世界简直是无法解释的一片混乱,连我们的身份感也消失了(但我们也应该排除昏迷所代表的极端情况,如果不是已经死了的话)。除这种情况以外,即使在沮丧和困惑的觉醒中,认识也不会消失。相反,这是一种物体的奇特感觉,甚至是把我们的身体部位感知为独立物体,以某种方式让我们感到陌生。奇特的想法改变了认识,但不会废止认识。相反,脚的奇特观念暗示了**出于这种原因我们感到奇特**的认识:它是我们的脚,**因此**对我们来说它很奇特。除了认识在减弱且在某种意义上不知所措。的确,脚对我们来说并不奇特,但事实是,我们发现那只脚属于我们且很奇特,这就荒谬了。简言之,这就是世界上事物的陌生感,无论是外部的还是我们自己的。这意味着不快、倦怠、困惑的认识。

例如:我们凝视自己时没有观察或实际意图,就像我们对识别事物不感兴趣且仅在某种意义上我们不认识事物时,情况就是这样。是猫,还是花瓶?猫或花瓶的意义是什么?准确地讲,它们只是花瓶和猫,因此我们对识别它们不感兴趣,尽管我们不感兴趣的原因是我们认识它们。但是,在这种情况下,对于世界上其他所有物体,提到猫和花瓶的目的是**用心**凝视属于它们形象的不确定性。

如果世界的整体形象(有时我们会不顾一切地希望视其整体为积极性因素,就像我们看着繁星点点的天空或无边无际的大海)相反没有展示为积极-消极形式,我们就不可能无目的地打量自己,因为确定里也包含不太确定和不确定,它们是逐步相对确定的组成部分和背景。

典型例子就是意大利诗人莱奥帕尔迪(Leopardi)笔下的篱笆。仅篱笆就让人们能够“在思想中描绘”它之外无限的事物。[①] 换言之,我们在相对的确定性上从一个物体移动到另一个,而没有特别关注任何物体,我们的思维转向了不确定性和不可确定的整体,并且仍短暂地逐渐聚焦于确定的物体。简言之:不确定性**本身**无法积极感知,但可通过感知将其感知为确定性的否定因素,在这种意义上它只能是“**思想**”。

我没有把“心”和“思想”这两个词用作术语。心和思想发挥作用并不在感知本身上,也就是说,没有明确的语言-智力思想,不确定性意味着不被感知为缺席的存在。相反,这使我们立即假设知觉**并不完全是感官的**,实际上它的感官组织本身并不是感官行为,在某种意义上是“思想”,或者说是“预先考虑”,指它已经倾向于与**某种**智力或**某种**语言相关联。没有非感官成分,知觉将只是模棱两可的,最终具有欺骗性,且不能冒险进行任何阐释。

因此,无论人们是否无私地看着周围的世界,我们都无法总是专注于确定的对象。然而,为了将其如是感知,确定的对象包含其自身各种不确定性,这与人们关注的对象、其他对象的相似性和相异性、感知性记忆、相关感觉、上下文以及非视觉感觉有关。

即使在有意识地累积想象力的情况下,可识别对象的表征始终是感知的机会条件。知觉不完全是感官上的,也不是我们的一种感觉,甚至可以消极地关注不确定的事物,而不会完全消除这种机会条件。据说这是在艺术体验中以示范性的方式发生的,这种体验正在累积,甚至趋向超感觉的,或者我们可以说(为避免“超感觉”掩盖下的误解)是非感官的,走向不确定的整体观念。然而,艺术体验**实际上**总是源于特殊

---

① 贾科莫·莱奥帕尔迪(Giacomo Leopardi)的诗歌《无限》(“The Infinite”,1819):“这孤独的小山啊,对我老是那么亲切,而篱笆挡住我的视野,使我不能望到最远的地平线。我静坐眺望,仿佛置身于无限的空间,周围是一片超乎尘世的岑寂,以及无比深幽的安谧。在我静坐的片刻,我无所惊惧……”(钱鸿嘉译,选自《意大利诗选》,上海译文出版社,1987)。

感官和有意义的表征。

因此，在假设的世界中环顾四周，意味着从一个物体移到另一个物体，并因此意味着将前者掩盖在半不确定性或绝对不确定性的土地上。从某种意义上讲，随着物体逐渐成为焦点并发生变化，影响其确定性的不确定因素也发生了变化，并具有了不同的含义。然而，在实践和理论上相关的并不仅仅是待定者的这种**无形的变化**，因为待定者本身基本上有助于感觉确定性的可解释性，并且通过世界的整体性可以显现出来。“从整体上考虑世界”只意味着：从一个物体移到另一个物体，将一个人的心理感知注意力从这些物体转移到影响它们的不确定性。

所谓神秘的或牧羊神潘的体验完全基于此种态度，因此，积极的宗教或深奥的教义在不可言喻的未确定领域中规定“事物的真实面貌”是完全不合理的。实际上，事情并非真的如此。我们只能通过个人体验模式间接地体验到存在的整体，而个人体验是直接且主要面向世界上的具体事物的。无私地看待物质世界和典范的审美体验本身，只是更常见体验的临界情况：他处发生的事，此处会先发生。在每种情况下，从我们人类体验的可塑性和创造性角度来看，不确定性因素都起着至关重要的作用（从这个，也只能从这个意义上讲，从这里开始，我将使用“整体性”和“整体化”这两个词：任何其他形而上学和浪漫的阐释都将不合时宜）。……

二、形象与语言的联系

我曾说过，一个感知形象，不是语言，也不是指语言，**某种程度上**是语言，**某种程度上**是指语言。我们必须设法消除“**某种程度上**”的歧义。它指的是什么“程度”呢？……

根据我们从其他假设的弱点得出的假设，似乎，一旦知觉被视为某种灵活的、部分不确定且模棱两可的东西，尽管无法想象它自发地在属于所有已知的自然历史语言的复杂性中自我展现，它也**只能**作为**一种语言**自我构成。我重复一下：起初它如何展现无法用语言描述。但是，例如，可以认为**一种原始语言**暗示着**感知基础**，并且首先自我表现为**运动感知智能**，这与准信号（仅明显类似于非人类动物信号）相关，或为了达到表面的、语音的、模仿的**表达偏向**，从而使人类动物能够理解和表达上下文的环境意义，能够在该上下文中掌握和传达与感知形象在语用上相关的解释性内容。相反，可以毫不犹豫地想到：感知形象本身暗示着**某种**准信号性质的操作语言，因为它的歧义性必须在阐释和适当的操作中加以解决，并在语言上加以概括才能达到适应的有效性。同样，毫不犹豫地想到这种古老的语言基础是语言逐步发展到历史自然语言水平的必要与充分条件。这与从动物园符号代码到不"连续"的语言代码的连续传递的错误观念完全不同。实际上，在我们的例证中，尽管没有使用我们的术语，但复杂语言的条件已经在操作和准信号语言中出现了，已经从感知集合发展到家族[①]，到语言-智力类别。

……

最后，很难否认我们发现自己面临明显的替代选择：而且遗传使我们能有效认识信号。就这个意义来讲，可以确定地感知到体验，或面对灵活性、不确定性和感知的模棱两可的表象时，一种能够赋予我们的体验和行为以意义、方向、交流性的感知-操作-交流组织必须进行干预。因此，似乎在与准信号相关的感知和运动智能的相关性中，人们应该**既**能识别感知能力，**又**能识别某种语言，也就是说，这是新近开发的语言的前身（例如我们的历史自然语言）。体验的意义对于每个生物都至关重要。没有这一点，就无法生存。因此，我们所谓的"某种语言"只有在负责意义授权的**意义统一**（unità di senso）[②]的条件下才可能理解。

---

① "家族"是维特根斯坦所指的意思，参见《哲学研究》第 67 节。

② 在意大利语中，我们可以区分意义（significato）与含义（senso），就像德语（Bedeutung & Sinn）和法语（signification & sens）一样。含义是意义变得有意义或有意义的条件，它不仅是语义导入，还涉及感觉。

……

结论:知觉而非感觉,与语言相关联,因此知觉是我们思考世界的必要前提。实际上,对于非人类动物而言,感觉不能成为世界形象。即使我们不满意此种还原的世界与环境的区别,将它们归因于"环境"而非"世界"也并非偶然。因为我们只从人类动物偏见的角度了解(或者我们感觉)世界,所以更是如此。一个世界,如果没有在此处给出不可能的定义,而仅将其理解为生命与相关事物的一般意义,那么这也可以归因于非人类动物。但是,它似乎不是将自己呈现为形象中的世界,而是一种行为,其中,感觉(无论是否是视觉)都具有信号传递和非形成性的功能,这是必不可少的,但并不能真正表征所谓的"世界形象"。

相反,由于世界仅与行为相关,但由内部形象塑造,因此,它无疑是与人类相适应的。具有感知力的"世界"形象,如果不是一个空洞的词语,则一定包含(至少是隐含地)一种区别模式。此模式已注定要由我们的自然历史语言在操作和交流上进行精心阐述、修改、复杂化、细化、组织和表达。这样,我们的"世界形象"不仅是形象:它的发展与操作感知相关。而操作感知与准信号相关且受意义单位的限制,因此受到交流必要性的限制。因此,知觉是又不是我们通常认为的知觉,即仅仅是看东西的实际结果。它是对结果相关的**合法**且**严格**的记录,而这一结果与事物的关系更加复杂。……

三、形象-图式

我说过,内部形象必须是语言中词语意义真实性的前提与保障。我们来看看这是如何发生的。……

如果形象一定是由我们能在**一个单独物体**中找到的**所有**特征的**整体**组成的,那么,如果不是作为那个单独物体,我们就无法识别它:它将只是**那个物体**。为了正确识别它(作为物体,而非仅作为一个单独物体),必须从感知角度无意地**偏爱**其中一些特征,以便该对象可与具有相似特征和不同的特征的其他物体进行比较,因此可以将其识别为,例如,猫或花瓶。但是,这样偏爱的特征已经指向可能的语言语义特征,甚至概念特征。因此,形象不仅是**带有**感知力可以捕捉到的**所有特征**的形象,**同时**也是所谓的“图式”,即位于另一形象内部,**必定带有人所偏爱的特征**的形象。

为了理解形象相对于图式的身份差异,我们来看两个例子,一个是普通例子,另一个是极端例子。普通例子实际上不足以证明这一问题:辨认一只猫或花瓶,我们不仅要见过其他猫或花瓶,还要清楚地知道它们是什么,即知道与识别它们的词语意义相关的语言和概念语义特征,简言之,我们知道如何称呼它们。

我们先从普通例子开始。如果某人在某地生活多年,那里所有的猫都是灰色的,无疑他一眼就能认出猫。但是他也确信,猫之所以是猫,是因为它是灰色的。如果他碰巧去了另一个地方,发现那里有灰猫、黑猫、红猫、带条纹的猫、带斑点的猫,开始他会感到惊讶。很难说他是否能立刻辨认出那些猫。也许他能。但很可能,如果不确定的话,他在惊讶过后会自动去除他曾经认为所有猫都是灰色的偏见:灰色和其他可接受的颜色都可能是猫的特征。简言之,无论他讲什么语言,都会感觉到,特定颜色只是猫的一个特征,而非必要特征。这一特征无助于辨识某个存在物是或不是猫。因此,他将给“猫”一词创造一个更好的“图式”。

我们再来看看极端的例子。假设我们在不熟悉的地方旅行时,遇到类似“鸭嘴兽”的东西[①],即一种非常奇怪的动物,它浑身卷毛,黄嘴,两边有鳍。我们从未见过此种动物,连动物学家也不了解它们。对我们而言,它只是一个**怪物**,一个无与伦比的、独特的动物,从某种意义上

① 加罗尼含蓄地回复了他的朋友兼以前的对话者安伯托·艾柯的著作《康德与鸭嘴兽》(*Kant and the Platypus*,1997),该书反过来讨论了加罗尼对康德图式说的观点。

讲,我们逐渐发现了它的所有特点。我们想怎么称呼它,就怎么称呼它,"会啄食、会飞、会游泳的羊"或简单地叫它"哈巴狗"或"小狗",但那名称只是通常所说的"专有名词"。假设后来我们会遇到另外几只鸭嘴兽,它们看起来类似第一只,但有些不同的特点。现在我们从感知上判断它们属于同类,我们也知道如何把它们归入不太模糊的动物学分类中。因此,我们辨认出它们,因为我们已经**从感知上偏爱几个特征**:它的形状、颜色、附属器官、毛皮类型等等。

到目前为止,我们首先创造的名称不是专有名词,即一种指出个性的方法,但是一个有意义的词。因为偏爱几种特征,后来在不使用现有合适词汇的前提下,其表达为相关性(遇到同类的其他动物后,除非剔除、替代这些特征,或将它们与其他特征相融合)。我们在内部构建了"能啄、能飞、能游泳的羊""狮子狗"或"小狗"的图式,因此这些表述不再是"专有名词",而是"通用名词"。因此,知觉与语言的相关性并非各自单独起作用,并非语言对知觉的单方面依赖,反之亦然。

最后,鉴于某种语言与知觉相关,识别某物意味着乐于谈论它,否则这种识别就是徒劳的行为,是偶尔的伪认识,注定要自我消耗、自我抵消,最终不会影响我们在感知上与世界的妥协。能够抓住事物总体特征的知觉,易于根据不同的构造进行选择和组织,但是注定不能在语言意义上得到解决,因此在交流中也无法解决。所以为了我们的适应与生存,以及一种非结果和矛盾,这只是灾难性的遗传新事物。我们将是唯一**知晓**且**自言自语**的人,尽管是默认的,无法以任何方式交流我们感知到什么。

简言之,感知物体时,我们**同时**感知到具有所有明显特征的单个物体,以及可称之为相似物体集合的物体(或者,正如我们注意到的,在某些情况下,甚至是不相似的物体),因为我们只偏爱其中一些特点,并且抓住了形象的"图式"。因此,内部形象**已经**是图式,这是单词和概念意义的前提和保证。似乎这就是从知觉开始,与语言相关,因而生成的所有语言意义的方式。

在这一点上，知觉与语言的相关性似乎已得到证实。因为一方面语言无法产生意义（就相关特质而言），这是为了在不研究和不偏爱物体个别特征的情况下，讲述我们周围的世界所需要的意义。形象官能逐渐识别并解释了物体的特征。另一方面，如果那些特征像图式一样，并非一定会成为语义相关特征，只是一种语言中词语的典型特征，那么不冒知觉消失的风险，该能力就无法执行任务。

正如我已讲过的那样，如果我们承认，知觉是一种组织活动，而非有意活动，那么为了在一定条件下看待某物，从而从感知角度阐释它，除了我们在语言层面提到的例证，知觉和语言之间的区别就变得越发清晰。这样的知觉无法对被感知的物体进行任何创造，知觉随着自身发挥作用、积累解释而不断发展，因此某种知识只会随着其发展而逐渐发展，而语言即使在最普通的情况下，也必须至少是部分有意承载偏爱特征的进一步转化，这些特征通常要重新阐述为实际相关的特征。

但是，我不是说，也不能说，只有少数特征可以转化为相关特征，因为所有特征都有助于这一点，并能保证语言词语的真实性。我们要做的是根据处理的事物，通过知觉和语言理解它们的趣味，偏爱并选择一些特征，**无论它们是什么**，以便使其成为相关特征。而其余的必须抛弃，因为考虑了几个物体的简单特质，仅此而已，直到我们的趣味改变为止。而且，显然，这种趣味不仅是个人的心血来潮，还是针对知识的实际趣味，由此它已成为文化趣味。……

四、艺术图形

我们已经看到，无论是艺术图形还是其他图形，都不能与内部形象相混淆。它们不是自然的，也不像内部形象那样被阐释。实际上，它们是阐释的结果，反之也需要阐释。它们至少在一开始是任意的，有时是严格按照惯例的，因此在不了解代码的情况下是无法解释的。图形与形象具有相似性和相异性，有时与形象的移动性及稳定性有关，有时与形象的视觉构造有关。这样，如果具有诗意的叙事音乐和文学，与其他形象艺术相比，能够根据图形内部的流动性及稳定性与知觉产生更大的相似性，那么相反，形象艺术在其他方面也可以拥有更大的相似性（毕竟，音乐和文学也只能具有顺序移动性，正如它们在不能演奏对位乐曲的独奏乐器演奏的**单声部音乐**或歌曲节选中，或在《诺维利诺》的许多连续故事中，抑或在根据日期、事件和政客或作家作品的时间顺序撰写的传记中呈现的那样）。

因此，重点是要证明前者相对于后者的优越性。可以说，知觉的优越性很多，或者说应该如此。相反，重点是要看到两者对于文化的形成都是必不可少的，可以在复杂性中反映体验，涉及方方面面：知觉、感觉运动智能、快乐或不满的感觉（依据经典方案）、情感、语言、概念语言、对体验本身的整体理解等，因此，无论是确定的还是稍微不确定的体验，也正是因为作为整体它是不确定的。依据现有图形的性质，有时从体验的一方面开始，有时从另一方面开始，每一方面都可以继续执行该任务，不仅不用排除其他方面或其中某一部分，还可以保留与内部形象之间连续的原始关系。

因此，我们来研究一下关于这种镜像的艺术图形（我们更应该说：这种或那种艺术的某件作品），因此不排除原则上广义的审美体验，无论它们在哪里、如何自我表征，都是相对于另一种所谓的艺术作品基本有意识、有意义的表征。我是指对人造（或本质上存在的）事物的体验，即能从我们内部产生的一种“无私的趣味”。我使用这样的表达，并不是要表明相对于感官愉悦、目的和知识，艺术具有绝对的自主伪装，只是一种非直接指向感官愉悦、目的或有用知识的趣味，而非那种总是转向愉悦、目的和知识趣味的趣味。简言之，它是一种**二级趣味**。

总之，艺术及其对应物的体验，由此可视为一般体验，以及知觉地位于内部形象的典范，艺术作品从中获得灵感。我要规定，这一典型特质必须与实例-图式相区别，不能从它与体验类别的相关性上来理解，而要从**一般体验的单个例证**上来理解。它是一种奇怪的典范性，也因为艺术品并不产生，准确地讲是不能产生内部形象固有的谜一般的特点，因而基本观点是，对艺术最本质的解释，是应对且以某种方式超脱地模仿知觉操作的需求。因为它是世界及其存在物意识的起点。它的所有方向、成分、内容、情感、愿望、挫折、无偿的幸福和无法治愈的痛苦，也考虑到快乐、目的和知识，正如知觉一样，只意味着可能与全部。

实际上，这并不是什么新观点。从杜波斯到伯克，从鲍姆嘉通到狄德罗，从达朗贝尔到康德，古典美学已经为这一问题提出了无数解决方法。康德的反思对这些进行了总结，甚至从深度和广度上进行了探索，找到了问题的关键，为后续的美学探讨奠定了基础。没有他，甚至是驳斥他，一切都将无法想象。简言之，康德的方法是最清晰、最富有成效的。我将专门回顾这种所谓的"自由图式论"。

就审美判断而言，我们可以在确定的表征中谈论**全部**想象力和**全部**智力的**自由发挥**。在自然美和艺术美的相互作用中，明确的参照连同不确定的组成部分，假定为想象力和智力表征的全部。即便在确定的表征中，想象力也对全部可能的表征开放。而智力只作为一般的概念能力牵涉其中，即合法地、不提供确定的概念，诸如在虚拟的整体中展示想象力。因此，在艺术作品接受中，据此就出现了在语义和认知方面，属于移动内部形象的想象特征的繁荣发展、转化、暗淡及重新出现。同样的图式可能存在于整体形象和全部智力的关系框架中：它是事物全部可感特点集合中对某些特点的选择。如果不是在全部可能的特点的背景下，无论感知与否，无论可感与否，反过来，都不可能在整体的不确定性中陷入迷惑。准确地讲，这就是我在研究感知的过程中得出的结论。因此，为了支持我的观点，在对格格不入的单个作品的仔细研究中，在艺术品的接受中，展示在感知中经常发生的情况以及强烈意识和准意识形式是如何产生的，尽管并非总是用我们的意识，就已经足够了。**艺术就是让我们意识到存在的东西。**

从这个意义上讲，在视觉艺术和每一种其他艺术的框架中，艺术品

可以通过艺术家的天赋和技巧进入观察者的头脑。这表明想象力在其内部移动性和全部非表达性中发挥作用。一般的内部形象只能默默地感觉到想象力,而艺术让我们有意识地理解想象力。其中,艺术在操作中**通过图形对内部形象构成反思**。换言之,图形未必要像内部形象一样在客观上可以移动,或在客观上与其视觉构造相似,但鉴于其他的相似之处,要在观察者、听众、读者身上,产生感知的内部形象催生出的全部体验。以艺术图形想象力特征的繁荣发展、转化、暗淡和重新出现的方式,连同确定和不确定因素的整合,尽管不是物质上藏于艺术品之中,它也是在观察者内部由艺术品驱动的,好像它是内部形象的对等反射。即便是还原和外化的产物,这也是**有意的**相似。

准确地讲,差异就在"有意"之中。但是,意愿和技巧不会消耗这种深度意向性。我们就像那些在确定性与不确定性之间**被**艺术品**迷住的**人,在自己内部创建并重建它。尽管同样为接受的形象着迷,且此着迷常常无法释怀,例如,打动我们的首先是所感知事物的实际或认知可用性。但是,我们是有意着迷,而非无意的知觉上的着迷。现在,艺术品也在模仿、反映并加强此种着迷(当然,这一表达不应从神秘或准神秘的意义上来理解,而应该从"吸引""不能自拔"的意义上,其反面就是神秘、超自然的意义)。

观众为之着迷,而首先是作者为之着迷。"天才"和"灵感"这两个词是平淡无奇的日常用语,起初再平常不过了,这并非巧合。它们曾有着且现在也还有着,如果不是平凡使用的话,具有严肃且恰当的意义。它们表明艺术家的目的,例如画家,不是技术图纸的精确再造(通常认为是精确的),即依据最中立的规则,隔离标准化的某些特征。相反,正如已精妙论证过的那样,这是拒绝准确,例如(只是作为例子),努力将模糊引入绘画之中,即便这还原并外化该事物的某些客观特征:被忽视或几乎不被提及的特征、某些方面的功能性含混、不同特征、概要性本质的含混、对比,简言之,是一种思想和被控的松懈表达,或者正如曾经称之的那样,是"不费力"的思想。这就取得了艺术品的调节移动性。

总而言之，艺术品的此特点（又，某些艺术的特点）是观察者、读者、听众的中立化，而非作品本身的中立化，是人物承受限制的中立化。作品承载了作者安放的一切，以及作者没有安放的东西，暗示着难以捉摸的整体性。因此，我们在作品中的所见、所读、所闻还不够，我们必须不断交替考虑作品的不同方面，以便始终通过不同的决定和阐释来重构作品所暗示的整体感。

当然，即便是最普通和平庸的作品，这种事情自然也会发生或应该发生。但是，如果我们从正确的角度去理解这些作品，了解发生在我们身上的事，或者每天无意识地应该发生在普通事物和作品上的事，某些作品就能让我们认识到整体感。而且，即便是艺术品，**所有**艺术品，即便是最重要的艺术品，最终也只是我们以不同方式理解的事物。有时，我们将其理解为固定的人物，平白且陈旧。但实际上，如果我们注意的话，就会发现在艺术品内部难以捉摸的多样性和整体性气息，以及整体体验，还有移动性、生动性和额外生产力中的内部形象。

15 数字技术、艺术与技术创新

彼得罗·蒙塔尼

一、数字图像时代艺术的沉浸式条件

大家都参观了“沉浸式、多媒体、多感官、互动性”装置，没想到却失望地离开了，觉得上述必要条件——尤其是最后一个——只是口惠而已。我们来仔细研究一下它们：我们将简要介绍前三个必要条件（实际上它们可以合成一个条件），并深入讨论第四个。

据说，沉浸式这一必要条件是近三四十年来审美体验采纳或巩固的条件。图像对环境及包装新技术的作用日益显现。在这个意义上，图像体验似乎有意将其移出表征的范式（以及伴生的远程批判性观察者制度），以恢复更原始的状态。我们必须说，恢复在两个互补层面上是正确的，一个是理论层面，另一个是历史层面。就理论层面而言，我们必须承认，表征范式得益于更原始的想象力表现：感知物（看见的东西）和感知者（视觉主体）之间的可逆性和内在性的表现。现象学传统，特别是梅洛-庞蒂（M. Merleau-Ponty，2003）的思想，强调了争论背后的原因，随后得到神经科学与实验研究的支持。[①] 这意味着，主体要求保持距离，觉得自己有权表征（譬如，在他或她面前）要检查或思考的客体，而此疏离在更真实的共同归属的背景下凸显出来。其中，艺术将有理由（每次都要具体说明）恢复或保护此种共同的归属感。我们只是说现代和当代艺术吗？当然不是。一旦弄清楚所见物与看见这一行为在现象学上相互依存的优势，我们就容易理解，艺术已经成功地以一种明确、有效的方式培育了它。

这就将我们引向第二个层面，即历史层面。显而易见，从历史上看，通过图像进行表达的最古老的表现形式——想起伟大的壁画洞[②]——都是以我们谈的沉浸式层面来构想及体验的。例如，我们可以想想壮观的肖维岩洞（chauvet cave）。它的绘画通常模仿岩壁上的自然浮雕，在闪烁的火炬的照射下显得生动活泼。伴随着风声和已查到踪迹的打击乐，我们必须假设仪式在那里举行。

上面的概述又向我们证明：我们谈论的原始体验一定是**多媒体、多感官**体验。实际上，正如构成多模态的论辩在理论上和实验中证实的那样[③]，它不仅是选择的，还是触觉的、运动的，这就是我们所说的“想象力”的本质。作为原则性问题，我们与图像的关系从一开始就是沉浸式的、多媒体的、多感官的。从这个意义上讲，艺术只是激活它，并自由使用一些未表达的潜能。

互动性问题需要进行讨论。在此框架中，从什么意义上讲，我们才会找到我们与图像的“互动”呢？从什么意义上讲，我们的想象力和多模态将是一种专门由艺术体验促进的“互动性想象”呢？

---

① 参见 Gallese (2005)。我们可以从不同角度参照“过渡区”(transitional area) (Winnicott，2005) 和“镜像阶段”(mirror stage) (Lacan，2002)这样的心理学概念，或者许多具身认知理论(Embodied Cognition theories)中含蓄表达的美学概念，尤其是物质介入理论(Material Engagement Theory)(Malafouris，2013)。

② 参见 Cometa (2017)，Ihde (2018)和 Malafouris (2013)。

③ 参见 Gallese (2003)，Gallese 和 Cuccio (2015)。

二、互动性想象

至少从亚里士多德(2017)[①]以来，悠久的哲学传统已经在强调这样的事实，即想象最突出的表现包括联系感受性(aisthesis)和认知形式的能力。尤其康德(1998)将这关键性能力定义为一种“想象图式论”(schematism of the imagination)[②]。图式论是如何发挥作用的？首先，从持久力来看，我们易于理解，想象能够在事物缺席的情况下**代表**事物，即**过去**与**记忆**之间有着决定性关系。康德称此功能为“再造想象”。但是，如果我们将目光转向**未来**，我们可以补充一点，即想象**预见**了知觉组织过程**以原始方式**采用的各种构造。康德谈到了“创造想象”这一目的。

此生产力的“产品”是什么？如果要回答这一问题，我们要考虑**目前在起作用**的想象，或者如奥古斯丁(Augustine of Hippo，1960)[③]所明了的那样，在记忆与推测**之间**不断出现的张力中，我们意识到，想象图式论与经验世界进行系统性的**相互**作用。更准确地讲，我们意识到此种互动坚决地将重点放在了该工作的客观或“现实”方面。我们混淆了想象与主观幻想，混淆了想象与现实的弱化原则(我们要申明，它对于反对我们重复的实践行为所遵循的自动主义至关重要)，于是见不到这个关键面。[④]

从这个意义上讲，此生产性想象“产品”通过诉诸古人类学的框架，放弃了康德的正统学说，使自己成为清晰的例证。我们想象一下，智人物种的一员碰巧手里拿着一根长棍。在与棍子互动的过程中，他或她

---

① 深入评论，参见 Lo Piparo (2018)。

② 参见 Montani (2017)。

③ 关于奥古斯丁与时间的悖论，参见 Ricoeur (1984)。

④ 参见 Montani (2017, pp. 63 - 97)。稍后我将更深入地讨论这一方面。

意识到这根棍子是他或她感受性的无机延伸。此人类态度可描述为**延展感受性**[①]，或者依据 G. 西蒙栋(G. Simondon，2014)的建议可描述为**技术美学**。

想象与技术美学相关这一事实，在我们反思的与世界环境互动的主要结果中起到了关键性作用。在与棍子互动的过程中，想象可以作为武器(用以抵御进攻或杀死猎物)、传感器(用以测试地形或搜寻灌木丛)、测量井深的工具、撑船的杆子，甚至是杠杆(用以移动巨石)。或者，实际上，当作投石器(投掷大的投射物)来重构刚刚检验过的杠杆原理。

在所有这些情况下，想象都与世界环境互动，且在操作上**认识到其中的虚拟性**。而这些虚拟性无法**立即**从纯粹、简单的经验数据中获得。

换言之，刚才提到的**认识**不仅在于登记数据，还在于**增加**事物。什么事物？数据本身作为技术**手段**(作为**人工**制品)所对应的规则、法律(不是概念上的，而是程序和操作上的)。[②] 因此，在没有与世界环境现实失去联系，相反保证它得到认真有益的检查的情况下，我们例证中人物的想象性作品认识到其中的**虚拟性**，他或她将其转化为具体的适应性资源和规则。这就是智人特点，即一个主要适应性资源的技术创造性例证。

这是哪种创造力？我来解释一个由语言学家乔姆斯基(N. Chomsky，1966)提出的著名公式，我将其称为“**制定规则的创造力**”，如：感知、识别、引入新规则的创造力，融入操作协议和技术人工制品，融入世界环境。[③] 我的论点是，谈及互动性想象时，我们主要在谈“**制定规则的**”想象。

① 解释克拉克和查默斯(Clark & Chalmers，1998)提出的**延展心灵论**的概念。

② 在本文结尾，我还会谈到艺术作为特殊技术表现形式的重要性。

③ 参见 Montani (2017, 2018)。因此，它们不是严格意义上的概念规则，而是我们可以将其与具身认知理论和物质介入理论相联系的这一特殊媒介的规则(我将在后面讨论)。

现在,我们回到一开始提到的“沉浸式、多媒体、多感官”装置的互动性方面。我们必须自问,此类审美体验是否以及如何可以满足“**制定规则的**”想象的特点。我们尤其要提出两个问题:一是在这些沉浸式环境中,参观者将受到激励去识别哪种规则?二是这些规则被发现和执行后,在何种程度上有权**改变**环境?

一开始,我要谈谈最近(下面要讨论的装置在 2019 年 1 月前可以参观)一个有名(由一个有名的当代艺术家创造,他吹嘘与主要科研中心和哲学系关系密切)的例子。

三、蜘蛛网、振动、共鸣和宇宙呼吸

《正在播出》(*On Air*)是由托马斯 · 萨拉切诺(Tomás Saraceno)创造的大型装置,由 18 个站组成,可以在巴黎东京宫参观。参观者在入口处拿到的小册子,向参观者展示了这次盛会的意图。[①] 我在这里引用策展人丽贝卡·拉玛什-瓦德尔(Rebecca Lamarche-Vadel)签名的简短介绍性开头:

> 在成为、举办人类与非人宇宙之间新的编舞和复调音乐时,《正在播出》被视为一个生态系统,艺术品展示了这些世界之间共同的、脆弱而短暂的节奏与轨迹。作为一种混合有机体,《正在播出》与遇到的、共存的无数种存在(无论有形的,还是无形的)共同自我构建。……《正在播出》构建了空间与时间,以表明飘浮在空中的力与实体,以及它们与我们的互动:从二氧化碳到宇宙尘埃,从无线电基础设施到重新构想的移

① 展览还提供了丰富的目录,其中包括 B. H. Bratton, V. Despret, A. Franke, S. Katsanevas, B. LaBelle, B. Latour, M. Prelinger, J. Ribas, M. Wigley 和 E. Zhong Mengual 等人的重大跨学科贡献。

动走廊。因此，构成我们身处其中的生态系统的无形历史，邀我们从诗学的角度重新思考居住在这个世界上的不同方式，以及身为人类的不同存在方式。

人们想说出一个宏大而精彩的计划。[①] 它不缺少我们必须增加的原创性，很快这就要显见。参观者如何感受到展览项目承诺的体验呢？展览中几乎每一站都宣称可以进行特别的多感官参与。它是以我已关注的想象的多模态（因此是多媒体的）的非凡调节为特点的。我们来看一些例子。

据说，在第一展室（《黑洞》）里，参观者可以听到全息毛绒动物，即"一种展览开始前很久就生活在东京宫里的蜘蛛"发出的振动。这种蜘蛛又瞎又聋，怎么可能呢？这种蜘蛛可以检测到"十亿多年前黑洞撞击发出的振动"[②]，振动受限且在未经保护的空间中，被可见生物所编织的大网拦截，同时振动转化为人类可听见的声音频率。因此，通过这些多模态转化（从蜘蛛空灵架构的技术-美学敏感性，到我们的听力），我们应该已经能够"体验宇宙的运动"。

一种设备将蜘蛛网的振动转变为一系列可以听见的共振，这个设备在其他站以不同方式重复出现。有些设备是专门为与在场的参观者互动设计的。如何互动？例如，在第三站《吹响空气》中，显然互动是通过我们身体的温度变化和呼吸的流动产生的。因此，"把（蜘蛛网的）振动转变为声音频率，这一装置使我们能听见空气的声音"。同样的互动效果归因于几支水笔旁参观者的存在；它们悬挂在半空中漂浮的气球上，追寻着（航空象形文字的）细微迹象，几乎就是它们所在的壁龛底座

---

① 我不会进入诗意与哲学的幻想中，这包含在引文最后一行"人诗意地栖居在地球上"。据我们所知，这源自荷尔德林（Hölderlin），并被海德格尔（Heidegger，2000）多次评论。该展览想要"重新思考"它，用"空气"替代荷尔德林和海德格尔的"地球"。

② 本文有助于消除我们可以理解的疑虑，它在注释中规定，"'黑洞'中的宇宙事件是从欧洲引力天文台的处女座天文台现场直播的"。

上刻的图形化蜘蛛网(蜘蛛图)("一种新语言",他们雄心勃勃地宣布,适用于"飞行世时代")。

最高层次的互动沉浸性好像在第 8 和第 15 站实现。下面我要引用对它们各自的描述。

> 《飞行世探索者》(8 号)是一件不使用化石燃料、氦气或氢气就能升到空中的雕塑作品。……它上面装有几个传感器,能捕捉温度、湿度、压力和空气质量等大气数据。用户们受邀使用该作品,并提升其功能。这是一件由正在进行的、集体的、开放的建设过程发展而来的雕塑作品,是想象不使用化石燃料的新时代的诗意工具……

当然,这一雕塑无法展出,展览上只展出样品,并告诉人们以低成本建构我们个人或集体的雕塑有多么容易。

《事物节奏》(15 号)是一场展览期间还在继续的摇滚爵士音乐会的邀请函。参加者受邀上下滑动手指,弹奏弦乐(在分配的范围内伸展)。其间,他们成为偶遇的网络系统的一部分,干扰并调谐到他们周围的混响节奏。作品中的每根弦都以不同频率产生共鸣。有些声音可以听到,其他声音则超出了人类听觉的范围,只能感觉为振动。次声放大器放在地面上,把地面变为扬声器,参观者的身体成为耳朵的延伸,振动的耳膜把注意力转向其他感知模式。

正如你所见,互动程度不仅是最小展览的要求,还与极端限制、几乎禁欲的行为协议相关。这无法回应之前提出的两个问题:一、参观者是否被诱导,去承认他或她在该装置内必须遵守的规则;二、这些行为是否可能造成对沉浸式环境的个别站点乃至整个展览路线的变化。相反,好像参观者要按照要求继续表现出他们正常的直觉行为(如:呼吸或散热行为),还要特别关注他们这些细微的心理表现。他们得考虑这些问题,如果可能的话,要在环境情报的背景下**感受它们**,把它们调谐到异位音域中。此间包括事物深沉而普遍的呼吸,包裹着客体本质的光环和在微观和宏观世界中起作用的各种力量。所有这些都要求参观者倾注智力进行合作,如果他或她能"互动",这只是决定要玩游戏,或尝试着把他或她自己带入类似精神练习及冥想的模拟维度。然而,要打破这一魔咒,只要做一件小事就够了。例如:用干水笔里的墨水,人们就无法追踪"航空象形文字",或更糟糕的是(这发生在我身上),热辐射或参观者的呼吸在噪音背景,即杂乱无章的嗡嗡声中,无法产生任何确切的变化。显然,蜘蛛网正是用这种声音回应引力天文台的神秘信息。

"诗意地思考栖居在这个世界上的不同方法"意味着什么?好像确定的是,《正在播出》这一装置的主要目的是在值得称赞的生态方案背景下,以典范的方式重新限定艺术品灵韵体验的条件,连同经过认证的科学保证,并辅以复杂的(有点神奇的)技术应用。

四、关注互联网上的记忆和个性化过程

人们会问,为什么许多当代艺术中典型的沉浸式及多感官环境所采取的互动性行为,应该试图**改变**这些环境,使得它们向着新配置**发展**?后者装置的优点之一是它坦诚地展现了证实这一问题的隐含假设,即连接艺术世界与实践世界,重塑伦理与美学之间的联系。这就是说,在任何理想化或监管合理化之前,**以典范方式**重启我们的精神,即我们在世界上基本的"行为举止",使其扎根于维持和指导它的同样基本的**感性**。这样来看,《正在播出》可以体验为模拟在一个不像我们的世界(这样堕落的世界)中如何行事(对"人类世"概念严重的焦虑,可参照遍布萨拉切诺的展览)。

然而,优点也是,在人们讨论的这一装置中(以及许多以同样模式构想的其他装置中),什么造成了最大的问题。我指的是,(珍贵的)典

范的必要条件。实际上,《正在播出》模式渴望改变我们,正如我们被那些从恰巧目睹的某些典范行为或事件中学会的人生教训改变一样。因此,我们必须检验(或至少尝试)这些"规则"。**在**艺术品的魔力圈以及我们已经目睹的**灵韵**圈**以外**,我们可能从这些人生教训中创造这些"规则"。如何检验呢?答案是,通过采取符合这些规则的主动行为。这就要假设,我们能采取行动,清除满是毒物的世界。这样,艺术世界与实践世界的关系就又会不同:一方面,是典范的限定区域;另一方面,是日常生活的混沌与分散,以及正如康德所言(1999),为了明智行事,或为了纳入"判断规则",对典范的需要。

然而,我们也可以自问:与艺术品一起完成的具体互动练习**之外**的这一行为,不可能回到作品**内部**吗?在新技术可以设计的沉浸式、互动性环境中,难道我们不能看到这个意义上的运动吗?这种重新整合可能不是技术支持下,对重启艺术世界和实践之间重要循环的最明显和最有效的认可吗?实际上,如果确实如此,我们将在最充分的意义上进行互动性想象练习,如:辨认**规则**以便以**倡议**的形式在作品中执行,旨在把作品转变为可以不断发展的系统。这样的互动性环境存在吗?

该情况可以用两个例子加以说明,其中第二个例子问题更多。我将第一个例子与"叙述博物馆"模式相关联,这一模式是由意大利艺术团体天蓝工作室(Studio Azzurro)精心构思并付诸实践的。[①] 而第二个例子与现今我称之为"延展写作"(extended writing)[②]的完全自发的、无政府主义的出现相关联。"延展写作"是一种原始的表达现象,或许

---

① 在分享对保罗·罗萨(Paolo Rosa)的课程回忆的时候,关于对感性、互动性环境的理解,我想感谢我的朋友、天蓝工作室的劳拉·马尔科利尼(Laura Marcolini)和莱奥纳尔多·圣乔治(Leonardo Sangiorgi),感谢他们不厌其烦的解释与不断的鼓励。

② 参见 Montani (2018)。这是对**延展心灵论**的进一步解释,证明 Clark 和 Chambers 的开创性文章(1998)发表之时,正是数字技术使得这一概念特别适合更深入地了解正在发生的变化及仍在定义中的后续发展。同时,从可比较且通常可同化的研究角度来看,也提出了其他理论模型。我在考虑物质介入(Material Engagement)、具身模拟(Embodied Simulation)和具身认知(Embodied Cognition)等概念(参见 Gallagher 2005, Gallese 2005, Malafouris 2013)。

由互联网这一结构的交互性，以及正如我们将很快看到的，媒体之间关系而非多媒体环境所造就。

在所有“叙事博物馆”模式中，永久置于圣母怜子小堂中，即罗马的主要精神病院、前“疯人院”中的一个博物馆，或许是最高级的。精神实验室博物馆（现名）的参观者，受邀激活所有散布于这条路上各个站点的不同纪录片和证明设备，将他们的互动性作为一系列感知运动表现，让他们直接参与，激发有意义的选择，最重要的是，设想未严格计划的时间表。[①] 换言之，参观者的互动性不能改变这一装置，而是每次装置都是以不同的，可以说是个性化和响应式的方式组合或剪辑而成。这一机会的出现并非不强调体验类型的重要性，在路线尽头，参观者意识到他们已经发挥了自己的想象，例如记住了无数时刻，其中他们的感知与精力参与，已证明与引发偶尔深刻反思的过程是完全符合的。毫无疑问，这与“沉思”概念是连续的，但也是我们感知其**具身**本质的一种方式。具身本质涉及想象的多模态，并最终对个体行为和主动性直接开放。

关于托马斯·萨拉切诺的装置及其典范本质，我强调的主要区别出现在这精确的“入门门槛”上。重点是，精神实验室博物馆的参观者逐渐需要对环境的交互配置做出具体贡献，同时大幅**修改它**，而非限于重新编辑使其匹配他们在部分可选程序中的个人体验。相反，他们将其置于消减其干预的位置，从而触发一个变革过程，使其至少向部分不同的结构发展。这基于一个事实，即精神实验室博物馆的互动策略的设计目的似乎意在加强之前提到的个性化和响应流程[②]，以至于将其

---

① 目前，这个时间要求是区分真实沉浸式环境和我们通过虚拟现实设备引入的环境的主要因素。即使后者与外部世界保持紧密联系，它们仍然是经过严格计划的。关于最后一点，参见我对伊纳里图（A. G. Iñárritu）的《血肉与黄沙》装置的分析（参见 Montani 2017, pp. 132 – 38）。

② 这突出了 M. Ferraris (2018) 将“响应性”的积极特征，归因于与互联网产生的普遍“动员”过程相关的自动化行为，并被那些煽动其算法的人持有，并在经济和商业上加以利用。我将很快谈到这一点。

引向实际行动，即转化行动的门槛。

该路线的最后一站展现了此种具体合作需求最自发、显见的发展，并提出一些潜在的执行方法。这是一道长长的墙屏，我们可以看到上面一群真人大小的移动人形拟像从右向左缓慢、沉思着移动，男人、女人们以这样或那样的方式与那地方相联系：病人、他们的亲属、医生和护理人员。参观者只要把手掌放在这些行走着的人物身上，就可以使他们停下来。他或她会停下来，转向参观者，对他或她说些什么：一个想法、一段记忆或一个暗示性评论。在这一点上，根据游戏规则，如果他或她希望参观者可以“拖拽”被拦截人物的拟像，带领他们沿着墙走向左边的一扇门，就可以进入一个小房间。在这里，参观者可以坐在椅子上，倾听此人要说的话，就像这是一次私人会话。总的来说，他们谈及精神病院的个人体验。然后，叙述持续了几分钟，之后游戏又能重新开始，没有固定的时限。在这一点上出现的机会是显然参观者也**可以**——未必是**必须**——有话要说，而且，装置设备应该置于一个位置，来吸收这个新故事，保存它，并以一种将要建立的方式重新使用它。

我们必须问的问题是：在什么条件下，旁观者觉得有权说出自己的想法？我们在一开始就简要地提到了这个极有问题的答案：条件是他或她一开始就在环境中看到了一个采取有意义举措的机会。在这种特殊情况下，我们处理潜在对话时，非正式规则的应用可能在未来遇到另一个对话者出于同样动机的回答。我刚才勾勒出“受监管的”互动框架的极其不确定的性质，可能受到环境很大的影响，在这种情况下，我们处于记忆领域；隐含在记忆中的目的论是它保持**活跃**，即它不会被分散或削弱，也不会像无意识的产物那样改变或伪装自己；最后，它没有纳入和同质化到由互联网形成的巨大电子档案中，其优先目标，正如 M. 费拉里斯(2018) 最近表明的那样，包括从所谓的大数据中获得巨大的经济利益，今天实际上已经变成了丰富数据，即保存每个用户外部记忆细节的数据。

因此，我们谈论规则与随后的举措，旨在**关照**及**处理**外部化记忆。[①] 我们正在谈论这些相同的记忆，就像谈论个性化过程的许多元素一样。这些元素将需要以与日益增长的自动化成正比的方式来使用，我们允许我们的足迹越来越多地委托给外部技术支持（互联网）。我们拥有这些规则吗？现在还没有。有一部分原因是拥有它们可能只能由专注于有意及创造性检验它们的互动作品来保障。当然，它确实如此，即使仍然处于基本的、天真的、自发的和自学的水平。随着特定应用程序（仅举 Instagram Stories 这一例）的引入，我们所有人都在支持它（希望将其标准化）的社交媒体格式内外经历过这种情况。这个过程已经开始，正在发展，远远超出社交媒体的范围。

我的第二个例子与存储在互联网档案里的记忆的关注与个性化处理有关。这仍然是原始的、装备不良的、幼稚的、不成熟的，但我必须重复一遍，它已经根深蒂固并传播开来。更准确地讲，我们必须以最适合的方式，懂得表达性媒体的特性。通过表达性媒体，我正谈论的操作可以作为互动想象的一种方式。也就是说，它是——这点是关键——我们正讨论的“延展写作”的理解问题。在“延展写作”中，我们比我们想象的更早，或多或少都会成为创意专家。

在此我只谈事情的一方面（我解释的其他问题的理论基础）。[②] 我谈的**文字与图像之间的关系**，是在互联网写作的延展形式中表现出来的，尤其是它与弗洛伊德（1953）所说的**象形文字**（Bilderschrift）具有高度相似性。也就是说，构成图像的方式，使它的叠化剪辑和排序清晰易辨，以及弗洛伊德本人将一些典型的构成形象（位移、凝结、可表示性的考虑）形式化的方式，并将它们归因于梦幻般想象的作品。也就是说，我们说的是初级符号学状态。通过此状态，我们可以将由我们的无意

① 或者，如果你愿意，可以创造性地重新挪用斯蒂格勒（Stiegler，2001，2015）所谓的“三级保留”，即我们“自然”记忆功能所需的低记忆力支持，互联网算法今天在我们不知情的情况下对其进行存档和管理。没有人会低估这种任务。

② 参见 Montani（2018）。

识驱动、只为原始经济服务的无意识铭文，转化为真正的工作和个性化机会。①

我们必须反思的是，象形文字是文字与图像关系的原型。其中，图像试图**打破**这一综合体，这两种表达技巧在默认的符号功能中(没有图像保障的意识，文字就毫无意义，借鉴康德的说法，就像没有知觉，概念就是“空洞的”)要表现这一综合体，并要使原始差异作为新的、必然的创造性形式中相互关系再生的条件，**再次**可以感知。② 象形文字——梦境的典型，还是互联网延展写作的典型——把文字与图像的关系从多媒体融合状态转变为在媒体之间转换的状态，即其中两个媒体在不失去自主性的条件下相互合作。

显然，在这一点上出现的前景，真的具有重大意义。但是，它还表明，这种新的《圣经》模式可能追求两条路径，这要看它是否被引导以符合互联网已为用户设想的标准化程序，或者以我们所说的手工的方式——或者甚至是广义和前现代意义上的“艺术”③——及更加互动的方式进行。那是直接画在互联网的庞大档案中，就像来自无尽的媒体间的表达形式，以进行制定规则的创造性，旨在找到文本选择和文本成分(图像与文字)构成与单个发音单位(有些需要创造全新)的新规则。这一写作实践有着广阔的**范围**(从简单的可交换的图像文件到复杂的声音图像产品)，但最重要的是，它没有什么困难或深奥之处，实际上，它就是一种引领它回到符号关系出现地的方式。这一关系过去、现在在系统发生和个体发育上，对人类都具有决定性作用。

---

① 在其他地方(参见 Montani，2017)，我提出了一个详细的假设。借助这一假设，除了解释潜力，梦幻般想象的作品起到了确保或者是实际上再生大脑神经可塑性过程的功能(Anderson，2014)。

② 正如(在系统发生和个体发育上)启动想象产物(或具身认知，如果你愿意的话)和语言表达形式之间联系的行动，必然是创造性的。对此，请参见 Vygotsky (2002) 和 Montani (2018)。新叙事写作形式实验以公正的方式使文字与图像的监管综合体解体。对于这一实验的深入调查，请参见 S. Borutti (2018)。

③ 这存在于“技术发展水平”这一表达中。参见 Montani (2018a)。

总之，要在我已展示的框架内更好地指出艺术的相关性，我们必须说，数字技术发展的现阶段，很多方式似乎重新与创造性作品相关联。影院中的创造性作品，在引入口语**之前**（比声音更是如此），彻底改变了它的内涵，使它更接近叙述及戏剧形式。在头30年，最大胆的电影理论家爱森斯坦（Eisenstein，1981—2006）首先意识到，电影剪辑是一个对图像的《圣经》特征或它的构建性中介性质直接动手的新机会。至少在一个著名的案例中——维尔托夫（2011）案例中，他们视其为影院明确《圣经》及具体互动性理解的基石。这被称为“大众电影化”，意味着获得被动和主动的电影摄影技巧（一种素养）。[①] 伴随着互联网延展写作，这一中断的传统似乎要恢复并加强，至少最初还会面对我们外化记忆的复得，以及这一过程带来的灾难性的、普遍的、去个性化的风险。[②]

参考文献

Anderson，M. L.（2014）*After Phrenology：Neural Reuse and the Interactive Brain*，Cambridge：MIT Press.

Augustine of Hippo.（1960）*The Confessions of St. Augustine*，New York：Image Books.

Aristotle.（2017）*On the Soul*，Loeb Classical Library，288，Harvard：Harvard University Press.

Borutti，S.（2018）“Immaginare，comprendere，testimoniare. L'iconotesto come ambiente mediale in W. G. Sebald”，in Cecchi，D.，Feyles，M.，Montani，P.（eds），*Ambienti mediali*，Milano：Meltemi，273 - 289.

Chomsky，N.（1966）*Cartesian Linguistics：A Chapter in the History of Rationalist Thought*，New York：Harper & Row.

Clark，A.，Chalmers，D. J.（1998）“The Extended Mind”，in *Analysis*，58，1，7 - 19.

---

① 参见 Montani（2010，2018a）。

② 参见 Stiegler（2015）。

Cometa, M. (2017) *Perché le storie ci aiutano a vivere*, Milano: Cortina.

Ejzenštejn, S. M. (1981 – 2019) *Opere scelte* (9 voll.), Venezia: Marsilio.

Ferraris, M. (2018) "Il capitale documediale: Prolegomeni", in Ferraris, M. & Paini, G., *Scienza nuova: Ontologia della trasformazione digitale*, Torino: Rosenberg e Sellier, 13 – 120.

Freud, S. (1953) "The Interpretations of Dreams" [1900], in *The Standard Edition of the Complete Psychological Works of Sigmund Freud*, vol. IV-V, trans. by J. Strachey, in collaboration with A. Freud and assisted by A. Strachey & A. Tyson, London: The Hogarth Press-The Institute of Psychoanalysis, 1953.

Gallagher, S. (2005) *How the Body Shapes the Mind*, Oxford: Oxford University Press.

Gallese, V. (2005), "Embodied Simulation: From Neurons to Phenomenal Experience". in *Phenomenology and the Cognitive Sciences*, 4(1), 23 – 48.

Gallese, V., Cuccio, V. (2015) "The Paradigmatic Body-Embodied Simulation, Intersubjectivity, the Bodily Self, and Language", Metzinger, T., Windt, J. M. (eds), *Open MIND*: 14(T), Frankfurt am Main: MIND Group, doi: 10.15502/9783958570269.

Heidegger, M. (2000) *Elucidations on Hölderlin's Poetry* (1936 – 1968), Amherst, NY: Prometheus Books.

Ihde, D. (2018) "Quarantamila anni di iscrizioni", in Cecchi, D., Feyles, M., Montani, P. (eds), *Ambienti mediali*, Milano: Meltemi, 57 – 68.

Kant, I. (1998) *Critique of Pure Reason* [1781], Cambridge: Cambridge University Press.

Kant, I. (2000) *Critique of the Power of Judgment* [1790], Cambridge: Cambridge University Press.

Lacan, J. (2006) *Écrits: The First Complete Edition in English* [1966], New York: W. W. Norton & Co.

Lo Piparo, F. (2018) "Sulla nozione di immagine: Con l'aiuto di Wittgenstein, Freud, Aristotele e il nodo Borromeo", in Cecchi, D., Feyles, M., Montani,

P. (eds), *Ambienti mediali*. Milano: Meltemi, 19 - 36.

Malafouris, L. (2013) *How Things Shape the Mind*, Cambridge (MA): MIT Press.

Merleau-Ponty, M. (2003) *The Visible and Invisible*, Evanston: Northwestern University Press.

Montani, P. (2010) *L'immaginazione intermediale*, Roma-Bari: Laterza.

Montani, P. (2017) *Tre forme di creatività: tecnica, arte, politica*, Napoli: Cronopio.

Montani. P. (2018) "Sensibilità, immaginazione e linguaggio. Processi di interiorizzazione ecultura digitale", in *Bollettino della Società Filosofica Italiana*, settembre-dicembre, 25 - 41.

Montani, P. (2018a) "L'artcommeexpérience technique", in Blümlinger, C., Lavin, M., (eds), *Gestefilmé, gestesfilmiques*, Milano: Mimesis International.

Ricoeur, P. (1984) *Time and Narrative*, Chicago: University Chicago Press.

Simondon, G. (2000) *Sur la technique*, Paris: PUF.

Stiegler, B. (2001) *La technique et le temps*, Paris: Galilée.

Stiegler, B. *Automatic Society*, *Volume* 1: *The Future of Work*. Cambridge: Polity Press.

Vertov, D. (2011) *L'occhio della rivoluzone* [1922 - 1942], Milano-Udine: Mimesis.

Winnicott, D. (1982) *Playing and Reality* [1971], London: Routledge.

16 艺术：表演与阐释*

路易吉·帕莱松

一、阐释的个性和作品的无限性是各种表演的基础

只有“阐释”的概念可以解释，如何在不损害作品的身份和统一性的情况下，存在许多不同的表演，所以表演首先意味着阐释。

由于阐释的本质在于宣称并揭示阐释的内容，同时表达阐释者本人，承认表演是阐释意味着，承认它包括作品不可改变的身份和表演作品的阐释者一贯不同的个性。这两者密不可分：一方面，它总是一个呈现作品，并使作品如其所愿地存活的问题；另一方面，呈现它并使它存活的方式总是不同的。

人们谈及阐释的个性时，总是暗指这两方面的不可分性，这保证了作品的统一性不会因表演的多样性而受到破坏。个性不是指“主观性”。某种哲学传统所构想的“主体”是自成一体的，并将与她接触的一切转化为她自己的活动；相比之下，这个人是开放的，并且总是向其他事物或他人展示自己。人的概念为防止主观主义造成的危险提供了最好的保证。根据这一概念，在认同此人接触的一切必须成为她的内在

---

* 摘自“Lettura, interpretazione e critica dell'opera d'arte,” *Filosofia* 5 (4/1953); *Estetica: Teoria della formatività* (Milano: Bompiani, 1996), pp. 226－247。

的同时，也断言了她不可还原的独立性。阐释不是“主观的”，而是“个人的”。它在表演过程中并不消耗作品的价值，而是为了执行它保持独立性，以至于表演总是包括阐释者的多样性和作品的独立性，并且它总是有着双重且单一的方向——朝向作品（单个阐释者必须呈现作品且使它如其所愿、生机勃勃）和表演者本人（在每种情况下，她都以使作品存活的新方式表达自我）。

但是，表演者本人和作品的独立性，都不应构想为自我封闭的、静止的现实，否则，就在她表演作品的时时刻刻，作品向阐释者自我展示的行为将永远不可能实现。表演者本人不是一座自我封闭的监狱：她不是一个固定的、不可逾越的观点，从中只能打开一个精确不变的视角。首先，人虽然时时刻刻都待在一个确定的整体中，但她是在不断运动之中的，因为自由创新的主动性延缓了她的历史实质，所以新的视角总是向她敞开，因为她生活经验丰富，还在改变方向。此外，她思想的创造性和幻想的力量，使她能够推敲和采纳各种各样的观点。艺术品是一种形式，即一段结束的运动，就像在说，无限聚集在确定之中：它的整体来自一段“结束”，因此它需要被视为非静止现实的结束，通过形式的聚集成为整体的无限的开端。因之，作品有着无数面，它们不仅是作品的“部分”，其实每一部分都包括整个作品，并从一个特殊的视角展示作品。

各种各样的表演都是基于阐释者本人和待演绎作品之间的复杂性质；两者并非不同或截然分开，因为凭借阐释者的个性，人的移动性和作品的无限性在表演行为中交汇。阐释者无尽的观点和作品的无限方面相遇并相互作用，因此只要它抓住了确定的方面，一个决定性的观点就可以揭示整个作品；作品以新的认识将自身呈现为整体的特殊一面，必须等待能够理解并检验它的观点。这就是为什么表演的多样性与无限性不损害作品的身份与永恒性。表演总是由单个阐释者执行的，她希望以作品期待的样子呈现它；阐释者的一个观点与作品的一个启示面相遇后，表演就实现了；因此，一方面它是个人的表演，另一方面，它同时也是作品本身。

二、阐释者的双重意识

至此，我们已经谈论了阐释的一般性质。现在，为了清晰地感知它的意义，并从真实的体验中确认它，是时候以真正阐释者的意识观照它发挥作用的双重性了。阐释者必须视自己的阐释为必需的阐释，为作品本身要求的阐释。她越努力触及作品的本质，洞悉它的秘密，让它过上一种并非与它无关或强加于它的生活，她就越可以说，她的阐释是正确的，作品必须以这种方式解释，在表演中它才是自己真实的样子。不过，阐释者很清楚，她的阐释是她自己的，是那一刻她自己的，别人或者她自己已经或将给予不同的其他阐释。实际上，给予她的阐释的想法，可能在其他阐释中已经出现了，而在她看来，其他阐释是有充分根据的，但不够透彻，并且，如果一种阐释似乎比她的更好，她会用它提升或替代自己的阐释。简言之，作为阐释者，体验使她意识到，阐释总是新鲜的、不同的和多重的。

这种双重意识对于阐释者至关重要：如果为了一方面而牺牲另一方面，那么它就会突然变得死气沉沉了，同时获得表演者最初意识中没有的一种意义。如果阐释者忘记有无数表演者，那么她会立刻视自己为唯一可能的表演者，她并不认为其他人配得上阐释的名字，而是视他们为错误、失败和退化。如果她不坚持意识到自己表演的优点，那么在她看来，无数阐释会立刻变得同样合理，在此冷漠的可能性中，她只会想到**她的**阐释，同时她表演的原则将只是新颖性与原创性。因此，有两种所谓的阐释者：一种认为她的阐释是唯一可能的，另一种只在乎进行新的阐释；一种说只有一种表演贝多芬作品的方式，这是寻找并发现这种方式的问题，并在此过程中试图隐藏自己的个性；另一种希望建构自己的贝多芬，一种新鲜、新颖的贝多芬，而她是唯一的作者；一种说只有一种方式阅读但丁，不以此方式阅读的人是错误的；另一种说有多少人读但丁，就有多少个但丁。总之，一方面存在阐释是绝对唯一的教条，另一方面存在任意多样性的说法。

在这两种情况下，人们都忘记了，只有阐释者**自己**表演**作品**，才存在阐释，因此，她的表演可能同时既是她清晰而生动的作品，又是**她**对作品的阐释。我们期望在阐释者身上看到的，不是她在表演中能够让原创性原则引导自己，尽管**她新的**阐释比作品本身更重要，或至少有一种独立的兴趣。在她看来，她只是简单地诠释，而最了解她的品位、洞察力和能力的人，则希望她成为诠释作品的人，专注于执行作品，仅此而已。只有这样，她的阐释才能同时成为对作品的表演和新的个人表演。另一方面，人们绝不期望阐释者应该给出唯一的正确阐释，只是希望她真的在表达作品；因为人们对同一作品的多重表演，期待的不是为了挽救唯一的正确阐释，而发起一种否定许多不同阐释的判断，而是要在许多希望呈现作品并使其存活的表演中，看到鲜活、唯一、相同的**作品**。

三、阐释的"忠实"与"自由"

整个事情可以追溯到什么是如今阐释所谓的"忠实"与"自由"问题。当这两个术语与阐释相关时，忠实通常指"责任"，自由指"命运"。换言之，一方面，据称阐释必须建议按实际情况呈现作品，以尊重、细致和奉献的努力来唤醒我们，以免将任何不属于它的东西强加给它，或让自己的个性侵入其现实；另一方面，据称阐释者的个性是注定无法避免的状况，所以无论她如何行事，都只能表达她自己。由于很难理解如何调和这些相互矛盾的陈述，因此放弃寻找调和它们的相关性，转而专注它们各自的发展，直至它们成为两种矛盾对立的论题，同样成为一种选择。

一方面，据称，阐释中何为尽职、规范，即努力以此方式——作品构成的表演，真的是那部作品的表演，而非其他事物的表演——呈现作品并使其存活，只有通过客观的努力，才能表明自己的主张。忠实和客观是同一方面，因为忠实只有通过理想的、已实现的客观性才能成为可能。另一方面，据称，阐释作为新人的表达总是自由的，什么是新颖的阐释，要归因于阐释者最初的个性，这是不可逾越的条件。它的自由包括每次将作品融入自己的个性之中，以便表演的价值确实只在于自主的新颖性。因此，忠实与自由以相互排斥而告终：一方面，没有自由才有忠实；另一方面，如果有自由，更确切地讲，就一定没有忠实。

如果忠实和自由相互排斥，那么一方面，由于对作品的错误崇拜，人们相信只有一种正确的阐释，而这种客观的阐释只能被视为作品的副本或复制品，就仿佛表演被一种荒谬的构造和相似性的理想所支配；另一方面，由于所谓的不同事物的消亡，作品在无数阐释中繁衍和消散，这些阐释永远只专注于表达新的阐释者。在这两种情况中，阐释与作品之间再也不存在任何关系，因为前者与后者分离。阐释要么是不同于作品的副本，要么作为对新个性的表达，是原始、自主的创造。它不值得及时将两个术语置于连续位置之中来尝试调和它们，就好像阐释者**首先**努力保持忠实，然后表达自己，因为在那种情况下，忠实只是先例，并不积极，并且，从作品中分离出来的阐释，又变得随意了。

只有在**同时**确认忠实和自由的情况下，才会出现阐释。忠实是阐释者的责任，为了能呈现作品并使它如其所愿地存活，而非她想要的样子，必须确保排除所有障碍，使自己因崇拜而受到鼓舞，并努力具备细致、专注的洞察力。阐释者的个性当然是她无法摆脱、不可逾越的境地，因为没有人能离开自己，即便是那些可以成为并认为自己与实际不同的人。但忠实不能成为无个性的结果，因为它不是副本的构象，而是探索并发明洞察作品深度的各种方法的人自由、主动的实践。并且，阐释者的个性远非真正努力自我表达的障碍，相反，对它而言，个性只是可能的状况。在整体阐释的过程中，阐释者本人不仅具有主动性，还是一种状况，甚至还是作品渗透的容器，因此在一定程度上，忠实的主要目的是使作品成为自己，自由是由具备主动性的人和状况所定义的表演方式。那么，忠实是个人的“执行”，旨在使作品成为它期待的样子，自由是个人的性格，是人们试图使作品以它的实际情况存活的方式，因此不可重复。

建议阐释者忠实只是做你自己；创建你自己完整的个性和灵性、自己的思维方式、生活方式、感觉方式、洞察力的化身、进入的条件、展示艺术品的方式；记住，你的准则不是非要放弃自己，也不是渴望自我表达；不要有意进行新的阐释，因为无论如何你的表演总是你的，总是新的，因为事实很简单，是你阐释了它；不要认为你的责任是抹杀你的个性，因为无论如何你不可能离开自己，甚至你最终的“客观”也只是你很个人的“执行”；记住，尽管你必须自己阐释作品，也就是说，你不得不阐释的作品实际上就是那部作品，同时不得不阐释它的人实际上就是你。

四、阐释者双重意识的意义：既不是阐释的奇特性，也不是任意性

因此，已经被证实的是，如果有人说，任何作品只有一种正确的阐释，那么就没有阐释，如果有人声称阐释具有任意性，那么同样没有阐释。因之，他们唯一的优势是其自主的新颖性，即在自由之外追求忠实，在忠实之外实践自由，这些都不存在阐释。那么，可以理解的是，阐释的概念如何能挽救作品的身份及其表演的多样性，因为实际上它是旨在表达作品使其存活的个人努力，这正是在构成它的不同表演中自我展现的作品。作品总是相同的：独特且又与自身等同；忠实的努力总是旨在保持它的身份与独立性，因此表演并非将不属于它的现实强加于它。但是，作品将被表演的身份不可与表演的独特性相混淆：独特性适用于作品，不适用于表演。表演总是数不胜数；表演的自由确保每个表演通过忠实地执行表达阐释者本人，而她凭借忠实洞察作品；但是阐

释的多样性和新颖性，不能被误以为是作品要消除的任意性：多样性适用于表演，不适用于作品。

在澄清这些的基础上，现在可以定义阐释者要求的双重意识。认识到自己的阐释良好，无须假设那是唯一正确的阐释，而要参与其中，使作品展现自己；认识到阐释的多样性，无须证明提出新阐释是正确的，而要负责任地提升作品，使其更好。

对阐释者而言，一方面作品的阐释是作品本身：表演者旨在理解并表达作品，因此表演完全是现实中的作品。经过长期艰苦的努力，表演者做出他人称之为她的阐释，对她而言，这与作品本身并无不同。对阐释者而言，作品与她的阐释是不同的，这并非事实，因为即便这是事实，如果不是通过阐释本身，她怎么知道作品不同于她的阐释呢？阐释者希望给予的不是作品的副本或等同物，而是作品本身，而且，她关注于此，并下定决心投身阐释：她对自己的选择**深信不疑**，为了使作品以其希望的样子存活，她努力挖掘并洞察作品；一切都与**假设**这是仅有的正确阐释无关，从抽象、不可能的观点来看，就好像她可以用一种公正的判断来比较自己与他人的阐释。

另一方面，既然阐释者知道她是阐释者，她意识到别人不采用她所用的方法根本无法走近作品，即尝试以个人努力理解并表达作品；她意识到阐释不计其数、各不相同，因为就像她的阐释一样，所有阐释都是个人的。但是，这一**认识**无法转变为**客观的**知识，就像阐释者可以抛开自己，将阐释这一给予行为视为同其他人一样的武断行为，所以表演作品时，她的**目的**不是令作品如其所愿地存活，而是要将其展现为不同于他人眼中的事物。对阐释者而言，那种认识只意味着意识到阐释的个性，即理解作品并使其存活的责任；这是她的个人责任，不能背弃，因此她必须不断努力，不轻易满足：她阐释时，隐隐地意识到别人可以比她阐释得更好，因此她有责任提升自己的表演，即便为此她必须放弃表演，并用别人更好、更具洞察力的表演替代自己的。

五、阐释的确定性与暂时性

因此，由于这些术语的唯一意义来自个性原则，依据这一原则，每个阐释对**每个人**而言就是**作品**本身，所以谈及阐释的终结性和暂时性是可能的。从这个意义上讲，所有阐释都是确定的，对阐释者来说，他们每个人暂时都是作品本身，因为每个阐释者都知道，她总是不得不提升自己的阐释。

阐释是确定的，也是平行的，所以一种阐释在不否认其他阐释的情况下排除了其他阐释：每个阐释都是以个人的、不可还原的方式来理解和赋予特定作品以生命。阐释是暂时的，彼此对话、提升、改正、替代：每个阐释都包括在单个阐释者努力加强个人阐释的过程之中。如果阐释在平行方面是确定的，且每个阐释都可改进是暂时的，尽管这要在其他阐释的帮助下才能实现，只有跟其他阐释相比时，每个阐释才是确定的，而且只有跟自身相比时，每个阐释才是暂时的。

这产生了确定性概念和暂时性概念。确定性概念与绝对概念和排他的奇异性无关，而暂时性概念与相对论等效概念不存在共同点。这只是阐释者的双重而单一的意识，因为对她而言，阐释是作品本身，也总**是**可以改进的。只有坚持这两方面的不可分性，现在才可能分别分析他们的结果。

六、作品只活在表演之中

如果阐释将**是**作品，如果对阐释者而言，她自己的阐释是作品本身，就可以说，作品只活在它自己的表演当中。表演并不能为作品增加任何不属于它的东西。实际上，它实现的东西对作品很重要，它看起来绝不会是附属或次要的。如果表演意味着让作品如它所愿般存活，那么表演就如作品般存活，反过来，作品也有自己的自然生存方式。因为如果表演的生命就是作品的生命，那么作品的生命也就是表演的生命，所以每次表演都等同于作品。

实际上，表演既不会代替，也不会转变、复制、表征艺术品；表演不会只是暗示它，仿佛它是给予对等物的问题，也不会修改它的原始形式，仿佛这不过是一种发展的冲动。表演会让作品**活出自己**。要这样做，表演要赋予作品新的、鲜活的生命，而新的生命替代作品的生命，让人们忘却它的现实。表演一定不能给作品增加不相关的东西，也不能让自己只成为作品的反映，因为复制品放弃真实生命的想法，只能起到提醒人们作品存在、使得人们渴望见到作品的功能。艺术品不是生活必须融入或生命必须增添的无生命体：它是一个活的存在，它想要再次且永远活着；其中，作品的紧迫性与表演的目的相遇了：作品希望活出**自己**，表演希望它以**自己的**样子活着；结果作品作为表演的存在，不是衍生的、次要的、瞬间的。如果表演确实令作品存活，又并未赋予它与其无关的新生命（因为作品有自己的生命，并且表演应要求且希望使作品活出自己的样子），那么表演也确实从作品中获得生命，但并非作品转瞬即逝的反映，因为只有在表演中，作品才能找到自己不可替代的生存方式。因此，作品只存在于由它构成的表演之中；但这并不是指作品被还原为表演：作品除了表演的生命，没有其他生存方式，因为表演的生命被要求只是作品自身的生命。

七、艺术品的多重阐释性

要理解表演的本质，以及它与要表演的作品之间关系的本质，就要适当考虑下面一组相互关联的陈述。作品只存活在表演中的陈述，只有与表演只活出作品生命的陈述相关联时，才具有意义，反之亦然。表演对作品是必不可少的陈述，只有与表演未给作品增添任何不属于它的东西的陈述相关联时，前者才是有意义的，反之亦然。有些人已经忘记了两者的不可分性，甚至在阐释者的意识中扭曲了表演与作品之间特殊联系的本质：这种身份既不损害作品的独立性和统一性，也不损害表演的原创性与多样性。

因为读者等同于作者，所以，有些人强调作品只存在于表演中这一事实，并且认为表演是时时更新的创造性行为。作品并非存在于确定性和独立性之中，而是融入常新的创造性行为之中，其中作品与表演很难区分。有些人强调，表演对于作品是必不可少的，指出作品并不完美，要求读者重新补充并做出贡献：艺术品本身不完整，它的不完整引发了对众多阐释的补充，作品在这些阐释中可以得到复兴且不同的实现。

现在，要不是这些概念比预想的传播得更加广泛，要不是它们以许多构思表演的新方式隐藏，要不是它们还有直面艺术品多重阐释性这一棘手问题的优势，这些艺术体验支持的表演就无法理解，我们就不值得停下脚步去驳斥它们。实际上，为了陈述作品保持不变，且存在于多种表演之中，并且，即便表演各不相同，它们还是作品本身，人可能会冒险将作品的本质“还原”为在每个表演中都能找到的东西，无论它们是否迥异，比如作品的一种“精神”或“行为”——尽管每个人孤立地重温它，它也是相同的——或者如人人随意补充的作品中的“部分”，结果尽管存在常新的重温和连续行为，作品还是相同的。

如果以这种方式看待表演，显然不能说表演**就是**作品，因为表演**重塑或成全了作品**。表演不再意味着**呈现**作品，使它以自己的方式存活，而是**改变或延伸它**，无论如何，抛开作品，转变、重塑它，或完成、继续、发展它。除此之外，如果有必要为了承认作品的无限阐释性而舍弃它的确定性和完整性，那么，现在这就是一个如何看待的问题了。

八、艺术品的确定性和独立性

首先，鉴于表演的意图是呈现并成为作品，声称作品除了在表演中别无生存的他法，绝不是要在常新的创造性行为的任意性中解决它，或在不断变化的重新发明与修正中抛弃它，而是为了如它所愿地呈现它，提醒在确定性或独立性中保持它。

作品的多重阐释性不在于缺乏单一、精准的确定性。如果作品不具有不可还原的确定性，它就无法激励无数读者阐释并表演它，也无法期待表演成就自己。只有凭借它的确定性，作品才能成为无限尝试的确定目标，以自己的方式理解并呈现自己。在确定性的激励下，表演者从中找到保持作品独立性的唯一条件。由于表演者努力保持忠实，尽量理解作品，作品的独立性对她而言更加重要。并且，她的表演也想成为作品一样的现实。有人一定不会认为，作品的确定性、独立性甚至“外在性”使作品不可理解，尽管只有在神秘去除作品不可还原的单一性和阐释者不可还原的个性中，理解与阐释才可能存在：一个人试图以作品单一的确定性理解并呈现作品时，才存在表演，她为了这样做，努力保持作品的独立性，结果她的表演并未转变或改变作品，而是真实地“表演”作品。

九、艺术品的完整性与无尽性

再者，将作品的必要性建立在作品的不完全性上，意味着以一种僵硬的物质方式应用整体的范畴，这相当于一块石头，而非精神作品。它的另一种结果是：作品和它的表演是两种截然不同的整体或同一整体的两个部分，即它们是完全不同的作品或协作的两个要素；戏剧需要表演，因此本身是不完整的，如果作者既是剧作家又是演员，或者戏剧本身是完整的，它就真的是完整的，结果表演就没有必要了，并且，存在表演时，作品就成为一部新的自主性戏剧。第一种答案一定是表演者的作品当然不同于作者的作品，因为前者“表演”后者“创造”的东西；但这并不排除一个事实，即在每个单一表演中，阐释和作品是相同的，只是从全新、不同表演的角度来看，它们才是不同的。而且，没有作者只是“建议”她的作品要发展或是要完成的片段，因为只有她已经“完成”作品时，才会“呈现”它，“发布”它。不能说，只因为作品“要求”表演，它就有瑕疵，也不能说，表演的必要性是瑕疵的征兆。不完整的事物如何能要求表演，并因此期待按实际来呈现呢？实际上，反之为真，作品可以要求、督促、激起自己的表演，只因为它是完整且完美的。

作品的多重阐释性不会来自它假设的不完整性，如果有的话，它能证明“补充”及“精准”补充的“需要”是合理的，而不能“引起”“无限的”“表演”。实际上，只有借助确定性和完整性，作品才有可能提供无限、不同的阐释，因为它的确定性和完整性是无限的定义和结论，结果，作品有无数面，每一面都显示为一个整体，即便从某个角度来看也是如此。每一方面不管多小，它都把作品作为整体来展示，因为作品是完整的：正是完整性确保了每一方面都包含在作品之中，同时，每一方面也包含作品。如果作品是不完整的，它的各个方面就是不相关的部分，就不存在形式的统一，因此互不相关的各部分就无法产生多重阐释，因为没有哪一部分包含不可分割的整体，这个整体可以单独阐释，是自身完整、无限开放的完美形式。

在艺术品中，完整性指无限，无限意味着无尽。如果作品存在无数方面，且每个阐释只显示其某一方面，那么，即便阐释抓住了整个作品，在对作品的无数阐释中，依然没有哪个能穷尽或独占作品，因为阐释总是在提升、促进作品，并对作品的各个方面提出要求。强调某一方面可以说明，其他方面被掩盖了或黯然失色，或只是没被发现，比如演奏一段乐曲，朗诵一首诗歌，或演出一部戏剧时，有些段落以一种方式加以呈现，而非其他阐释中采用的别的方式。强调的差异足以以新的状态展现整个作品。因此，阐释之间相互排斥，因为阐释者赋予某些方面不同的价值；这在音乐中显而易见。在这方面，人们可以谈到声音的极端流动性，甚至“音乐物质的内在歧义”，但这一事实是所有艺术的内在执行，甚至是具象艺术。着眼于颜色、色调和图形的某些关系，避免人们同时关注从不同角度看显然不同的方面；通过这种方式，结果是整个作品产生不同的启示。所有这些在作品的无尽性中都可以找到依据，不用担心在某个阐释中，作品中的事物会误入歧途或不知所踪，因为它是执行逐渐强调的各个方面的整体。因此，通过完整性，作品激发、引起对自身的无数阐释，同时不在任何阐释中穷尽，且始终高于一切，即使它每次都等同于所有方面。

十、艺术品的生命

因此，这一系列无限的阅读、阐释和表演就是作品本身的生命：它生活和存在的自然方式。对执行者而言，每个阐释都是作品本身，而阐释又是阐释者在她的生命瞬间给予的，阐释通过展示作品的一方面使作品存活，因此，尽管作品每次都与表演不谋而合，但作品不局限于表演之中。各种表演互不相融，好像它们每个都是局部，不能重合为一条线，好像它们都是平等的，不会相互替代，也不会重合，除非在单个阐释者的意识中。阐释的历史是作品的生命，但作品不因阐释而丰富，因为作品永远是相同的、不变的、永恒的，它引发所有表演，总是等同于所有表演，却又置于它们之上。鉴于常新的启示，后面的阐释得益于先前的阐释。一系列长长的、荣耀的阐释确实与作品紧密相关，以至于只有通过阐释，阐释者才能看到作品；但这再次证明作品激活了自己的生命，引发了无尽的阐释。作品激发阐释，与阐释共存，促进阐释，在阐释中发现自己的存在，需要阐释，等同于阐释。

十一、作品激发并需要阐释过程

现在我要分析表演的另一方面，据此一个人自己的阐释总会令读者记忆深刻。阐释是一个连续的过程，需要不断加深理解。其中，理解是无尽的，而过程停止时，就不能这么说了。为了更好地解释这点，有必要借鉴两个共同的经验。

第一个经验是每人至少理解一件艺术品中的某点。无论文明多么不同，阐释者的鉴赏力或灵性还是来自作品，或者无论读者的文化水平多么低，也不会像一些人认为的那样根本不理解作品，例如，在时间和空间上转变为遥远文明的希腊雕塑，只是一大块石头。当然，在这个极端的例子中，这不是真正理解的问题，或许只是一种惊讶姿态而已；但是无论目光多么缺乏经验和空虚，作品的一方面是被理解了，而且潜在的阐释者是在大惊小怪；或许阐释过程不再继续，但还存在理解，无论它曾经多么粗糙，或者它能更准确地定义为早期。

第二个经验是在有意识的理解意志层面上，并非每人都能轻而易举地理解每样东西，对于有些人，有些作品无法接近、无法理解。有可能，尽管读者努力，或她认为她努力了，但她对有些作品或某类作品依然很冷漠，甚至否认它们的美，除非她自己意识到并坦白承认她的视而不见。可能此人对其他作品特别敏感。在这些情况中，人正在处理未来的阐释：通向作品的路尚未找到，它依然神秘、静默，甚至让人生厌。

这两种经验表明已经开始但未必总是成功的阐释过程。这符合艺术作品作为一种形式的性质。形式本身可以阐释，且需要被阐释：它的内在特征是它要求并引起阐释；它远离无意理解它的人，但设法在至少考虑它的人当中启动了阐释过程。这发生在所有形式之中，尤其是纯粹形成性的艺术之中。在艺术品中，这两方面以最多的证据来彰显自己：一方面，当然它可阐释、开放、交际性强，促使人们理解并阐释它；另一方面，它要求阐释，且仅向尽力理解它、值得理解这个秘密的人开放。

十二、艺术品的先天可理解性

首先，艺术品具有先天可理解性，所有人都受到召唤去理解并阐释它，实际上，所有人都试图至少理解一些。艺术具有交际性，因为形式是形成过程的结果，是对阐释过程的激励；两者无法区分。形成的东西本身是可阐释的，它引起阐释过程的能力，包含在形成过程的结论中。这就是为什么读者的精神、历史和文化状况与作品的精神、历史和文化状况的差异，从来没有大到妨碍对刺激物的阐释，即使它不能保证其成功。

永远不要忘记，最空洞的注视和对艺术品最基本的接触，总是指艺术的特别之处，即形成性，因为即便没受过教育的读者都会意识到，她在面对某人已经**创作**且**能够创作**的作品。这足以消除这一疑虑，也就是说，既然很少的人跟艺术打交道，那么只有从事艺术实践的人才能理解艺术。如果艺术是整个精神生活固有的形成性的规范，那么所有人都可以理解艺术品。形成性的普遍应用足以保证这一点。人类将形成性包括在所有人类活动之中，不仅包括思想、行动或工作，还包括致力于包含萌芽艺术意向的操作，诸如讲故事、写信、拟定"作文"或生产物品，甚至，他们很少有人试图发展自己的这种能力，以进行和指导有意阐释的过程。

令人欣慰的观察艺术品先天可理解性的结果是一切都可以通向它。有些人在艺术品前采取一种忘我的态度，让自己沉浸在令人愉悦的影像、感觉和白日梦的摄影中。有些人从中获得了强烈的情感，以至于它压倒了作品本身的存在。有些人只关注主题或论辩，通过个人记忆或自传题外话从中获得灵感。有些人受到历史而非艺术关怀的引导，只在作品中寻求年代的记录。这些态度没有一个是对作品本身的真实表演，即便它们表明读者缺乏精神成熟度或具有不同兴趣，即便它们可能是阐释的开端，甚至可能是对作品理解的早期化身，但它们至少展现了最初的相遇与反应。结果为了它们可以通向适合净化或抛弃的审美评价与艺术执行领域，努力引导它们比压制它们更有用。

十三、阐释的困难

尽管艺术品本身是开放的、交际的，每个人都能理解它，但它需要阐释，只提供给理解它的人，因此并非所有人都能真正理解它。阐释总是存在失败的风险，在辛劳过程的时时刻刻，它徘徊在不理解的边缘。事实上，为了阐释成功，读者有必要“协调”作品，从它希望被看到的角度审视它。在阐释者与作品之间一定存在亲近感，且两者意气相投，只有这样才能使注视变得具有启发性和洞察力。当然，阐释的成功可能受到注意力不足的影响。在阅读过程中可能出于多种原因而发生这种情况，这些原因并不是真正由理解意愿驱动的，并且可以通过更严格的理解控制和更尊重的态度轻松避免。但是，有时失败源于更深层的原因：有时读者的灵性、她的思维、生活和感觉方式、她的文化背景、所处时代的文明和她的个人艺术鉴赏力与作品出现的状况相去甚远，不相容甚至是“反感”就产生了，因此读者发现她自己的感觉在大幅减弱，她并未成功地令作品发声，她的阐释过程失败。所以，许多作品不得不等待几年、几十年甚至几个世纪才能找到真正读懂它们的目光，一些读者只有拥有阅历、灵性丰富、鉴赏力拓宽之后，才最终找到通向作品之路。

所有这些都是阐释个人特征的直接结果。这一特征具有无法估量的优势，即每个阐释总是新的，总是展示作品的新方面。在读者独特性与作品独特性的“相遇”中，存在真正的交流，仿佛作品在和一个更能质疑并理解其声音的人谈话，等待被质疑，以某种方式回答并揭示直到那一刻仍未看到的方面，并使用一种语言让对话者能更好地倾听它。但是，阐释的个性也承载着不愉快的状况，即作品无法向所有人展示它，并对不能质疑它的人掩藏自己。这正是人与人之间发生的事情：他们在特别幸运的会面中展示自己，他们相互欣赏，彼此青睐，互相激活；而在不太幸运的会面中，他们不能相互理解，从一开始就因本能厌恶而妥协，因此也许他们会展示自己，看起来与他们的实际情况有所不同。事实上，在有可能对作品进行无限新鲜且不同的阐释的地方，也存在阐释失败的危险，以及整个读者群完全不理解的风险。这两件事是相互联系的。

一件事与另一件事联系在一起，这一点在对某些作品异常敏锐的读者身上得到了确切的证实，但由于他们的鉴赏力、文化和灵性不同，他们表现出无法理解其他作品。这并不是说，人要怀疑自己的理解力和批评力，就像人不怀疑钢琴家的优势，她精彩演绎某些作曲家的作品，而呈现其他作曲家的作品就不太成功。一个人不可能是所有作品的同样优秀的阐释者、表演者、批评家：每个人的美德都有瑕疵，每种形式的智慧在理解上都有相应的差距。所有这一切都是人类多样性和独创性的一部分，没有理由为它感到遗憾，因为它总会产生新的见解，或让它成为别人嫉妒或鄙视、自己骄傲或遗憾的对象。具有卓越鉴赏力、智慧和敏锐性的阐释者所遭受的不理解，是他们为在其他情况下表现出的巧妙理解力所付出的代价。人们不应该信任自称能将所有作曲家作品演奏得同样出色的钢琴家，或者自称对所有作品都具有同样敏锐判断力的评论家。在这些情况下，他们确实是在自欺欺人，他们的表演最多是正确、合适的，但不具有洞察力、敏锐性；或许智慧，但不深奥、不具有启发性。

十四、阐释过程中亲和力与意气相投的演练

从对这些困难的观察中，人不应得出如下结论，即阐释的成功需要放弃个性。当然，这是真的，阐释的努力会要求读者压制一些关涉作品理解的个人态度；但这根本不能暗示，阐释者的个性一定是理解的障碍。建议去除这些妨碍理解的个人态度，只是力主用其他态度替代这些态度，仍然是个人态度，而它们反而是洞察的条件。因此，理解以意气相投为前提，洞察是对欣赏的回报，发现以同步化的形式发生，启示回应了精神亲和力。不同的灵性造成不相容的情况，并引起反感和麻木时，这就解释了阐释的困难与失败。即便它们可能难以克服，但这不是不可逾越的障碍问题：人类灵活且具有可塑性，可以逐渐采纳不同的观点，无论她是通过她的自由主动性，转换、更新她的历史物质以丰富或更改她的具体灵性，还是在一阵想象中幻想它们，在她的幻想和思想中“铭记”它们。在任何情况下，无论阐释者是读者、表演者还是评论家，她都必须时常面对探索由她处理的意气相投的任务，她不幸缺乏时，还要尝试建立这样的任务。

一方面，人必须能选择自己的作者，有了他们，选择性亲和力与自然的意气相投就会确保更准确的洞察。在这些情况中，注视正在自我展示，因为阐释者本人是适宜的洞察的化身：已经存在足以保证成功的预言与期待。选择自己的作者时不犯错误，是公众表演者知晓、评论家遵守的规则。但是任何读者都已经自然而然地被本能欣赏的秘密游戏所引导，这种游戏管辖着每一次相遇和所有交流。为了使得内在的意气相投更加敏感且具有启发性，就需要技巧性的关注。这主要来自与自己作者之间持续的相似性，因为如果这些本能选择确实足以保证阐释的成功，那么也确实，一个人越频繁地拜访自己喜欢的作者，就能愈加获得更广泛的理解，理解增加，对自己的了解也随之加深了。这样交

流就建立起来了。越试图看见并使意气相投的作品栩栩如生，就从中学到更多，以向自己解释并澄清令自己偏爱并理解它的鉴赏力。

另一方面，为了弥补最初意气相投的不足，读者可以广泛借鉴人类可塑性的无尽资源。人类对自己和他人进行的同样“在他者中的演练”，证实了想象力可以使不同于她曾经生活或正在生活的可能性成为现实。我与自己的许多关系，是内部他者的真实关系，因为我过去、未来的每种可能性都会以人的形式出现，我想象通过协调她的行为特征将自己等同于此人。而且，除了通过彻底进入她的个性，将自己置于他们的位置，扮演他们的角色，我无法理解他人。在理解作品时也需要相似的演练，其中想象力要加以巧妙运用，以某种方式有助于有瑕疵甚至根深蒂固的意气相投。当然，这是不确定且困难的努力，它必须配备的不是抽象、非个人的观点，而是真实的、活着的人们的注视。这是一个进行“意气相投的演练”的问题，它得到想象力的支持，**寻求**、**发明**、**造就**最具启发性的观点，或将阐释者本人**转变**为合适的理解的化身。因此，读者不仅从意气相投的作品中学会如何证明她的鉴赏力，实际上还形成了新的鉴赏力，从作品中获得建议来转变、丰富、改善她的灵性。

在两种情况下，阐释过程永不结束。值得长期努力的相同启示，确保新发现值得付出新的努力；最初的意气相投不能停留在成就上，因为那时理解不是真正直接的：同样的意气相投是全部体验的结果，是一整系列自由和创造性选择的结果，是期待中磨炼出鉴赏力的严酷现实。人和作品之间展开了无尽的对话，有时确实是无尽的，就像人选择作者作为生活的旅伴：人不止一次地阅读作品，每次又有新的发现。人从作品中明白，阅读是对再次阅读的劝诫，因为不在乎自我更新的阅读，既不是真正的阅读，也不是和值得阅读的作品打交道。

十五、理解程度与阐释的价值

艺术展现了令人欣慰的前景，即人至少理解作品中的某样东西，同时作品仅向阐释它的人展现令人不安的意识。一方面，据说两种理解程度是无限的，每个人以她的灵性、她的文化复杂程度、审美教育、历史状况允许的方式实现理解，显而易见，根据她自己发现的理解条件，她明白她能理解什么；另一方面，可以说，理解的基本形式与成功理解、展示艺术品并使之栩栩如生之间存在差距。如果首先注意到，理解程度的无限性与阐释过程的无限性相对应，那么这两种明显对立的陈述是可以调和的。从这个意义上来讲，在最低与最高程度之间存在渐进理解的连续组织；那么最低程度代表的理解与作品并无太多关系（因为它们并非真正想按作品希望的样子来展示它），而与阐释者的个性有很大关系（因为无论它们多基础，它们都适合这种情况，并代表了这些状况中可以理解的所有内容）。人可以猜想：是否存在一种标准，可以区分对作品的理解与对情况的理解？也就是说：是否存在一种标准来判断不同阐释与表演的价值？

如果依据客观标准是指每个人都可以不考虑自己的理解程度和自己的阐释来看待其他程度与外部阐释，从而比较它们、判断它们的价值，就必须说，不存在这样的标准。然而，标准确实存在，而且是一致的：只有作品按**自己的**实际情况来展示自己，才存在理解，如果阐释表达了**它**想表达的作品，阐释才是有效的。但是，这一标准只对每个单一阐释有效，没有人希望抛弃她目前的理解来使用它。每个人总是将自己的阐释与他人的进行比较，她承认他人的阐释比自己的强，这种可能性等同于她可能不得不自我提升。更好的阐释要自我推行，就要看起来具有穿透力、启发性和执行力，以至于欣赏和理解它的所有人都希望她能做到，所以阐释的不足只有通过确认更好的阐释才能证明。当然，只能进行粗糙阐释的那些人和处于基本理解状态的人，出于这些原因，将无法"理解"并识别这些比他们自己的阐释更具洞察力的阐释，从他们的角度来看，他们有必要停留在自己的位置上。

从物质的意义上讲，每个人都应该忘却自己去使用客观标准而不存在客观标准这一事实，这不是对相对论和怀疑论的推崇。因为理解的价值存在时，它是无法压制的，各种阐释也无法停留在同一层面。结果反而是评价不符合抽象、客观的评价，而是无限的，总是非常个人化的，它们在反对和讨论的不断交织中相互融合，这远没有消除判断标准，保证它，因为它致力于个人的单独演练，并且，它远非压制判断的有效性，而是不断地测试它，因为没有人可以在不允许或要求被判断的情况下进行判断。这种前景是相对论和怀疑论所能想象的，它们对理性没有足够的信任，无法避免得出这样的结论，即无休止的相互讨论与反对是无用且徒劳的。

17 感受差异

马里奥·佩尔尼奥拉

一、美学与差异

这里我们要介绍两件不同的事。第一件是感觉这个话题，它与18世纪以来的美学传统相关。第二件与“差异”有关，它使得今天重要的哲学趋势得以发展。

美学与“差异思想”(thought of difference)的结合一定既不容易，又不显见。实际上，如果我们分析美学思想，严格来讲(它也在如此识别并辨认自己)，我们会发现差异事件已完全搁置。所谓的传统美学要么与康德的《判断力批判》(*Critique of Judgment*)有关，要么与黑格尔的《美学》有关：事实上，生活美学(aesthetics of life)[如伯格森(Bergson)和齐美尔(Simmel)]与形式美学(aesthetics of form)[如贝尔(Bell)和弗莱(Fry)]是康德思想的结果，而黑格尔哲学使得认知美学(cognitive aesthetics)[如克罗齐和伽达默尔(Gadamer)]和实用主义美学(pragmatic aesthetics)[如杜威(Dewey)和罗蒂(Rorty)]得以发展。从传统来看，美学意味着和谐、规则和有机结合的理想；对美学而言，至关重要的是消除矛盾，缓解紧张；美学倾向于找到和平的解决方案，即便不能完全消除苦难与斗争，也要寻找悬置二者的时刻。

对比之下，“差异思想”起源于拒绝审美和解的尼采、弗洛伊德和海德格尔，它涉及比辩证矛盾更大的冲突。差异与探索两个术语之间的对立有关，这一关系不能解释为两极化(polarity)。因此，这一伟大的哲学冒险——在我看来，这是20世纪最早、最重要的冒险——是属于“差异”概念的。差异标志着这比多样性的逻辑概念或差别的辩证概念有着更大的不同。换言之，如果我们想体验差异，就需要摒弃亚里士多德的同一性和黑格尔的辩证法。难怪差异思想家不属于传统美学：他们开创了一种独立于康德哲学和黑格尔哲学的新的理论倾向。如果他们不同于现代美学传统，这不是由于他们对感觉缺乏兴趣：恰恰相反，对感觉的探究促使他们放弃康德美学和黑格尔美学。

不知是否可将“差异”概念连同“同一性”概念(这是亚里士多德逻辑的核心)，或者“矛盾”概念(这是黑格尔辩证法的核心)视为真概念。差异的起点不应存在于纯粹的理论猜测中，而是非纯粹的感觉领域中：我们在此谈论不同寻常的奇异体验，它模糊、过剩，不可还原为同一性。差异思想的灵感来自此类敏感性，它与毒品成瘾、性变态、残障、“原始思想”以及“他者”文化都存在家族相似性。总之，它是一种与现代美学的主要特征没有关联的感情，是由成就和妥协的愿望培养出来的。

现在我们可以理解差异思想的先驱们对美学的怀疑态度。尼采认为，美学是乐观主义的一方面，他没有考虑悲剧体验。弗洛伊德认为，美学探讨的话题与积极情感相关，是美与崇高唤起的，不包含诸如“怪异”这样的消极情感。海德格尔认为，美学属于西方形而上学(属于忽略存在意义的思想)。而且，法国差异思想家[布朗肖(Blanchot)、巴塔耶(Bataille)、克罗索斯基(Klossowski)]已经开始使用与美学无关的文学和艺术作品的研究方法。甚至此倾向的意大利拥护者、意大利哲学家米可施泰特(Michelstaedter)对克罗齐美学也持敌对态度。

二、幸福与文本

就在最近，由于德里达的作品《绘画中的真理》(*Truth in Painting*)[①]和德勒兹的《弗朗西斯·培根：感觉的逻辑》(*Francis Bacon, Logic of Sensation*)[②]，差异思想已经明确用于美学问题了。无论如何，我没有把这些视为自己研究的起点。相反，我选择了罗兰·巴特(Roland Barthes)的《文之悦》(*The Pleasure of the Text*)[③]。作者在这本小册子中探究感觉，无疑超越了古代对快感(pleasure)的分析[柏拉图的纯粹快感和亚里士多德的脱敏快感(desensitizing pleasure)]，以及与18世纪美学相关的现代分析和康德的无私快感(disinterested pleasure)。

巴特论述的核心是快感与文学的关系。但是，他彻底改变了这两个概念，把快感与作品从同一性逻辑转变为差异体验。除了快感，他还发现了**幸福**(bliss)，除了文学作品，他还发现了文本。幸福是一种克服快感与痛苦差异的感觉：它包括不愉快、无聊甚至痛苦。幸福隐含着主体的丧失、消失，个人身份的“消退”(巴特)，永远远离每个对满足谨慎小心的算计。幸福作为一种额外体验，像闪电一样直击个人意识，动摇并摧毁它。传统美学通过引入“悲剧”和“崇高”的概念，已经努力克服快感的享乐主义特点。但是，巴特谈论的此类幸福，暗示的不止“悲剧”与“崇高”。实际上，幸福与性欲(sexuality)紧密相关。巴特不断强调幸福的反常，即与任何类型的结局无关，并被驱逐到对新事物无限、永

---

① Jacques Derrida, *The Truth in Painting*, tr. by G. Bennington and I. McLeod, Chicago and London: The University of Chicago Press, 1987.

② Gilles Deleuze, *Francis Bacon. Logique de la sensation*, Paris: Editions de la différence, 1984.

③ Roland Barthes, *The Pleasure of the Text*, tr. by Richard Miller, NewYork: Hill and Wang, 1975.

不满足的探索中。但幸福也可能是一种过度和精神上的重复，作为一种重复的强迫症，由于模仿和强迫性的重复而推翻并废除所有传统含义。我们不断重复一个词，直到它不再是一个词，而成为单纯的声音时，这就发生了。因此，我们可以在巴特的幸福概念中找到一系列相反特点：幸福包含着放荡与受虐、时尚的公然兴奋与痛苦的怪异性行为。幸福同时是轻浮与“死亡本能”。巴特试图将美感从其基本元素（苦行和崇高）的维度中解放出来；他也将美感引入当代体验。他稍微改变了旧有的审美范畴，使其远离倒退的理想主义背景，而去接近身体。①

巴特使用相似策略，从“文学作品”概念迁移到“文本”。但是“像感觉身体一样去感觉文本”是什么意思？哪种形式的变态会使艺术品成为文本呢？条件一是将文学作品从意识形态方面解放出来：只要我们坚持认为作品传达了历史、政治、文化或心理意义，我们仍然在其同一性中，将其视为用自己的逻辑和道德加以统一的**产品**。相反，我们一旦接受作品属于差异，它必然会脱离自己的现实：它不再是一件完全由作者决定且完全独立于其现实的客体；相反，读者在一个永不完结的过程中承担着作者的生成活动。无论如何，这并不意味着文本会在交流中被废除，也不意味着接受变得比产生更为重要。恰恰相反！文本不可还原为主体之间的对话：它是不可传递的、特应性的和矛盾的。巴特将它比作一块布，不是因为它含有隐含意义，而是因为它有纹理，可以折叠。换言之，什么也没有从文本中去除。它不属于对话的辩证逻辑，只在话语的连接和分离处加以表达。文本独立于演讲者和听众的主观性，独立于读者和作者的同一性。因此，美学有一个本质上的重要转变：从“我感觉”到“它感觉”。情感的全领域都迁移到文本的中性空间。如我们所见，如果受虐是快感的变态，恋物就是文学作品的变态。恋物是一种无机动画，是抽象性与物质性的一种巧合。实际上，根据巴特的说法，文本是一种用以感受、渴望和享受的东西。

---

① Roland Barthes, *Oeuvres Complètes*, III, Paris: Seuil, 1994 - 1995, p. 158.

三、时代与中性

在我看来，在 20 世纪 70 年代的哲学中，罗兰·巴特是把性感(sexual feeling)与文化实践联结得最为紧密的思想家。通过那些无法还原为传统美学理想的体验，这一研究已在差异思想激发的视角中得以实现。或许，只有露丝·伊利格瑞(Luce Irigaray)已经沿着其他而非本质不同的道路做出了重大贡献。然而，巴特的思想陷入难题之中：他无法摆脱幸福与文本的主观观念。幸福有时回到一种享乐主义(基于快感边界延伸与放大的观念)，有时回到一种色情(基于欲望无限与无法满足的观念)。但是，无论享乐主义还是色情都不允许我们超越主体；它们是让我们回到美学而非差异方式的道路。文本也经历相似的过程：巴特反对文本制度化的论辩(即反对理论家和批评家的专门化)使他强调自己非哲学写作的个人性、情景性和偶然性方面(这在他新近的作品中尤为明显)。

然而，我们在《文之悦》中可以找到与主体背道而驰、朝着差异感激进化发展的倾向。背离主体的这两个倾向是《欲望批判》(*Critique of Desire*)和《文本即事物》的观念。根据巴特的说法，欲望无限实际上是传播欺骗，而在很多作者看来，它似乎是其哲学特征的保证：差异不是缺乏！只要我坚持认为替代西方形而上学是一种缺乏，我就陷入相反的传统思维方式中：此方式(亚里士多德已经考虑过)与比辩证矛盾更小，而不与更大的相反体验相关。另外，巴特没有明确陈述文本即事物的观念；但依我看来，这在**再现**(*representation*)与**刻画**(*delineation*)的差别中已经暗示了。文本即再现是一种间接的思维方式，与主体和客体都表达的传统知识结构有关，而文本即**刻画**则是一种指向“事物”现象学意义的直接表现。文本即客体完全属于传统形而上学与美学，而文本即事物则属于差异概念打开的领域。

但是，有两个问题可以帮助我们澄清并简化这些难以解答的问题。这就是**时代**经验与**中性**概念。巴特谈到这两个问题，不过在他的著作中并未深入探讨。无论如何，只有通过它们，性感和差异思想才能相互关联：只有通过它们，性欲和哲学才表明它们基本属于彼此。正如我们所见，困扰巴特的这个问题因此可以表达为：我们如何能不囿于感觉的主观性？我们如何能发泄源自“我感觉”的暴行中的感觉与情感？我们如何能做到客观的“它感觉”？我们如何能试图找到一片不同于常规感觉的领地？此间，建立在主观性基础上的个人经验最终崩塌。西方哲学自古希腊时期就已经找到答案：实际上，是怀疑论和斯多葛派哲学首次引入了**时代**经验，即中止激情和主观情感的经验。根据斯多葛派的说法，激情都可以还原为四种基本的强烈情感：快感、痛苦、欲望与恐惧。一定不可将中止视为完全没有感受，而是一种“冷漠的参与”、“清醒的酗酒”、一种冷淡的感觉。换言之，好像我不是在感觉自己，或说得更好些，好像我是以客观方式毫无界限“感觉的事物”，没有意识到我肉体的身份在哪里完结，另一实体的肉体又在何处开始。这是一种情感，它消除了自我与非自我之间、内部与外部之间、人类与事物之间的差异。

我认为，这种感觉不能根据享乐主义的范畴进行定义。它超越了快感与痛苦；也超越了幸福感，因为幸福感（譬如狂喜）指一种过于精神化的经验，而在这种情况下，重要的是抽象而非精神体的存在方式。同时，色情范畴是不够的：渴望意味着试图获得某物，所以我们缺乏某物。然而，事物的存在方式意味着一种可用性，它并非一种真实的形而上学的存在。我们从可用性的概念中找到一种更加晦暗的特征，它一方面走向虚拟化，另一方面走向交换价值与金钱。这种情感不同于任何实际的认知意图，也不属于美学，因为它与审美升华无关，并否认它所暗指的性欲。

尽管时代概念自古就在哲学中使用，但是西方思想一直在半遮半掩而非纯真地应用它。一直就存在认识**时代**（古代属于怀疑论，现代属于现象学)，一直就存在道德**时代**(属于斯多葛派哲学和新斯多葛派哲学)。但是，时至今日，在西方文化中从未有过性**时代**，因为性高潮一直被视为性交的关键；任何性交中止都被视为快感持续或欲望增强的一种方式。性欲已被视为一种满足需要的方式，但是很难将其视为一种探索未知领域的哲学经验。

无论美貌、年龄、身材如何，性**时代**使我们走向快感与欲望之外的性欲，不再走向高潮的成就，而是中止在抽象、无尽的兴奋中。因此我们可以区分两种性欲：基于性别差异、充满享乐色情的生机勃勃的性欲；男女之外定义为中性的无机性欲。我在新近的著作中用"无机性吸引力"这一表述给第二种性欲命名。① 但是中性一定不可理解为两性结合的和谐方式、两性的辩证综合体。相反，中性是差异的起点，因此不可还原为统一与同一性。换言之，中性性欲既无法升华也无法中立：去除男女的差别，它让位于许多他种差别，允许性无限虚拟化。实际上，如拉丁语所示，这是性欲的本质，是建立差别，制造差异。然而，走这条路前，我们不得不将自己从男女差别中解放出来，目的是确认同一性与制裁歧视。

四、两种"无机性吸引力"

"无机性吸引力"可从多方面考虑。如果"无机"是自然矿物世界，中性性欲就是由兴奋引起的，而兴奋来自从人类到事物、事物到活体的转化。我声称这种现象作为无机性吸引力的"埃及类型"是仿效黑格尔，据他说，在古代埃及文化中，人类还原为事物，事物具有人类的能力。② "埃及热"很长时间以来都是一种重要的文化时尚，在这种在所

---

① Mario Perniola, *Il sex appeal dell'inorganico*, Torino: Einaudi, 1994.

② Mario Perniola, *Enigmas: The Egyptian Moment in Society and Art*, tr. by Christopher Woodall, London-NewYork: Verso, 1995.

谓的“埃及热”中,我们可以理解充满恋物癖、施虐受虐狂、恋尸癖的性兴奋,其中最著名的是木乃伊引发的奴役。如果我们还记得埃及是表意文字的发源地,我们也将明白巴特在《文之悦》中考察的文本性与性欲之间联系的重要性。

另一种无机性吸引力使用电子技术与神经机械学。我们可以将其定义为“网络”无机性吸引力。这是由欲望引发的,以克服每种自然限制,并且它质疑自己对人形机器的情感,即器官被人造设备替代(例如:远程摄像机替代眼睛,天线替代耳朵)的科幻小说人物。网络打开了“后人类”或“后有机”领域,其中人类敏感性从人类迁移到计算机上。因此,我们面对人工情感的问题时,它将具有基本的实验特征。无论如何,这一视角最有趣的方面不是为真正的性欲提供替代品(这是网络性爱故事),而是提升中性性欲。实际上,这与**时代**的哲学经验直接相关。由于这一经验,我仍然能感觉身体即事物,例如服装或电子设备。换言之,不可将人工情感视为自然情感的复制品,而它是我们可以进入不同情感、不同性欲、中性性欲的方法,它不再基于意识的同一性,而是过剩并溢出。我变成一个无关的身体,我剥夺自己任何种类的主观经验,我弹出自己的器官与情感,我变成差异。

五、精神现实主义

除了“埃及”和“网络”类型,还有另一种无机性吸引力,在我看来,这远比前两种更令人担忧。由于无机性欲的主要特征之一在于试图消除自我与非自我之间、自我与外部之间的界限,所以这很类似疯狂,类似那种定义为精神错乱的特殊类型的疯狂。精神错乱的结果是对外部世界的认同:人着迷于外部世界。人成为他看到、听到、触摸到的东西:身体与外部世界的表面一起变成一个整体。这种冲动经常变成宇宙的:例如,丹尼尔·保罗·施雷伯(Daniel Paul Schreber)著名的《精神病回忆录》(*Memoirs of a Neurotic*)是19世纪末一部经典的精神科作品,它描述了身份丧失与成为任何事物的可用性同时发生的过程。施雷伯觉得他的身体不是自己的了:它成为圣母玛利亚或一个妓女、守护神或一个北方女人、耶稣会新手、反抗法国官员强奸的年轻女子、莫卧儿王子或抽象的事物,如天气条件的起因,等等。这一经验与成为生命唯一缘由的兴奋有关。①

令人不安的是这一现象在当代艺术中传播。最先进的艺术倾向打破艺术与现实之间的传统界限:出现的是一种"精神现实主义",它破坏各种调解。艺术失去与现实的距离,获得前所未有的身体与物质方面:音乐成为声音、戏剧动作,绘画具有视觉和触觉的一致性。艺术品不再模仿现实,它们直接成为现实。它们成为人类能力的延伸,人类能力不再属于主体,因为主体已经分解为激进的外在性。审美体验逐渐消失。

这种艺术趋势的起源可以追溯到20世纪。现在的"精神现实主义"(psychotic realism)可视为自然主义的终点。自然主义这一艺术趋势在19世纪最后几十年的文学领域中繁荣发展。依德国哲学家威廉·狄尔泰(Wilhelm Dilthey)所言,自然主义试图直接抓住现实,即便面对屎尿与野蛮也不会止步。② 狄尔泰坚称,自然主义代表文艺复兴时始于欧洲的艺术概念和生命概念的终结。现实模仿再现的诗学表明单纯经验事实的完全胜利,这一事实是对欧洲哲学与艺术遗产的遗忘。同样,多年后哲学家格奥尔格·卢卡奇(Georg Lukács)用自然主义作为其美学的论战目标。他同狄尔泰一样,也认为自然主义具有相同的特征,即艺术与人生相混淆,不应存在现实批判的再造和对存在

---

① Mario Perniola, *Enigmas: The Egyptian Moment in Society and Art*, tr. by Christopher Woodall, London-NewYork: Verso, 1995.

② Wilhelm Dilthey, "Die drei Epochen der modernen Aesthetik und ihre heutige Aufgabe," in *VI Gesammelte Schriften*, Stuttgart- Göttingen: Teubner & Vandenhoeck & Ruprecht, 1892.

致歉。[①]

自狄尔泰时代和卢卡奇时代以来，自然主义具有了极端后果的特征。现在我们可以在最新的艺术和文学时尚中找到这些激进的发展。例如：布莱特·伊斯顿·埃利斯(Bret Easton Ellis)[②]和詹姆斯·艾尔罗伊(James Ellroy)[③]的小说，令人震惊地表达了自然主义倾向，即完全冷漠地描述最残忍的犯罪。

视觉艺术的精神现实主义在20世纪90年代初兴起，见诸许多重要的国际展览[④]以及一些时尚评论中。诸如西班牙演员马塞尔·利·安图内斯·罗卡(Marcel Lí Antunez Roca)、法国演员奥兰(Orlan)、澳大利亚演员史帝拉(Stelarc)、捷克演员贾娜·斯特巴克(Jana Sterbak)，这些表演艺术家被视为边界案例：他们使用身体进行危险的实验，旨在发现新的感知和感觉形式。[⑤]

尤其是电影和录像，将再现发生在那一刻的事实推向了极致。自一开始这已成为电影的目标[卢米埃兄弟(the Lumière brothers)]；在电影纪录片中我们发现了同样的意图[从吉加·维尔托夫(Dziga Vertov)到20世纪60年代的真相电影，再到视觉人类学]。20世纪90年代，人们对这个问题进行了更彻底的重新考虑：例如，维姆·文德斯(Wim Wenders)在他的电影《里斯本故事》(*A Lisbon Story*)中，对分辨形象与现实的可能性进行了有趣的反思。文德斯提出了一个悖论假设，根据该假设，辨认只发生在无人看到——即便是电影制作人也看不到——形象的情况下。

---

① György Lukács, *The Meaning of Contemporary Realism*, tr. by John and Necke Mander, London: Merlin Press, 1962.

② Bret Easton Ellis, *American Psycho*, NewYork: Vintage Press, 1991.

③ James Ellroy, *My Dark Places*, NewYork: Random House, 1996.

④ Jeffrey Deitch, ed., *Posthuman*, Rivoli: Castello di Rivoli, 1992; *Hors limites: L'art et la vie*, Paris: Centre Georges Pompidou, 1994; *Sensation*, London: Royal Academy of Arts, 1997.

⑤ Teresa Macrí, *Il corpo postorganic*, Milan: Costa & Nolan, 1996.

精神现实主义只在电影中展现它的限制，原因有二。首先，很难欣赏这些残酷现实（性、极端暴力、死亡）作为差异表现的残忍再现："血块""血腥""垃圾"都不是哲学经验！第二（我认为这比第一个原因更重要），我们不确定看见的就是真实的。实际上，今天我们可以通过电子设备操纵任何类型的视觉文档（如电影《阿甘正传》）。因此，我们最终失去了真实效果，那才是这些制作让人兴奋的主要原因。我们还要说，电子设备而非道德已经消灭了自然主义和那些**探索真相的电影**。

当代哲学也受到我所定义的"精神现实主义"的影响，其中两大贡献尤其重要：雅克·德里达（Jacques Derrida）的**厌恶**（disgust）概念和茱莉亚·克里斯蒂娃（Julia Kristeva）的**卑贱**（abjection）概念①。德里达的起点是"消极快乐"（negative pleasure），例如崇高与感官兴趣相悖（根据康德给出的定义）。但是，崇高与理想化经验相关，其中消极维度被完全克服并崇高化。同样的事也发生在可以被艺术同化并净化的罪恶的表征中。只有一个维度不会被美学同化：**厌恶**。它无法被艺术救赎：事实上，厌恶似乎是无可救药、不可告人的，是完全不同的、另一种极其不同的系统。然而，厌恶体验仍然与快乐有关：呕吐使我们摆脱令人厌恶的事物。这是指逻各斯中心主义包罗万象，甚至包括呕吐吗？难道我们不是来自同一性逻辑和辩证矛盾逻辑吗？为了找到问题的答案，我们要从美学转移到人类学，从先验感觉（a priori consideration of feeling）转移到实证研究（an empirical inquiry）。实际上，康德在他的《人类学》中就考虑了人类感觉，区分客观感觉（听、看、触）与主观感觉（尝与闻）。或许，只是在闻上，我们能找到比呕吐更令人厌恶的东西，更不可提及的东西，逻各斯中心主义等级权威无法应对的东西。实际上，根据康德的说法，呼吸是比进食更深层次的吞咽。闻让我们拥有比食物引起的厌恶更令人讨厌的体验；因此这就是替代感觉，提供的感觉

① Juliak Kristeva, *Powers of Horror: An Essay on Abjection*, tr. by Leon S. Roudiez, NewYork: Columbia University Press, 1982.

是厌恶的两倍。总之，我们可以不通过对立，而通过复制、重复和模拟找到差异！最大的分歧不足以有别于对立：只是模拟，只是重复，就可以找到差异。

与精神现实主义联系更紧密的是克里斯蒂娃对卑贱的分析，它的主要特征是内外部边界的坍塌。她在三个层面上进行叙述：心理分析、历史、文学。根据克里斯蒂娃所言，内在物质的结果（如尿、血、精液、粪便）成为性灌输的唯一客体：溢出（overflow）提高主体的同一性，因为它指存在。祭祀宗教倾向于避免内在纯洁和外在不洁之间的混合，而基督教作为转折点内化、净化不洁，在文学、文化中引入了卑贱。

六、朝向"极致"美

关于"差异美学"问题得出的结论让人有些失望：实际上，差异美学的最远端是厌恶和卑贱吗？人们不能忘记，差异思想的本质特征在于努力超越西方本体神学（onto-theology）的范畴进行思考：但是，在厌恶和卑贱的概念中，人们容易理解诺斯替主义（Gnosticism）的传统，或者至少是一种对世界、人体绝对敌对的态度。大家都知道，这种态度常出现在西方文化中，如在基督教神秘主义中。总而言之，我们研究的极端否定性（extreme negativity），即摒弃对最残酷、最令人厌恶的现实的批判，使得我们成为唯心论（spiritualism）、狂热和最压抑传统的受害者。解放的努力，即差异的动力被残忍击败。

差异美学不可能是疾病、垃圾、卑贱的美学，因为它们是确认同一性和积极性的间接方式。它们不仅确认，还恢复无缝隙身份：如果人和世界是一个垃圾场，那么存在、善、美就是至高无上的。按照尼采和海德格尔的说法，本体神学和形而上学已经瓦解：这些建造物留下的只是**残迹**。但是，即便消极只是提供**残迹**：认为消极拥有一种完整、自主的光彩，认为邪恶好似善，就太天真了。真正的问题是：我们能用这些**残**

迹做什么？它们如何回收？因此，我们有的不是垃圾美学，而是**回收**垃圾、疾病、精神病的**美学**。

总之，我们的讨论从这个问题开始，即“感受差异”意味着什么。对罗兰·巴特而言，它意味着享受文本。然而，巴特的文本指基于**时代**和中性概念的另一种洞察力：我已经把一种经验定义为“无机性魅力”。而且，无机性魅力可以不同方式理解，有时是厌恶和卑贱。我的方式是另一种：它走向“极致美”。

18　自我否定图像：走向异常图像学*

安德里亚·皮诺特

一、前言

当代图像生产与消费的特点是图像与现实的界线越发模糊。虚拟环境的沉浸性与互动性能在用户中引发强烈的“身临其境”感(feeling of “being there”)，即体现在独立、自我参照(self-referential)的世界中。结果图像转变为宜居环境(habitable environments)，该环境否认自己是某物的代表性图像，也就是说，作为图标，它们是名副其实的“异常图标”(an-icons)。因此，它们破坏了基于“再现”概念的(模仿论、图像意识的现象学描述、描述的分析理论、符号学和图像学方法所共有的)西方形象理论的主导范式。这一概念忽视了异常图标的关键点：与图像世界有关的“存在”感(the feeling of “presence”)。“呈现”而非再现是这里的关键性问题。与异常图标相关的主体不再是图像前借助框架装置、远离真实世界的视觉**观察者**：他们成为居住在提供多感官刺激、允许感觉运动功能与互动的准世界里的**体验者**。

如今，数字原生代小小年纪就在与触屏的互动中成长；然而，对于

---

* 本文得到法国巴黎高等研究院 EURIAS 奖学金的资助，该奖学金由欧盟第七个研究框架计划下的 Marie Sklodowska-Curie Actions 共同资助，本文还得到由法国国家研究机构管理的法国政府“未来投资”项目的资助。

沉浸式虚拟环境(VEs),他们仍然是“移民”,需要熟悉异常图标感性转换。但是,鉴于技术的快速发展和全球范围内经济、科学的大规模投资,在不久的将来就会诞生数字**异常图标**原生代(digital an-iconic natives)。头盔显示器(HMDs)已经在个人电脑(Oculus Rift 和 HTC Vive)和电子游戏机(索尼 VR 头显)中使用,或进一步被低成本智能手机可穿戴设备(三星虚拟现实头盔)模仿。Vive 和联想 2018 年已经宣布,更廉价的独立设备即将发布。脸书(Facebook)正在测试它的虚拟现实应用程序 Spaces。

本文将论述这一紧迫挑战,它将从根本上改变人类与图像及整体体验的关系。本文从特定的案例分析[亚历杭德罗·G. 伊纳里图(Alejandro G. Iñárritu's)的虚拟现实项目《血肉与黄沙》(*Carne y Arena*)]出发,将探讨异常图像学的关键概念与主要方法论问题,即自我否定图像的跨媒介、跨学科方法。

二、在场与隐身

2017 年第 70 届戛纳电影节上,伊纳里图没有展出电影。他决定带着在米兰普拉达基金会(Fondazione Prada di Milano)(联合制作)上演的虚拟现实短片《血肉与黄沙》进行全球首映。他要讲述墨西哥移民试图越过边境进入美国的冒险之旅。然而,对他而言,电影媒介无法胜任这一工作。① 如果你想观看它(不如说你想**体验**),必须在网站上保留你的个人活动时间。第一步,你要在规定时间使用预备前厅:一个冰冷的房间(唤起冷却器,即“冷柜”),他们把这叫作牢房,被边境卫队刚

① Utichi, J. “The Birth of an Art Form: How Alejandro G. Iñárritu and Emmanuel Lubezki Learned to Master Virtual Reality—Cannes,” Deadline 2017. Available online: http://deadline. com/2017/05/alejandro-g-inarrituemmanuel-lubezki-carne-y-arena-virtual-reality-cannes-1202099184/ (accessed on 13 October 2017).

图 18-1 《血肉与黄沙》——2017 年体验者。照片来源:伊曼纽尔·卢贝兹基(Emmanuel Lubezki)。

抓进监狱的移民开始就待在这里。鞋子散落在地板上:它们是绝望的人们丢掉的(并且,如果你在沙漠里丢了鞋子,那就是注定的),由帮墨西哥人追寻美国梦的组织收集而来。你必须脱掉鞋和袜子,把它们放在保险箱里,赤脚站在冰冷的地板上等待。最后,信号打破紧张的悬念:你打开沉重的铁门走进去,发现自己置身于黑暗的房间,脚踩着沙子(粗粒,粗糙的感觉)。两个助手欢迎你,向你提供必要的设备:一个 Oculus Rift 眼镜,一个耳机,一个通过电缆与强大电脑相连的背包。你准备好陷入噩梦(图 18-1)。

我说"如果你想**体验**",不是要"看见"。"看见"不适合电影:你观看、聆听它,它是一种视听媒介。但在这里,你脚下的沙子和风增加了触感。在特定时刻你甚至可以想象到气味:沙漠的气味,灌木的气味,野生动物的气味,因疲惫、惊恐而散发的汗味,多日未眠的警察与难民发出的混浊气息。实际上《血肉与黄沙》没有气味。然而,我们很快就会在类似的环境中察觉到这些。实现多感官刺激的努力与创作图像的尝试齐头并进，而这些图像越发与现实难以区分：图像否认自己是某物的“图像”，反过来该物已不是图像，而是现实；图像是自相矛盾的异常图标，图像挑战孤立状况——如果限定画布[①]或屏幕[②]通常由框架装置确保——分裂状况，这一特性使图像具有“图像性”(imageness)，以便建立一个与真正的时空相容、一致的时空。异常图标是变成**环境**的图像，而环境存在**服务机构**与**能供性**：与这些刺激相对应，观看者成为真实的“体验者”。

《血肉与黄沙》有一个副标题：**虚拟存在，物理隐形**。在其双重说明中，该副标题阐明了伊纳里图短片的优点和局限性。

虚拟存在：你被运送到沙漠中央，置身梦想旅途中的男女老少当中。你随着他们移动，前面、身旁左右都是他们，就算你没有直接接触到他们，也能感觉到他们的存在。你在恍惚的夜光中，探索充满危险的蛮荒空间。直升机就盘旋在你头顶上方，让人讨厌的前灯照射着地面上的你。边境警察用霰弹枪指着你的脸，一直歇斯底里地朝你大喊。视野像自然视觉一样整体饱和，将你封闭在虚拟环境中[③]。没有边界能帮你分辨图像内外的情况。“在场”(presence)、“身临其境”(being-there)的感觉非常强烈。1980年以来，马文·明斯基(Marvin Minsky)创造了“远程呈现”(telepresence)这个词，用来指遥远的操控者在“其他地方”，而非实际位置的感觉，所谓的“在场研究”(presence studies)

---

① 参见经典研究：Simmel, G., "The Picture Frame: An Aesthetic Study (1902)," in *Theory Cult, Soc.* 1994, p. 11, pp. 11 - 17. Ortega y Gasset, J. "Meditations on the Frame (1921)." in *Perspecta*, 1990, 26, pp. 185 - 190.

② Huhtamo, E., "Elements of Screenology: Toward an Archaeology of the Screen," in *ICONICS Int. Stud. Mod. Image*, 2004, p. 7, pp. 31 - 82. Carbone, M. *Philosophie-ecrans: Du Cinema a la Revolution Numerique*; Paris: Vrin, 2016.

③ 这种360°密封的重要性参见：Grau, O., *Virtual Art: From Illusion to Immersion*; Cambridge, MA: MIT Press, 2003.

已经蓬勃发展,还使用了测量工具。[①](重新引起人文学科领域对“在场”概念兴趣的主要贡献者)反思当代“媒体环境”[②]的状况,强调其矛盾本质:“它已经让我们疏离世界上的事物及其存在——但是同时,它又有潜力把世界上的一些事物拉近我们。”[③]这就是博尔特(J. D. Bolter)和格鲁辛(R. Grusin)描述的“透明及时性”(transparent immediacy)的逻辑[④]:这是沉浸式媒体环境中显见的非媒体性,这一环境源自高度复杂的技术调节。这是一项复杂的体验现象,它融合了虚拟性与具身性,亲密互动中的参与和移情(未必针对移民:我们不如想象一名同情警察的体验者)[⑤]:这是一种还在等待充分现象学描述的特殊的“在场变体”(它是一种特殊的“在场变体”,值得超越目前的在场研究[⑥],进行更加深入的研究)。

物理隐形:你在场,但没人看见你。和你一起走着的移动者看不到你。用手电筒和枪指着你的方向,好像在对你大喊的警察也看不到你。甚至对自己而言,你也是隐形的:如果你低头看脚,觉得自己站在沙子上,那么你没看到脚。如果你在自己眼前伸展胳膊,那么你的视野里什

---

① Witmer, B. G. and Singer, M. J., “Measuring Presence in Virtual Environments: A Presence Questionnaire,” *Presence*, 1998, p. 7, pp. 225 - 240. Ijsselsteijn, W. and Riva, G. (Eds.), *Being There: Concepts, Effects and Measurements of User Presence in Synthetic Environments*, Amsterdam: Ios Press, 2003.

② 媒体环境概念参见:Somaini, A., “Walter Benjamin's Media Theory: The Medium and the Apparat,” in *Grey Room*, 2016, p. 62, pp. 6 - 41. Casetti, F., “Mediascapes: A decalogue”, in *Perspecta* (forthcoming).

③ Gumbrecht, H. U., *Production of Presence: What Meaning Cannot Convey*, Stanford, CA: Stanford University Press, 2004, p. 140.

④ Bolter, J. D. and Grusin, R., *Remediation: Understanding New Media*, Cambridge, MA: MIT Press, 1999.

⑤ 移情与沉浸性的关系参见:Curtis, R., “Immersion und Einfuhlung: Zwischen Reprasentationalitat und Materialitat bewegter Bilder,” *Montage AV*, 2008, p. 17, pp. 89 - 107.

⑥ Wiesing, L., *Artificial Presence: Philosophical Studies in Image Theory* (2005), Stanford, CA: Stanford University Press, 2010. Noe, A., *Varieties of Presence*, Cambridge, MA: Harvard University Press, 2012.

么也没出现。因此，你开始觉得要引起别人注意，让他们意识到你就在那里(毕竟，你“在场”)。由于没有人感知到你，你用自己的身体接近那些身体，你试图触摸他们，甚至击打他们。你觉得力不从心，急切地需要得到承认，需要社会认可，然而这注定得不到回应，因为假设是有限制的：当你击打虚拟身体时，它们就会“爆炸”，在跳动的心脏中改变自我。

三、异常图标梯度

此种限制——这是典型的沉浸式环境——已经成为戈登·卡列哈(Gordon Calleja)提出的批评反思的对象，他强调沉浸性和互动性①的差异：前者是你在主观“身临其境”中身处的环境，后者是识别你为有效存在的系统，由于它们可能合二为一，所以允许你完成一些事情。② 在此我们面对化身(avatar)③的主观性这一复杂问题：自我和媒体环境中其他演员感知的虚拟世界中自我的代表，所有问题都与虚拟补充身份的制度有关，代表一个人与同样虚拟的事物及人们进行交互的**分身**(Doppelganger)。

沉浸性和互动性是作为方法论、处理自我否定形象的异常图像学必须考虑的众多方面中的两个方面。一个主要问题是关于获得异常标

---

① “互动性”的概念，参见：Peer，A. and Giachritsis，C. D. (Eds.)，*Immersive Multimodal Interactive Presence*，London：Springer，2012. Montani，P.，*Tecnologie Della Sensibility*：*Estetica e Immaginazione Interattiva*，Milano：Raffaello Cortina，2014.

② Calleja，G.，*In-Game*：*From Immersion to Incorporation*，Cambridge，MA：MIT Press，2011.

③ “化身”的概念参见 Schroeder，R. (Ed.)，*The Social Life of Avatars*：*Presence and Interaction in Shared Virtual Environments*，London：Springer，2002. Depraz，N.，*Avatar “Je te Vois”*：*Une Experience Philosophique*，Paris：Ellipses，2012.

志性图像的必要充分条件。卡列哈提出的条件好像很严苛：基本上只有某些电子游戏能满足它们，游戏系统自身能识别你的能力与互动性相结合。[①] 卡列哈从必要条件中排除了幻觉主义和超现实主义的效果（我也可以加入超级马里奥，前提是确保交互性）。

相反，电视剧《西部世界》(*West World*)［乔纳森·诺兰(Jonathan Nolan)和丽莎·乔伊(Lisa Joy)2016 年为美国有线电视网编写的剧本］选择了一个 360°的“游乐”场，里面有人类无法辨识的机器人，准确地讲，这种超现实主义特征可视为完全沉浸性的保障（“我们出售全部沉浸”：图 18-2）。

图 18-2　来自电视剧《西部世界》

在我看来，异常相似性(an-iconicity)不是一种存在或缺席的特性（依据模型的**开关**），而是天平上从最小刻度到最大刻度的**梯度**特性

① 例如：行星边际游戏中的“太空射击游戏”展现了 2003 年至 2012 年的图像变化。参见 https://www.youtube.com/watch?v=AQE_E-mQ3_Q (accessed on 13 October 2017)。

(*gradient* property)(后者是通往未来世界的限制)。采用梯度模型可以探索有效的启发式视角:理解我们从当代异常图标中获得何种体验不仅有趣,而且还可以从回忆的角度为它们构建谱系,将异常图标驱动的起源追溯到旧石器时代的岩洞壁画。借助艺术史和媒体考古学[①],我们可以探索挑战临界值的不同方式,这一临界值在图像历史中将现实与图标世界区分开来,造成**渗透媒体环境**(*osmotic media environments*)[见夏·戴维斯(Char Davies)的先锋作品《渗透》:图18-3][②],意在不同存在、浸润、互动形式的相互结合。

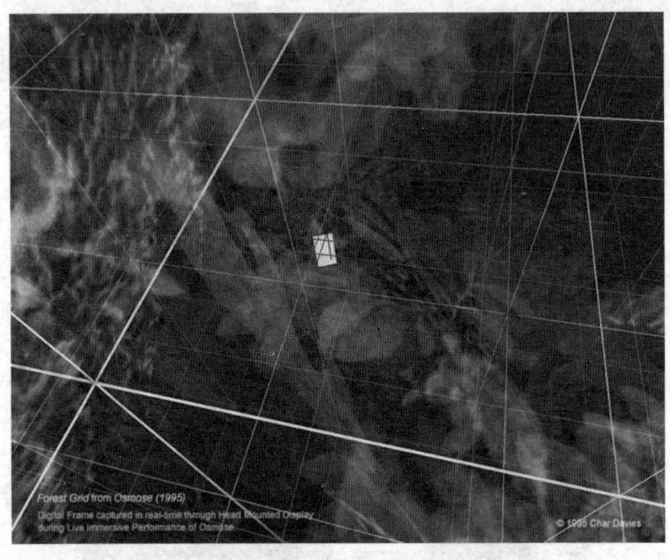

图18-3　夏·戴维斯《渗透》(1995)中的数字画面

① Zielinski, S., *Deep Time of the Media: Toward an Archaeology of Hearing and Seeing by Technical Means*, Cambridge, MA: The MIT Press, 2006. Huhtamo, E. and Parikka, J. (Eds.), *Media Archaeology: Approaches, Applications, and Implications*, Berkeley, CA: University of California Press, 2011. Parikka, J., *What is Media Archaeology*? Cambridge: Polity, 2012.

② 参见: http://www. immersence. com/osmose/ (accessed on 13 October 2017)。

正如之前提到的，如果框架和屏幕是确保"图像"分离的主要假设，那么就要特别关注质疑限度或障碍地位的策略，这是依据双向运动的**进/出**：真实世界渗入虚拟空间的成分受到镜头或屏幕的限制；逃离图标世界的因素要在真实世界定居。

图像史中存在大量的例证。绘画史令我们想到一个传奇，即中国画家吴道子消失在自己的画作中［这个故事令本杰明、克拉考尔(Kracauer)、贝拉·巴拉兹(Bela Balazs)和许多人着迷］[①]。关于电影史，我们可以想起巴斯特·基顿(Buster Keaton)导演的电影《小私家侦探》(*Sherlock Jr.*，1924)，以及伍迪·艾伦(Woody Allen)在《开罗的紫玫瑰》(*The Purple Rose of Cairo*，1985)中向他致敬。大卫·柯罗南伯格(David Cronenberg)编导的《录像带谋杀案》(*Videodrome*，1983)阐明了电视环境中的**拓扑**(*topos*)空间，斯蒂夫·巴伦(Steve Barron)在为挪威A-ha乐队的歌曲《带上我吧》(*Take on Me*，1986)做的转描视频中表达了同样的观点。拙劣的模仿也曾利用这一主题：《午夜凶铃3》(*The Ring* 3)前传的预告片提供了强有力的例证。

四、跨媒介、跨学科方法

跨媒介考古法使我们认识到异常图标家族在物体之间的相似性，而这些物体在时间或媒介特异性(medium-specificity)上相距甚远。比如，我们可以比较下面的文本："鸟儿从观众席飞进屏幕，或安静地栖息在观众头顶的电线上，电线从屏幕表面一直延伸到投影仪镜头里"/"……一幅葡萄的照片表明鸟儿飞到了舞台上"。第一篇文章是由谢尔盖·爱森斯坦(Sergei Eisenstein)创作的，他四十岁时已构想出立体电

① Pinotti，A.，"The painter through the Fourth Wall of China：Benjamin and the Threshold of the Image，" in *Benjamin-Studien*，2014，3，pp. 133－149.

影(当代 3D 电影的先驱),他能“以前所未有的力量将观众‘带入’以往平板的画面,有能力将曾经散布于屏幕表面的东西‘带入’观众中”①(132—133)。第二篇文章出自普林尼(Pliny)的《自然史》(*Natural History*)(35,65),联系画家宙西斯(Zeuxis)与帕贺塞斯(Parrhasius)之间的比试就可以实现最虚幻的画面(图 18-4)②。几个世纪以来,这两个文本彼此隔绝,但它们都指鸟儿的行动,好像图标空间和真实空间在鸟儿自由飞翔的环境中相互交织。

图 18-4 约翰·乔治·希尔滕斯佩格(Johann Georg Hiltensperger),代表宙西斯的葡萄和鸟的彩绘画,冬宫,圣彼得堡,1842

所有异常图标解决方案涉及从宙西斯的鸟儿到互动沉浸式环

---

① Eisenstein, S., "Stereoscopic Films (1947)," In *Notes of a Film Director*, Moscow: Foreign Languages Publishing House, 1958, pp. 129-137. Elsaesser, T., "The 'Return' of 3D: On Some of the Logics and Genealogies of the Image in the Twenty-First Century," in *Crit. Inq.* 2013, p. 39, pp. 217-246.

② Pliny the Elder., *Natural History*, Cambridge, MA: Harvard University Press, 1961; Volume IX. Conte, P., *In Carne e Cera*: *Estetica e Fenomenologia Dell'Iperrealismo*, Macerata: Quodlibet, 2015.

境——其传播与当代文化日益增加的**流动性**并不一致[①]:所有这些都执着地追求古代梦想,制造接近现实的形象(一个值得从进化论角度考虑的梦想)。在这个阶梯中间的台阶上,我们发现——异常图标的不同层次——**光学错觉**技术和透视技术、暗箱、立体镜、透视镜、全景图、全息图等。

建立异常象似性等级的任务并非没有风险。首先,人要知道连续的决定性目的论会带来造就完美图标的流畅叙述。媒体考古学要由媒体谱系来调和[②]:不连续、破裂和反趋势都要认真评估,以辩证地理解图标驱动;其次,有必要抵制诱惑,以根据虚拟的沉浸、互动环境中当代体验者的描述制定的测量单位,来评估特定机制的异常图标效果。这样的体验者会因听到与宙西斯的鸟儿有关的轶事发笑,或听到观众一看卢米埃兄弟的电影——《火车抵达拉西奥塔站》(*L'arrivee d'un train en gare de La Ciotat*,1985)(图 18-5)就逃离剧场的轶事,就会

图 18-5　卢米埃兄弟《火车抵达拉西奥塔站》

① Liptay, F. and Dogramaci, B. (Eds.), "Introduction," in *Immersion in the Visual Arts and Media*, Leiden: Brill-Rodopi, 2016, pp. 1-17.

② Monea, A. and Packer, J., "Media Genealogy and the Politics of Archaeology," in *Int. J. Commun.* 2016, 10, pp. 3141-3159.

发笑。①

体验者未必是当代体验者，也不具备抽象、脱离实体的主观性：体验者作为在文化和历史上定位，依据或许不同于我们的审美和医学因素，可以看透异常图标作用的主体或特定人群，**根据一定原则**，必须一次又一次地接受调查。在此，对异常标志性图像的研究与有争议的感知历史性问题相交：怎么可能充分描述远离我们时空状况的“视觉环境”呢？②

显而易见，这任务并不简单：有必要开发一种**跨学科**方法，将现象学和认知科学、文化人类学、技术史、艺术史、媒体考古学在一种技术美学框架内相互融合③：技术不应与解剖学相对立，不应将人造的与自然的对立起来。技术假肢是人类感知和行为的自然延伸。这就是制约历史可能性和自我否定形象理论的边界，即**异常图像学**的可能性。

---

① Loiperdinger, M. and Elzer, B., “Lumiere's Arrival of the Train: Cinema's Founding Myth,” in *Mov. Image* 2004, p. 4, pp. 89 – 118.

② Danto, A. C., “Seeing and Showing,” in *J. Aesthet. Art Crit.* 2001, 59/1, pp. 1 – 9. Carroll, N., “Modernity and the Plasticity of Perception,” in *J. Aesthet. Art Crit.* 2001, 59/1, pp. 11 – 17. Rollins, M., “The Invisible Content of Visual Art,” in *J. Aesthet. Art Crit.* 2001, 59/1, pp. 19 – 27. Davis, W., “When Pictures Are Present: Arthur Danto and the Historicity of the Eye,” in *J. Aesthet. Art Crit.* 2001, 59/1, pp. 29 – 38. Nanay, B., “The History of Vision,” in *J. Aesthet. Art Crit.* 2015, p. 73, pp. 259 – 271. Pinotti, A., “Un altro sole: Storia delle immagini e storia della percezione,” in *Reti Saperi Linguaggi* 2015, p. 1, pp. 67 – 88.

③ Simondon, “G. On Techno-Aesthetics (1982),” in *Parrhesia*, 2012, p. 14, pp. 1 – 8.

19　移动影像的数字秘密*

恩里科·特龙

一、前言:本体论与电影的定义

电影,如同其他艺术形式一样,存在两个主要的形而上学的问题。首先,本体论问题,即特定电影作品基本的本体类别;其次,定义问题,即我们可以建立标准,确定特定实体是否为电影作品。谈到某一艺术形式的本体论问题,我们就要确立必要条件,来讨论艺术形式的定义。实际上,如果电影作品属于某一本体范畴(ontological category),那么特定实体为了成为电影作品,就必须属于那一类别。

试图定义电影的多数作者忽视了本体论问题。例如:安德烈·巴赞认为,电影作品是一种特殊的"木乃伊",保存的不是尸体,而是事件。[①] 然而他没有规定此种"木乃伊"应该属于哪种本体范畴。同样,罗曼·英加登认为,电影的特点是"由空间世界中活着的人及事物转变而成的一种独特的可见音乐",而斯坦利·卡维尔(Stanley Cavell)声

---

* 本文的早期和更短的版本在线发表在 *European Society for Aesthetics* 4 (2012):532-46,网址为 http://proceedings. eurosa. org/4/terrone2012. pdf。

① Andre Bazin, "Ontologie de 1'image photographique," in *Qu'est-ce que le cinema*?, Paris: Cerf, 1958, p. 14.

称，电影是“怀疑主义的移动影像”①；然而，英加登和卡维尔都没有说明，诸如“可见的音乐”或“怀疑主义的移动影像”应该属于哪种本体范畴。

另一方面，瓦尔特·本雅明对电影本体特征的见解很有洞见，这表明电影作品的关键特点是“技术的可复制性”②。不过，本杰明旨在强调技术可复制性的社会文化后果，而非研究其本体基础。

在试图定义或表征电影的历史中，诺埃尔·卡罗尔（Noel Carroll）好像是首位明确定义电影依赖于本体论问题的学者。③ 卡罗尔喜欢称之为“移动影像”的定义，包括对电影深刻的本体叙述。但是，我认为需要进一步研究本体论与移动影像定义的关系。

怀着这一目的，本文先介绍构成卡罗尔移动图像定义的5个条件。其中，有些条件视此移动图像为特定表现，而其他条件将其归为一个类型，一个可由具体情况实例化的非特定实体[条件(2)]。移动影像是数字电影时，后面的条件就提出了一个本体论难题。在这种情况下，作为类型的移动影像由数字编码实例化，反过来，数字编码也是一种类型。因此，数字电影的数字编码最终神秘地成为类型与标记。要解开这类谜团，我们就要把移动图像设想为规定像素时空分布的一种类型（条件3）。我认为，这一新定义可以自主考虑所有那些特别的电影特征，卡罗尔借助他的5个条件解释这些特征[条件(4)、(5)、(6)、(7)和(8)]。最后，我将更深入地研究像素和类型的关键概念，从而确定将移动影像作为一种类型的描述，在多大程度上涉及将电影作为柏拉图艺术形式的描述[条件(4)和(5)]。

---

① Roman Ingarden, *Untersuchungen zur Ontologie der Kunst*: *Musikwerk. Bild. Architektur. Film*, Tubingen: Niemeyer, 1962, p. 338; Stanley Cavell, *The World Viewed*, 2nd ed., Cambridge, MA: Harvard University Press, 1979, p. 188.

② Walter Benjamin, "Das Kunstwerk im Zeitalter seiner technischen Reproduzierbarkeit", in *Schriften*, Frankfurt: Suhrkamp, 1955, pp. 431 - 69.

③ Noel Carroll, *Theorizing the Moving Image*, New York: Cambridge University Press, 1996.

二、卡罗尔的移动影像定义

为了符合移动影像的要求，卡罗尔通过描述实体 x 必须满足的 5 个条件来解决定义问题：

(1)“x 为独立展示。”[1]更具体而言，电影展示由“视觉阵列”(visual array)构成，它是“独立的”，因为它给观众提供了与其身体不相关的空间视觉体验。[2] 显示器展现的 S 空间不允许观众通过 S 与其身体之间的体验关联，通过 S 来定位身体。显示器向观众提供了一个空间视角，但这一视角降为“脱离实体的观点”[3]。观众通过显示器体验了不属于她的空间。

(2)“x 属于在技术上可能产生运动印象的事物类别。”[4]也就是说，电影展示只是在技术上可行，它能向观众提供运动的视觉体验。

(3)“x 的执行标记由同为标记的模板生成。”[5]卡罗尔声称 x 有标记时，他是在假设 x 是一个类型，一个可由具体情况实例化的非特定实体。而且，卡罗尔将那些因对象实例化 x 的具体情况(例如胶片照片、录像带、DVD、电脑文件)称为“模板”，而将那些因事件实例化 x 的具体情况，即电影的放映，称为“执行标记”。

---

① Noel Carroll, *Theorizing the Moving Image*, New York: Cambridge University Press, 1996, p. 70.

② Ibid., p. 61.

③ Ibid., p. 63.

④ Ibid., p. 70.

⑤ Ibid.

(4)“x的执行标记本身不是艺术品。”[①]也就是说，电影的放映不同于交响乐表演或剧本的舞台表演，它本身无法从艺术角度评价。人们可以从艺术角度评估的只是作为类型的电影。

(5)“x是……二维的。”[②]也就是说，构成电影展示的视觉阵列只是一个平面。

在后面的文本中，卡罗尔强化他的定义，他认为5个必要条件也是联合充分条件。[③] 在之前的叙述中，卡罗尔将这些条件描述为必要的但非联合充分的条件，由于他并未将一些人工制品（例如翻翻书、西洋镜）包括在移动影像之中，而这些人工制品满足所有必要条件。然而，在新的叙述中，卡罗尔改变了想法，视这些人工制品为合格的移动影像。因此，他将必要条件改为联合充分条件：

因此，只要满足下列条件，x就是移动影像：(1) x是独立展示或其系列；(2) x属于在技术上可以促进运动印象的一类事物；(3) x的执行标记是由本身为标记的模板生成的；(4) x的执行标记本身不是艺术品；且(5)x是二维的。注意，这5个条件都是必要条件，放在一起就是充分条件。[④]

值得注意的是，条件(3)和(4)是确定移动影像为**哪种实体**的本体论要求，而条件(1)、(2)、(5)则规定要成为移动影像，**那种实体**必须具有**哪些进一步特征**。我们将前者称为**类型条件**，后者称为**展示条件**。

---

① Noel Carroll, *Theorizing the Moving Image*, New York: Cambridge University Press, 1996.

② Ibid.

③ Noel Carroll, *The Philosophy of Motion Pictures*, Oxford: Blackwell, 2008, pp. 53 - 79.

④ Ibid, p. 73.

特雷沃·波内奇(Trevor Ponech)批评卡罗尔的定义**太**本质主义，而托马斯·沃特伯格(Thomas Wartenberg)则批评卡罗尔的定义**还不够**本质主义。不过，这两种批评关注的都是展示条件，而非类型条件。波内奇关注条件(1)，认为移动影像的本质可由展示结构显现。[①] 沃特伯格关注条件(5)，认为二维要求使得移动影像的性质在很大程度上取决于我们当下全息电影制作技术仍不可用的历史背景。[②]

与波内奇和沃特伯格不同，我批评卡罗尔的定义，关注的是类型条件及类型条件与展示条件的关系。出于此目的，我首先要质疑，术语 x 是否真的指这两组条件中的同种实体。

一方面，在展示条件里，x 似乎准确地指展示，即一个描述独立空间、可以促进运动印象的二维视觉阵列；另一方面，在条件(3)和(4)中，x 指作为类型、有模板的移动图像，以及作为标记的执行。然而，展示作为视觉阵列应该是一种**特定**实体，而这样的类型是一种**非特定**实体。[③] 推定的移动影像 x 怎么可能既是特定的，又是非特定的呢?

当然不可能。由于类型毋庸置疑是非特定的，调解作为类型的移动图像和电影展示的唯一途径是将展示构想为类型实例化的最后一步。换言之，展示不应等同于这样的移动影像，而应等同于卡罗尔称之为"执行标记"的移动影像实例。

因此，我们可以重新表述卡罗尔的定义，移动影像是一种类型，它

---

① Trevor Ponech, "The Substance of Cinema", in *Journal of Aesthetics and Art Criticism* 64, 2006, p. 191:"我同意这些展示是'独立的'。尽管理由与卡罗尔的有些不同……我认为电影等同于视觉展示。"

② Thomas Wartenberg, "Carroll on the Moving Image", in *Cinema: Journal of Philosophy and the Moving Image* 1, 2010, p. 78, http://www4. fcsh. unl. pt: 8000/~pkpojs/index. php/cinema/ index:"我们怎么知道，移动影像的未来发展，是否会影响我们将其称之为移动影像的意愿。在此方式中，卡罗尔所规定的必要条件将遭受破坏。"

③ Peter Strawson, *Individuals*, London: Methuen, 1959, pp. 231 - 233. 一方面，"特定实体在时空体系中有自己的位置，如果它们没有自己的位置，就要通过有位置的其他特定实体来辨认"。另一方面，此类型是一种"有很多特定例子，而本身为非特定"的实体。

可以被(1)独立的,(2)能促进运动印象的,(3)由模板制作的,(4)这样非艺术评价的,(5)二维的展示实例化。然而,一旦我们转向**数字**移动图像的特例,卡罗尔的定义即便是在这样不同的形式下,也会引发猜疑,这一点我在下一部分将会谈到。

三、数字类型之谜

卡罗尔声称,戏剧和电影的主要区别是“戏剧表演由类型阐释引发,而电影表演则由标记模板引发”①。而且,他在1996年的著作中表示,电影模板是“胶片打印物,或许也是一盘录像带、一张光盘或电脑程序”②。他在2008年的著作中指出,电影模板“曾经是胶片打印物,但近年来或许它是一盘录像带、一张光盘或一个实例化的电脑程序”③。

我发现,卡罗尔把形容词“实例化的”加入“电脑程序”一词中,为逐渐显露的谜题提供了线索。如果如卡罗尔在1996年的著作中所言,电影模板是**电脑程序**,那么电脑程序是由数字符号构成的**类型**这一证据,就有悖于卡罗尔的电影模板是**标记**的说法。卡罗尔在2008年的著作中竭力避免这一矛盾,指出在数字例证中,电影模板不是电脑程序,而是实例化的电脑程序。然而,在后者的例子中,又出现了新的谜题。

想一想移动影像,它的模板是实例化的电脑程序,或再好些,是由轨迹或电路组成的实例化的数字文件。这样具体的情况既是电影类型C(即作为类型的移动影像)的模板标记,又是数字类型D(即数字序列文件)的标记。因此,我们有两种类型在起作用。类型C和类型D是同一类型,还是两种不同类型?在后者的例子中,准确地讲,C和D之间是什么关系呢?

---

① Carroll, *Theorizing the Moving Image*, p. 70.
② 同上, p. 67,这是我强调的重点。
③ Carroll, *Philosophy of Motion Pictures*, p. 66,这是我强调的重点。

乍看之下，C和D似乎是完全不同的类型。正如尼古拉斯·沃尔特斯托夫(Nicholas Wolterstorff)和朱利安·多德(Julian Dodd)所指出的，电影类型C明确应该通过展示来实例化哪些视觉品质。① 对比之下，数字类型D明确数字符号序列，以至于D不是由视觉展示实例化，而是由这个符号序列的物理表征实例化。

不过，C和D相互关联，因为D表明由视觉阵列实例化的C的符号序列。如果加上将数字符号转变为色度值的合适设备，D的标记就表现为电影模板，借此C通过放映以求实例化。

总而言之，从模拟模板到数字模板的转变，涉及移动影像实例化的变化。在模拟情况下，整个实例化的过程需要两个阶段：首先，移动影像由模板体现；其次，模板用于电影放映。在数字情况下，实例化的结构更加复杂。移动影像不是直接由物理模板体现，而是由数字模板编码的，反过来，数字模板是一种类型，即数字类型。这种数字类型规定的符号序列由(轨迹或电路构成的)物质的具体情况体现，这一物质具体情况最终用于电影放映。因此，在数字情况下，移动图像的整个实例化过程需要三个阶段：首先是电影类型由数字类型编码，然后这种数字类型由物质的具体情况体现，最后这一具体情况用于电影放映。

数字类型D在电影类型C和电影最终放映之间的调解，让我们准确地理解C本身是什么。实际上，C的结构应该可以借助D的结构进行编码。在数字类型D中，符号是光值的占位符，光值与色彩品质对应。我要把这光值称为**像素**。这样理解的话，像素不是光值的数字编码，而是光值本身。

而且，D由画面的时间序列构成，每个画面都由像素的空间分布构

① Nicholas Wolterstorff, *Works and Worlds of Art*, Oxford: Clare ndo n, 1980, p. 94; Julian Dodd, *Works of Music: An Essay in Ontology*, Oxford: Oxford University Press, 2007, p. 16. 沃尔特斯托夫认为，移动图像是由“一系列发光的彩色图案(这里把黑和白也视为彩色)实例化的”一种类型。多德认为，“电影毕竟只是一种其图标可确定时代、可定位展示的类型”。

成。因为D的结构旨在为C的构成特征编码，所以我们应该推断，C由画面的时间序列构成，而画面的时间序列由像素的空间分布构成吗？

这样的问题让我们左右为难：要么电影类型C完全不能由数字类型D编码，要么C应该具有完全由D编码的构成特征。选第一个选项意味着声称存在不能进行数字编码的电影，但这一说法好像违背我们电影和电影赏析的实践。例如：如果老的模拟电影具有数字类型结构无法编码的构成特征，那么对早期电影进行数字修复的实践就没有意义了。①

因此，我还剩下第二个选项。既然唯一可以由数字类型编码的特征涉及画面的时间序列和像素的空间分布，那么，选择困境的一端等于承认，电影类型完全以画面的时间序列和像素的空间分布为特点。这就是电影的新定义。**移动影像只是一个类型，它规定由像素的空间分布构成的画面的时间序列。**简言之，移动图像是规定像素时空分布的一个类型。

四、重新思考移动影像

移动影像的数字编码不是标记模板（一个具体的痕迹）。它是抽象的符号结构，展示了作为类型的移动影像的本体论结构。关于像胶片或录像带这样的具体模板，实际上，数字编码具有认识论的优势，即它明确了移动影像的本体结构。从这个意义上讲，技术揭示了本质。

卡罗尔的条件(3)涉及电影类型及其标记。对条件(3)的分析使得

---

① Rodowick 或 Aumont 这样的学者表示，模拟电影有着数字电影不具备的特征。我不会在本文中分析他们的观点，因此我的论述仅限于观察，在当今几乎所有电影都在数字化的时代，赞同这样的论点，就等于声称电影史的相关部分即将消失。我并不这样认为。数字技术目前保证了高清晰度，所以非常精细的纹理也易于被它捕捉到。见 David Rodowick, *The Virtual Life of Film* (Boston: Harvard University Press, 2007); Jacques Aumont, "Que reste-t-il du cinéma?" in *Rivista di estetica* 46, 2011, pp. 17-32。

我们理解移动影像的完整定义。那么卡罗尔的其他四个条件呢？它们如何可以追溯到数字类型所明确的本体结构呢？

如我们所见，条件(1)、(2)、(5)是展示条件，其中 x 指实例化移动影像的展示，而条件(3)、(4)是类型条件，其中 x 指作为类型的移动影像，该类型可由展示实例化。为了解决数字类型的难题，我们开发了条件(3)，从而将移动影像定义为一种规定像素时空分布的类型，这一类型可由展示实例化。

不过，依据卡罗尔的其他条件，实例化移动影像的展示具有进一步的必要特征：(1)独立；(2)能产生运动印象；(4)在艺术上无法评价；(5)二维的。我将在下一部分论证，展示的所有特点可以依据条件(3)介绍的电影类型来考虑。更具体而言，本文将在第五章谈及独立性，在第六章谈及运动印象，在第七章谈及二维性，在第八章谈及非评价性。

五、独立性

卡罗尔定义的条件(1)指出，电影展示是独立的，即观看展示时，观众体验以自身为中心的时空体系中非本地化的事物。换言之，移动影像支持一种体验，让观众认识到有**什么**，而不是她在**哪里**。

实际上，移动影像的专门放映未必是独立的。刮胡子时我可以用网络摄像头当镜子。在这种情况下，我可以识别出自己在展示场景中的位置。只有人们把此展示视为作为类型的移动影像的标记，此展示才必然是独立的。把展示当作标记，要求展示场景能在各种不同空间展示，这与居住在那些空间里的观众无特殊关系。如果我们把展示构想为标记，那么我是否可以看着网络摄像头刮胡子并不重要。从这一角度来讲，现在我的网络摄像头的展示，只是一个可在其他各种不同环境中展示的类型的标记。重要的是，观看我网络摄像头制作的移动影像放映的观众不能对着摄像头刮胡子。在这一意义上，由于电影展示是一个类型的标记，所以它是独立的。

作为类型的移动影像的可重复性，使得该影像在不同空间可以复制，所以展示空间与所有那些空间的物体无特殊联系。可重复性必然打破展示空间与观众空间的空间联系。如果我们认为展示是一种特殊事件，那么什么也无法避免展示空间与旁观者居住空间之间的联系。使得展示空间必然独立的是作为类型的移动影像的可重复性。与观众自己的空间相联系的唯一标记，按理说是移动影像制作期间实例化的特殊展示，就像把网络摄像头当镜子。但是，如果展示被视为存在的移动影像的任何标记，那么它必然独立于观众空间。

从这一角度来看，卡罗尔试图借助独立展示条件与移动影像相区分的所有“替代装置”①（例如镜子、显微镜、望远镜），只考虑他们不具有类型-标记本体结构就可以更好地区分。镜子和其他玻璃替代装置不可重复使用。它们只是可见的蛛丝马迹。它们不是规定视觉特点的类型标记。展示的几面镜子都是标记，没有类型。任何镜子展示的只是它自己的空间。镜子与移动影像基本的本体差异是前者只是特殊情况，后者是类型的标记。移动影像是独立展示而镜子不是的这一事实，就来自这种差异。

六、运动印象

构想条件(2)时，卡罗尔觉得观众会认为展示可能会移动，而非仅留下运动印象，因为他想考虑诸如马克（Marker）的《堤》（*La jetée*）、弗兰普顿（Frampton）的《诗学正义》（*Poetic Justice*）、斯诺（Snow）的《蒙特利尔的瞬间》（*One Second in Montreal*）这样部分或全部由影像制作的作品。据卡罗尔所言，这些作品有别于单纯的幻灯片，因为前者的观

---

① Carroll, *Theorizing the Moving Image*, p. 57.

众可以合理地期待(至少是在第一次观看时),图片中迟早会有一些运动。卡罗尔说:“考虑影像移动的可能性总是合理的。”[1]

我也认为,这一条件可能来自数字编码确定的电影类型结构。“考虑影像可能会移动”实际上“总是合理的”,因为作为类型的移动影像由一系列画面构成,能为我们的感知系统提供运动印象。画作和照片不能移动,因为它们由彩色点的空间分布构成,而移动影像可以移动(并且观众认为它可以),因为它由彩色点的时空分布构成。

简言之,电影内容可以移动,因为电影不仅占据了一个表面,还有持续时间。移动影像并非由一系列画面构成,因为它可以移动:它可以移动,因为它由一系列画面构成。这就是为何“在电影中移动影像是一种永恒的可能性”[2]。即便在移动影像不真正移动的情况下,它也可能移动,因为电影类型在结构上承载着这一可能性。

从这一角度来看,出于同一原因运动可以,声音也可以视为电影中一种永恒的可能性。[3] 声音和运动都随着时间的推移而展开。因此,为了具有听觉特征,一部作品必须随着时间的推移而展开。因为移动影像作为像素的时空分布,可以发生在时间上,所以它在自身的结构上承载着声音的可能性。因为移动影像可以为观众提供运动印象,所以该影像可以提供一些声音与展示内容同步(或至少是相关)的印象。从这一角度来看,诸如考里斯马基(Kaurismäki)的《尤哈》(*Juha*)或者哈扎·纳维希乌斯(Haza Navicius)的《艺术家》(*The Artist*)这样的无声电影,因为风格的选择(而非技术限制)没有**声音**,这些电影的作用类似马克的《堤》或戈达尔(Godard)和戈林(Gorin)的《给简的信》(*Letter to Jane*)这样的“静态电影”[4],它们因为风格选择没有**运动**。在这一意义上讲,在《堤》的一个镜头中,一只眼睛的意外运动利用观众的态度,考

① Carroll, *Philosophy of Motion Pictures*, p. 60.
② Ibid., p. 60.
③ 我将这一洞见归功于我的第一位审阅人。
④ Carroll, *Philosophy of Motion Pictures*, p. 61.

虑了影像在静态电影中移动的可能性，并且，在《艺术家》的一个镜头中，玻璃杯的意外声响利用观众的态度，考虑了影像在无声电影中可能发声的可能性。

不过，如果移动影像最终是像素的时空分布，那么我们如何区分移动影像和幻灯片呢？幻灯片也是由一系列画面构成的，即像素的时空分布。它们如何区别于移动影像呢？我认为，幻灯片属于静态影像和移动影像之间的本体论范畴。更具体而言，幻灯片向我们提供了一种类似静态影像的体验，但是取决于类似移动影像结构的本体结构。

幻灯片与移动影像的差别主要在于画面速率问题。在某个阈值速率 R1 下，画面序列就如同一系列静态影像。在某个阈值速率 R2 上，画面序列就如同一个移动影像（同样，只要一系列音符的演奏速率高于某阈值，听起来就能像一串连续的旋律）。在 R1 和 R2 之间，画面序列就像一段不稳定的影像，既不静止也不移动的影像。

尽管没有运动印象，幻灯片还是展示了一种与众不同的时间氛围。像移动影像，不像纯粹的图像书，幻灯片可以与声音同步。然而，幻灯片的画面速率不像移动影像的画面速率，未必是由制作者或实践确定的，而是由演讲者决定的。①

总之，卡罗尔的条件(1)和(2)描述了电影展示与观众体验之间的关系，可以依据作为类型的移动影像的结果特点来解释。电影展示为观众提供了独立性和运动印象，因为它们是移动影像的标记，而移动影像是由像素构成的一系列画面组成的类型。独立性与运动印象是电影类型本体结构的现象和认知结果，也是透明、可饮用的，是水的化学结构的现象和认知结果。

---

① 在电视连续剧《广告狂人》所谓的“柯达旋转木马场景”（第 1 季第 13 集，该场景在 YouTube 上使用标题“广告狂人-旋转木马”可搜索到）中可以找到一个令人印象深刻的幻灯片放映示例，其帧速率取决于表演者。

七、二维性

为了把“以各种古董钟上的移动小雕塑为例证的那种移动结构”从移动影像的领域中排除出去，卡罗尔介绍了二维性的要求。[①] 这种移动雕塑类似移动影像，它们在某种程度上展现了我们可从中看到运动的独立空间。而且，它们都有从模板生成的多个例证。

不过，移动雕塑是三维的，而移动影像是二维的。[②] 因此二维性的要求足以将移动雕塑从电影领域排除出去。另一方面，卡罗尔承认，这一要求不足以将移动影像与戏剧分离。那是因为“实际上，存在二维的戏剧，例如巴厘岛、爪哇和中国的皮影戏表演”[③]。

为了区分电影与皮影戏表演，卡罗尔利用条件(3)，即类型-模板-执行条件。但是，他的解决方案提出了他并未明确考虑的问题。那么，使用移动雕塑制作的皮影戏表演呢？由于这种皮影戏表演满足二维性要求和类型要求，所以我们应该得出违背直觉的结论，即它是移动影像。因此，移动雕塑不能真正由二维性条件解释。如果我们在皮影戏表演中使用移动雕塑，问题又出现了。

卡罗尔定义的支持者可能会回答，这样大规模生产的皮影戏实际上是移动影像，因为它满足所有卡罗尔提出的条件。实际上，卡罗尔自己似乎在 2008 年著作中引发了一个类似的讨论，那时他声称大规模生产的翻翻书是移动影像，而手工翻翻书不是。[④]

我认为，这是一个临时的回答，并不可靠。实际上，我们通常设想

---

① Carroll, *Philosophy of Motion Pictures*, p. 72.

② 声称移动影像是二维的，卡罗尔是指它们的放映发生在平面上。当然，观众在这种二维表面上看到的东西可以(并且通常确实)由三维场景组成。

③ Carroll, *Philosophy of Motion Pictures*, p. 73.

④ Ibid., p. 75.

像画作这样的手工影像或者照片、打印品这样的大规模生产的影像都是静态影像。我们为什么应该区别对待移动影像呢？无论某物是不是静态影像，都不要求建立手工制作与大规模生产的鸿沟。我们规定哪些皮影戏（或翻翻书）是移动影像，哪些不是时，为什么手工制作与大规模生产的鸿沟就应该变得相关了呢？我看不出有什么理由能把大规模生产的皮影戏（或大规模生产的翻翻书）当成移动影像，而把手工制作的皮影戏（或手工制作的翻翻书）当成不同种类的影像。我能看到的唯一理由，是对卡罗尔移动影像定义的辩护。

如果你想把皮影戏和翻翻书包括在移动影像范畴内，你就应该把**所有**皮影戏和**所有**翻翻书都包括在这个范畴内。因此，接受大规模生产的皮影戏是移动影像，卡罗尔就把他的定义纳入了滑坡效应，得出结论：所有皮影戏都是移动影像。这样，卡罗尔的定义就简化为贝里斯·高特叙述的变体。据高特的描述，任何展示运动的对象生成的影像都可算作移动影像，因此即便是“柏拉图在《理想国》里的洞穴寓言也算作一种对象生成的电影”[①]。然而，高特对电影的描述提出两个问题，我认为这两个问题比卡罗尔的定义所提出的大规模生产的皮影戏问题更让人迷惑。

首先，凭直觉，像《给简的信》那样的“静态电影”是移动影像，如果你想保持这种直觉，那么你应该接受任何展示运动的对象生成的影像都可被归入移动影像的范畴。这样的一种范畴，在高特的描述中已经有很多，它还在进一步扩展。甚至由我的桌子生成的墙上的影子也是一个移动影像，因为我的桌子可以移动，所以它的影子也可以移动。

其次，在高特的描述中，尽管我们有共识，电影不再是 20 世纪末被发明出来的东西，而是像车轮或刀那样古老的东西。从这一视角来看，把卢米埃兄弟当成电影的发明者，就像把古腾堡当成书写的发明者一

① 见 Berys Gaut，*A Philosophy of Cinematic Art*，Cambridge：Cambridge University Press，2010，6n21。

样，都是错误的。实际上，卢米埃兄弟是否真的发明了电影，我认为都是有待讨论的。在电影博物馆里，你可以找到很多19世纪生产的放映设备，它们都以某种方式预示着卢米埃兄弟的活动电影机的发明。然而，我不知道哪个电影博物馆有把桌子的影子当成电影来展出的。

如果你想避免这样的滑坡走向过于熟识的电影本体，你应该找到比卡罗尔的方法更加安全的方法，以避免将移动雕塑算作移动影像。出于这一目的，值得把卡罗尔的条件(5)(二维性要求)放到一边，再看看他的条件(3)，也就是说，再看看作为类型的移动影像结构。移动雕塑不同于电影，因为在类型层次上，它们有着不同的结构。移动雕塑的类型不是由视觉品质的时空分布构成的，而是包括诸如高度、重量、化学成分这样的属性。移动雕塑被排除出电影范畴，因为其类型具有不同的本体结构，而非它的三维性。

本体结构的这种差异，也可以解释由视觉(可能还有听觉)品质构成的移动影像，为何给我们以**运动印象**，而具有进一步的物理和化学特征的移动雕塑，为我们提供了**真实运动**。而且，作为类型的移动影像独特的本体结构让我们可以考虑全息摄影术的可能性，卡罗尔本人表示全息摄影术与移动影像关系密切："想象一下，我们可以像古罗马人一样坐在虚拟竞技场周围，以三维的方式投射出斗兽场中的一场殊死搏斗。这样的景象难道不理应归为移动影像吗？"①

我们直觉上容易将全息放映视为移动影像。现在我们需要一个标准来区分全息放映与移动雕塑，旨在将移动雕塑移出电影范畴。此二维性条件无法支持这一差异，因为卡罗尔被迫将移动雕塑和全息摄影术移出电影范畴。但是，如果我们用此类型的本体结构充当标准，那么我们就可以把全息图当作特殊的电影类型，因为它们的画面是像素三维分布的，而非像普通电影里那样二维的。我们可以用此方法，大体只把其类型根本不是像素时空分布的移动雕塑排除出电影范畴，而保留

① Carroll, *Philosophy of Motion Pictures*, p. 73.

全息图的电影本质，尽管它们是三维的。简言之，类型的本体结构解释了为何全息图无异于移动影像，而移动雕塑却与移动影像不同。①

八、非可评估性

卡罗尔的条件(4)声称，电影标记缺乏艺术价值。我认为，这种缺乏来自一个事实，即为了实例化移动影像，你要的一切已经由相应类型规定，不需要进一步的贡献。你只需要实例化视觉(和听觉)模式，此模式构成了作为类型的移动影像，即由影像制作者确立的模式。此实例化只能由自动过程完成，其中不存在人类的意图与创造力，更何况是艺术价值。凭借电影类型的本体结构，一旦移动影像的制作者把它构建为一种类型，接下来的展示就将只是自动的技术过程了。

另一方面，戏剧表演是涉及有意行为的一种阐释。电影与戏剧之间存在迥异差别的原因，准确地讲在于类型结构。作为类型的戏剧作品只是一个书面文本，因此原则上它无法规定所有的感知属性，这些属性构成了可体验的作品实例。为了把这样的文本转变为戏剧创作，需要阐释的创造性行为。对比之下，作为视觉品质时空分布的电影类型，规定了所有相关可体验的构成移动影像实例的特征，防止那些不同于戏剧表演展示的移动影像放映被认定为独立的艺术品。这无须赘言。

构想为像素时空分布的电影类型结构，在标记层面剩下的只是使观众可接近那些分布。当然，我们可以区分更好的或更糟糕的放映。但是这种规范差异只涉及技术程序。一些展示或许正确实例化此类型规定的视觉模式(就像在高清副本和高质量投影仪中)，而其他展示或许质量很差(就像家用录像系统副本或破旧的投影仪)。但是移动影像

① 任何种类的皮影戏与移动影像差别都很大，因为前者不是由帧和像素的离散时空分布来区分的，而是由明暗的连续时空分布来区分的。

放映好坏的差异根本不是阐释的问题，更不是艺术价值的问题。它只是技术近似视觉外观的问题，而视觉外观完全由作为类型的移动影像规定。

九、像素

到目前为止，我认为移动影像是规定像素时空分布的一种类型。在最后几部分，我将集中探讨一个事实，即数字电影和一般的移动影像是规定像素时空分布的类型。出于此目的，我将深入分析像素和类型这些关键概念。

依波内奇看，像素是特殊的光点："'像素'通常表示'图片元素'。我在略做调整但相关的技术意义上使用它。我用'像素'指光点。这一用法与电影影像的描述趋于一致，而这些电影影像由光谱分布独立变化的不同区域构成。在物理描述的基本层面上，视觉展示由像素构成。"①如此理解的话，像素就是数字和模拟展示的构成元素。唯一的差异是构成数字展示的光点在网格中排列，而模拟展示中并非如此。实际上，在后者的情况中，像素的空间分布与胶卷上单个颗粒的不规则但离散的分布相匹配。

电影展示基本上是**离散的**，即由时空间隙分散的特殊光点构成。离散性由规则地分布在网格的数字展示清晰显示。离散性也是模拟展示的特征，而模拟展示尽管缺乏规则网格，它的像素还是由空间间隙分散开来，因为每一个画面都是由单个的色彩颗粒构成的。而且，模拟和数字像素都属于由时间间隙分开的画面，因为模拟和数字投影仪每秒都显示有限的画面，还因为模拟投影仪的胶片交替阻挡和显示光线。

波内奇叙述的局限性在于像素概念是**特定的**光点。如此理解的

① Ponech, "Substance of Cinema", pp. 191 - 192.

话，像素可能只涉及**特定**展示，即移动影像的**特定**放映。之前，任何新的放映都涉及屏幕上全新的系列像素。因此，波内奇根据像素对移动影像的表征，无法将移动影像定义为由多次放映实例化的可重复性作品。如果移动影像由只是具体情况的像素构成，那么就没有合适的办法将我在伦敦观看的《烛台背后》(*Behind the Candelabra*)的放映与我在洛杉矶观看的同一部电影的放映相关联。因此，我同意波内奇的观点，即像素是"电影的实质"①，但我认为，为了考虑电影作品的可重复性，我们不应把像素构想为特定的光点，而要构想为由多个不同光点实例化的**光值**。

如果所有这些都是正确的，那么数字和模拟移动影像就是规定像素的类型。唯一差别在于方法，电影类型以此方法规定应由展示实例化的像素。在模拟情况下，像素无疑是由具体模板规定的，例如在某个移动影像每次放映时，胶卷使我们实例化几乎同样的光值时空分布。对比之下，在数字情况下，像素可以明确规定光值，因为模板不再是具体的对象，而是一系列表示光值的数字。

高特以类似的方法解释数字电影，将像素构想为一个将"光的强度……作为离散整数"②进行测量的离散单位。高特声称"像素的部分表示，像素表示的对象区域的部分……此表示关系仍然停留在亚像素层面上。与单词的部分不同，像素的部分确实表示"③。然而，他的说法挑战了在数字图片中像素是一个"最小的指示单位"的说法。这就是说，如果我们仔细看屏幕上的像素，那么我们可以看到依次由彩色部分表示的小块彩色区域。

我认为高特的论点是错的，因为我们仔细看屏幕时真正看到的不是像素本身，而是实例化构成该像素光值的特定光点。该光点被视为有着彩色部分的小块彩色区域，但是被标记实例化的像素是根本没有

---

① Ibid, p. 187.

② Gaut, *Philosophy of Cinematic Art*, p. 57.

③ Ibid., p. 58.

部分的光值。高特声称在数字图片中,像素不是最小的表示单位,他似乎将像素的本体性质与经验事实——实例化像素的特定光点通常不被观看者视为最小的表示单位——相混淆。但是,在数字图片中,像素是**最小的表示单位**,因为它不是特定的光点,而是在准确的时空定位中表示光的强度的光值。

在挑战数字图片中像素是最小的单位的说法时,高特也认为:

> 数字照片无……异于传统照片。因为后者有时由数十亿个单独的颗粒组成……在这方面,传统照片中也有一系列图片元素,尽管其中的元素比数码照片中的常见元素多得多,并且没有排列成网格。不断扩大这一照片,最终人们可以看到单个的颗粒,即便这些颗粒表示对象的部分,但其中的对象不可辨识。①

然而,这些考虑未必表明像素不是最小的表示单位。相反,这些考虑似乎表明,尽管缺乏表征记号,传统照片还是有最小的表示单位,即起像素作用的颗粒。我们在这个意义上来考虑一下高特提出的例子:"这是米开朗基罗·安东尼奥尼(Michelangelo Antonioni)的电影《放大》(*Blow-Up*)(1966)的教训:戴维·海明斯(David Hemmings)扮演的摄影师托马斯不断放大用以证明谋杀的图片,胶片颗粒越发突出,最后很难辨认它们表明了什么。"②如果正如高特所写"颗粒越发突出",那么颗粒一定无法等同于它在纸上(或屏幕上,如果我们从照片的例子移到假设的电影对应物)所占区域。变得**更加突出的**区域不再是相同区域。这颗粒就要等同于纸上(或屏幕上)由**突出**区域实例化的光值。而且,高特提出《放大》的观点时声称,放大照片后,"最后不可能分辨出

① Ibid., p. 59.

② Ibid.

(颗粒)表示什么”。然而，高特这样做时，把两个问题混为一谈：颗粒表示什么和照片描绘什么。实际上，放大照片后，最后无法分辨照片描绘了什么，而非颗粒表示什么。即便放大，照片上的颗粒还表示在准确时空位置上光的强度，以及为何《放大》的摄影师不断分析这张照片，目的是要弄清照片描绘了什么。模拟图片中的颗粒最后要等同于光值或像素，这些照片凭借光值或像素描绘了它们的主题。

十、类型

从第三部分到第八部分，我一直认为移动影像是规定像素时空分布的**一种类型**。在第四部分，我研究了像素是什么。为了确定移动影像的定义，现在只剩下研究类型是什么了。

我同意沃尔特斯托夫和多德的观点，也认为移动影像是**规范类型**，也就是说，这一类型确定这一影像的正确例子**应该**展现什么样的视觉特征。① 作为规范类型，移动影像可有两种例子：正确的例子(只有规范特征的子集)和不正确的例子(具有所有规范特征)。把移动影像设想为规范类型，使我们可以考虑我们文化实践不可避免的方面，即我们通常不仅评估电影作品(“这是一部好电影，那是一部坏电影”)，还评估这些作品的实例化(“这是忠实的放映，那是有瑕疵的放映”)。卡罗尔的条件(4)指出，前者是艺术评价，后者是技术评价。但它们都是评价，评价依赖于某种形式的规范性。更具体而言，作为确立正确放映标准的规范类型，艺术评价依赖一些鉴赏标准，而技术评价则依靠作品本身。

依据沃尔特斯托夫和多德的看法，将一种类型视为规范性，迫使我们将这种类型视为柏拉图式的普遍性。因此，电影或交响乐作为规范

① Wolterstorff, *Works and Worlds of Art*, 94; Dodd, *Works of Music*, p. 16.

类型是“抽象、固定、不变、永远存在的实体”[1]。然而，大卫·戴维斯挑战这一说法，将移动影像视为规范类型，使我们陷入这种违反直觉的柏拉图式的观点。根据此观点，电影不是创造的，而是发现的。[2] 他认为，参考维特根斯坦对罗伯特·布兰登提出的规范性的叙述，我们就可以将移动影像构想为规范类型："一种**实用主义的**规范概念——一种**隐含**在实践中的原始正确性的概念，它先于**规则**和**原则**中的**明确**表述，并以它们的明确表述为前提。"[3]

在规范类型的这一描述中，确定一个特定展示 D 是正确的例子，有瑕疵的例子或某一电影作品 W 是非实例的，不是位于普遍原则抽象空间的光值的明确列表，在该空间内光值可以捕捉并由电影制片人规范化。相反，D 作为 W 实例的地位，依赖于两方的隐含协商：电影制片人在特定文化下制作其电影作品 W 时规定了什么，完全有资格在 W 的鉴赏中扮演体验角色。依据戴维斯的说法，对某一移动影像 W 的实例化而言，不存在明确的正确性规则。欣赏 W 和电影展示的实践认可条件，在技术上根据他们在 W 鉴赏中起到的作用进行评估，而非其他。

作为类型的移动影像的规范性取决于文化实践而非某个抽象、固定、不变、永恒的实体，在这一点上，我和戴维斯看法一致。然而，我认为在这方面，数字电影需要特殊对待，因为数字技术使我们能制作特定影像的实例（无论它是静态的还是移动的），这些实例"在颜色、形状、大小方面都是相同的"[4]。那是因为数字技术向我提供了一种记号，借此

---

① Dodd, *Works of Music*, p. 36.

② David Davies, "What Type of 'Type' is a Film?", in *Art and Abstract Objects*, ed. Christy Mag Uidhir, Oxford: Oxford University Press, 2013, pp. 263–83.

③ Robert Brandom, *Making It Explicit: Reasoning, Representing, and Discursive Commitment*, Cambridge, MA: Harvard University Press, 1994, p. 21.

④ John Zeimbekis, "Digital Pictures, Sampling, and Vagueness: The Ontology of Digital Pictures", *Journal of Aesthetics and Art Criticism* 70, 2012, p. 51. 值得注意的是，在 Zeimbekis 看来，图片的数字编码是一个符号模式，但它并不是一个成熟的古德曼符号系统，因为它缺乏有限区分的语义要求。

用表示构成 W 的光点的离散符号组成的**脚本** S，我们可以表征影像 W。因此，为了实例化 W，我们只需要一些能把构成 S 的离散符号转变为构成 W 的光点的设备。如果这些设备运行正常，那么把这些设备与 S 相结合，W 的所有实例就都是相同的。

原则上，数字电影使得电影制片人能一劳永逸地确立其作品的正确实例应该出现的唯一方式。用数字脚本明确移动影像，实际上意味着明确确立 W 的任何正确实例的外观。以此方法，W 实例的正确标准在实例中不再隐含，而是通过数字脚本明确表示。作为一个思想实验，我们甚至可以设想特殊的数字设备(可能嵌入在手机中)，电影观众可以通过这些设备检查他们正在观看的电影是否正确放映。这些设备可以测量屏幕上的光值，并与电影制片人同意并储存在某个在线数据库里的原始光值相比较。

如果这些都是正确的，那么我们应该得出数字技术把移动影像转变为永恒的柏拉图实体的结论吗？我不这样认为。数字技术是在我们文化实践的背景中创造出来的东西。出于这一原因，移动影像因数字技术成为什么样子，还要取决于我们的实践。

然而，数字技术似乎能支持我们可以称之为**柏拉图式的实践**，即一种明确确定作品外观的方式，这一方式不再依赖形而上学的美德，而是技术手段。这样的设备是柏拉图式实践兴起的必要条件，而非充分条件。这也需要达成一致。因此，电影能成为一个柏拉图式的实践，即柏拉图式的电影，只有通过遵守 W 制造者一劳永逸地指定的像素，实践者们同意移动影像 W 的所有正确放映都应该是相同的。

目前，我们有一种允许柏拉图式电影出现的技术，但我们还没有将柏拉图式电影确立为有效电影媒介的实践。尽管数字技术使我们能根据独特的像素系列明确移动图像，但是我们一直依靠文化实践隐含的规范性，是为了将电影构想为光值的时空分布。然而，如果我们想确定传输的不只是实例，而是我们的电影给后代的**正确实例**，那么原则上我们的技术已经实现的柏拉图式电影就是正确的前进方向。

参考文献

Aumont, Jacques (2011) "Que reste-t-il du cinema?" in *Rivista di estetica*, 46, pp. 17–32.

Bazin, Andre (1958) "On tologie de l'image photographique," in *Qu'est-ce que le cinema?*, pp. 9–17. Paris: Cerf.

Benjamin, Walter (1955) "Das Kunstwerk im Zeitalter seiner technischen Reproduzierbarkeit." in *Schriften*, pp. 431–69. Frankfurt: Suhrkamp.

Brandom, Robert (1994) *Making It Explicit: Reasoning, Representing, and Discursive Commitment*. Cambridge: Harvard University Press.

Carroll, Noel (1996) *Theorizing the Moving Image*. New York: Cambridge University Press.

—(2008) *The Philosophy of Motion Pictures*. Oxford: Blackwell.

Cavell, Stanley (1979) *The World Viewed*. 2nd edition. Cambridge, MA: Harvard University Press.

Davies, David (2013) "What Type of 'Type' Is a Film?" in *Art and Abstract Objects*, edited by Christy Mag Uidhir, pp. 263–283. Oxford: Oxford University Press.

Dodd, Julian (2007) *Works of Music: An Essay in Ontology*. Oxford: Oxford University Press.

Gaut, Berys (2010) *A Philosophy of Cinematic Art*. Cambridge: Cambridge University Press.

Ingarden, Roman (1962) *Untersuchungen zur Ontologie der Kunst: Musikwerk. Bild. Architektur. Film.* Tubingen: Niemeyer.

Ponech, Trevor (2006) "The Substance of Cinema," in *Journal of Aesthetics and Art Criticism* 64, pp. 187–198.

Rodowick, David (2007) *The Virtual Life of Film*. Cambridge, MA: Harvard University Press.

Strawson, Peter (1959) *Individuals*. London: Methuen.

Wartenberg, Thomas (2010) "Carroll on the Moving Image," in *Cinema: Journal of Philosophy and the Moving Image*, 1, pp. 69–80. http://www4. fcsh.

unl. pt:8000/~pkpojs/index. php/ cinema/index.

Wolterstorff, Nicholas (1980) *Works and Worlds of Art*. Oxford: Clarendon.

Zeimbekis, John (2012) "Digital Pictures, Sampling, and Vagueness: The Ontology of Digital Pictures," in *Journal of Aesthetics and Art Criticism* 70, pp. 43 - 53.

20 艺术实践与控制辩证法*

斯特凡诺·韦洛蒂

我对控制的兴趣来自对我们社会中文化和艺术困境的兴趣。我认为文化的生命——从规范的意义而非描述性意义上来讲①——涉及一种特殊的称之为“自发性”的自由。尽管总是以文化调节为条件，但是自发性无法简化为它：我们可以行动，通过我们的文化能力和意图制造某物，但**不仅仅是因为它们**。然而，如果我们觉得要被控制、监控或考验，就很难行动或自发地制造某物。然而，在我的印象中这种感觉或意识是很广泛的。我们知道，由于危及自由，我们越来越受到控制：监控与安全。我们作为消费者也受到控制，并作为工人、学者等不同种类的“表演者”被不断考验。

甚至当控制者是善意的时，控制的意外后果仍然可能很糟糕。这里有一个例证：一些名胜古迹受到联合国教科文组织的保护。这似乎是件好事。然而，我们有理由质疑这些措施的后果：“城市连环杀手在地球上四处游荡。它的名字是联合国教科文组织，它的致命武器是‘世界遗产’的标签，它用这个标签消耗了辉煌的村庄和古代大都市的命脉，使它们在品牌的时间错觉中不被遗忘。”②我不确定这种“防遗忘”

---

* 本文是作者对其于2014年11月11日在加州大学所做讲座的重新阐述。

① 从人类学-描述性角度来看，文化几乎是包罗万象的。用文化“规范、正式的意义”，我是指我们与某种具有特征(首先，不是由进一步的目的决定的一种关系。在此我就不展开了)的“客体”(我们自己、世界、他人)的关系。

② Marco D'Eramo, "Unescocide", in *New Left Review*, 88, July-August 2014.

诊断的正确性(我认为地方政府应比联合国教科文组织对此承担更多责任),但是"世界遗产"的标签作为一种善意控制的形式,或许具有破坏性的副作用:出于保护的善意想法或许同样会破坏文化生活。

确定很清楚的是,控制概念不能简化为监控。实际上,控制是生活的必要成分。但既然没人是有意自发的,那么控制与非控制之间幸福的平衡就很容易形成。相反,今天我们常体验令人窒息的控制和同样具有破坏性的失控之间的差别或两极化。我假设艺术实践——尽管一方面它们明显无用,另一方面它们是市场的一部分——在我们的社会中生存下来,在一定程度上是因为它们是控制和非控制可从中找到剩余平衡的典范之处。

为了说明我刚才的陈述,我将做出简要解释:

(1) 控制的含义;

(2) 什么症状表明受控事物和不受控事物之间已经失去生理平衡,导致了激烈的两极分化;

(3) 什么是控制的实用性和概念性悖论,这些悖论标志着控制的必要界限;

(4) 除了当作娱乐、消遣、声誉和商业投资的互换方式,艺术品和艺术实践为何能在我们的社会中起到独特的作用。

一、控制的含义是什么?

"控制"一词,起初有重复的意思:一本账簿(拉丁语 *rotulus*)由第二本再现,第二本账簿旨在检查第一本(*contra-rotulus* 是一种"计数器","控制"一词由此而来)。"保留一份账簿副本"(*contrarotulare*)这一实践起源于中世纪的欧洲,远非仅仅制作同一本账簿的第二个实例,而是人类思想和实践的许多物质替代品之一。最初账簿的副本,即它的"控制",是一种掌握、检查或验证第一本相同账簿的方式。这是另一双(客观化的)眼睛。

我们称之为反思的这个词显然具有类似结构:反思不只是再现,而是“再次”**弯曲**,即扭曲思想或对自身的感知,这是为了三思,为了与我们最初的思想或感知建立一定的距离,反射的**不是“它”**,而是**反思它**。我们反思是为了将我们第一层面的思想或感知与类似的已知案例或一般给定规则进行比较。通常我们对反思有一定程度的控制。但是有时我们反思,是因为缺乏给定的规则,在这一规则下我们给某种特定例子分类,因为该事物或事件是新的、奇特的。现在我们比以往任何时候都不得不反思这样的规则。我们不知道做什么,我们无法依赖现有的实践或类似的事例,我们被迫“反思”给定的事例,是为了处置它,制定规则或采取适当的行动。在某种程度上,我们被迫发挥创造力。康德称这一过程为“反思判断”。虽然说我们总在控制自己的反思是值得怀疑的,但确定的是,一旦开始反思,当然不受控制的是自发产生第一层面思想或感知的能力,它不受三思的妨碍,不被反思“破坏”。

然而,反思不同于控制:“控制的特点是一种**疏离的反思**,一种我们施加在自己(自控力)身上的强制、僵硬的反思。”

二、什么症状表明受控事物和不受控事物之间已经失去生理平衡,导致了激烈的两极分化

控制是生活方方面面的必要组成部分。我们说,如今在生物领域,基因代码控制着我们的生长,而癌症是不可控的细胞生长。我们的自然科学和人类科学为理解、控制自然、科学和各类型的人类产出做出努力。任何社会都有其社会控制的必要体系,并且独立自主这一概念意味着免于外部控制,具有控制的权力。

因此,在我们的社会中什么如此特别呢?

现代性的承诺是每个个体都将掌控自己的生活。马歇尔·伯曼

(Marshal Berman)在其有关现代性的著作《一切坚固的东西都烟消云散了》——此标题引自马克思和恩格斯的名言——意在尝试“用新的视角揭示作为过程一部分的各种社会文化运动：现代男女在当下维护自己的尊严……并掌控未来的权利；竭力在现代社会中为自己争得一席之地，一个让他们有宾至如归感的地方”[①]。我们在《共产党宣言》中读到“资产阶级的生产关系和交换关系，资产阶级的所有制关系，这个曾经仿佛用法术创造了如此庞大的生产资料和交换手段的现代资产阶级社会，现在像一个魔法师一样不能再支配自己用法术呼唤出来的魔鬼了”[②]。然而，可以这么讲，资产阶级控制力的丧失意味着权力的再分配，所以普通人最终可以掌控自己的生活。我们知道这一梦想又烟消云散了，如今人们觉得自己对生活的掌控不及从前。如今的共识是“人们觉得生活失控，因为他们在很大程度上失控了”[③]。

20 世纪 70 年代意大利马克思主义语文学家塞巴斯蒂亚诺·廷帕纳罗(Sebastiano Timpanaro)几乎是孤独地在提醒历史唯物主义者，连贯的唯物主义不应被忘记，社会和政治纲领无法控制我们脆弱的生物有限性。[④] 他起初多被忽视，如今却被广泛讨论的生物政治范式反常证明是正确的。打败生物脆弱性和腐朽的说法，在国王和专制统治者中[通过坎托罗维茨(Kantorowicz)研究的国王两个身体学说的某个版本[⑤]]已经很常见，并定期被如今承诺要战胜疾病、腐朽和死亡的独裁统治者唤起。

---

① Marshal Berman, *All That Is Solid Melts Into Air: The Experience of Modernity*, Harmondsworth: Penguin, 1988, p. 11.

② 同上，p. 37。译文引自中共中央马克思恩格斯列宁斯大林著作编译局，《共产党宣言》，北京：人民出版社，2018 年，第 33 页。

③ Neal Lawson, “How to Respond to Boris Johnson — and How Not To”, in *Open Democracy*, 24 July 2019.

④ Sebastiano Timpanaro, *On Materialism* (1979), translated by L. Garner, London: NLB, 1975.

⑤ Ernst Kantorowicz, *The King's Two Bodies*, Princeton: Princeton U. P., 1957.

我认为，来自我们社会不同领域的许多迹象表明，控制行为、活动和关系的(必要)能力“病倒了”。受控制事物和不控制事物之间的平衡已经不复存在，导致了激烈的两极分化。

例如，在个人层面上，贪食症者对于食物失控。打个比方，我们可以在生活的许多其他方面谈论贪食症：很大一部分美国家庭的生活受到“杂乱危机”的影响，而这一危机源于“房屋大小和拥有的人工制品数量之间的不平衡”①。这种过剩反过来影响生活在其中的人们的心理健康。因此，讽刺的是，尽管现代性的梦想是要掌控自己的生活，并“在世界上感到宾至如归”，但是现在我们甚至在家中都不会有这种感觉了。

在同样的个人或家庭层面上，与贪食者的态度截然相反的是，努力控制每样事物：食物、卡路里、运动、健康、观念、性、社会关系、任何形式的表现。这种强迫性的狂热控制——在各种个人电子产品的帮助下——冒反辩证法之险：厌食症患者是失控的典型产物。(对酒、互联网、毒品、性、赌博、健康)上瘾就是失控，惊恐发作(失去对一切控制的感觉)越来越普遍。或者，在不同领域，就想想投资银行贝尔斯登公司的前首席执行官艾伦·施瓦茨在上次经济危机的头几个月如何自我表白，他将分析师和专家的失败归咎于金融“海啸”②，好像金融是无法控制的自然现象。有很多文章和书籍谈及核电站、污染、疾病如何逃脱公民和政客善意或恶意的控制，更不消说全球气候紧急情况了。这显然正在发生并威胁着我们在地球上的生命。

然而，为了减缓我们“错过的恐惧”，作为“自愿”给网站和社会网络提供数据和信息的消费者，以及作为我们自己的持续控制者，我们所做的每件事都不断受到(监控摄像头、手机、信用卡、互联网和生物识别技术的)控制和追踪。我们将每一项活动和行为都医疗化；我们同意对每个人的存在进行预防性的刑事定罪。正如几年前劳拉·珀特阿斯

---

① Elinor Ochs and Tamar E. Kremer-Sadlik (editors), *Fats-Forward Family*, Berkeley: University of California Press, 2013.

② *The New York Times*, 12 March 2009.

(Laura Poitras)关于爱德华·斯诺登的纪录片《第四公民》(*Citizen Four*)表明的那样,现在我们到了公共层面、国家层面。控制与非控制之间的辩证法现象学在许多领域(城市生活、移民、安全、工作、健康等)都泛滥成灾,某些政客为了转移公众对实质性问题和他们缺乏应对能力(气候紧急事件或许是主要问题)的关注,而加剧了这种问题。而且,如我们所知,引起关注是极具竞争力且繁荣的领域。[①] 控制辩证法似乎在使得这一"土壤——21 世纪民主必定发挥作用的社会、历史、文化和经济背景下——对民主并不友好"[②]方面做出贡献。

然而,为了使我们的社会**精神**对民主文化更加友好,任何直接干涉这一土壤的努力都注定失败。要弄清为什么,我们应该看看那些本质上是其他目标的副产品的理想心理和社会状态。我不是指应是个人利益的副产品且协调"自由"市场的"隐形手"的可疑变形,而是指更亲密的事物,即与我们的习惯、性格、自发性或我们成为主体的方式有关的事物。这些状态是个人开展民主生活的条件,它们与艺术实践密切相关。实际上,民主不只是一套程序、一个正式格式,而首先是一种**精神**:正如约翰·杜威在《创造性民主》(*Creative Democracy*)中写道,"民主是个人生活方式……它表示拥有和持续使用某些态度,在生活的所有关系中形成个人性格并决定其欲望和目的"[③]。

三、有限控制的实用性和概念性悖论

19 世纪意大利诗人兼哲学家贾科莫·莱奥帕尔迪(Giacomo Leopardi)触及一个简单又基本的控制悖论。首先我们引用他的一

① Tim Wu, *The Attention Merchants*, New York: Knopf, 2016.

② Alessandro Ferrara, *The Democratic Horizon*, Cambridge: Cambridge U. P., 2014, p. 6。

③ Ferrara 引用,同上,p. 1。

段话：

> 我们在事物中只寻求快乐时，从来都找不到它：除了无聊、厌恶，你一无所获。为了在任何行动或职业中体验快乐，寻求目的而非快乐本身是必要的……。这会发生在阅读中（在1 000个给定的例子中）。……或许，出于这个原因，公共演出和娱乐本身……是世界上最乏味、无聊的事情，因为它们除了快乐没有目的。唯有这一点是需要的，唯有这一点是值得期待的；期望和要求从中获得快乐的东西（如债务）几乎从不给予快乐：它实际上指出了反面。快乐（真的）只是来得意想不到；我们在没试图寻找、没希望找到它的地方，却发现了它。……快乐在这方面类似内心的平静……内心平静的愿望不可避免地排除它，且不与它相矛盾。①

快乐基本上不是我们所控制的，不能成功获取，内心的平静也是如此。哲学家兼社会学家乔恩·埃尔斯特（Jon Elster）将在无数“**主要是副产品**的心理和社会状态中列出快乐：它们是无法巧妙而有意获得的心理状态”②。它们大多并非只是个人状态。埃尔斯特提到，想给人留下自然的印象最终却适得其反的愿望，是个人心理状态的例子。或者想靠纯粹的意志克服失眠症也是。人们可以加上忘却的愿望：所有这些情况的共同点是缺乏特定形式的控制（例如：注意一个人留下的印象）或缺乏一般的控制。记得忘记，不自然地自发或者自愿放弃睡眠，都是不可能的。我们可以重新阐释莱奥帕尔迪的思想，即“内心平静的愿望并不认为它”是与世界联系的愿望，“不直接、自发地与相关的人或

---

① Giacomo Leopardi, *Zibaldone*, ed. by M. Caesar and F. D'Intino, Farrar, Straus and Giroux, New York, 2014, pp. 4266 - 4267 (1827).

② Jon Elster, *Sour Grapes. Studies in the Subversion of Rationality* (1983), Cambridge: Cambridge U. P., 2014, p. 56.

物产生关联”①。

提供一个主要是副产品的简短清单：

> 我想要知识，而非智慧；上床，但不睡；吃，但不饿；温顺，而非谦逊；顾虑多，而非美德；自作主张或虚张声势，而非勇气；肉欲，而非爱情；怜悯，而非同情；祝贺，而非钦佩；宗教，而非信仰；阅读，而非理解。②

格雷戈里·贝特森(Gregory Bateson) 所谓的双重约束理论给出相似的例子：语用上不一致的命令中有名且典型的例子是“随心所欲！”或“别想没用的！”或“别这么顺从！”——这些当然不能服从，也不能不服从。

我们可以说，所有这些状态一定是自发的，但那自发性可能是假的。好演员一直都在这么做。然而，对这一回答至少有两种反对的理由：首先，自发性很难假装。电影中最假、最不可信的场景是人物们在即兴派对上玩得开心，或者当他们应该展示艺术家的波希米亚式生活及其所有的混乱和怪癖时的情形。“创造秩序容易，创造混乱不可能。”③但是，有一个更重要的反对理由：有时不想假装自发，我们想自发、有创造性或有原创性。在艺术和科学上激发创造性和原创性的努力，或——如果一个人是出色的艺术家或科学家——刺激平庸，“涉及一种概念上的不可能性”④。或许我们无法给予相应的(艺术的、科学的、性的、社会的等等)表现，我们也不想**表演**某个状态：实际上我们想**处于**那种状态。

我认为，这一结论可以扩展为，于国家层面来说，在一般的文化(和

① Ibid., p. 48.

② 在 Elster 上述作品中引用，p. 50。

③ Ibid., p. 75.

④ Ibid., p. 76.

艺术)生活中,那些旨在以娱乐或无限期的公民教育的形式促进文化进步的任何努力,既不能产生享受,也不能达成教育。自我表达,就像自尊或自我实现一样,本质上都是其他旨在达到共同目标活动的副产品,并不能直接为个人而追求。

我们再回到杜威关于民主的说法——他假设"个人生活方式"——我想引用埃尔斯特关于"状态基本上是副产品"的结论来结束这一点。

> 据说,有时生活中所有好东西都是自由的:更一般的陈述可能是生活中所有好东西基本上都是副产品。我们可以……通过指出我们赋予自由、自发性和惊喜的价值来解释它们的吸引力……。最重要的是,副产品与我们所拥有的东西相关联,而不是我们通过努力或奋斗可以实现的目标。①

四、艺术实践能在我们的社会中起到独特的作用,因为它们可以典型地体现控制与非控制的交织

对于一件本应成为成功艺术品的东西,存在不同的失败方式。其中之一是对一个想法的纯粹例证,这个想法可以令人满意地从口头或概念上重新表述。这是许多旨在进行政治或社会陈述的艺术品常犯的错误,但不限于那些。

每件艺术品都是双刃剑。一方面,我们有实力、有决心不懈追求我们的目标;另一方面,我们希望能够揭示一些重要的东西,一些**通过我们的控制而不是由于它**而产生的东西。这代表了被我们认定为艺术品的每一个物体、实践和事件,不过下面我更愿意提供几个来自摄影艺术

① Ibid., p.108.

的例子。

的确，今天的摄影似乎比任何其他媒介都更能成为典范，在这里——精度和密度堪比“模范”试验室——出现了一种表征我们当前社会的“辩证法”，它可以将其定义为**控制的辩证法**。由于对图像完全控制的可能性，许多人认为数字摄影替代胶片摄影，破坏了摄影与现实的因果关系（减少了偶然性）——只会使摄影材料更加充满张力并揭示我们当下生活方式的动态。

由于摄影的独特性，它与记录现实、描述世界、生产影像的其他形式相区别，所以，自19世纪早期产生以来，摄影要么令公众和实践者着迷，要么让他们恶心：据说它的机械、自动、“干燥”的本质，将绕过智能但固执的有机体意图，弄清“最终原因”。因此，它常被归入矿物质类：化石、脚印、石灰石和“有效原因”的冷漠世界。损害它的有机和“液体”特性，出现在现实随意留在这个敏感、接受性、记忆性强的媒介上的封条、覆盖物、水印和污渍中。在两种情况下，摄影都与依从电影导演意图的艺术品生产相区别。但是，相反的情况也出现了：传统艺术（绘画、雕塑、音乐、舞蹈和建筑）已经成为“摄影的”和“索引的”，展现不受感知或有意发展、邀请机会、意外情况和不受有意识主体控制的任何其他事物调和的现实踪迹。迷恋眼睛和晶状体偏离的原因是“视觉无意识”或“技术无意识”的发现：印版、胶卷和印刷品将揭示眼睛没有看到或记录的细节，但它曾经就在那里，在当下的时空中，集中于那一“点”。脸上的飞虫、记录时间的手表、犯罪线索、“视觉失误”或标记。存在于任何意识形态的注视之外，在人类对自己的看法之外，在他们如何展示、表征和描述自己之外。或者更好的是，当下理解的对自身的“着迷”，对观察者的凝视或同情漠不关心，对任何引起参与的“戏剧性”怀有敌意。过去，艺术家曾尝试一起完全绕过他们的意图：依赖弗洛伊德的无意识或偶然性理论，或通过唤起“技术无意识”，超现实主义者和达达主义者——在瓦尔特·本雅明（Walter Benjamin）的视觉无意识之后，喜欢意大利哲学家弗朗哥·瓦卡里（Franco Vaccari）。这在很大程度上绕开了主体对影像的控制。现实可能最终措手不及，被当场抓住，可以说，失去有意控制。

以上这些都是摄影家、艺术家、鉴赏家、史学家和哲学家的陈述，多少都具有说服力。

然而，反思后事情越来越复杂。此种有意的非有意性并非完全具有说服力。首先，作者通常在生产前后都干预图片。然后，图片必定被展示，并且展示的方式意味着某种意图。最后，有时结果很无聊。更具吸引力的是那些将艺术活动的两方面——有意和无意、控制和非控制——保持在一起的作品。[①] 我们很清楚，实现的意图会产生不可预测的效果（哲学家将其称为"目的异质性"），而且，具体而言，无意的事物不可有意获得（目的异质性不在我们的掌控下，正如"状态基本上是副产品"的说法）。

如今摄影为什么是——甚至是在显然无法同化为单个模式的个别方法中——检查当下的特权实验室？我认为从主题上考虑这个问题没有什么希望（从文献记载、公开谴责、新闻摄影的角度来看），不是因为这些实践无用，有时甚至关键而勇敢，而是因为它来自摄影实践的内部机制，特别是"艺术"摄影，在它的张力和悖论中，出现了政治重要性。

例如，我们来想想托马斯·迪曼德（Thomas Demand）拍摄的一张有名的照片《控制室》（*Kontrollraum*，2011）。乍看之下，它是社会政治争论的有力例证。它代表遭地震和海啸破坏的福岛第一核电站的控制室。这似乎在苦涩地讽刺我们能控制我们所生产的一切的幻想：确切而言，正是为了保障我们不能失控的东西（核电站）得以正常运行而

① 关于摄影的这些观点在 Roger Scruton、Kendal Walton、Roland Barthes、Michael Fried、Robin Kelsey 等不同的作者之间流传。最近 Dominic McIver Lopes 和 Diarmuid Costello 已经质疑所有这些关于摄影的传统假设，提出并讨论了一种"新的摄影理论"（D. McIver Lopes，*Four Arts of Photography*，Oxford：Wiley，2016；D. Costello，*On Photography*，New York：Routledge，2018）。尽管这些观点有趣又有说服力，但是它们都单方面地强调了摄影实践"控制"的一面，而忽略了它"非控制的"方面和它们的重要影响。

设计的地方,已经被一种力量击中了,使它失去了我们的控制。如果这是对照片的充分阐释,那么我们就可以轻松地处理图片,保留刚刚表达的讽刺和批判思想。但由于其明显的主题,该作品编织了一个使其复杂化的正式过程。迪曼德使用控制室中发现的一张照片,以1∶1的比例构建一个细致的真实模型,然后他给其拍照,并毁坏了模型。

为什么要进行如此漫长而费力的操作?修改第一张照片还不够吗?当然,如果为了给图像带来令人不安的宁静,迪曼德的电影只是删除了特定细节和信息——正如他做的,人类的出现、大团废纸上的笔迹、显示器上的信息,那么,修改第一张照片就足够了。然而,复杂操作的主要动机是另一个:建构摄影模型时每个细节的细致塑造似乎只是对人工制品和最终**推论**的完全控制。实际上,这只是必要的间接策略,曲折而漫长,为了不在作品上直接留下他的意图,不获得一个想法简单例证的作品,这个想法可能很出色,但没有生命和持续性。人们可能用冗长、线性、简单化的句子描述这个最终结果是图片的过程:一个真实的地方,本来是设计控制核能的,却被不可控、"随意的"自然事件破坏,这个地方在纸板上重建,符合所有报纸上新闻照片的记录和房间的真实维度;迪曼德——本来是雕塑家——这样做,超出了摄影的界限,无意中冒险超越媒体和手工实践;然而,删除原始图片上的突发事件标记,他通过相机赋予了这个房间永恒外表下的偶发状态;最终是其独特性中的"永恒"突发事件(拍摄完照片,房间的真实模型就被毁坏了,好像这个房间在其稍纵即逝的不可复制的瞬间被捕捉到了)。**因此,图像伦理美学的任务是借助展示,给那些纯粹突发的无意义事件(也就是在使其有意义时)和那些假意完全控制它的行动赋予认真的形式,既不屈从于它们的单纯复制,也不伪装它们的无意义。**

> 如果我提前对一切了如指掌——迪曼德在关于图片的一个采访中说——我就会让其他人做了。相反,这里存在修改的必要性……如果你有概念,并以机械的方式制造它,结果很

> 可能就是这个想法,没有第二层面的阐释。……为了获得惊喜,需要有复杂性。如果我们对自己的所作所为不感到惊喜,那么我们也不会令他人惊喜。[①]

迪曼德擅长解释详尽阐述的具体过程的必要性,以及“深思熟虑”与“控制”的差异。

> “控制”意味着你知道自己在做什么。你看最终结果是,认为存在控制,但是更多的是理解对与错。……我喜欢有说服力的细节。……它们最终还是细节,但是回到从前的大师们那里,蒙娜丽莎背后的风景不只是风景——它不得不是结果。这就像知道画作一切细节的画家——那不是控制,是深思熟虑[②]。

经过曲折而又规范的过程,迪曼德承认自己设定明确又实际的目标,而非不切实际的艺术品制作,“主要基于副产品”的意图。

显而易见,制作一件艺术品,只有意图是不够的。艺术家要有明确的目标(讲某个故事、制作某个物品等),然而并非每个讲述的故事、制作的物品都是艺术品。“有意谬误”的说法仍然是一个很好的反对意见,即反对作者的意图应该引导艺术作品阐释。实际上,如果一些人工制品可以称之为艺术品,那是由于它们超越了作者的意图。但是这种超越无法预设(那通常是我们认为的“粗制滥造作品”的特点)。要达到确定的目标,艺术家一定有确定的意图,然而为了拥有一件艺术品,某事物必定来自这一过程。这怎么可能呢?与之前的讨论一致的一个答案是,旨在达成确定目标的作品意味着一定程度的无法预测或控制的

---

① Thomas Demand,由 M. De Leonardis 采访,见 *Exibart.com*,11/11/2013。

② Ibid.

自发性。

例如：杰夫·沃尔（Jeff Wall）著名的灯箱照片《牛奶》（*Milk*，1984）。照片表示牛奶盒突然“爆炸”。我们见识过没必要隐藏的牛奶盒和牛奶的飞溅，但这张照片引起我兴趣的是，杰夫·沃尔比较了他称之为自然“流体情报”的东西（流体及其运动曾令达·芬奇着迷）与摄影中“更干燥的”方面（它的光学、机械、电子工具）。《牛奶》是一张拍摄前后高度控制的照片（100多次拍摄，用了2年的时间），而主体的中心部分是流体的不可控性。沃尔说，在其他事物中，照片是“摄影，更概括而言，或是技术领域中液体和光学情报之间相互关系的相关隐喻”。在摄影中，“液体甚至是从很远的地方研究我们”（我认为我们关于液体研究的最后一句话，与我们掌控自然不可预测性的幻想有关。我不禁想到了埃博拉病毒的反复流行，它是通过不受控制的体液传播的，并“研究”了我们的恐惧）。

总而言之，我想回到对莱奥帕尔迪的讨论。他在《杞记》（*Zibaldone*）中提到他的诗歌《无限》（“The Infinite”），他写道：

> 心灵想象它看不到的东西，无论那树、那篱、那塔遮蔽的是什么，如果心灵的景象能在各个方向延展，那么它就会在想象的空间徘徊，以不可能的方式描绘事物，因为真实世界排除想象。[①]

据说，每件艺术品都是莱奥帕尔迪的树篱。[②] 诗歌或作品本质上只是确定的事物，这是作者可以且必须指向的目标。但是，艺术家制造的确定“事物”在莱奥帕尔迪的诗中一定像树篱一样起作用：就像某种具体的事物，它抵制任何令人满意的概念化，任何令人安心的概念控

① Giacomo Leopardi, *Zibaldone*, ed. by M. Caesar and F. D'Intino, Farrar, New York: Straus and Giroux, 2014, 171 (1820).

② Emilio Garroni, *Immagine*, *linguaggio*, *figura*, Roma-Bari: Laterza, 2005, p. 111.

制。发生这种情况，是因为在其作者和公众中，该明确的“事物”能够激发思考和感受的需求，而非对其进行分类的确定概念。

这是康德的观点。对他而言，一件艺术品是一件产生美的观念的奇特“事物”。康德写道，美的观念是想象力附加于一个给予的概念上的表象，它和诸部分表象的那样丰富的多样性在对它们的自由运用里相结合着，以至于对于这一多样性没有一个名词能表达出来，因而使我们要对这概念附加上许多不可名言的东西，联系它的感情，使认识机能活跃起来，并且使言语作为文学和精神结合着。①

换言之，康德继续说，

> 它们的结合里构成的天才的心意力量，就是想象力和悟性。只从事于认识的想象力是在悟性的约束之下受到限制，以便切合于悟性的概念。但在审美的企图里想象力的活动是自由的，以便在它对概念协和一致以外对**悟性**供给**未被搜寻的、内容丰富的、未曾展开过的、悟性在它的概念里未曾顾到的资料**，在这场合里悟性运用这资料不仅为着客观地达到认识，而是主观地生动着认识诸力，因而间接地也用于认识；所以天才本质地建立于那幸运的关系里，这关系是没有科学能讲授也没有勤劳能学习的，以便对于一给予的概念寻找得诸观念，另一方面对这些观念找到准确的表达。通过这表达，那由于它所用的主观情调，作为一个概念的伴奏，能够传达给予别人。②

① Immanuel Kant, *Critique of the Power of Judgment*, ed. by P. Guyer, Cambridge: Cambridge U. P., 2000, §49, 5:316. 此处中译文为宗白华的译文，见康德：《批判力判断》，宗白华译，北京：商务印书馆，1996，第163页。

② Ibid., § 49, 5:317. 此处中译文为宗白华的译文，见康德：《批判力判断》，宗白华译，北京：商务印书馆，1996，第163页。

显而易见，康德使用了他那个时代的语言。但是，不要被“天赋”这样的词误导，如今这个词让我们质疑。康德在天赋的浪漫神秘化之前写作。他很清楚，与这种“无法找到的”——无意的、自发的、不受控制的——“理解物质”相伴的只有勤奋、有目的的工作(甚至“强制的事物，或者，所谓的机械装置”①)。

所有这些段落放到一起，比我知道的任何其他段落，更能表达使得体验有意义、有价值的控制与非控制，有意性和自发性之间的交织。当然，尽管我不认为艺术能挽救我们于水火，让我们摆脱社会控制与失控的两极化，但是我认为，艺术的主要特点在理解文化的本质(即一种可能的、有效的文化政治)时，以及对比之下，在暴露我们生活的经验不足和文化回归的程度时，有更多意义。

---

① Ibid.，§43，5：302.

译名对照表

Abhinavagupta 阿毗那婆笈多

Abramović，Marina 玛丽娜·阿布拉莫维奇

Adorno 阿多诺

Aesthesis 感觉

Aesthetic 美感

Aesthetic bricolage 审美拼贴

Aesthetic character 审美特征

Aesthetic emotivism 美学感情主义

Aesthetic experience 审美体验

Aesthetic judgment 审美判断

Aesthetic mind 审美意识

Aesthetic nature 审美本质

Aesthetic normativity 审美规范性

Aesthetic of believing 相信审美

Aesthetics of form 形式美学

Aesthtics of life 生活美学

Aesthetic perception 审美知觉

Aesthetic predicate 审美谓词

Aesthetic properties 审美特性

Aesthetic scope 审美范畴

Affinity 亲近感

Aisthesis 感性

Alcibiades 亚西比德

Allen，Woody 伍迪·艾伦

Analogon rationis 概念的类似物

Anandavardhana 欢增

Anceschi，Luciano 卢西亚诺·安切斯基

An-icon 异常图标

An-Iconology 异常图像学

An-iconicity 异常象似性

Antin，Eleanor 埃莉诺·安廷

Anselmo，Giovanni 乔凡尼·安塞尔莫

Antonioni，Michelangelo 米开朗基罗·安东尼奥尼

Appearance 现象

A priori aesthetic synthesis 先验美学综合
Arbasino，Alberto 阿尔贝托·阿尔巴西诺
Arbo，Alessandro 亚历山德罗·阿尔博
Ader，Bas Jan 巴斯·扬·阿德
Arese 阿瑞斯
Ariosto 阿里奥斯托
Artaud，Antonin 安托南·阿尔托
Artefact 人工制品,手工艺品
Artistic scope 艺术范畴
Artistic judgment 艺术判断
Atmospheric theory 氛围理论
Augustus 奥古斯都
Austin，John L. 约翰·L.奥斯丁
Austin,Joe 乔·奥斯丁
Avatar 化身
Ayurveda 阿育吠陀
Badiou，Alain 阿兰·巴迪欧
Baldini，Andrea 安德烈亚·巴尔迪尼
Banfi，Antonio 安东尼奥·班菲
Banksy 班克西
Baratha 婆罗多
Barney 巴尼
Barron，Steve 斯蒂夫·巴伦
Barry，Robert 罗伯特·巴里
Bataille 巴塔耶
Bateson，Gregory 格雷戈里·贝特森
Batteux，Abbé 阿贝·巴托
Batteux，Charles 查尔斯·巴特
Baumgarten，Alexander Gottlieb 亚历山大·戈特利布·鲍姆嘉通
Bazin，Andre 安德烈·巴赞
Becoming 变成
Being 存在
Being-there 身临其境
Bell 贝尔
Benjamin，Walter 瓦尔特·本雅明
Bergson 伯格森
Berman，Marshal 马歇尔·伯曼
Bertaux 贝托
Bharata 婆罗多
Biemann，Ursula 厄休拉·比耶曼
Bitsche，Charles 夏尔·毕谦
Björk 比约克
Blanchot 布朗肖
Boden，Margaret 玛格丽特·博登
Body 物体
Bogdanovish，Peter 彼得·波格丹诺维奇
Bohme，Gernot 格诺特·伯麦
Borges，J. L. J. L. 博尔赫斯
Borodino 博罗季诺
Botero 博特罗
Boulez 布列兹
Bovary，Maude 莫德·包法利
Brandi，Cesare 切萨雷·布兰迪
Brandom，Robert 罗伯特·布兰登
Brecht，Bertolt 贝托尔特·布莱希特

Bruggemann, Stefan 斯蒂芬·布鲁格曼

Brunello, Mario 马里奥·布鲁内洛

Burckhardt 布克哈特

Buren, Daniel 丹尼尔·布伦

Burke 伯克

Cabanne 卡巴纳

Calle, Viola 维奥拉·卡勒

Calleja, Gordon 戈登·卡列哈

Caravaggio, Michelangelo da Merisi 米开朗基罗·达·梅里西·卡拉瓦乔

Canon of interpretation 阐释标准

Canova, Antonio 安东尼奥·卡诺瓦

Carroll 卡罗尔

Carroll, Noel 诺埃尔·卡罗尔

Catelanan 卡特兰

Cavell, Stanley 斯坦利·卡维尔

Chackal, Tony 托尼·查克

Chalmers 查默斯

Chambaud, Etienne 埃蒂安·钱伯

Chandler 钱德勒

Changeux 尚热

Characterizing use 特征化用法

Chaudury, Pravas Jivan 普拉瓦斯·吉万·乔杜里

Chomsky, N. N. 乔姆斯基

Cinema 电影艺术

Clair, Jean 让·克莱尔

Clark 克拉克

Cognitio sensitiva 感性认知

Cognitio intellectiva 理性认知

Cognition inferior 低等认知

Cognitive aesthetics 认知美学

Colet, Louise 路易丝·科莱

Concept 概念

Confino, Jo 乔·康尼诺

Congeniality 意气相投

Conniving use 密谋用法

Constable 康斯特布尔

Constitutive property 本构属性

Corporate regime of visibility 公司可见度管理

Coomaraswamy, Ananda 阿南达·库玛拉斯瓦米

Couturier, Delphine 德尔芬·库图尔

Covacich, Mauro 毛罗·科瓦奇

Creation 创造

Creationist perspective 创造论的角度

Crimes of style 风格犯罪

Croce, Benedetto 贝内代托·克罗齐

Cronenberg, David 大卫·柯罗南伯格

Culshaw, John 约翰·卡尔肖

Currie, Gregory 格雷戈里·柯里

Curtis, Sonny 桑尼·柯蒂斯

D'Alembert 达朗贝尔

Danysz, Magda 玛格达·唐妮丝

Danto, Arthur 阿瑟·丹托

Davies, Char 夏・戴维斯
Davies, David 大卫・戴维斯
Davies, Stephen 斯蒂芬・戴维斯
Deception 欺骗
de Certeau, Michel 米歇尔・德・塞多
De Chirico, Giorgio 乔治・德・基里科
Dehaene 德海恩
de Hory, Elmyr 埃尔米尔・德・霍里
de Saint Pierre, Bernardin 贝尔纳丹・德・圣皮埃尔
Delamare, Eugène 欧仁・德拉玛尔
Deleuze, Gilles 吉尔・德勒兹
Demand, Thomas 托马斯・迪曼德
De Mauro, Tullio 图利奥・德・毛罗
Derrida, Jacques 雅克・德里达
de Saint Pierre, Bernardin 贝尔纳丹・德・圣皮埃尔
De Sanctis 德桑克蒂斯
Desire 欲望
Dewey 杜威
Dhvani 韵
Dickie 迪基
Diderot, Denis 丹尼斯・狄德罗
Dieppe 迪埃普
Dietrich, Marlene 玛琳・黛德丽
Digital immigrant 数字移民
Digital an-iconic natives 数字图标原生代
Digital native 数字原生代
Dilthey, Wilhelm 威廉・狄尔泰
Dirac 狄拉克
Disjointness 脱节
Dissanayake, Ellen 埃伦・迪萨纳亚克
Distribution of the sensible 明智分配
Dodd, Julian 朱利安・多德
Domarchi, Jean 让・多玛奇
Doolittle, Eliza 伊丽莎・杜利特尔
Doppelganger 分身
Dorfles, Dorfles 吉洛・多夫尔斯
Dossi, Carlo 卡洛・多西
Dubos, Abbé 阿贝・杜波斯
Duchamp, Marcel 马塞尔・杜尚
Dworkin, Ronald 罗纳德・德沃金
Dynamics of composition 构成动态
Eco, Umberto 安伯托・艾柯
Eichhorn, Maria 玛丽亚・艾希霍恩
Eidos 理念
Eisenberg, Evan 埃文・艾森伯格
Eisenstein 艾森斯坦
Eisenstein, Sergei 谢尔盖・爱森斯坦
Ejzenstejn 埃岑施泰因
Ellis, Bret Easton 布莱特・伊斯顿・埃利斯
Ellroy, James 詹姆斯・艾尔罗伊
Elsa 艾尔莎
Elster, Jon 乔恩・埃尔斯特
Eleusinian mysteries 依洛西斯秘密

仪式

Embodied Cognition theories 具身认知理论

Embodied Simulation 具身模拟

Embodiment 具身性

Emotion 情绪

English, Ron 罗恩·英格利西

Epistemological assets 认识论资产

Esposito, Roberto 罗伯托·埃斯波西托

Essence 本质

Evans, G G. 埃文斯

Existing 现存

Experience of sensory perception 感官知觉的经验

Extended Mind 延展心灵

Extended naming process 扩展命名过程

Extended Sensitivity 延展感受性

Extended writing 延展写作

External property 外部属性

Extra-nuclear property 超核心属性

Facultas cognoscitiva inferior 低等认知能力

Fairey, Shepard 谢泼德·费尔雷

Falsehood 虚假

Family resemblances 家族相似性

Fanelli, Sara 莎拉·方纳利

Farber, Leslie 莱斯利·法伯

Feeling 情感

Feeling of "being there" "身临其境"感

Feeling of "presence" "存在"感

Fennel, Richard 理查德·芬内尔

Ferrell, Jeff 杰夫·费雷尔

Fichtian 费希特主义

Fictional entity 虚构实体

Filarete 菲拉雷特

Fine,Kit 基特·法恩

Flagstad, Kirsten 克尔斯滕·弗拉格斯塔德

Floyd, Pink 平克·弗洛伊德

Foerster, Heinz von 海因茨·冯·福斯特

Formaggio,Dino 迪诺·福尔马吉

Foscolo, Ugo 乌戈·弗斯科洛

Frampton 弗兰普顿

Francesca, Piero della 皮耶罗·德拉·弗朗西斯卡

Franti 法兰蒂

Freud, Sigmund 西格蒙德·弗洛伊德

Friuli 弗留利

Fry 弗莱

Fumaroli, Marc 马克·富马罗利

Gadamer 伽达默尔

Gaisberg, Freg 弗雷德·盖斯伯格

Garroni, Emilio 埃米利奥·加罗尼

Gauguin's Polynesia 高更的波利尼西亚

Gaut, Berys 贝里斯·高特

General aesthetics 普通美学
Gentile, Giovanni 乔瓦尼·根蒂尔
Gestalt Switch 格式塔转换
Gioni, Massimiliano 马西米连诺·乔尼
Giotto 乔托
Gleizes 格莱兹
Goldie, Peter 彼得·高迪
Gould 古尔德
Goodman, Nelson 纳尔逊·古德曼
Gnoli, Raniero 拉涅罗·尼奥利
Gracián, Balthazar 巴尔萨扎·格拉西亚
Gracyk, Theodore 西奥多·格蕾西克
Gradient property 梯度特性
Graffiti 涂鸦
Grassi 格拉西
Guastini, Daniel 丹尼尔·瓜斯蒂尼
Gusto 乐趣
Hamilton, Andy 安迪·汉密尔顿
Haydn, Joseph 约瑟夫·海顿
Hayworth, Rita 丽塔·海华斯
Head-mounted displays (HMDs) 头盔显示器
Hecuba 赫卡柏
Hegelianism 黑格尔哲学
Higgins, Henry 亨利·希金斯
Hiltensperger, Johann Georg 约翰·乔治·希尔滕斯佩格
Historical-intentional theory 历史意向理论
Hockney 霍克尼
Hölderlin, Friedrich 弗里德里希·荷尔德林
Holmes, Mycroft 迈克罗夫特·福尔摩斯
Horatio 霍雷肖
Hume, David 大卫·休谟
Hughes, Howard 霍华德·休斯
Hutcheson, Francis 弗朗西斯·哈奇森
Huyge, Peter 彼得·休伊
Hyperrealism 高度写实主义
Hypostatising use 实体化用法
Ibiza 伊维萨岛
Iconicity 象似性
Iconology 图像学
Idea 观念
Ideal 理想
Identity 同一性
Illusion 幻觉
Immaterialist Thesis (IT) 非物质主义论点
immersive virtual environments (VEs) 沉浸式虚拟环境
Iñárritu, Alejandro G. 亚历杭德罗·G. 伊纳里图
indexical singularity 索引单一性
Ingarden, Roman 罗曼·英加登
Intellect 理性

Intellectual knowledge 理性知识
Intentional origin 有意起源
Intentionality 意向性
Irigaray，Luce 露丝·伊利格瑞
Irvine，Martin 马丁·欧文
Irving，Clifford 克利福德·欧文
Jago 雅戈
Jarret，Keith 基思·贾瑞特
Jencks，Charles 查尔斯·詹克斯
Joy，Lisa 丽莎·乔伊
Judgment of taste 鉴赏力判断
Kalidasa 迦梨陀娑
Kant，Immanuel 伊曼努尔·康德
Kantism 康德哲学
Kantorowicz 坎托罗维茨
Keaton，Buster 巴斯特·基顿
Kierkegaard 克尔凯郭尔
Kippenberger 基彭贝格
Klein，Yves 伊夫·克莱因
Klossowski 克罗索斯基
Kodar，Oja 奥佳·柯达
Koons 昆斯
Kounellis 库奈里斯
Kracauer 克拉考尔
Kristeva，Julia 茱莉亚·克里斯蒂娃
Kubrick 库布里克
Kugelmass 库格麦斯
Kutusov 库图索夫
Labriola，Antonio 安东尼奥·拉布里奥拉
La Bruyère 拉布吕耶尔
Lacan，Jacques 雅克·拉康
Ladywood 雷德伍德
Lambert，Alix 阿里克斯·兰伯特
Landgraf，Edgar 埃德加·兰德格拉夫
Langer，Susanne K. 苏珊·K. 朗格
La Rochefoucauld 拉罗什富科
Legge，Walter 沃尔特·莱格
Léon 莱昂
Leopardi，Giacomo 贾科莫·莱奥帕尔迪
Levinson，Jerrold 杰罗德·莱文森
Lime，Harry 哈里·莱姆
Lippard 利帕德
Lollata，Batta 巴塔·洛拉塔
Lopes，Dominic McIver 多米尼克·麦克莱弗·洛佩斯
Lubezki，Emmanuel 伊曼纽尔·卢贝兹基
Lukacs，Georg 格奥尔格·卢卡奇
Lucifer 路西法
Macchiavelli，Nicholas 尼古拉斯·马基雅维利
Magid，Jill 吉尔·马吉德
Malevič，Kazimir Severinovič 卡兹米尔·塞韦里诺维奇·马列维奇
Mallarmé 马拉美
Manckiewicz，Herman J. 赫尔曼·J. 曼凯维奇

Manet, Éduard 爱德华 · 马奈
Marclay, Christian 克里斯汀 · 马克莱
Marcolini, Laura 劳拉 · 马尔科利尼
Margolis, Joseph 约瑟夫 · 马格里斯
Material Engagement Theory 物质介入理论
Matter 质料
Measure 尺度
Medium-specificity 媒介特异性
Meinong 迈农
Menard, Pierre 皮埃尔 · 梅纳德
Menninghaus, Wilfried 威尔弗里德 · 门宁豪斯
Menzies 孟席斯
Merit-responsible properties 优势属性
Meyer, Conrad Ferdinand 康拉德 · 费迪南德 · 迈耶
Meyer, Nicholas 尼古拉斯 · 迈耶
Meta-conceptual mannerism 元概念风格
Michelstaedter 米可施泰特
Migliorini, Ermanno 埃尔曼诺 · 米格里尼
Miller, Geoffrey 杰弗里 · 米勒
Minsky, Marvin 马文 · 明斯基
Mirror neurons 镜像神经元
Modalities of discographic production 唱片制作方式
Modus operandi 操作方式
Monet, Claude 克劳德 · 莫奈
Moriarty 莫里亚蒂
Morris, Robert 罗伯特 · 莫里斯
Moving image 移动影像
Muller, Max 麦克斯 · 缪勒
Naïve assumption 朴素假设
Nayaka, Bhatta 巴特 · 那邪迦
Nepoti 内波蒂
Nolan, Jonathan 乔纳森 · 诺兰
Nonexistent object 不存在对象
Non-transparency 非透明性
Noochoc 精神碰撞
Normative nature 规范性本质
Normative structure 规范性结构
Normativity 规范性
Notated music 标记音乐
Notation 标记法
Musical notation 音乐符号
Notational criteria 符号标准
Notational system 符号系统
Notion of normativity 规范性概念
Notion of perfection 完美的概念
Novello, Giuseppe 朱塞佩 · 诺维罗
Novitz, D. D. 诺维茨
Object 对象
Abstract object 抽象对象
Object correlate 对象关联变量
O'Hara 奥哈拉
Ontological category 本体范畴
Ontological variety 本体论的多样性

Onto-theology 本体神学
Orlan 奥兰
Osmotic media environment 渗透媒体环境
Paglia，Camille 卡米尔·帕利亚
Palastrina 帕莱斯特里纳
Pareyson，Luigi 路易吉·帕里森
Parmeggiani 帕尔梅贾尼
Parnet，Claire 克莱尔·帕内特
Parreno，Philippe 菲利普·帕雷诺
Parsons，Terence 特伦斯·帕森斯
Parvati 帕尔瓦蒂
Passion 激情
Pathos 感受
Patnaik，Pryadashi 普拉亚达希·帕特奈克
Perception 知觉,感知
perception-action 知觉-行动
perceptology 感知学
Père Rouault 鲁奥老爹
Performance tokens 执行标记
Performing art 表演艺术
Perpeet 珀佩特
Perugino 佩鲁吉诺
Peirce，Charles 查尔斯·皮尔斯
Phono-montage 语音蒙太奇
Pleasure 快感
Pliny 普林尼
Plotinus 普罗提诺
Poetic 诗学
Poetics 诗学
poiesis 创制
Poitras，Laura 劳拉·珀特阿斯
Ponech，Trevor 特雷沃·波内奇
Ponty，M. Merleau M. 梅洛-庞蒂
Posteriori 后验
positivism 实证主义
Pragmatic aesthetics 实用主义美学
Pragmatist thesis 实用主义论点
Praz，Mario 马里奥·普拉茨
presence 在场
presence studies 在场研究
pretending use 假装用法
Proudhon 蒲鲁东
Pròte ousía 实体
Proto-aesthetic events 原始美学事件
Quinlan 昆兰
Quintillian 昆体良
Putnam，Hilary 希拉里·普特南
Rama 拉玛
Rancière 兰契尔
Rasa 味
Ratio 理智
Ready-made 现成物品
Reed，Carol 卡罗尔·里德
Reference 指称
reflective freedom 反思自由
Regularity 规律性
Reichenbach，Françoise 弗朗索瓦·赖兴巴赫

Renoir 雷诺阿

Representation 表象

Representation 表征

Resnais，Alain 阿伦·雷乃

retinal art 视网膜艺术

Roca，Marcel Lí Antunez 马塞尔·利·安图内斯·罗卡

Rohmer，Eric 埃里克·侯麦

Rorty 罗蒂

Rosa，Paolo 保罗·罗萨

Rosnkranz 罗森克兰兹

Ryle，Gilbert 吉尔伯特·赖尔

Sangiorgi，Leonardo 莱奥纳尔多·圣乔治

Sankuka 桑卡

Santayana 桑塔亚纳

Sanzio，Raffaello 拉斐尔·桑齐奥

Saraceno，Tomás 托马斯·萨拉切诺

Savonarola 萨伏那洛拉

Schaeffer，Jean-Marie 让·玛丽·舍弗

Schechner，Richard 理查·谢克纳

Schellekens，Elisabeth 伊丽莎白·谢勒肯斯

Scheme 方案

Schematism 图式论

Schoenberg 勋伯格

Schreber，Daniel Paul 丹尼尔·保罗·施雷伯

Schwarzkopf，Elisabeth 伊丽莎白·施瓦兹科普夫

Scrovegni Chapel 斯克罗维尼教堂

Scruton，Roger 罗杰·斯克鲁顿

Seel，Martin 马丁·泽尔

Sensation 感觉

Sensible representation 可感的表象

Sensible cognition 可感认知

Sense perception 感官知觉

Sense 意义

Sense 感知

Sensibility 感性

Sensitive idea 感性观念

Sensitive cognition 感性认知

Sensitive perception 敏感知觉

Sensitive power 感受力

Sensitivity 感受性

Sensory perception 感官知觉

Sensory-motor 感觉运动

Sensory experience 感官体验

Sensory theory 感官理论

Sensuscommunisaestheticus 审美共通感

Serra，Richard 理查德·塞拉

Serrano 塞拉诺

sex appeal of the inorganic 无机性魅力

Shaftesbury 夏夫兹博里

Sibley，Frank 弗兰克·西布利

Siddhartha syndrome 悉达多综合征

Simmel 齐美尔

Simondon，G. G. 西蒙栋

Siegelaub,Seth 塞思·西格劳布
Sistine Chapel 西斯廷教堂
Sita 西塔
Siza，Alvaro 阿尔瓦罗·西扎
Sonic，Pan 潘·索尼克
Sontag，Susan 苏珊·桑塔格
Spalletti 斯帕莱蒂
Spinoza 斯宾诺莎
Spröde Fremdheit 脆弱的陌生感
Stanislawsky 斯坦尼斯拉夫斯基
Stelarc 史帝拉
Sterbak，Jana 贾娜·斯特巴克
Stipulated object 规定对象
Stockhausen 斯托克豪森
Stoker，Bram 布莱姆·斯托克
Subject 主体
Subjective 主观的
Subjectivism 主观主义
Superior cognition 高等认知
Substance 本体
Supervenience 随附性
Suspension 中止
Taste 鉴赏力
Tanya 坦尼娅
Tatarkiewicz，Władysław 瓦迪斯瓦夫·塔塔基维奇
techno-aesthetic 技术美学
telepresence 远程呈现
The false 虚假
Thomasson 托马森
Tiberius 提比略
Timpanaro，Sebastiano 塞巴斯蒂亚诺·廷帕纳罗
Tintoretto 丁托列托
Topos 拓扑
Thought of difference 差异思想
Transfictional identity 跨虚构身份
Transparent immediacy 透明及时性
Truffaut，Françoise 弗朗索瓦·特吕弗
Truth 真理
Tynan，Kenneth 肯尼思·泰南
Universality 普遍性
Ur-arte 城市艺术
Vaccari，Franco 弗朗哥·瓦卡里
Vadel，Rebecca Lamarche 丽贝卡·拉玛什·瓦德尔
Valéry 瓦莱里
Vargas 瓦格斯
Vasari，Giorgio 乔尔乔·瓦萨里
Vattimo，Gianni 詹尼·瓦蒂莫
Vauvenargues 沃弗纳格
Velotti，Stefano 斯特凡诺·韦洛蒂
Verfremdung 陌生化
Vertov 维尔托夫
Vico 维柯
Visual array 视觉阵列
Visvanatha 维士瓦那特
Vuillard，Edouard 爱德华·维亚尔
Wakeman，Rick 里克·瓦克曼

Wall，Jeff 杰夫·沃尔
Walton，Kendall 肯德尔·沃尔顿
Wan，Saskatche 萨斯喀彻温·万
Warhol，Andy 安迪·沃霍尔
Warry 沃里
Wartenberg，Thomas 托马斯·沃特伯格
Weir，Mark 马克·韦尔
Welles，Orson 奥森·韦尔斯
Welsch，Wofgang 沃尔夫冈·韦尔施
Wenders，Wim 维姆·文德斯
Wilson，Ian 伊恩·威尔逊
Wolterstorff，Nicholas 尼古拉斯·沃尔特斯托夫
Xenophone 色诺芬
Yonville 扬维尔
Zalta 扎尔塔

译后记

我与美学翻译有着不解之缘。学翻译、教翻译、做翻译是我多年来一直做的事。多年前，我做过很多实用类翻译。我爱人读博士期间专攻西方美学，有时也会拿一些美学著作与我分享，我偶尔也会帮他做一些美学翻译。2019 年，复旦大学陆扬教授委托我翻译美国美学家舒斯特曼教授的几篇文章。读后，我一面感慨舒斯特曼教授思路清晰，行文深入浅出，另一面惊诧美学与生活的关系竟如此切近。原作语言简洁生动，翻译过程畅快淋漓，一气呵成。译后，审阅专家和舒斯特曼本人都对译文称赞有加。后来，南京大学周宪教授和意大利都灵大学安迪娜教授刚好要主编一部美学文集，经陆扬教授引荐，本人有幸承担本书的翻译工作。

我不是美学专业出身，对翻译美学著作多少有些担忧，还好有爱人把关，每每遇到翻译困难都要与他反复讨论、查找资料、确定译法。译稿完成之时，他又成了我的译审和第一位读者。

拙劣的翻译各不相同，但好的翻译一定是忠实、通畅、让目的语读者读得懂，读得明白。忠实就是要准确传达原文的意义，通畅就是要求处理好语序转换，让译语符合目的语语言习惯。让目的语读者读得懂，就要准确定位目的语读者，以目的语读者为考虑出发点。翻译美学作品，术语的准确性是一大难点。《哲学术语词典》和各种在线词典、数据库是我每天翻看最多的资料。当书籍、词典无法答疑解惑时，我还要与爱人商量、讨论。第二个难点是多语种问题。文章中经常出现古希腊语、拉丁语、意大利语、德语、法语等地名、人名和术语。在多语种词典无法解决问题时，还要求助相关语种的同行。在此，我也向他们的鼎力相助表示感谢。再者，由于个别文章最初是用意大利语撰写，由原译者迻译为英语，我再据英译转译为汉语。此间注释位置难免与原文有个别出入。不当之处，希请谅解并提出宝贵意见和建议。

感谢陆扬教授的引荐和周宪教授的信任，感谢南京大学出版社王冠蕤编辑耐心细致地回答我各种问题，感谢爱人对我一如既往的支持，感谢天津外国语大学的各位同仁和葡萄牙亲友团在语种、语言问题上的答疑解惑。

一元复始，万象更新。愿此译文能带给美学百花园一缕清香、一丝芬芳！

何　琳

2022 年 2 月 9 日晚于天津

《当代学术棱镜译丛》
已出书目

媒介文化系列

第二媒介时代 [美]马克・波斯特

电视与社会 [英]尼古拉斯・阿伯克龙比

思想无羁 [美]保罗・莱文森

媒介建构:流行文化中的大众媒介 [美]劳伦斯・格罗斯伯格 等

揣测与媒介:媒介现象学 [德]鲍里斯・格罗伊斯

媒介学宣言 [法]雷吉斯・德布雷

媒介研究批评术语集 [美]W. J. T. 米歇尔　马克・B. N. 汉森

解码广告:广告的意识形态与含义 [英]朱迪斯・威廉森

全球文化系列

认同的空间——全球媒介、电子世界景观与文化边界 [英]戴维・莫利

全球化的文化 [美]弗雷德里克・杰姆逊　三好将夫

全球化与文化 [英]约翰・汤姆林森

后现代转向 [美]斯蒂芬・贝斯特　道格拉斯・科尔纳

文化地理学 [英]迈克・克朗

文化的观念 [英]特瑞・伊格尔顿

主体的退隐 [德]彼得・毕尔格

反"日语论" [日]莲实重彦

酷的征服——商业文化、反主流文化与嬉皮消费主义的兴起 [美]托马斯・弗兰克

超越文化转向 [美]理查德・比尔纳其 等

全球现代性:全球资本主义时代的现代性 [美]阿里夫・德里克

文化政策 [澳]托比·米勒 [美]乔治·尤迪思

通俗文化系列

解读大众文化 [美]约翰·菲斯克

文化理论与通俗文化导论(第二版) [英]约翰· 斯道雷

通俗文化、媒介和日常生活中的叙事 [美]阿瑟·阿萨·伯格

文化民粹主义 [英]吉姆·麦克盖根

詹姆斯·邦德:时代精神的特工 [德]维尔纳·格雷夫

消费文化系列

消费社会 [法]让·鲍德里亚

消费文化——20 世纪后期英国男性气质和社会空间 [英]弗兰克·莫特

消费文化 [英]西莉娅·卢瑞

大师精粹系列

麦克卢汉精粹 [加]埃里克·麦克卢汉 弗兰克·秦格龙

卡尔·曼海姆精粹 [德]卡尔·曼海姆

沃勒斯坦精粹 [美]伊曼纽尔·沃勒斯坦

哈贝马斯精粹 [德]尤尔根·哈贝马斯

赫斯精粹 [德]莫泽斯·赫斯

九鬼周造著作精粹 [日]九鬼周造

社会学系列

孤独的人群 [美]大卫·理斯曼

世界风险社会 [德]乌尔里希·贝克

权力精英 [美]查尔斯·赖特·米尔斯

科学的社会用途——写给科学场的临床社会学 [法]皮埃尔·布尔迪厄

文化社会学——浮现中的理论视野 [美]戴安娜·克兰

白领:美国的中产阶级 [美]C. 莱特·米尔斯

论文明、权力与知识 [德]诺贝特·埃利亚斯

解析社会:分析社会学原理 [瑞典]彼得·赫斯特洛姆

局外人:越轨的社会学研究 [美]霍华德·S. 贝克尔

社会的构建 [美]爱德华·希尔斯

新学科系列

后殖民理论——语境 实践 政治 [英]巴特·穆尔-吉尔伯特

趣味社会学 [芬]尤卡·格罗瑙

跨越边界——知识学科 学科互涉 [美]朱丽·汤普森·克莱恩

人文地理学导论:21 世纪的议题 [英]彼得·丹尼尔斯 等

文化学研究导论:理论基础·方法思路·研究视角 [德]安斯加·纽宁 [德]维拉·纽宁主编

世纪学术论争系列

“索卡尔事件”与科学大战 [美]艾伦·索卡尔 [法]雅克·德里达 等

沙滩上的房子 [美]诺里塔·克瑞杰

被困的普罗米修斯 [美]诺曼·列维特

科学知识:一种社会学的分析 [英]巴里·巴恩斯 大卫·布鲁尔 约翰·亨利

实践的冲撞——时间、力量与科学 [美]安德鲁·皮克林

爱因斯坦、历史与其他激情——20 世纪末对科学的反叛 [美]杰拉尔德·霍尔顿

真理的代价:金钱如何影响科学规范 [美]戴维·雷斯尼克

科学的转型:有关“跨时代断裂论题”的争论 [德]艾尔弗拉德·诺德曼 [荷]汉斯·拉德 [德]格雷戈·希尔曼

广松哲学系列

物象化论的构图 [日]广松涉

事的世界观的前哨 [日]广松涉

文献学语境中的《德意志意识形态》[日]广松涉

存在与意义(第一卷) [日]广松涉

存在与意义(第二卷) [日]广松涉

唯物史观的原像 [日]广松涉

哲学家广松涉的自白式回忆录 [日]广松涉

资本论的哲学 [日]广松涉

马克思主义的哲学 [日]广松涉

世界交互主体的存在结构 [日]广松涉

国外马克思主义与后马克思思潮系列

图绘意识形态 [斯洛文尼亚]斯拉沃热·齐泽克 等

自然的理由——生态学马克思主义研究 [美]詹姆斯·奥康纳

希望的空间 [美]大卫·哈维

甜蜜的暴力——悲剧的观念 [英]特里·伊格尔顿

晚期马克思主义 [美]弗雷德里克·杰姆逊

符号政治经济学批判 [法]让·鲍德里亚

世纪 [法]阿兰·巴迪欧

列宁、黑格尔和西方马克思主义:一种批判性研究 [美]凯文·安德森

列宁主义 [英]尼尔·哈丁

福柯、马克思主义与历史:生产方式与信息方式 [美]马克·波斯特

战后法国的存在主义马克思主义:从萨特到阿尔都塞 [美]马克·波斯特

反映 [德]汉斯·海因茨·霍尔茨

为什么是阿甘本? [英]亚历克斯·默里

未来思想导论:关于马克思和海德格尔 [法]科斯塔斯·阿克塞洛斯

无尽的焦虑之梦:梦的记录(1941—1967) 附《一桩两人共谋的凶杀案》(1985) [法]路易·阿尔都塞

马克思:技术思想家——从人的异化到征服世界 [法]科斯塔斯·阿克塞洛斯

经典补遗系列

卢卡奇早期文选 [匈]格奥尔格·卢卡奇

胡塞尔《几何学的起源》引论 [法]雅克·德里达

黑格尔的幽灵——政治哲学论文集[Ⅰ] [法]路易·阿尔都塞

语言与生命 [法]沙尔·巴依

意识的奥秘 [美]约翰·塞尔

论现象学流派 [法]保罗·利科

脑力劳动与体力劳动:西方历史的认识论 [德]阿尔弗雷德·索恩-雷特尔

黑格尔 [德]马丁·海德格尔

黑格尔的精神现象学 [德]马丁·海德格尔

生产运动:从历史统计学方面论国家和社会的一种新科学的基础的建立 [德]弗里德里希·威廉·舒尔茨

先锋派系列

先锋派散论——现代主义、表现主义和后现代性问题 [英]理查德·墨菲

诗歌的先锋派:博尔赫斯、奥登和布列东团体 [美]贝雷泰·E.斯特朗

情境主义国际系列

日常生活实践 1.实践的艺术 [法]米歇尔·德·塞托

日常生活实践 2.居住与烹饪 [法]米歇尔·德·塞托 吕斯·贾尔 皮埃尔·梅约尔

日常生活的革命 [法]鲁尔·瓦纳格姆

居伊·德波——诗歌革命 [法]樊尚·考夫曼

景观社会 [法]居伊·德波

当代文学理论系列

怎样做理论 [德]沃尔夫冈·伊瑟尔

21 世纪批评述介 [英]朱利安·沃尔弗雷斯

后现代主义诗学:历史·理论·小说 [加]琳达·哈琴

大分野之后:现代主义、大众文化、后现代主义 [美]安德列亚斯·胡伊森

理论的幽灵:文学与常识 [法]安托万·孔帕尼翁

反抗的文化:拒绝表征 [美]贝尔·胡克斯

戏仿:古代、现代与后现代 [英]玛格丽特·A. 罗斯

理论入门 [英]彼得·巴里

现代主义 [英]蒂姆·阿姆斯特朗

叙事的本质 [美]罗伯特·斯科尔斯　詹姆斯·费伦　罗伯特·凯洛格

文学制度 [美]杰弗里·J. 威廉斯

新批评之后 [美]弗兰克·伦特里奇亚

文学批评史:从柏拉图到现在 [美]M. A. R. 哈比布

德国浪漫主义文学理论 [美]恩斯特·贝勒尔

萌在他乡:米勒中国演讲集 [美]J. 希利斯·米勒

文学的类别: 文类和模态理论导论 [英]阿拉斯泰尔·福勒

思想絮语: 文学批评自选集(1958—2002) [英]弗兰克·克默德

叙事的虚构性:有关历史、文学和理论的论文(1957—2007) [美]海登·怀特

21 世纪的文学批评:理论的复兴 [美]文森特·B. 里奇

核心概念系列

文化 [英]弗雷德·英格利斯

风险 [澳大利亚]狄波拉·勒普顿

学术研究指南系列

美学指南 [美]彼得·基维

文化研究指南 [美]托比·米勒

文化社会学指南 [美]马克·D. 雅各布斯　南希·韦斯·汉拉恩

艺术理论指南 [英]保罗·史密斯　卡罗琳·瓦尔德

《德意志意识形态》与文献学系列

梁赞诺夫版《德意志意识形态·费尔巴哈》[苏]大卫·鲍里索维奇·梁赞诺夫

《德意志意识形态》与 MEGA 文献研究 [韩]郑文吉

巴加图利亚版《德意志意识形态·费尔巴哈》[俄]巴加图利亚

MEGA:陶伯特版《德意志意识形态·费尔巴哈》[德]英格·陶伯特

当代美学理论系列

今日艺术理论 [美]诺埃尔·卡罗尔

艺术与社会理论——美学中的社会学论争 [英]奥斯汀·哈灵顿

艺术哲学:当代分析美学导论 [美]诺埃尔·卡罗尔

美的六种命名 [美]克里斯平·萨特韦尔

文化的政治及其他 [英]罗杰·斯克鲁顿

当代意大利美学精粹 周　宪　[意]蒂齐亚娜·安迪娜

现代日本学术系列

带你踏上知识之旅 [日]中村雄二郎　山口昌男

反·哲学入门 [日]高桥哲哉

作为事件的阅读 [日]小森阳一

超越民族与历史 [日]小森阳一　高桥哲哉

现代思想史系列

现代主义的先驱:20 世纪思潮里的群英谱 [美]威廉·R.埃弗德尔

现代哲学简史 [英]罗杰·斯克拉顿

美国人对哲学的逃避:实用主义的谱系 [美]康乃尔·韦斯特

视觉文化与艺术史系列

可见的签名 [美]弗雷德里克·詹姆逊

摄影与电影 [英]戴维·卡帕尼

艺术史向导 [意]朱利奥·卡洛·阿尔甘 毛里齐奥·法焦洛

电影的虚拟生命 [美]D. N. 罗德维克

绘画中的世界观 [美]迈耶·夏皮罗

缪斯之艺:泛美学研究 [美]丹尼尔·奥尔布赖特

视觉艺术的现象学 [英]保罗·克劳瑟

总体屏幕:从电影到智能手机 [法]吉尔·利波维茨基

[法]让·塞鲁瓦

艺术史批评术语 [美]罗伯特·S. 纳尔逊 [美]理查德·希夫

设计美学 [加拿大]简·福希

工艺理论:功能和美学表达 [美]霍华德·里萨蒂

当代逻辑理论与应用研究系列

重塑实在论:关于因果、目的和心智的精密理论 [美]罗伯特·C. 孔斯

情境与态度 [美]乔恩·巴威斯 约翰·佩里

逻辑与社会:矛盾与可能世界 [美]乔恩·埃尔斯特

指称与意向性 [挪威]奥拉夫·阿斯海姆

说谎者悖论:真与循环 [美]乔恩·巴威斯 约翰·埃切曼迪

波兰尼意会哲学系列

认知与存在:迈克尔·波兰尼文集 [英]迈克尔·波兰尼

科学、信仰与社会 [英]迈克尔·波兰尼

现象学系列

伦理与无限:与菲利普·尼莫的对话 [法]伊曼努尔·列维纳斯

新马克思阅读系列

政治经济学批判:马克思《资本论》导论 [德]米夏埃尔·海因里希

图书在版编目(CIP)数据

当代意大利美学精粹 / 周宪，（意）蒂齐亚娜・安迪娜主编；何琳译. -- 南京 ：南京大学出版社，2023.10

（当代学术棱镜译丛 / 张一兵主编）

ISBN 978-7-305-26464-1

Ⅰ.①当… Ⅱ.①周… ②蒂… ③何… Ⅲ.①美学—意大利—文集 Ⅳ.①B83-53

中国国家版本馆 CIP 数据核字(2023)第 011979 号

出版发行 南京大学出版社
社 址 南京市汉口路 22 号 邮 编 210093

丛 书 名 当代学术棱镜译丛
书 名 当代意大利美学精粹
DANGDAI YIDALI MEIXUE JINGCUI
主 编 周 宪 ［意］蒂齐亚娜・安迪娜
译 者 何 琳
校 译 赵新宇
责任编辑 王冠蕤

照 排 南京南琳图文制作有限公司
印 刷 江苏凤凰通达印刷有限公司
开 本 635 mm×965 mm 1/16 印张 27.25 字数 398 千
版 次 2023 年 10 月第 1 版 2023 年 10 月第 1 次印刷
ISBN 978-7-305-26464-1
定 价 88.00 元

网 址 http://njupco.com
官方微博 http://weibo.com/njupco
官方微信 njupress
销售热线 025-83594756

---

* 版权所有，侵权必究
* 凡购买南大版图书，如有印装质量问题，请与所购图书销售部门联系调换